图书在版编目(CIP)数据

卫星推进系统仿真 / 李永等编著. -- 北京 ：中国宇航出版社，2019.4

ISBN 978 - 7 - 5159 - 1623 - 1

Ⅰ.①卫… Ⅱ.①李… Ⅲ.①人造卫星－推进系统－系统仿真 Ⅳ.①V474②V43

中国版本图书馆 CIP 数据核字(2019)第 077034 号

责任编辑	舒承东	**封面设计**	宇星文化	

**出版
发行** 中国宇航出版社

社　址	北京市阜成路 8 号　**邮　编** 100830	**版　次**	2019 年 4 月第 1 版
	(010)60286808　　(010)68768548		2019 年 4 月第 1 次印刷
网　址	www.caphbook.com	**规　格**	787×1092
经　销	新华书店	**开　本**	1/16
发行部	(010)60286888　　(010)68371900	**印　张**	25.5
	(010)60286887　　(010)60286804(传真)	**字　数**	621 千字
零售店	读者服务部　　(010)68371105	**书　号**	ISBN 978 - 7 - 5159 - 1623 - 1
承　印	河北画中画印刷科技有限公司	**定　价**	128.00 元

航天科技图书出版基金资助出版

卫星推进系统仿真

李 永 耿永兵 唐 飞 林 震 编著

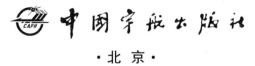

中国宇航出版社
·北京·

航天科技图书出版基金简介

航天科技图书出版基金是由中国航天科技集团公司于 2007 年设立的，旨在鼓励航天科技人员著书立说，不断积累和传承航天科技知识，为航天事业提供知识储备和技术支持，繁荣航天科技图书出版工作，促进航天事业又好又快地发展。基金资助项目由航天科技图书出版基金评审委员会审定，由中国宇航出版社出版。

申请出版基金资助的项目包括航天基础理论著作，航天工程技术著作，航天科技工具书，航天型号管理经验与管理思想集萃，世界航天各学科前沿技术发展译著以及有代表性的科研生产、经营管理译著，向社会公众普及航天知识、宣传航天文化的优秀读物等。出版基金每年评审 1～2 次，资助 20～30 项。

欢迎广大作者积极申请航天科技图书出版基金。可以登录中国宇航出版社网站，点击"出版基金"专栏查询详情并下载基金申请表；也可以通过电话、信函索取申报指南和基金申请表。

网址：http：//www.caphbook.com

电话：(010) 68767205，68768904

《卫星推进系统仿真》
编 委 会

主　编　李　永

副主编　耿永兵　唐　飞　林　震

编　者　（排名不分先后）

　　　　　宋　涛　庄保堂　李　泽　刘国西

　　　　　朱洪来　李　文　高　永　刘锦涛

　　　　　陈　涛　邹达人　李长亮　赵春章

前　言

推进系统是卫星最重要的分系统之一，其功能是为卫星轨道和姿态调整提供力或力矩。推进系统的性能与卫星平台的性能直接相关，它制约着卫星的寿命，影响着卫星的安全，在卫星研制过程中占有举足轻重的地位。卫星推进系统的仿真工作，是随着卫星研制能力的提升、计算机技术的发展、仿真分析软件的普及而逐渐发展和完善的。

随着计算机运算能力的提升和计算软件的快速发展，卫星推进系统的设计在某些重要环节上引入成熟软件来开展设计分析和改进工作，如部件结构强度分析、发动机热设计、微重力下的推进剂分布、管路流量压降分布等，通过仿真工作，能够对设计进行初步验证，在早期发现设计的薄弱环节，提高设计的针对性，减少后期进行试验验证的规模和次数，提高设计效率，缩短研制周期，降低成本。仿真手段的大量应用，对于复杂卫星推进系统（如双组元推进系统）的研制，发挥了重要作用。

本书是在对各类卫星推进系统仿真工作进行全面总结的基础上编写的，是多年来卫星推进系统仿真工作的结晶。近年来，本单位众多有着从事仿真工作丰富经验的研究人员加入到我们这个团队，大家对仿真工作有着浓厚的兴趣，对通过仿真手段解决实际问题运用自如。型号任务的急剧增加更是给了这些研发人员很好的实战锻炼机会，同时，仿真手段的应用也极大地提高了型号研制效率。尽管每个人擅长的仿真方向不同，但有很多能够一起交流的共同语言，随着时间和经验的积累，我们有了一个共同的心愿，就是合力编写一本推进系统仿真的工作手册，把大家在工作过程中积累的经验和心得整理出来，成为每个人可以共享的财富。这个手册历经一年的时间编写完成，先前只是在内部流转使用。不经意间，我们了解到中国宇航出版社有出版这类专业图书的项目，便想借此机会把这些年在卫星推进系统仿真领域的研究心得呈现出来，供大家参考使用，于是将这个内部使用的工作手册作了细心的整理，形成了这本《卫星推进系统仿真》。

这本书一方面可以作为初学者的入门指导书，帮助他们快速了解推进系统仿真工作的内容；另一方面，也可以作为从事推进系统仿真工作的学者和工程技术人员的专业参考书，能够为他们解决问题提供理论指导、操作方法和实际案例。

本书首先介绍了国内外各种类型的推进系统与部件仿真技术进展情况，阐述了推进系统仿真涉及的各种基本理论。然后介绍了当前常见的推进系统领域级流动仿真工具、部件级仿真工具、前后处理工具，并结合算例给出了仿真建模与仿真分析实施要点。针对冷气推进系统、单组元推进系统、双组元推进系统、电推进系统等各种类型的推进系统，梳理出实际操作性强的推进系统仿真分析工作项目，覆盖仿真分析目标、仿真输入条件、仿真算法或工具选择、仿真建模、初始及边界条件、仿真结果处理及输出等具体工作项目。最后针对推进系统研制过程中可能遇到的典型问题如流体水击、液体晃动等如何开展仿真进行了专题进绍。

本书除了国际上推进系统仿真分析的前沿外，既有仿真分析的理论基础，也有仿真分析工作的具体操作步骤，我们希望两者的结合能对推进系统仿真分析工作者有所帮助，促进推进系统仿真分析技术的发展。

本书由李永、耿永兵、唐飞和林震担任主编。在本书编写过程中，张笃周、袁利、黄献龙、潘海林、任海、丁凤林、梁军强、孙水生等同志提供了悉心指导，在此深表感谢。特别致谢边炳秀研究员和蔡国飙教授为本书提供的大力支持和帮助。

本书在编写过程中，参考了大量图书和文献，在此也向有关作者表示衷心的感谢。

仿真工作是一个特别广阔的研究领域，无数专家学者为此付出了艰辛的劳动，我们在该领域涉猎的内容非常有限，加之时间仓促，书中错误难免，恳请读者批评指正。

作　者

2019 年 4 月

目　录

第1章　绪　论 ……………………………………………………………………… 1

1.1　卫星推进系统仿真的作用和意义 ……………………………………………… 1

1.2　卫星推进系统仿真的发展历程及趋势 ………………………………………… 2

1.3　卫星推进系统仿真的真实性与快捷性的辩证关系 …………………………… 4

第2章　推进系统仿真分析国内外进展 ……………………………………………… 5

2.1　系统级仿真分析进展 …………………………………………………………… 5

　2.1.1　单组元推进系统 …………………………………………………………… 5

　2.1.2　双组元统一推进系统 ……………………………………………………… 14

　2.1.3　双模式混合推进系统 ……………………………………………………… 21

　2.1.4　电推进系统 ………………………………………………………………… 24

　2.1.5　新概念推进系统 …………………………………………………………… 31

2.2　部件级仿真分析进展 …………………………………………………………… 37

　2.2.1　发动机仿真分析 …………………………………………………………… 37

　2.2.2　电爆阀仿真分析 …………………………………………………………… 41

　2.2.3　单向阀仿真分析 …………………………………………………………… 44

　2.2.4　开关阀门类仿真分析 ……………………………………………………… 46

　2.2.5　压力容器仿真分析 ………………………………………………………… 57

　2.2.6　减压器仿真分析 …………………………………………………………… 58

2.3　推进系统其他相关仿真分析进展 ……………………………………………… 64

　2.3.1　低温推进剂存贮 …………………………………………………………… 64

　2.3.2　联合仿真与耦合分析 ……………………………………………………… 65

　2.3.3　推进剂晃动分析 …………………………………………………………… 76

第3章　推进系统仿真分析的基本理论 ……………………………………………… 82

3.1　基本理论 ………………………………………………………………………… 82

　3.1.1　流动理论 …………………………………………………………………… 82

　3.1.2　结构理论 …………………………………………………………………… 93

  3.1.3 传热理论 …………………………………………… 100

  3.1.4 电磁理论 …………………………………………… 103

 3.2 流动水击问题 …………………………………………… 105

  3.2.1 水击连续微分方程 ……………………………… 105

  3.2.2 水击运动微分方程 ……………………………… 106

 3.3 节流小孔问题 …………………………………………… 106

 3.4 液体晃动问题 …………………………………………… 107

  3.4.1 基本方程 …………………………………………… 107

  3.4.2 泛函极值原理求解 ……………………………… 109

 3.5 多孔介质问题 …………………………………………… 110

  3.5.1 多孔介质介绍 ……………………………………… 110

  3.5.2 多孔介质传热传质机理和规律 …………………… 111

 3.6 微重力流体力学 ………………………………………… 114

  3.6.1 微重力环境下毛细驱动方程 ……………………… 115

  3.6.2 毛细压差驱动方程 ……………………………… 115

  3.6.3 表面张力驱动流动方程 ………………………… 116

 3.7 稀薄气体动力学 ………………………………………… 118

 3.8 电磁问题 …………………………………………………… 120

 3.9 燃烧问题 …………………………………………………… 121

  3.9.1 基本方程 …………………………………………… 121

  3.9.2 燃烧模型 …………………………………………… 122

 3.10 两相流问题 ……………………………………………… 123

第4章 推进系统仿真分析常用工具 ………………………… 125

 4.1 推进系统系统级流动仿真工具 ……………………… 125

  4.1.1 AMESim ………………………………………… 125

  4.1.2 Flowmaster ……………………………………… 143

 4.2 部件级仿真分析工具 …………………………………… 156

  4.2.1 Fluent ……………………………………………… 156

  4.2.2 FLOW‐3D ……………………………………… 183

  4.2.3 CFX ………………………………………………… 196

  4.2.4 ANSYS ……………………………………………… 225

  4.2.5 FPM ………………………………………………… 235

 4.3 前后处理工具简介 ……………………………………… 251

  4.3.1 Tecplot ……………………………………………… 251

4.3.2　Origin　……………………………………………………　254

4.3.3　HyperMesh　………………………………………………　262

4.3.4　HyperView　………………………………………………　278

4.3.5　ICEM　………………………………………………………　282

第5章　推进系统仿真分析工作项目　………………………………………　293

5.1　冷气推进系统仿真分析　………………………………………………　293

5.1.1　仿真分析目标　……………………………………………　293

5.1.2　仿真输入条件　……………………………………………　293

5.1.3　仿真算法或工具选择　……………………………………　293

5.1.4　仿真建模、初始及边界条件　……………………………　294

5.1.5　仿真结果处理及输出　……………………………………　294

5.1.6　冷气推进系统仿真分析案例　……………………………　295

5.2　单组元推进系统仿真分析　……………………………………………　303

5.2.1　仿真分析目标　……………………………………………　303

5.2.2　仿真输入条件　……………………………………………　303

5.2.3　仿真算法或工具选择　……………………………………　303

5.2.4　仿真建模及边界条件　……………………………………　303

5.2.5　仿真结果处理及输出　……………………………………　304

5.2.6　单组元推进系统仿真分析案例　…………………………　305

5.3　双组元推进系统仿真分析　……………………………………………　314

5.3.1　仿真分析目标　……………………………………………　314

5.3.2　仿真输入条件　……………………………………………　315

5.3.3　仿真算法或工具选择　……………………………………　315

5.3.4　仿真建模及边界条件　……………………………………　315

5.3.5　仿真结果处理及输出　……………………………………　315

5.3.6　双组元推进系统仿真分析案例　…………………………　315

5.4　电推进系统仿真分析　…………………………………………………　346

5.4.1　仿真分析目标　……………………………………………　346

5.4.2　仿真输入条件　……………………………………………　346

5.4.3　仿真算法或工具选择　……………………………………　346

5.4.4　仿真建模及边界条件　……………………………………　346

5.4.5　仿真结果处理及输出　……………………………………　346

5.4.6　电推进系统仿真分析案例　………………………………　347

第 6 章　专项仿真分析工作项目 ·· 360

　6.1　流动水击 ·· 360

　　6.1.1　仿真分析目标 ··· 360

　　6.1.2　仿真输入条件 ··· 360

　　6.1.3　仿真算法或工具选择 ·· 360

　　6.1.4　仿真建模及边界条件 ·· 360

　　6.1.5　仿真结果处理及输出 ·· 361

　6.2　节流小孔 ·· 362

　　6.2.1　仿真分析目标 ··· 362

　　6.2.2　仿真输入条件 ··· 363

　　6.2.3　仿真算法或工具选择 ·· 363

　　6.2.4　仿真建模及边界条件 ·· 363

　　6.2.5　仿真结果处理及输出 ·· 364

　6.3　液体晃动 ·· 365

　　6.3.1　仿真分析目标 ··· 365

　　6.3.2　仿真输入条件 ··· 365

　　6.3.3　仿真算法或工具选择 ·· 365

　　6.3.4　仿真建模及边界条件 ·· 366

　　6.3.5　仿真结果处理及输出 ·· 366

　6.4　多孔介质 ·· 368

　　6.4.1　仿真分析目标 ··· 368

　　6.4.2　仿真输入条件 ··· 368

　　6.4.3　仿真算法或工具选择 ·· 368

　　6.4.4　仿真建模及边界条件 ·· 368

　　6.4.5　仿真结果处理及输出 ·· 369

　6.5　微重力流动 ··· 372

　　6.5.1　仿真分析目标 ··· 372

　　6.5.2　仿真输入条件 ··· 372

　　6.5.3　仿真算法或工具选择 ·· 372

　　6.5.4　仿真建模及边界条件 ·· 372

　　6.5.5　仿真结果处理及输出 ·· 372

　6.6　羽流效应 ·· 374

　　6.6.1　仿真分析目标 ··· 374

　　6.6.2　仿真输入条件 ··· 375

6.6.3　仿真算法或工具选择 ･･････････････････････････････････ 375

6.6.4　仿真建模及边界条件 ･･････････････････････････････････ 376

6.6.5　仿真结果处理及输出 ･･････････････････････････････････ 377

6.7　发动机燃烧 ･･･ 379

6.7.1　仿真分析目标 ･･････････････････････････････････････ 379

6.7.2　仿真输入条件 ･･････････････････････････････････････ 379

6.7.3　仿真算法或工具选择 ･･････････････････････････････････ 379

6.7.4　仿真建模及边界条件 ･･････････････････････････････････ 380

6.7.5　仿真结果处理及输出 ･･････････････････････････････････ 381

结束语 ･･ 384

参考文献 ･･ 386

第 1 章 绪 论

推进系统是卫星最重要的分系统之一，其功能是为卫星轨道和姿态调整提供力或力矩。推进系统的性能与卫星平台的性能直接相关，它制约着卫星寿命，影响着卫星安全，在卫星研制过程中占有举足轻重的地位。

1970 年 4 月 24 日，我国成功发射了第一颗人造地球卫星——东方红一号，该卫星没有推进系统，不具备轨道调整功能，而我国第一颗带有推进系统的卫星是 1975 年 7 月发射的"技术试验卫星"，在该卫星上，首次采用了冷气推进系统。这之后，卫星推进系统经历了冷气推进、单组元推进、双组元推进、电推进、混合推进等多个发展阶段，截至 2018 年 8 月，我国已经发射了带推进系统的卫星近 250 颗，作者所在单位——北京控制工程研究所为其中的 224 颗卫星提供了推进系统，占总数的 90%，为各类卫星在轨正常运行做出了重要贡献，同时也在卫星推进系统研制方面积累了丰富的经验，推进系统仿真就是其中重要的组成部分。

1.1 卫星推进系统仿真的作用和意义

卫星推进系统是一个复杂的系统，其专业涵盖了流体力学、热力学、结构力学、化学、电磁学、等离子体科学、材料科学等多个学科，工作过程中涉及能量转化、温度交变、动静交替、材料侵蚀等多种动态复杂过程，学科覆盖面广、工程技术复杂。

卫星推进系统在轨寿命长、系统工况复杂、重量约束强、可靠性指标高，这是区别于其他类型推进系统的明显的技术特点，这也是该类推进系统研制的难度所在。正是由于卫星推进系统具有如此苛刻的高要求，国内能够从事该类系统研制的单位只有寥寥数家，而北京控制工程研究所凭借自身技术实力和行业地位，承担了我国绝大多数卫星推进系统的研制任务。

但是，长期以来，卫星推进系统的研制总是被冠名为"试验科学"，即指推进系统主要是通过试验手段来进行设计验证。这个称谓，一方面反映了推进系统的研制过程复杂，验证难度大；另一方面，也反映出我们在很长一段时间里，仿真工作发展缓慢，没能成为公认的设计验证手段。

进入 21 世纪后，这种情况大有改观。随着技术的进步、条件的改善、认识的提高，仿真工作已经成为卫星推进系统设计的重要组成部分，每一项设计改进，首先都要进行仿真验证。卫星推进系统的仿真工作，不是锦上添花的事，更不是绣花枕头，它在型号研制过程中真真正正地发挥着作用，成为我们工作过程中不可或缺的利器。

（1）提高了设计工作的针对性

通过仿真，可以快速发现设计的薄弱环节，并能够进行有针对性的改进。我们常关心的管路系统流量压降、系统混合比、并联平衡排放效果，均能够通过仿真快速得出结论；对于微重力下的流体分布和流体传输等特殊任务设计，除了需要进行少量缩比模型的落塔试验外，最有效、也是最快捷的手段就是通过流体仿真来进行验证。

（2）降低了高昂的试验费用

一般认为，推进系统是个"烧钱"的系统，主要原因在于，要完成一个系统的设计，需要进行多次系统级试验，主要包括热试和水试。其中的热试尤为烧钱，除了要按照真实状态搭建一套完整试验系统外，还要有完整的测试、采集系统，并且做好安全、消防等全方位的准备工作，花费着实不菲。一次热试的花费，少则几百万元，多则上亿元；更有甚者，有的型号每转一次阶段，就要做一次全系统热试车验证，一个型号研制下来，可能会进行两三次的热试车。

随着推进系统仿真工作的逐步深入，少做热试车甚至不做热试车，是完全有可能的。对于全新的平台，推进系统的研制应以仿真为主、水试为辅，以热试兜底。按照这种模式，在型号研制全过程中，热试车最多可进行一次，水试可以有针对性地开展多次，而大量的研制工作应该通过仿真工作来完成，这是最科学的研制模式。对于一些改动不大的系统，完全可以不再进行系统级热试车。近年来，作者所在单位承担的多项新平台推进系统研制任务，都没有进行热试车，型号全部取得了成功，这其中仿真工作功不可没；而对于跨代的卫星平台，也最多只进行一次全系统的热试车。

（3）大幅缩短了研制周期

与节约研制成本相对应的，就是大幅缩短研制周期。一次水试的准备时间至少需要半年，一次热试的准备时间大约为一年，而完成一次系统仿真，一般为 1～2 周，即使需要多轮迭代，也只会花费 2～3 个月的时间，这对缩短研制周期，减少研制阶段具有重大意义。以往，某高轨卫星平台推进系统的研制，花费了十余年时间，而当前最新型高轨卫星平台的推进系统研制，仅用了 20 个月的时间。这其中，仿真工作发挥的作用功不可没。

（4）为问题快速处理提供了有效手段

仿真在推进系统问题处理过程中，发挥了极为重要的作用，通过仿真，可以使问题快速定位，可以对措施快速验证。现在，每次发生问题，我们首先想到的是"先仿仿看"，仿真成了我们分析问题的重要手段，尽管有的问题还是需要进行试验验证，但仿真工作使得试验验证的次数大为减少，使得验证更加有针对性。对于在轨问题，由于无法对故障源进行实地分析，对仿真的依赖性更大。我们在处理在轨贮箱夹气问题、气路系统泄漏等问题时，均是通过仿真手段来开展定位和分析工作的。

1.2　卫星推进系统仿真的发展历程及趋势

卫星推进系统的仿真工作，是随着卫星研制能力的提升、计算机技术的发展、仿真分析软件的普及而逐渐发展和完善的。

早期的卫星推进系统设计，由于计算能力、计算软件、计算模型都不完善，软硬件条件受到很大限制，因此一般采用原理或经验公式来指导设计工作，而验证工作主要依靠各阶段的大量试验来进行，通过试验结果来对设计进行不断修正和完善。对于复杂性不高的推进系统，如冷气推进、单组元推进等，这种方法也是有效的。

随着计算机运算能力的提升和计算软件的快速发展，卫星推进系统的设计在某些重要环节上，引入成熟软件来开展设计分析和改进工作，如部件结构强度分析、发动机热设计、微重力下的推进剂分布、管路流量压降分布等，通过仿真工作，能够对设计进行初步验证，在早期发现设计的薄弱环节，提高设计的针对性，减少后期进行试验验证的规模和次数，提高设计效率，缩短研制周期，降低成本。仿真手段的大量应用，对于复杂卫星推进系统（如双组元推进系统）的研制，发挥了重要作用。

随着数字化卫星概念的提出，仿真工作已经成为卫星推进系统设计的必备内容。当前，在新平台卫星推进系统设计中，体系化的仿真工作已经成为必不可少的内容，要求所有的系统级性能指标均需要通过仿真工作进行验证，仿真工作成为设计报告的重要组成部分，需要仿真的工作项目形成了基本的工作模板，要求针对卫星推进系统在轨所有正常工况的性能进行仿真，同时对极限拉偏工况给出仿真结果，仿真工作成为了系统设计验证最重要的手段。对于改进型的卫星平台，通过系统仿真可以对其工作性能进行深入分析，系统级的热试车成为非必要的试验项目；对于全新的卫星平台，仿真工作也是最重要的设计验证手段，在仿真工作充分的情况下，热试车的目的更多的是对系统工作的逻辑和新研部件间协同工作的实际效果进行最后的确认。

未来，随着技术发展和研制模式的改进，仿真在卫星推进系统研制过程中发挥的作用将会愈加重要，以下几个方面可能是未来推进系统仿真发展的趋势。

（1）为卫星提供标准化的推进系统解决方案

在各类推进系统模型库比较健全的基础上，针对卫星实际需求和在轨运行工况，通过仿真手段，能够给出最优的系统解决方案，并自动完成系统初步方案设计。

（2）综合性仿真验证平台得以推广使用

针对卫星推进系统具有多学科、多专业的特点，建立综合仿真验证平台，融合多学科设计仿真工具，采用有效的计算模型，制定规范的仿真项目流程，最终实现一键式的设计仿真验证。

（3）采用大数据手段实现仿真模型的多源动态实时修正

仿真模型的真实性对仿真结果的正确性具有决定性作用，通过设计合理的仿真模型数据结构，采用大数据手段，将部组件加工过程中的数据、产品试验过程的数据、在轨飞行过程的数据进行汇总和分析，对仿真模型参数进行动态修正，能够更加真实地对全系统的运行情况进行评估。

（4）对特殊问题的处理分析结果更加精细、全面和真实

在卫星推进系统工作过程中，有些特殊问题的仿真对于技术手段的依赖程度很高，如

羽流效应的影响、极小流量下的流动特性、复杂点火序列对发动机性能的影响。这类仿真项目，都会随着计算能力的提高、计算方法的改进、计算模型的完善，而使仿真结果更加精细，内容更加全面，更加接近真实情况。

1.3　卫星推进系统仿真的真实性与快捷性的辩证关系

卫星推进系统仿真的真实性和快捷性是辩证的，它们之间的关系是矛盾统一的。

我们一方面要强调仿真的真实性，要求方法正确，模型真实，能够完全模拟真实状态，还原出真实过程；但这需要付出一定的代价，其中的时间成本是重要组成部分。以微重力下流体重定位仿真为例，要把微重力下的定位过程真实地模拟出来，需要将网格分得足够细，这就带来运算量的急剧增加，一个定位工况的运算时间可能要花费一个月以上的时间。对于多工况计算，周期会更长，这样会严重影响设计的效率。

为此，我们还需要关注仿真的便捷性，要求能够用尽量短的时间，得到需要的仿真结果。要达到这个效果，就需要把模型做得尽量简化，只关注重要的内容；同时要求中间过程处理得更加快速，适当地采取加速手段。而要做到这一点，就必须深刻把握仿真工作的需求，也就是我们希望通过仿真达到什么样的目标，我们所有的简化处理，都不会对这个最终目标的实现造成影响。还是以微重力下的流体重定位为例，如果我们希望的目标是得到最终的重定位分布形态，那就可以采用如下的简化手段：首先，在对定位结果有初步预期的前提下，对无关区域内的网格可以加粗，以减少计算量；其次，要设置一个定位初值，这个初值要尽量接近预期的最终定位形态，可以减少中间过程的时间消耗；再次，可以采用参数加速手段，缩短前期定位的运算时间。采用这些手段，能够大幅缩短运算时间，在很短的时间内，得到我们需要的结果。

仿真工作的难点和有趣之处，就是需要在真实和快捷两个方面找到一个平衡点，能够把这个点拿捏到位的人就是我们所说的仿真高手。高手实际上是建立在对规律的先验认识的基础上的，在仿真之前，已经对仿真结果有了初步的预测，才知道采取哪些手段可以缩短仿真过程，同时又不影响仿真结果的真实性。

对于推进系统全系统的仿真工作，真实性和便捷性的关系更加突出。一个系统是由众多部件组成的，而描述这些部件的参数又极其繁多，我们要实现快速仿真的目标，只需重点关注其中关键的参数，而这些参数的真实性，会对仿真结果产生至关重要的影响。

在一些经典的仿真软件中，会将这些部件的关键参数设为可调整的变量，用户可以根据自己产品的特点对这些变量进行修正，然后封装成为自己特有的仿真模型。这项工作对于采用成熟软件开展仿真工作的情况非常重要。以部件的流量压降为例，软件库里自带的流量压降参数都源自于经典的案例，我们发现采用这些自带的参数，仿真出来的结果与真实情况有一定差异，于是安排将我们自己的每类产品，对使用真实推进剂时的流量压降情况进行了摸底试验，用试验结果来修订模型中的参数，采用修订后的模型，仿真结果与系统级的试验结果吻合得非常好。

第 2 章　推进系统仿真分析国内外进展

本章从推进系统级与单机级两个层面，对国际上推进系统的仿真分析情况进行了调研与总结，内容包括仿真分析方法、分析过程、仿真结果等，覆盖了常见的推进系统类别、单机及其相应设计关注点，相关内容可以供从事推进系统仿真分析的人员参考。

2.1　系统级仿真分析进展

2.1.1　单组元推进系统

与其他类型的推进系统相比，单组元推进系统在可靠性、寿命、安全性和成本等方面具有明显的优势，因此广泛应用于各种航天器的姿控和轨道控制，尤其是中低轨卫星平台。单组元推进系统通常以落压方式工作，推进剂通过贮箱贮存，贮箱内部利用推进剂管理装置（PMD）对推进剂进行管理，通过高压气体（氮气或氦气）挤压为发动机提供推进剂。

对于推进系统设计，水击压力峰对推进系统的影响是必须考虑的因素。传统稳态达西摩擦公式对于管路内流体振幅及压力波的仿真具有很大误差。Zielke 提出了特征线法对此现象进行仿真，结果表明仿真能够较准确地预测压力响应。Trikha 进一步改进了 Zielke 的模型，提高了计算效率。Schohl 采用最小二乘拟合的方法扩展了此方法的应用范围，并提高了预测精度。

An‑Shik Yang、Tien‑Chuan Kuo 针对 ROCSAT‑1（科学试验卫星，1999 年 1 月 27 日发射）单组元推进系统进行了仿真，推进系统原理图如图 2‑1 所示，目的主要是验证系统设计。

ROCSAT‑1 推进系统主要单机包括贮箱、过滤器、节流装置、自锁阀、推力器及管路等，稳态数学模型如下。

1）贮箱模型

$$V = V_0 + \int_0^t \frac{\dot{m}_{\text{prop}}}{\rho} \mathrm{d}t \tag{2-1}$$

$$T = T_0 \tag{2-2}$$

$$P = nRT/V \tag{2-3}$$

其中，V_0 为挤压气体初始体积。

2）管路压降

$$\Delta P_{\text{p}} = \frac{\rho v^2}{2}\left(\frac{fL}{D} + \sum k\right) \tag{2-4}$$

其中，$f = 64/Re_{\text{D}}$，k 为各种管路的压力损失系数。

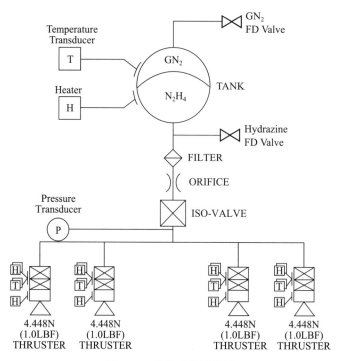

图 2 - 1　推进系统原理图

3）过滤器压降

$$\Delta P_f = \frac{\rho v^2}{2} K_f \tag{2-5}$$

4）节流孔压降

$$\Delta P_{or} = \frac{\rho v^2}{2} K_{or} \tag{2-6}$$

5）自锁阀压降

$$\Delta P_{lv} = \frac{\rho v^2}{2} K_{lv} \tag{2-7}$$

其中 K_f，K_{or}，K_{lv} 为部件试验修正系数。

6）推力器特性

$$\begin{cases} \dot{m}_{prop} = f\,[P_u] \\ F = g\,[P_u] \\ I_{sp} = h\,[P_u] \end{cases} \tag{2-8}$$

7）管路总压降

$$P_t - P_u = \Delta P_p + \Delta P_f + \Delta P_{or} + \Delta P_{lv} \tag{2-9}$$

对于阀门开关造成的水击现象，瞬态数学模型如下。

1）连续方程

$$\frac{1}{\rho a^2}\frac{\mathrm{d}P}{\mathrm{d}t} + \frac{\partial u}{\partial x} + \frac{\partial \sigma}{A} = 0 \tag{2-10}$$

其中，σ 表示 X 方向通过面积的变化率，$\sigma(x) = \partial A/\partial x$。

声速公式为

$$a = \left[\frac{K/\rho}{1 + C(KD)/E_e}\right]^{1/2} \tag{2-11}$$

其中，C 为泊松比函数。

2）动量方程

$$\rho\,\frac{\partial u}{\partial t} + \rho u\,\frac{\partial u}{\partial x} = -\frac{\partial P}{\partial x} - \rho g\sin\alpha - \frac{\tau_w A_p\cos\theta}{A\,\mathrm{d}x} \tag{2-12}$$

流体密度压力公式

$$\frac{\mathrm{d}P}{\mathrm{d}\rho} = \frac{K}{\rho}\ 或者\ P = P_0 + K\ln\frac{\rho}{\rho_0} \tag{2-13}$$

非稳态层流管路动量方程如下

$$C^+:\begin{cases}\dfrac{\mathrm{d}x}{\mathrm{d}t} = u + a\\[2mm] \dfrac{1}{\rho a}\dfrac{\mathrm{d}P}{\mathrm{d}t} + \dfrac{\mathrm{d}u}{\mathrm{d}t} + g\sin\alpha + \dfrac{\tau_w A_p\cos\theta}{A\rho\,\mathrm{d}x} + \dfrac{ua}{A}\sigma(x) = 0\end{cases} \tag{2-14}$$

和

$$C^-:\begin{cases}\dfrac{\mathrm{d}x}{\mathrm{d}t} = u - a\\[2mm] \dfrac{1}{\rho a}\dfrac{\mathrm{d}P}{\mathrm{d}t} - \dfrac{\mathrm{d}u}{\mathrm{d}t} - g\sin\alpha - \dfrac{\tau_w A_p\cos\theta}{A\rho\,\mathrm{d}x} + \dfrac{ua}{A}\sigma(x) = 0\end{cases} \tag{2-15}$$

联立方程得

$$\begin{cases}\dfrac{1}{\rho^2 a}\dfrac{\mathrm{d}P}{\mathrm{d}x} + \dfrac{1}{A}\sigma(x) + \dfrac{1}{u}\dfrac{\mathrm{d}u}{\mathrm{d}x} = 0\\[2mm] \dfrac{\mathrm{d}P}{\mathrm{d}x} + \rho u\dfrac{\mathrm{d}u}{\mathrm{d}x} + \rho g\sin\alpha + \dfrac{\tau_w A_p\cos\theta}{A\,\mathrm{d}x} = 0\end{cases} \tag{2-16}$$

求解方程所需的边界及初始条件：贮箱出口压力 $P = 2.45$ MPa，$t = 0$ 时刻推力器的入口速度 $v = 0$ m/s。

计算模型首先通过试验数据进行了验证并对相关系数进行了修正，建立系统仿真模型。仿真系统相关参数：贮箱的容积为 91 L，推进剂 72.6 kg，氮气作为挤压气体，初始压力 2.45 MPa。从贮箱出口到发动机管路全部填充推进剂，在轨期间，由于采用温控措施及贮箱推进剂热容较大，因此氮气及推进剂温度设为常值 15.6 ℃。

仿真计算中，四个推力器在落压模式下稳态点火。贮箱膨胀、肼饱和蒸气压及溶解率忽略。摩擦系数 K_f、K_{or} 以及 K_{lv} 通过各单机在工作点线性计算得到。各单机流量压降如下：

1）过滤器：7 560 Pa，7.576 g/s；

2）节流孔：51 900 Pa，7.576 g/s；

3）自锁阀：16 400 Pa，7.576 g/s。

ROCSAT-1发动机热试车数据应用于仿真，4.448N发动机对应的发动机入口压力流量公式

$$\dot{m}_{prop} = (2.222 \times 10^{-5}) \times P^{0.774} \qquad (2-17)$$

ROCSAT-1推进系统基于任务需求，对选取的三种不同的贮箱方案进行了系统仿真分析，三种贮箱具体参数如下，贮箱体积分别为91 L、96 L、104 L，初始压力均为2.45 MPa，初始推进剂装填量均为72.6 kg，三种方案到寿命末期贮箱压力分别为0.496 MPa、0.598 MPa、0.74 MPa。具体系统仿真参数见表2-1和表2-2。

表 2-1　使用贮箱主要参数

	贮箱 1	贮箱 2	贮箱 3
供货商	PSI	DOWTY	DASA
类别	隔膜贮箱	隔膜贮箱	表面张力贮箱
形状	椭圆	椭圆	椭圆
质量/kg	6.7	8.2	6.4
体积/L	91	96	104
装填推进剂能力/kg	72.6	74.5	81.0

表 2-2　ROCSAT-1卫星推进系统管路长度和弯管数据

序号	起点	终点	长度/mm	不同角度弯管数量				
				22.5°	67.5°	90.0°	135.0°	157.5°
1	贮箱	过滤器	845	3	0	4	0	0
2	过滤器	节流孔	203	0	0	1	0	1
3	节流孔	隔离阀	237	0	0	1	0	0
4	隔离阀	交汇点 1	647	3	2	0	1	0
5	交汇点 1	交汇点 2	47	0	0	0	0	0
6	交汇点 1	交汇点 3	468	3	0	0	0	0
7	交汇点 2	发动机 1 入口	700	3	0	2	0	0
8	交汇点 2	发动机 4 入口	1122	6	0	3	0	0
9	交汇点 3	发动机 2 入口	700	3	0	2	0	0
10	交汇点 3	发动机 3 入口	1113	6	0	3	0	0

ROCSAT-1推进系统仿真内容主要包括：1）推进剂剩余量；2）稳态下推进剂流量；3）单机管路压损；4）发动机推力比冲，如图2-2～图2-4所示。

ROCSAT-1推进系统分别针对采用三种不同推力的推力器系统进行仿真，仿真内容包括贮箱压力变化、推进剂剩余量变化、推力及压损变化，通过仿真分析质量流量对系统性能影响，仿真结果如图2-5和图2-6所示。

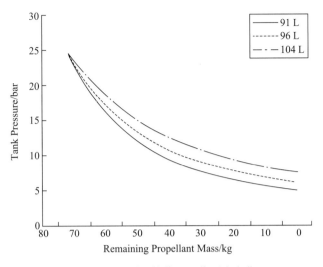

图 2 - 2　不同贮箱落压工作压力变化

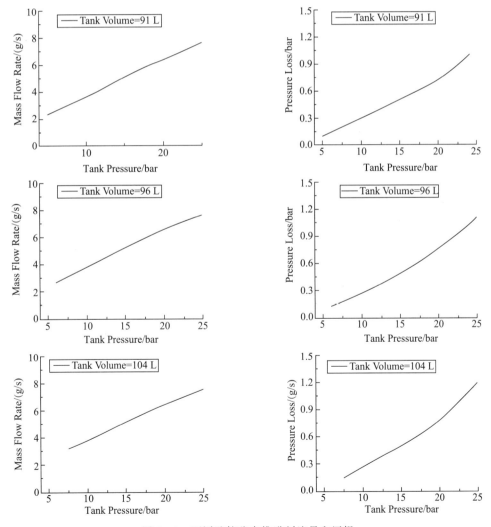

图 2 - 3　不同贮箱稳态推进剂流量和压损

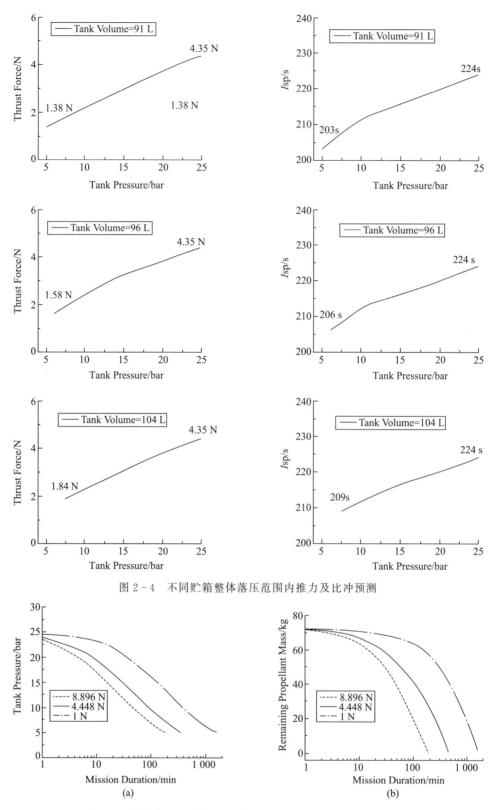

图 2-4　不同贮箱整体落压范围内推力及比冲预测

图 2-5　任务期间不同推力工作时贮箱压力和推进剂剩余量变化

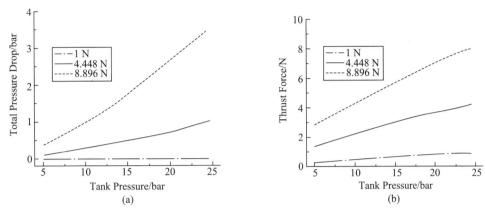

图 2-6　不同推力器整个落压范围推力及压损

　　ROCSAT-1 推进系统专门针对水击现象进行了仿真，仿真采用特征线法，仿真内容主要包括：1）自锁阀关闭；2）四个推力器阀门关闭；3）推力器阀门脉冲开关。通过仿真得到的水击压力峰值小于设计值及水击振荡频率与机械结构不耦合（小于系统结构设计指标）结果，确认设计的合理性。仿真还分别针对有无节流孔、管路长度（$0.5L_0$、L_0、$1.5L_0$）及发动机阀门脉冲点火典型工况（30 ms/220 ms、50 ms/200 ms、80 ms/170 ms、100 ms/150 ms 在 250 ms 控制周期）进行了瞬态仿真。仿真结果如图 2-7～图 2-10 所示。

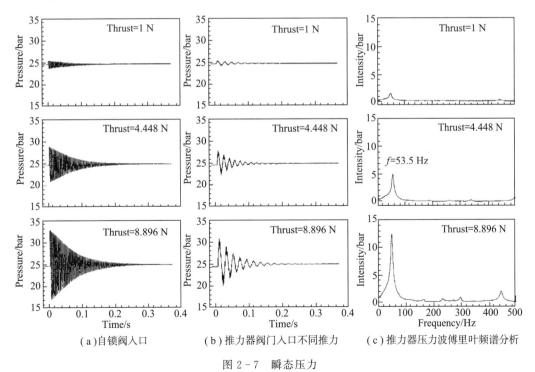

（a）自锁阀入口　　　　（b）推力器阀门入口不同推力　　（c）推力器压力波傅里叶频谱分析

图 2-7　瞬态压力

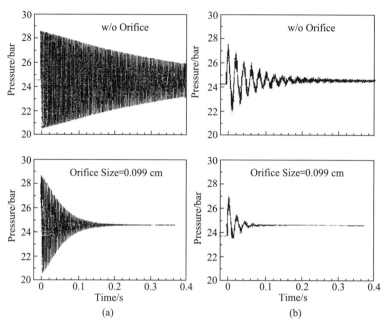

图 2 - 8　有无节流孔自锁阀入口和推力器阀门入口瞬态压力

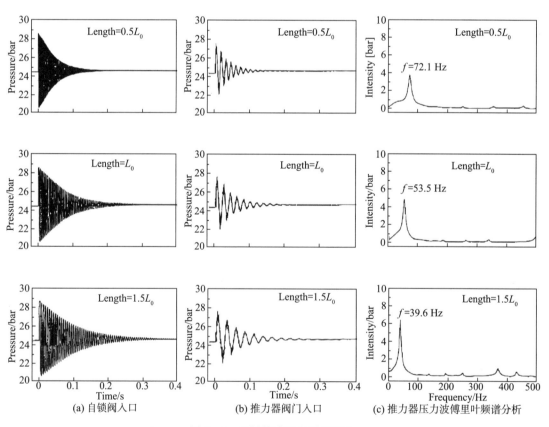

(a) 自锁阀入口　　　　　　(b) 推力器阀门入口　　　(c) 推力器压力波傅里叶频谱分析

图 2 - 9　不同管路长度瞬态压力

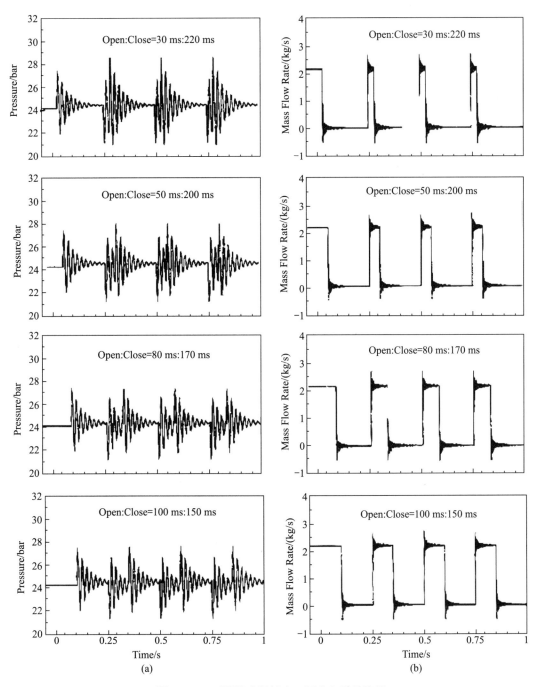

图 2 - 10　不同脉冲阀门入口压力和质量流量

ROCSAT - 1 推进系统通过仿真很好地验证了系统设计的合理性，并依据仿真计算的结果，进一步对系统进行了优化设计。

2.1.2　双组元统一推进系统

双组元推进系统是一种比较成熟的技术，由于比冲高，在大型卫星、飞船和航天飞机等航天器上得到应用。双组元推进系统能独立完成轨道注入、轨道保持和轨道大机动、姿态控制以及再入机动等功能，是一种功能全面的推进系统。目前设计的统一推进系统，即轨道控制和姿态控制使用同一种推进剂，可以使系统相对简化。我国的东方红三号卫星、东方红四号卫星、神舟号飞船，国外的 Spacebus - 4000、ATV 等都采用双组元统一推进系统，用于执行轨道机动、姿态控制等功能。国内外研究机构对各种双组元统一推进系统进行了系统级仿真，取得了大量的研究成果，为推进系统的设计优化提供了参考。

2.1.2.1　ATV 推进系统仿真

2.1.2.1.1　ATVSim 软件介绍

ATV 推进系统由 4 个 490 N 主发动机和 28 个 220 N 姿控推力器组成，这种高精度推进系统设计用于与国际空间站（ISS）交会的轨道提升、轨道操纵，以及与空间站的高精度对接。ATV 推进系统采用 MON - 3 和 MMH 作为推进剂，推进剂贮箱为 4 对，氧路 4 只贮箱中，两对并联，每对贮箱中的两只串联，对燃路也是如此。4 台主 490 N 发动机用于轨道操纵和空间站推进。4 组（5 台一组）220 N 推力器安装在 ATV 的下方周围，4 组（2 台一组）220 N 推力器安装在 ATV 的上方周围。总共 28 台 220 N 推力器用于姿态控制和制动，可将 20 t 的飞行器安全对接到国际空间站。

针对 ATV 推进系统的仿真软件简称 ATVSim，是由 EADS Astrium 公司开发、专门针对 ATV 整个推进系统设计与应用的一款仿真分析软件工具。ATVSim 将 ATV 推进系统和任务复杂时序特征（阀门状态的全部组合）进行建模，通过图形化用户界面，可以定义环境温度和具体主发动机和推力器的点火周期。ATVSim 拥有简单的用户界面来执行后处理，例如，以曲线与时间的形式显示参数，在一个仿真中，这样的参数曲线可以实时升级更新。由于运行系统采用了高级处理器和高度集成的措施，因此仿真进程比推进系统的实时工作要快，可以在笔记本电脑上运行，以得到可靠的满足飞行预估精度要求的结果。该软件在 ATV 推进系统开发和在轨阶段发挥了重要作用。

ATV 软件工具由仿真器和图形化用户界面两部分组成，仿真器是基于 CAPSIM 模块化流体动力学仿真器，并针对 ATV 推进系统的复杂性进行了改进。图形化用户界面可分为监视器和编辑器。ATV 推进系统及 ATVSim 仿真软件见图 2 - 11、图 2 - 12。

2.1.2.1.2　ATVSim 的部件模型与解算器

（1）高压气瓶模型

高压氦气瓶采用 4 节点模型，各个节点分别代表氦气、气瓶壁面、环境边界和结构边界，内部节点与壁面节点连接的地方，并考虑两个节点之间的热流。能量方程根据内部温度和压力计算。

建立部件模型时，考虑了增压气体的影响：

1）环境/结构热流；

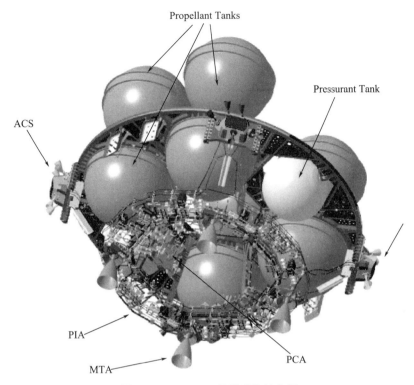

图 2-11　ATV 双组元系统结构图

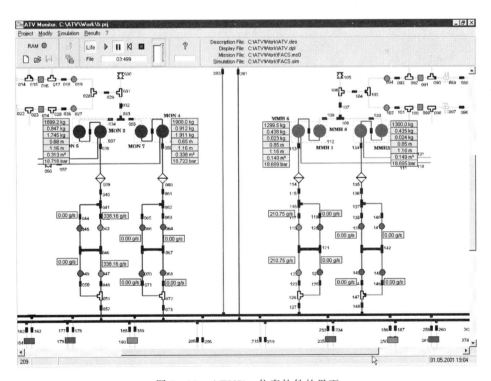

图 2-12　ATVSim 仿真软件的界面

2）源自加热器的诱导热流；

3）气体与气瓶之间的热交换；

4）由于充放气流动引起的能量变化。

氦气质量和能量的守恒方程为

$$\frac{dU_{\text{helium}}}{dt} = \sum \dot{m}_{\text{in/out}} h_{\text{in/out}} + Q_{\text{heater}} + Q_{\text{Enviroment}} + Q_{\text{Structure}} + P \cdot dv \qquad (2-18)$$

$$\frac{dm_{\text{helium}}}{dt} = \sum \dot{m}_{\text{in/out}} \qquad (2-19)$$

式中，$m_{\text{in/out}}$ 为进出的氦气质量，$h_{\text{in/out}}$ 为进出氦气的焓，Q_{heater} 为气瓶加热器的功率，$Q_{\text{Enviroment}}$ 为环境的热能，$Q_{\text{Structure}}$ 为结构热能。

（2）增压气体控制组件模型

增压气体控制组件包括减压器和一组流动控制部件，氧化剂和燃料不包括增压气体控制组件。

1）减压器模型。减压器作为压力调节装置，需要对额定工作压力和关闭条件进行建模。减压器模型的建立利用了每台减压器验收试验数据，入口压力、出口压力和氦气质量流量是三种不同的温度函数。在减压器工作区间内利用减压器内推方法确定性能特性。节流过程引起的温度增加可以用以下公式描述

$$\Delta T = \mu(P,T)(P_{\text{in}} - P_{\text{out}}) \qquad (2-20)$$

其中

$$\mu = \left(\frac{\partial T}{\partial P}\right)_h$$

式中，P_{in} 为减压器入口压力，P_{out} 为减压器出口压力，ΔT 为氦气温度变化量，μ 为 Joule Thomson 系数，温度增加时 $\mu \leqslant 0$。减压器模型考虑了内部元件的热流和热容。

2）流量控制组件模型。流动控制组件的压力损失简化为损失系数，该系数由每个部件的试验数据得到。

$$\Delta P = \xi \frac{\rho}{2} v^2$$

其中，ΔP 为部件压力损失，ξ 为部件损失系数，ρ 为流体密度，v 为流体速度。管路及其接头的压力损失来自标准工程库。

（3）推进剂贮箱模型

ATV 推进剂贮箱为 8 个表面张力贮箱，为了减少推进剂控制组件的数量，单路推进剂贮箱采用两个串联的方式布局，贮箱模型具备仿真贮箱工况包括：

1）充填模式；

2）压力调节控制的恒压模式；

3）无压力调节控制的落压模式；

4）环境温度变化导致的压力变化。

贮箱在上述工作模式下的性能是以下过程的函数：

1）增压控制过程中进入系统的氦气；

2）推力器工作过程中消耗的推进剂；

3）气垫做的功；

4）推进剂和气垫性能的变化；

5）环境温度变化导致的压力变化；

6）推进剂内溶解的氦气。

推进剂贮箱模型包含了贮箱的膨胀系数（由于温度和压力变化引起的几何形状变化），不包括推进剂凝结和化学反应。对贮箱内的流体应用质量守恒和能量守恒方程，对于贮箱内的气体部分，能量方程为

$$
\begin{aligned}
\frac{\mathrm{d}U_{\mathrm{gas}}}{\mathrm{d}t} = &\sum \dot{m}_{\mathrm{he\_in}} \cdot h_{\mathrm{he\_in}} - \dot{m}_{\mathrm{gas\_diss}} \cdot h_{\mathrm{gas\_diss}} + \\
&Q_{\mathrm{heater,G}} + Q_{\mathrm{env,G}} + Q_{\mathrm{gas,G}} + Q_{\mathrm{stru,G}} - \\
&p \cdot \mathrm{d}v + Q_{\mathrm{chemical,G}} + \dot{m}_{\mathrm{envap,G}} \cdot h_{\mathrm{envap,G}} + \\
&\dot{m}_{\mathrm{cond,G}} \cdot h_{\mathrm{cond,G}}
\end{aligned}
\tag{2-21}
$$

对于贮箱内的液体部分，能量方程为

$$
\begin{aligned}
\frac{\mathrm{d}U_{\mathrm{prop}}}{\mathrm{d}t} = &\sum \dot{m}_{\mathrm{prop\_in}} \cdot (h_{\mathrm{prop\_in}} - h_{\mathrm{prop}}) + \\
&\dot{m}_{\mathrm{diss,prop}} \cdot h_{\mathrm{diss,prop}} + Q_{\mathrm{heater,prop}} + Q_{\mathrm{env,prop}} + \\
&Q_{\mathrm{gas\_liq,prop}} + Q_{\mathrm{stru,prop}} + \dot{m}_{\mathrm{envap,prop}} \cdot h_{\mathrm{envap,prop}} + \\
&\dot{m}_{\mathrm{cond,prop}} \cdot h_{\mathrm{cond,prop}}
\end{aligned}
\tag{2-22}
$$

其中，U 为内能，$\dot{m}$ 为质量流率，h 为焓，m_{diss} 为氦气质量溶解率，h_{diss} 为氦气溶解焓，Q_{heater} 为贮箱加热功率，Q_{env} 为环境热能，Q_{stru} 为结构热能，$Q_{\mathrm{gas\_liq}}$ 为气体与液体之间的热能，Q_{chemical} 为由于化学反应产生的热能，$\dot{m}_{\mathrm{envap}}$ 为蒸发率，$\dot{m}_{\mathrm{cond}}$ 为凝结率，h_{cond} 为凝结焓，prop 代表推进剂，gas 代表氦气。

贮箱内气垫的连续方程为

$$
\frac{\mathrm{d}m_{\mathrm{gas}}}{\mathrm{d}t} = \dot{m}_{\mathrm{he\_in,G}} + \dot{m}_{\mathrm{envap,G}} + \dot{m}_{\mathrm{cond,G}} - \dot{m}_{\mathrm{diss,G}}
\tag{2-23}
$$

贮箱内推进剂的连续方程为

$$
\frac{\mathrm{d}m_{\mathrm{prop}}}{\mathrm{d}t} = \dot{m}_{\mathrm{prop\_in}} + \dot{m}_{\mathrm{envap,prop}} + \dot{m}_{\mathrm{cond,prop}}
\tag{2-24}
$$

①推进剂贮箱热模型

推进剂、气垫和贮箱壁面之间存在热交换，贮箱热模型中热交换机制为线性，即热流与温度梯度呈线性，节点 2 和节点 3 分别表示上下贮箱初始时的推进剂，一旦上面的贮箱排空，这些节点必须改变，为了避免数值计算不稳定，重点关注开关点。推进剂和气垫的热交换面积进行了近似处理，由于模型中不包括重力效应，气垫的热交换性能采用了平均值。

②推进剂贮箱流动模型

由于 PMD 和其他元件的压力损失是推进剂流速的函数，静压头是加速度和几何形状的函数。推进剂贮箱出口 1 的压力为

$$P_1 = P_u + H_1 - \Delta P_{PMD1} - \Delta P_{outletport1} \qquad (2-25)$$

推进剂贮箱出口 2 的压力为

$$P_2 = P_u - \Delta P_{PMD1} - \Delta P_{outletport1} - \Delta P_{piping} - \Delta P_{inletport2} + H_2 - \Delta P_{PMD2} - \Delta P_{outletport2}$$
$$(2-26)$$

式中，P 为压力，ΔP 为压力变化量，H 为静压头，下标 u 表示为气垫压力，下标 1 表示贮箱 1，下标 2 表示贮箱 2，PMD 表示推进剂管理装置。

在初始化过程中，解算器需要定义流动方向，在贮箱加注过程中采用了分离模型。

（4）推进剂分离组件

推进剂分离组件是为推力器和发动机提供推进剂的管路，采用了推进剂输送的环形管路系统为推力器提供常规的推进剂供应，由于强调冗余，在推进剂分离组件中采用了大量的自锁阀。推进剂分离组件模型的主要功能是计算系统的压力损失和为压力传感器提供输出。

与其他管路系统网络相比，推进剂环形管路分布系统压力损失较小，贮箱布局可以利用管路这种布局。通过贮箱出口的叠加损失模拟推进剂分离组件的损失，这个损失系数涵盖两种情况：所有的推进剂贮箱供给系统和单个推进剂贮箱成对的供给系统。推进剂分离组件的压力损失可简化为损失系数的函数，该系数由每个部件的试验数据得到。

（5）主发动机模型

490 N 主发动机组件模型能对发动机的稳态工作模式及脉冲工作模式的性能进行预估，模型的建立基于试验数据。490 N 发动机稳态工作模型用于确定主发动机性能参数，如推力、质量流量、混合比、比冲和燃烧室温度，依据入口压力和入口温度计算燃烧室压力，迭代循环直至收敛。脉冲工作模型考虑了发动机开机和关机的时间。

稳态工作时的混合比利用一组参考值计算

$$MR = \frac{m_{ref}}{K} \left[\frac{\rho_{oxref} (OFP - P_c)^{0.5}}{\rho_{furef} (FFP - P_c)^{0.5}} \right] \qquad (2-27)$$

式中，MR 为混合比，m_{ref} 为参考推进剂质量流量，K 为常数，P_c 为燃烧室压力，OFP 为氧化剂供给压力，FFP 为燃料供给压力，ρ 为流体密度。

其他参数 C^*、比冲和推力可以根据燃烧室压力 P_c 的多项式得出。

脉冲工作时的发动机性能由脉冲模型预估

$$I_{bit} = F_{ss} (T_{on} - T_{Valve Response} - T_{InjectDelay}) \qquad (2-28)$$

其中 T 为时间，F_{ss} 为稳态推力值。

（6）220 N 姿控推力器模型

在 AMESim 中，220 N 推力器模型分为稳态点火模式（SSF）和脉冲点火模式（PMF）。稳态模式的推力、比冲、质量流量等性能数据可以通过氧燃入口压力和温度的三

次多项式计算。脉冲模式参数（比冲、推力、每个脉冲的推进剂消耗量）方程的计算基于热点火确定的参考工作点，通过推力加大和衰减次数确定每个脉冲的质量流量，并考虑了推力循环、入口压力和温度、阀门工作电压、阀门开关时间和几个调节系数，但是对入口温度受发动机点火的影响不予考虑。

姿控推力器主要以脉冲模式工作，姿控推力器消耗了 30% 的推进剂，ACS 推力器性能是推进剂压力和温度的函数，确定了这些条件，模型可以得出推进剂质量流量、具体比冲、推力、燃烧室温度等参数。

利用以下多项式可以得到性能关系

$$P(P_{ox}, P_{fu}) = a + bP_{ox} + cP_{ox}^2 \qquad (2-29)$$

$$P(P_{ox}, T_{fu}) = a + bT_{ox} \qquad (2-30)$$

$$P(P_{ox}, P_{fu}, T_{ox}, T_{fu}) = P(P_{ox}, P_{fu}, T_{ox}) \qquad (2-31)$$

式中，P 为入口压力；T 为入口温度；a、b、c 为常数。从上面的公式可以看出，如果将温度项对压力的影响进行无量纲化处理（比如 15 ℃ 下的各参数是已知的），这样多项式中就只剩下 P_{ox} 和 P_{fu}，很容易通过 P_{ox} 和 P_{fu} 得到推力器的其他参数值。

（7）管路模型

对于直管路、弯曲管路、三通、节流孔、变直径接头处的压降，采用了经过验证的仿真软件 CAPSIM 来计算，CAPSIM 已经用于 ARD、全球星、二代 Meteosat 推进系统的仿真，软件中不同几何形状的压降方程采用了标准文献里的方程。为了精确计算 ATV 推进系统复杂管路系统的压降，所有管路都按照实际建造的尺寸和布局进行仿真。计算和试验比较结果表明，计算精度优于 1%。

（8）解算器

解算器是基于 CAPSIM 模块化流体动力学仿真器，这是 ATVSim 模型的核心，可以在个人电脑上运行，快速得到 ATV 推进系统的热力学和流体动力学数据，计算过程不发散。在每个时间步长，迭代 ATV 推进部件的质量流量和压降，建立流体动力学解之后，再处理方程组的热力学解，用户可定义时间步长，每个时间步长计算准静态。在解算器中集成了事件传感器，可根据需要增加步长。

2.1.2.1.3　图形化用户界面 GUI

为了控制仿真器，编辑 ATV 推进系统的几何数据，也方便进行后处理，为仿真器增加了图形化用户界面。编辑器可编辑 ATV 的几何数据，所有的管路尺寸、管路长度或初始压力温度可方便地检查编辑。自锁阀开关状态、环境温度、推力器点火周期作为时间的函数可在时序表中插入。

监视器用于控制仿真器，定义几何数据和任务数据。软件可启动、停止、暂停以及再启动。在运行过程中，用户可在监视器上看到定义的计算数据，阀门状态用红色或绿色标记显示，点火的推力器和发动机用 GIF 动画模拟。任务时间较长，软件以批处理模式启动，为了检查后续结果，监视器可以动画形式显示仿真结果，日志文件可记录，仿真结果曲线可显示。

2.1.2.2　其他双组元统一推进系统的仿真

在 Spacebus 4000 双组元推进系统开发与应用中，使用了自由仿真工具进行了系统仿真，对系统管路填充、气路增压、多推力器工作时的系统压力等情况进行了仿真分析，并与在轨情况进行了对比，仿真结果与实际飞行情况符合较好。图 2-13 是 Spacebus 4000 双组元统一推进系统原理图。

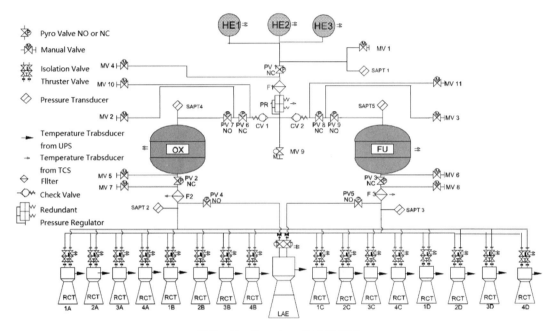

图 2-13　Spacebus 4000 系统图

整个双组元推进系统由 3 个高压气瓶、2 个贮箱、1 个 400 N 发动机、16 个 10 N 推力器、5 个压力传感器、2 个单向阀、1 个减压器、9 个电爆阀、10 个加排阀以及 3 个过滤器组成。基于系统原理图，进行了系统仿真，获得的结果如图 2-14～图 2-16 所示。

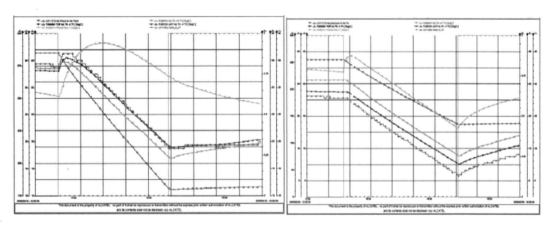

图 2-14　AMC12 姿控推力器压力变化情况

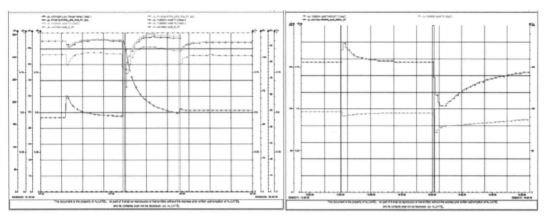

图 2 - 15　400 N 发动机点火 2 s 的压力变化情况

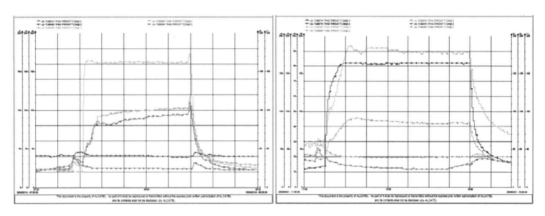

图 2 - 16　东西机动过程中推力器推力变化情况

2.1.3　双模式混合推进系统

双模式混合推进系统的仿真包括两类，一类是针对系统的流动传热进行仿真。由于双模式混合推进系统涉及到的系统部件和原理与传统的双组元统一推进系统基本一致，该类仿真方法也与传统的卫星推进系统仿真方法一致。另一类是对双模式混合推进的工作过程进行仿真，用于评估双模式混合推进系统的工作性能，进行系统工作模式的优化。

2.1.3.1　系统流动传热仿真

一般基于基本的工程热力学、传热学、流体力学理论以及由此导出的简单的理论公式和经验公式，手动编程开展计算，通过求解简单的微分方程获得所需的系统参数。这种方法采用的基本原理、基本方程和计算过程如下。

（1）气路系统模型

该模型包括：气瓶的热动力学；氦气压力调节过程的焦-汤定律；摩擦引起的氦气系统的压力损失。

（2）推进剂供给系统模型

该模型包括：推进剂贮箱地面和飞行状态参数、推进剂供给损失、推力器流动模型。

（3）推力器模型

推力器模型根据系统计算得到的氧燃压力作为推力器入口压力，温度则采用氧燃入口温度平均值，推力和比冲分别用下式计算

$$F = k_1 (k_2 P_s + k_3 \sqrt{P_s} + k_4) \tag{2-32}$$

其中 k_1 为推力受温度的影响系数。

$$I_{sp} = k_5 P_s + k_6 \sqrt{P_s} + k_7 \tag{2-33}$$

忽略温度对比冲的影响。式（2-32）、式（2-33）中，P_s 为推力器入口压力，$k_1 \sim k_7$ 均由点火数据拟合。

流体模型的开发需要随着迭代步数增加以确保精度，这样也易于测试其算法。首先开发稳态、恒定入口压力、单个推力器的分系统模型；然后增加增压气路，使得系统模型可模拟恒压工作模式及落压工作模式；最后迭代修正流动模型，这种构建代表了模型最终形式。后续可根据具体实际的推进系统布局修订系统模型，如具备选择自锁阀开关的能力，根据实际管路布局修改模型等，以确保系统仿真模型用于其他卫星。

在具体计算时，每个部件均有流阻系数 K，K 基于压降测试数据得到（一般在鉴定试验或验收试验中得到），压降与流量的关系为 $\Delta p \propto K \dot{m}^2$，其中 Δp 为压降；$\dot{m}$ 为质量流量。对于管路，K 依据 $K = fL/D$ 得到，其中 f 为无量纲摩擦系数，与材料属性有关；L 为管路长度，D 为管路水力学直径，这样计算得到 K。

计算每个组件和每段管路的流阻系数 K，在每个流体通道上应用达西方程计算，公式为 $\Delta p = K \dot{m}^2 / 2 \rho A^2 g_c$，其中 ρ 为流体密度；A 为管路部分的水力学面积。对于发动机，利用热点火数据确定氧路和燃路喷注器的流阻系数；利用验收测试数据，得到减压器模型，即出口压力是入口压力和温度的函数，因为气瓶压力降低时，这些性能是稳定变化的，减压器流体模型中也包括了 Joule - Thomson 效应以确保仿真精度。

按照该方法可以进行各部组件的建模。

2.1.3.2　Galaxy XII 双模式推进系统

2000 年以来，美国科学轨道公司针对卫星化学推进系统开展了数值仿真研究，建立了 Galaxy XII 卫星推进系统分析模型，以确定满足双组元推力器入口压力所需的压降；通过仿真卫星每个阶段推进系统的工作情况，提供了推进剂消耗和分布；预估气瓶与贮箱压力、减压器性能、自锁阀开启时间、压力传感器的遥测值以及双组元发动机入口条件。该流动模型成功应用在 Galaxy XII 的卫星上，该模型也可预估卫星推进系统在轨性能。针对 Galaxy XII 双模式推进系统开展了类似的仿真计算，系统示意图如图 2-17 所示。

建立的仿真流程框图如图 2-18 所示。

最后仿真得到了系统贮箱压力、氧燃供给压力、氦气瓶压力、氦气瓶温度等参数随系统工作时间的变化情况，如图 2-19 和图 2-20 所示。

随着计算机技术的发展，系统的流动传热仿真逐渐发展为功能强大的一维或零维管路系统仿真软件，利用软件针对需要仿真的系统进行建模，开展仿真工作。

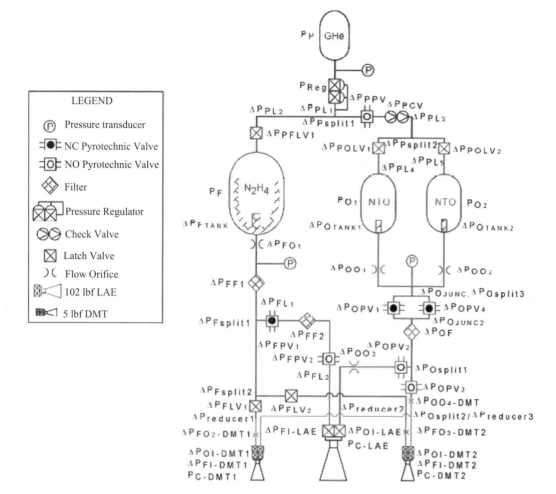

图 2-17　Galaxy Ⅶ 推进系统流动仿真模型

2.1.3.3　信使号推进系统仿真

　　2006 年霍普金斯大学应用物理实验室针对信使号推进系统开展了仿真分析工作。信使号飞行器用于水星探测，采用双模式推进系统。该系统有四种工作模式：一种被动巡航模式，三种主动推进模式。模式一由辅助贮箱采用落压式供给单组元推力器；模式二由主贮箱采用恒压模式供给单组元推力器；模式三由氧燃贮箱采用恒压模式供给双组元轨道转移发动机。针对该系统的仿真采用了飞行器前面任务过程的真实数据，计算了系统从发射开始的整个过程的性能变化情况。计算时利用多种蒙特卡洛模拟考察所有潜在的系统变化。系统每做一次机动，所有方面的情况都被重建，通过模拟确认机动状态与预计情况相符。推进剂消耗由推力器燃烧时间累计和辅助贮箱的 PVT 法之间的关系确定。

　　推进系统如图 2-21 所示，仿真涉及的工作模式如图 2-22～图 2-24 所示。

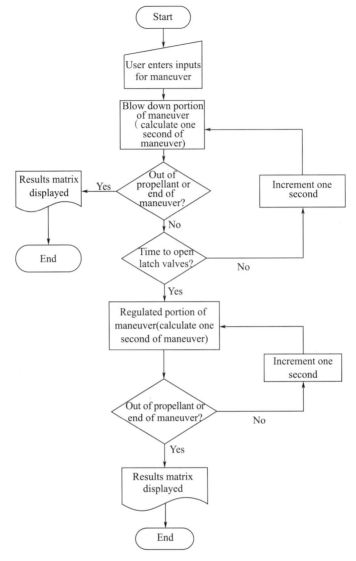

图 2-18 Galaxy Ⅻ 推进系统流动仿真流程框图

2.1.4 电推进系统

电推进技术是一种利用电能加速推进工质从而实现高比冲的先进航天器推进技术，由于其高比冲的优势，电推进技术在先进国家的卫星平台上已经得到日渐广泛的应用。电推进系统按照推进剂加速的机理，可分为三种基本类型：电热式、静电式和电磁式推进系统，但是，目前应用较多的电推进系统为离子电推进系统和霍尔电推进系统。电推进系统的基本组成，如图 2-25 所示，一般包括电推力器、贮供系统、控制单元、电源处理单元和推力矢量调节机构。电推力器产生推力，贮供系统为推力器工作保证供气条件，电源处理单元为推力器提供电气工作条件，推力矢量调节机构保证推力指向精确，电推进系统各单元在控制单元的协调、控制下工作。

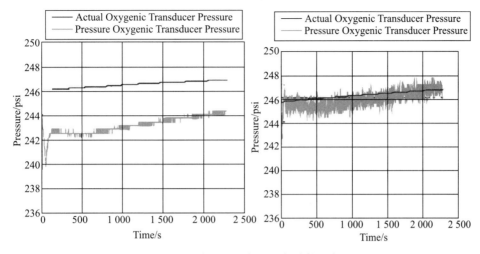

图 2 - 19　氧化剂贮箱和燃料贮箱压力

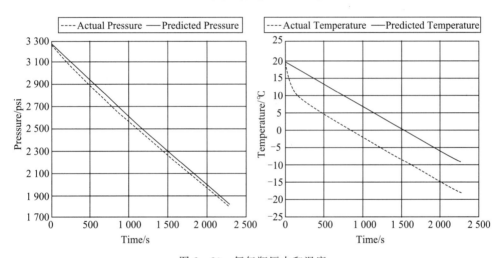

图 2 - 20　氦气瓶压力和温度

电推进系统是一个集机、电、热、气、磁、离子物理学等于一体的复杂系统，因此，在电推进发展的过程中，电推进系统的设计最初阶段是以试验为主的设计阶段，后来以试验和分析相结合的手段来进行设计，随着试验数据的积累和分析手段的提高，现在正在渐渐地变为以分析为主试验为辅的设计方式，因此，电推进系统的仿真分析是整个电推进系统设计的重要组成部分。

在 SMART - 1 电推进系统中，也从不同方面进行了仿真分析工作，下面对 SMART - 1 霍尔电推进系统进行的仿真工作做简要介绍。

SMART - 1 是欧洲第一个应用电推进系统的飞行器，其组成如图 2 - 26 所示，主要由 1 个电源处理单元（PPU）、1 个滤波单元（FU），1 个氙气瓶（Xenon tank）、1 个压力调节单元（BPRU）、2 个流量控制单元（XFC）和霍尔推力器（型号 PPS 1350），以及控制单元组成（PRE Card）。

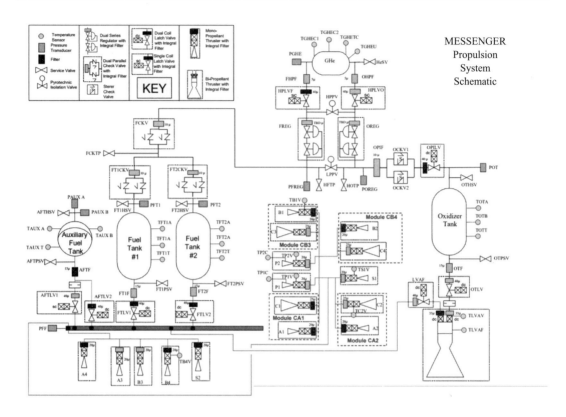

图 2 - 21　信使号推进系统示意图

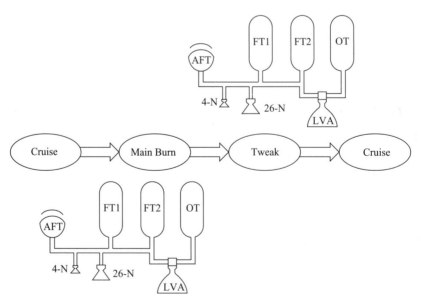

图 2 - 22　信使号双模式推进系统推进模式一工作过程仿真示意图

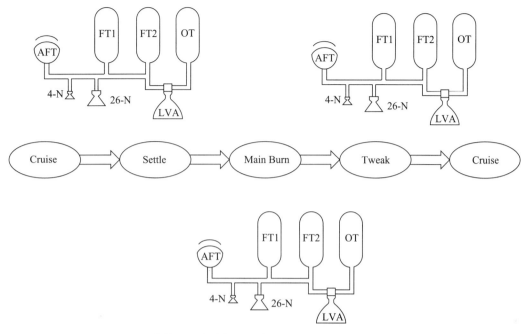

图 2 - 23　信使号双模式推进系统推进模式二工作过程仿真示意图

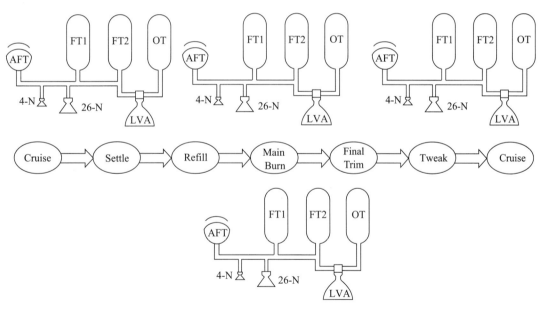

图 2 - 24　信使号双模式推进系统推进模式三工作过程仿真示意图

在 SMART - 1 的仿真过程中，所使用的仿真工具为 EcosimPro，这是一款多领域动力学系统仿真工具。在 SMART - 1 项目开始的时候，就建立了电推进系统仿真模型，且随着项目的进展，模型在不断地完善，通过整个系统的数值仿真，能够对系统优化设计的参数调整进行校核；能够为控制系统参数的调整提供依据；能够更好地理解系统中关键参数的意义；能够测试上星软件的正确性等。

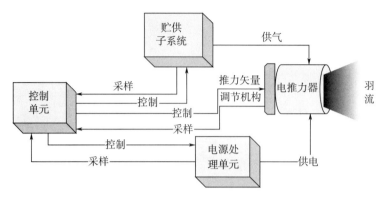

图 2 - 25　典型电推进系统组成

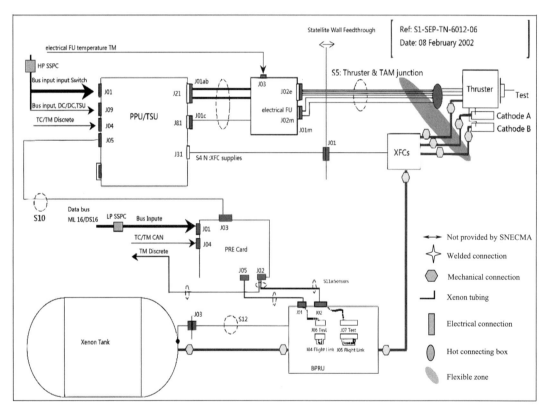

图 2 - 26　SMART - 1 系统组成图

　　SMART - 1 的仿真包括电推进各个部件的仿真、控制软件的仿真、遥控遥测软件的仿真等内容。下面就以 SMART - 1 中的压力调节单元（BPRU）为例，简要介绍 SMART - 1 的仿真内容。

　　在 SMART - 1 的压力调节单元（BPRU）的原理图如图 2 - 27 所示。在 BPRU 中，最关键的部件为 Bang - Bang 电磁阀，它用于稳定下游压力。在 BPRU 的仿真过程中，所要解决的第一个目的是 Bang - Bang 电磁阀的工作次数问题，因为 Bang - Bang 电磁阀的设计工作次数只有 100 万次；第二个目的是获得电子减压系统的工作特性，用来实时检测飞行中系统的健康性。

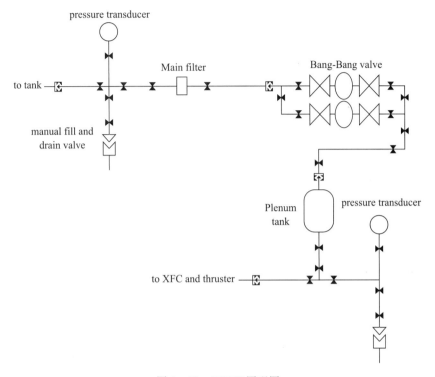

图 2-27   BPRU 原理图

在 BPRU 中，当 BPRU 出口压力低于初始设定的压力值时，Bang-Bang 电磁阀开始工作，Bang-Bang 电磁阀的工作时序如图 2-28 所示，工作过程如下：

1）上阀打开，上下阀之间的气容充入氙气；

2）上阀开启 dt_1 时间后关闭；

3）等待 dt_2 时间；

4）dt_2 时间后，下阀打开；

5）下阀开启 dt_3 时间后关闭；

6）全部阀门关闭，等待下个循环周期的到来。

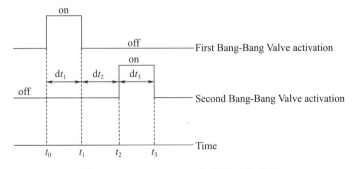

图 2-28   Bang-Bang 电磁阀工作时序

根据压力控制单元的上述工作原理，建立了基于 EcosimPro 的 BPRU 的仿真模型，如图 2 - 29 所示。

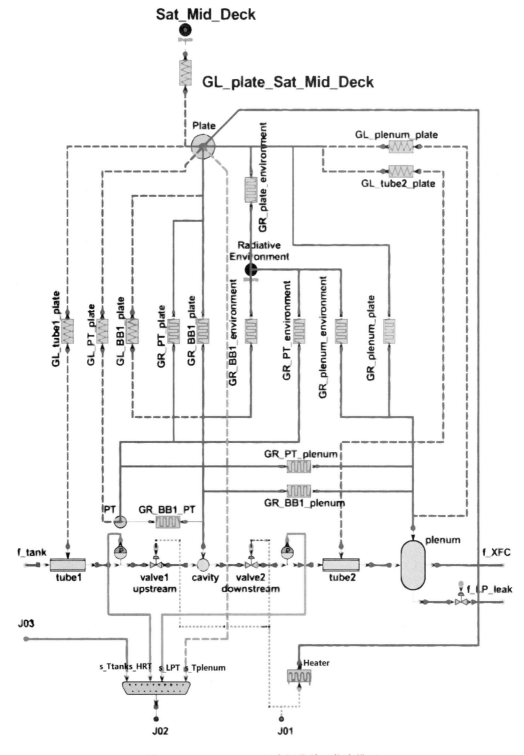

图 2 - 29　SMART - 1 压力调节单元仿真模型

通过对上述仿真模型进行仿真计算，并与实际飞行数据进行对比，获得了如下几方面的内容：

1）稳压气瓶中的压力输出（如图 2 - 30 和图 2 - 31 所示）；

2）Bang - Bang 电磁阀的工作次数（如图 2 - 32 所示）；

3）Bang - Bang 电磁阀的最优周期控制策略（如图 2 - 33 所示）。

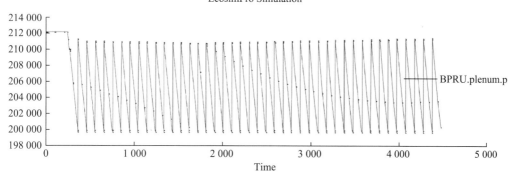

图 2 - 30　SMART - 1 压力调节单元稳压气瓶压力输出

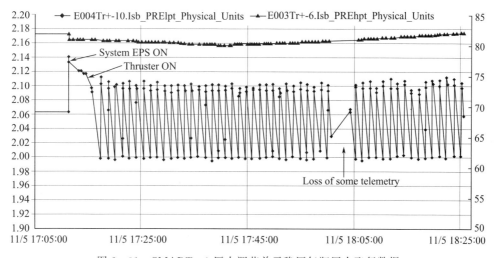

图 2 - 31　SMART - 1 压力调节单元稳压气瓶压力飞行数据

2.1.5　新概念推进系统

新概念推进系统主要有：空间绳系推进系统、电推进系统、核推进系统、太阳帆推进系统以及激光推进系统等。

（1）空间绳系推进系统

空间绳系推进系统主要分为空间电动力绳系推进系统和动量交换绳系推进系统。空间电动力绳系原理如图 2 - 34 所示，主要由作为导体的绳索、被动电荷收集器、空心阴极发射器组成。

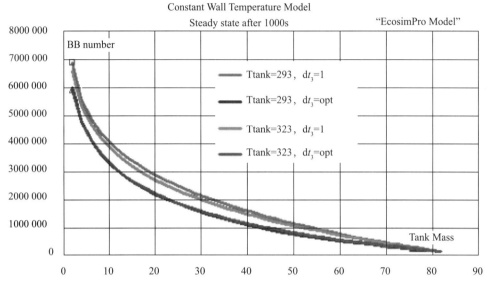

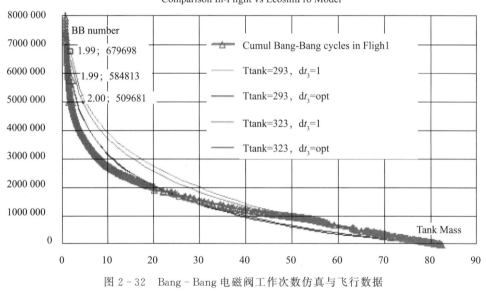

图 2 - 32　Bang - Bang 电磁阀工作次数仿真与飞行数据

其工作原理是：当电动力绳系穿过地球电离层时，高速运动的导电绳索切割地磁场磁力线而在绳系上产生电动势，由于收集器和发射器与电离层之间存在电荷交换，绳系与电离层就形成了一个闭合回路，因而在导电绳系中产生了电流，而电流在地球磁场的作用下会产生推力（洛伦兹力）。电动力绳系在航天器的离轨中应用较多。文献中假定利用洛伦兹力对 1 000 kg 的航天器进行离轨，电动力绳系另一端的末端质量为 50 kg，分析得出要使用电动力绳系进行有效离轨，离心率的限制范围可以通过洛伦兹力来控制（如图 2 - 35所示）。

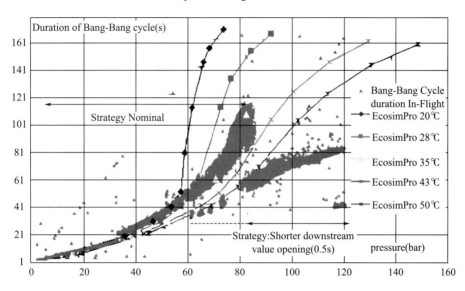

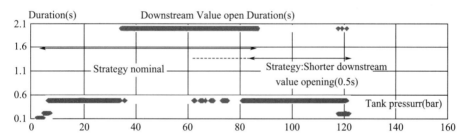

图 2 - 33　Bang - Bang 电磁阀周期控制策略仿真及仿真与实际对比

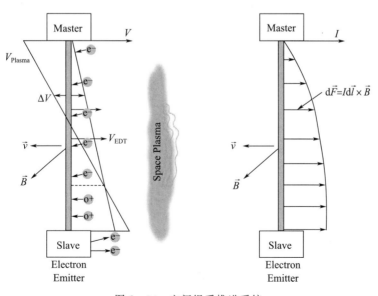

图 2 - 34　空间绳系推进系统

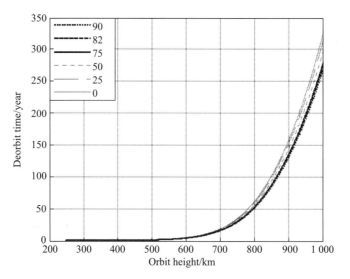

图 2 - 35　离轨时间与轨道高度、轨道倾角的关系

从上图可以看出，采用空间电动力绳系推进方式，轨道高度越高、倾角越小，飞行器离轨需要的时间也越长。

（2）核推进系统

核推进主要分为核热推进和核电推进。核热推进的工作原理是利用核反应堆产生的裂变热能对推进剂进行加热，使之达到高温高压状态后从喷管高速喷出产生推力。核电推进采用空间核电源将核能转换为电能，可为大功率电推进系统供电，将工质电离加速并高速喷出产生推力。由于核电推进的仿真与电推进相关，因此在这里只介绍核热推进。

核热推进原理图如图 2 - 36 所示，主要由推进剂贮箱（液氢）、传输泵、控制器、反应堆、反射器以及喷管组成。采用氢作为推进剂，其流程是：氢泵增压→冷却流道蒸发→部分氢气驱动氢泵→核反应堆内换热成为高温、高压氢气→喷管喷出产生推力。

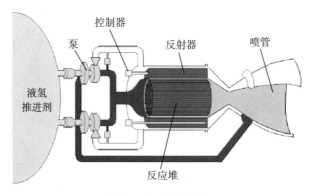

图 2 - 36　核热推进

核热推进产生的比冲与出口工质流出的温度密切相关（如图 2 - 37 所示），一般温度越高，比冲越高，核热推进的比冲最高可接近 1 000 s。

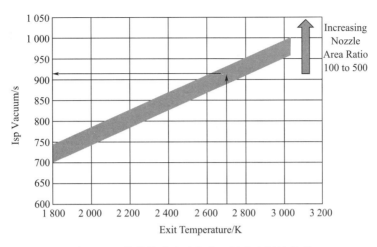

图 2 - 37　核热推进比冲与出口温度之间的关系

以某闭式循环核热发动机为例介绍核热推进的仿真情况。核热推进系统的仿真原理图如图 2 - 38 所示。

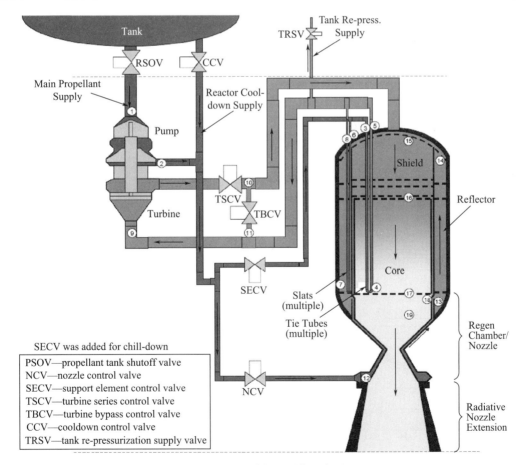

图 2 - 38　核热推进系统示意图

系统的主要参数为：系统入口贮箱内的压力为 0.275 MPa，温度为 18 K，发动机工作流量为 38.28 kg/s。系统设计的真空推力为 333 750 N，理论比冲为 909 s，燃烧室压力为 3.1 MPa，燃烧室温度为 2 700 K，喷管面积比 100。涡轮泵转速为 29 000 rpm。在考虑各部件占系统结构质量比例（如图 2-39 所示）的基础上开展了系统级仿真计算，得到的结果如图 2-40 所示。

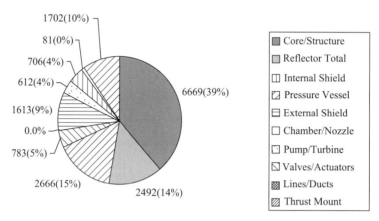

图 2-39　核热推进系统各部件质量分配比例图

对于所有推力水平的发动机来说，反射器厚度影响将会导致反射器的结构质量比例随着推力的减少而急剧增加。在推力较小时，反应堆的结构质量比例将会减小。减小推力，燃烧室和喷管的结构质量比也将会急剧下降。但对于所有范围的推力来说，反应堆占发动机系统的比例大约在 70%。从上面的仿真结果可以确定核发动机设计参数的合理性，并可以根据研究机构本身的特点，选择合理的设计参数。

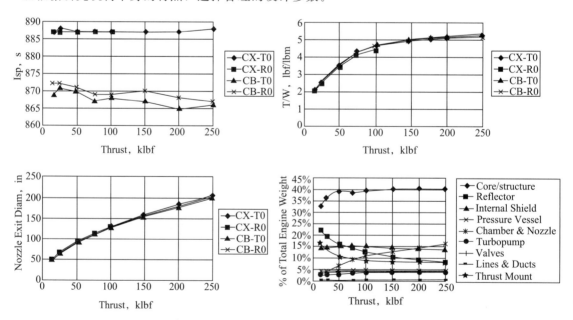

(a) 比冲、推重比、喷管出口直径以及系统结构重力分配比例随推力变化曲线

图 2-40　核热推进仿真结果图

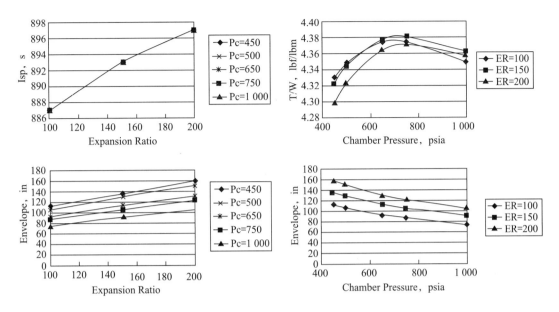

(b) 比冲、推重比随燃烧室压力、喷管面积比变化曲线

图 2-40 核热推进仿真结果图（续）

2.2 部件级仿真分析进展

2.2.1 发动机仿真分析

（1）算法及模型

发动机仿真分析主要是针对推力室的燃烧流动分析，主要算法基于连续性方程、动量方程、能量方程以及组分输运方程的求解，燃烧模型一般采用有限速率化学动力反应模型。同时，发动机的喷雾燃烧仿真过程中一般要采用 DPM 模型。

DPM 模型要求在液相的体积浓度小于 10% 的情况下才能使用。DPM 模型中气相和离散相（液滴）之间的动量交换项为

$$F = \sum (F_D + F_Q) n a_p \Delta t \qquad (2-34)$$

式中，na_p 为液滴的质量流量，F_D 为气流的阻力，F_Q 为其他作用力。其中 F_D 的表达式为

$$F_D = \frac{18\mu C_D Re}{24\rho_p d_p^2}(u_p - u) \qquad (2-35)$$

其中，带下标 p 的变量是液滴的物理量，d 为液滴直径，Re 为液滴的相对雷诺数，表达式为

$$Re = \frac{\rho d_p |u_p - u|}{\mu} \qquad (2-36)$$

（2）计算内容及结果

图 2-41 给出了上海空间推进研究所用于燃烧计算的火箭发动机模型，该火箭发动机

实际工作室压为3.5 MPa，燃烧室内部平均温度为 3 050 K（理论计算获得），推力为 490 N，推进剂为绿色四氧化二氮/甲基肼，用于冷却燃烧室内部的推进剂为甲基肼；该模型考虑了火箭发动机喷管壁厚以及发动机头部结构；喷管及内部流体域采用六面体网格，头部采用四面体网格。

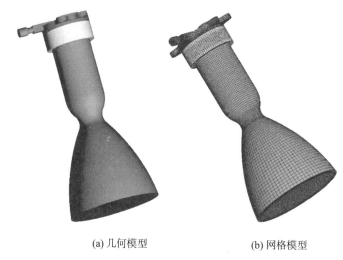

(a) 几何模型　　　　　　　　　(b) 网格模型

图 2-41　用于燃烧计算的火箭发动机模型

计算网格需要对燃烧室头部（喷注器部位）进行局部加密处理，如图 2-42 所示。

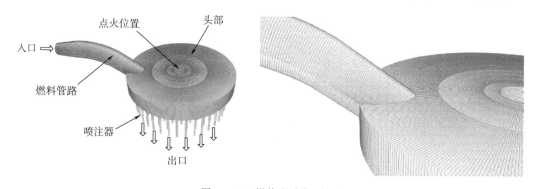

图 2-42　燃烧室头部网格

在计算过程中，喷管出口压力为 100 Pa（绝对压力）、温度为 300 K；喷管外壁对外的辐射系数为 0.7；在头部内流道壁上的温度为 300 K；采用 ED 化学反应模型及单步化学反应方程；双股互击式喷嘴的模型为 Flat-Fan Atomizer Mode，燃烧室内壁考虑 wall-film 液膜模型；液滴二次破碎模型为 KHRT 模型；计算过程中不考虑液相之间反应，只考虑气相反应。

需要注意的是，在反应流中获得收敛解非常困难，这涉及很多原因。首先，化学反应对基本流型的影响可能非常强烈，导致模型中质量/动量平衡和物质输运方程的强烈耦合。在燃烧中，反应导致大的热量释放和相应的密度变化以及流动中很大的加速度，上述耦合尤其明显。但是，当流动属性依赖于物质浓度时，所有的反应系统都具有一定程度的耦合。反应流中的第二个收敛问题涉及反应源项的强度。当 Fluent 模型涉及非常快的反应速率（即比对流和扩散速率快得多），物质输运方程的求解在数值上就非常困难。这种系统称为"刚性"系统，当定义涉及非常快的动力速度的模型，尤其是这些速度描述可逆反应或竞争反应，这种系统得以创建。在涡耗散模型中，较慢的湍流速率消除了非常快的反应速率。对非预混系统，反应速率从模型中去除。对于层流化学反应的刚性系统，推荐使用耦合求解器代替非耦合求解器。对湍流有限速率机理（可能是刚性的），推荐使用 EDC 模型，这一模型对化学反应使用一个刚性的 ODE 积分器。当使用非耦合求解器时，Fluent 允许调节欠松弛因子以降低收敛的困难。密度项的欠松弛因子的缺省值为 1，如果遇到收敛问题，可以减小到 0.5 到 1 之间。

因此，在数值计算过程中需要选择合理的速度-耦合模型，并设置合理的欠松弛因子。数值仿真结果如图 2-43 所示。

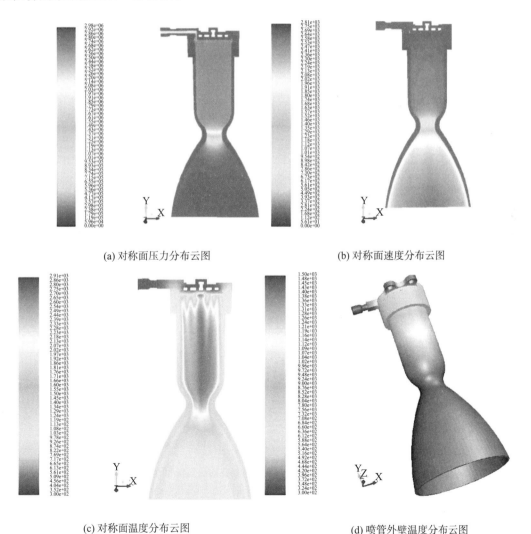

(a) 对称面压力分布云图　　　　　　　　　(b) 对称面速度分布云图

(c) 对称面温度分布云图　　　　　　　　　(d) 喷管外壁温度分布云图

图 2-43　数值仿真结果（对称面参数分布）

从计算结果可知，通过燃烧仿真所获得燃烧室压为 3 MPa 左右，这与该发动机实际的工作室压 3.5 MPa 有一定差距；燃烧室内部最高计算温度为 2 910 K，与该发动机理论计算所获得的燃烧室内部平均温度 3 050 K 接近；喷管喉部温度为 1 500 K，而在该发动机热试车喉部所测量得到温度为 1 500 K 左右，两者较接近；喷管出口最高速度为 28 00 m/s。另外，通过燃烧计算获得发动机推力为 410 N 左右，比该发动机的实际推力 490 N 要低，这主要是因为计算时所获得室压比实际的室压偏低。

由上述分析可知，计算所获得燃烧室压力与发动机实际工作室压之间有 0.5 MPa 的差别；如图 2 - 44 所示，通过对比发动机对称面 N_2O_4 蒸气及 $CH_3N_2H_3$ 蒸气的分布可知，用于对燃烧室内壁进行冷却的 $CH_3N_2H_3$ 液滴挥发成蒸气后，小部分与燃烧室内部 N_2O_4 蒸气参混燃烧，大部分沿着喷管内壁从喷管出口排出；而在燃烧室内部的 N_2O_4 蒸气在与燃烧室内部的 $CH_3N_2H_3$ 蒸气参混燃烧后，剩余部分也从喷管出口排出。

N_2O_4 蒸气及 $CH_3N_2H_3$ 蒸气从喷管出口排出在实际发动机燃烧中是不存在的，这是因为 N_2O_4 在大气压下及 23.9～148.9 ℃ 的温度范围内会发生迅速（微秒级）的吸热分解反应，分解产物为 NO_2；当再进一步使温度升高时，NO_2 还可继续分解生成 NO 及 O_2；$CH_3N_2H_3$ 会在 288 ℃ 迅速分解并释放出热量，其主要分解产物有氰化氢、氢、氮气、甲烷及叠氮甲烷。而在本燃烧仿真中，由于采取了单步完全反应方程，使得 $CH_3N_2H_3$ 必须与一定量的 N_2O_4 参混才能完全反应，若二者不是以一定的比例参混，则会各自以不分解的蒸气从喷管出口排出，这就使得通过燃烧仿真计算获得的室压要低于该发动机实际工作的室压。

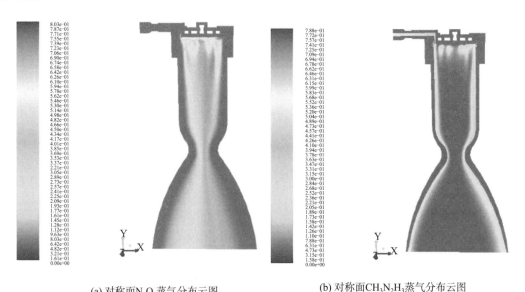

(a) 对称面 N_2O_4 蒸气分布云图　　　　　　　(b) 对称面 $CH_3N_2H_3$ 蒸气分布云图

图 2 - 44　数值计算结果（对称面蒸气分布）

2.2.2　电爆阀仿真分析

电爆阀包括常开式与常闭式两种结构类型，是一种采用火药爆炸释放出的高温、高压气体和冲击波来驱动启闭件运动，实现打开或关闭功能的阀门。由于电爆阀采用火工装置进行操纵，而火工装置具有体积小、结构简单和可靠性高等特点，并且功耗小，作用时间短，同步性高。因此，在航天飞行器上广泛采用电爆阀对各种流体系统进行控制，对航天器的飞行起着关键作用。由于电爆阀电爆启动动作非常快，响应时间极短，再加上测量手段的限制，因此对电爆阀动态特性试验研究开展得相对较少，运动过程尚不十分清楚，而采用仿真技术可深入研究电爆阀的启动工作过程，并且可以用于分析和确定出现故障的原因以及作为改进措施有效性的一种评估手段。同时，通过仿真分析可以更好地了解电爆阀的动态响应特性与启闭件的撞击变形情况，为提高电爆阀及系统的可靠性提供分析依据。

现阶段针对电爆阀仿真分析的研究很少，国外在该领域的研究学者主要是美国宇航公司的 Shmuel Ben - Shmuel，先后发表了多篇针对常开电爆阀和常闭电爆阀开启过程的研究论文。国内的研究者主要有西安航天动力研究所的尤裕荣和上海交通大学机械与动力工程学院的张晓东。针对电爆阀的仿真分析主要通过有限元方法实现。通过仿真分析，一方面能够对电爆阀的壳体和栓塞锥面的密封锥面进行优化，一方面能够获得不同电爆管装药量情况下，电爆阀的开启时间以及能够承受的最大工作压力，为推进系统的设计提供依据。

Shmuel 于 1997 年率先采用有限元仿真分析手段，对常开电爆阀起爆过程的动态响应进行了数值仿真分析。Shmuel 首先建立了两路常开电爆阀的三维有限元模型，随后利用 LS - DYNA3D 有限元显式求解器和 MESA - 2D 流体力学求解器，对电爆管起爆后冲击波推动活塞切断阀芯的过程进行了数值仿真。由于缺乏足够的试验数据，因此无法将数值仿真所得到的电爆阀起爆过程中压力、速度、加速度、时间等特性参数与试验测试数据进行对比，数值仿真所得结果的准确性未得到充分验证。但是，仿真分析仍然得到了许多有效的结论，对电爆阀的设计及卫星推进系统的设计具有一定指导意义。

Shmuel 随后对高压常闭电爆阀的起爆过程进行了数值仿真分析，电爆管被一个置于壳体顶端的固体小球所代替，起爆点位于该小球的上表面的对称轴位置，通过 NSI 方程描述起始爆炸。高压常闭电爆阀的起爆过程仍然采用 LS - DYNA3D 有限元显式求解器进行求解，该求解器被证实能够很好地描述电爆阀的起爆过程。Shmuel 着重讨论了管嘴内高压氮气的压力对电爆阀开启时间及柱塞与壳体锥面冲击载荷的影响，与此同时，还获得了电爆阀装药量与电爆阀工作压力之间的关系。电爆阀开启过程大约持续 $300\ \mu s$ 至 $400\ \mu s$。图 2 - 46 所示为基本工况下电爆阀开启过程不同时刻有效应力分布。图 2 - 46（a）中为 $t = 43\ \mu s$ 时，电爆阀各组件的应力分布情况，此时电爆阀正在切割管嘴中间密封结构；图 2 - 46（b）为 $t = 280\ \mu s$ 时，电爆阀各组件的应力分布情况，此时电爆阀已经完成了管嘴中间密封结构的切割，实现了电爆阀的开启。

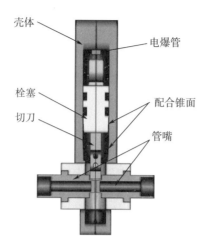

图 2 - 45　电爆阀结构三维模型

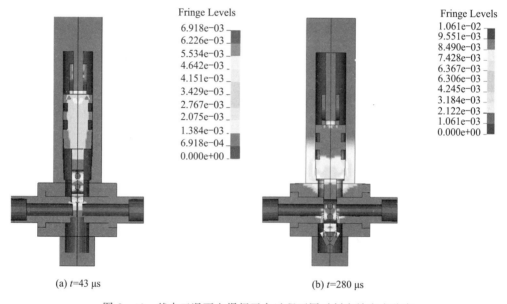

图 2 - 46　基本工况下电爆阀开启过程不同时刻有效应力分布

　　通过计算与分析，Shmuel 获得了电爆管装药量相同情况下，不同工作压力时，柱塞的最大速度以及柱塞和壳体锥面处密封力的曲线，如图 2 - 47 所示。通过上述曲线能够获得给定工作压力时所需的电爆管最小装药量，以及电爆阀开启所需的最小响应时间，并针对整个推进系统的设计要求，对电爆阀装药量进行优化。

　　国内很早就开展了针对电爆阀起爆过程的研究工作，但是大多采取试验测试方法，直至近一段时期，随着数值仿真分析手段在国内航天产品设计过程中的广泛应用，国内逐渐有研究人员开始利用数值仿真手段对电爆阀起爆过程进行深入分析。张晓东等人利用 LS - DYNA 有限元显式求解器对闸板式常开电爆阀的密封过程进行了数值仿真，得到了

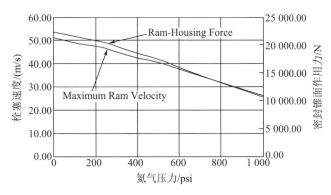

图 2 - 47　柱塞速度及密封锥面作用力

不同设计结构下密封零件配合的时间、应力曲线以及运动过程图。在该仿真工作中，栓塞挤压管嘴形成的密封效果是闸板式常开电爆阀工作过程中最为关键的问题。总结以往相关产品的研究经验，预测可能出现的密封失效形式有两类：1）由于栓塞侧面是有一定斜度的，因此，如切断后栓塞下移不到位，则管嘴下端会形成泄漏，密封失效；2）如果栓塞下移过深，则栓塞受到的推力过大，导致栓塞零件下移后且在插入管嘴密封之后还会与管嘴其他位置碰撞，破坏了密封结构，产生密封失效。由于栓塞切入管嘴的过程比较复杂，其大量的中间过程如栓塞、管嘴接触面运动规律，接触过程中应力分布与传播，以及管嘴的变形情况等难以通过理论分析与计算得到。有限元显式动力学方法作为一种有效的数值仿真分析方法，能够完整模拟栓塞切入管嘴的全过程，为闸板式常开电爆阀的研制提供理论依据。通过仿真分析发现闸板式常开电爆阀的初步的设计方案会出现栓塞二次撞击管嘴的问题，针对上述问题对闸板式常开电爆阀的初步的设计方案进行了优化，增加了栓塞和壳体锥形段配合面的角度，利用锥形段与切刀产生挤压作用并吸收能量，阻止切刀向下运动撞击管嘴，避免了栓塞二次撞击管嘴的问题。

　　ABAQUS 非线性求解器不仅具有强大的瞬态动力学分析功能，与此同时还能够求解非线性接触等方面的问题，非常适用于电爆阀启动过程的数值仿真分析。尤裕荣等人利用ABAQUS Explicit 求解器对卫星推进系统中高压常闭式电爆阀启动过程的动态响应特性进行仿真，对活塞与壳体碰撞行为进行显式非线性动态分析，研究了电爆管、材料性能以及电爆阀出口压力条件对活塞撞击变形量的影响。对电爆阀启动过程的动态特性进行仿真计算，结果与试验吻合较好。通过与试验数据的对比可知，ABAQUS Explicit 求解器能够充分模拟电爆阀的开启过程中的零部件的响应特性。在此基础上，对电爆阀启动工作过程中活塞与壳体的碰撞行为进行显式非线性动力学分析，可以得出以下结论：1）电爆管特性对电爆阀的工作性能影响较大，爆压值越大，对应的活塞撞击变形量也增大；2）活塞与壳体的材料性能不是影响电爆阀工作可靠性的主导因素，在电爆管爆压较低时，材料性能对活塞与壳体撞击变形量影响稍大些，爆压高时，材料性能对变形量影响不大；3）电爆阀出口压力对活塞与壳体撞击变形量影响最大，出口压力越高，则活塞变形量越小，对其楔紧越不利，电爆阀可靠性随之降低。

2.2.3　单向阀仿真分析

在双组元推进系统中，使用单向阀控制气体介质单向流动。当上游气源接通时，单向阀受到瞬间冲击激励。其阀芯与弹簧构成简单的弹簧质量系统，在阻尼作用下，与非线性阀座或刚性阀座碰撞，会出现复杂的共振现象，导致整个气压系统不稳定。

单向阀的核心结构是弹簧、动阀芯和密封口，当入口气压增大后，气源压力克服弹簧力将阀芯打开，当下游压力和弹簧力大于上游压力后，推动阀芯使单向阀关闭。因此，单向阀的实物原理图假定弹簧一端固定，另一端与阀芯接触，阀座一侧固定，另一端与阀芯接触。根据原理图，定义相关变量并绘制几何模型，如图 2 - 48 所示。

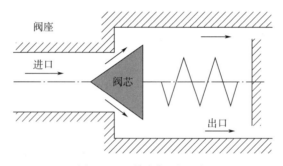

图 2 - 48　单向阀原理图

为了保证气压系统的稳定性，防止阀体的破坏失效，需要对单向阀的内部振动及结构强度进行仿真分析。由于单向阀受到瞬间冲击激励会产生振动，单向阀的阀芯与弹簧构成典型的弹簧质量系统，因此，通常建立单向阀阀芯和弹簧振子系统的运动方程，通过一定数值算法进行求解，借助 Matlab 等计算软件对其动态性能进行数值仿真，通过仿真结果实现单向阀动态特征的优化。

师好智等人为了解决单向阀在充气过程中出现的振动和啸叫现象，建立了单向阀充气系统的流体模型和热力学模型，采用四阶龙格-库塔算法，将数学模型转换为离散模型，利用 Matlab 仿真软件对其动态性能进行了仿真。通过对模型结构参数的分析，获得了单向活门结构参数对其充气过程的影响，得到了振动的原因是在充气过程中气体流经单向活门时扰动频率与阀芯-弹簧系统的固有频率接近或者一致所致。所得结论对减弱甚至消除单向阀振动具有一定的指导意义。

李阳考虑了单向阀启闭过程中的气体或摩擦阻尼作用，将该过程看做一个非线性过程，建立了弹簧质量系统的非线性动力学方程。将弹簧用质量 M、刚度 K 表示，黏性当量阻尼系数用 r_e 表示，将塑料阀座部分模拟成非线性弹簧（用 K_n 表示非线性刚度），而将阀芯模拟为质量 m 的刚性质量块，弹簧受进口压力为 P，质量块的位置用变量 x 表示，质量块的位移用变量 u 表示，质量块与阀座接触时的位置为 $x=L$，如图 2 - 49 所示。

首先，分析质量块在进口压力作用下与阀座（即非线性弹簧）脱离后的运动情况。此时，弹簧质量系可以按照简单的线性弹簧质量系统的自由振动进行分析。不考虑弹簧的分布质量，将弹簧看作无质量元件，作阻尼自由运动。质量块的运动可以用阻尼自由运动方

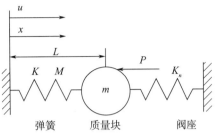

图 2 - 49　单向阀动力学模型

程式表示

$$m\ddot{u} + r_e\dot{u} + Ku = 0 \tag{2-37}$$

上式两端同时消去质量 m ，可得

$$\ddot{u} + 2\delta\dot{u} + \omega^2 u = 0 \tag{2-38}$$

式中, δ 称为阻尼系数。当 $r_e = 0$ 时，可求得无阻尼系统的固有频率 ω_0 ， δ 和 ω_0 之比称为阻尼比，记作 ξ ，因此

$$\omega_0 = \sqrt{\frac{K}{m}}\ ,\ \delta = \frac{r_e}{2m}\ ,\ \xi = \frac{\delta}{2m} = \frac{r_e}{2\sqrt{Km}} \tag{2-39}$$

因此可以得到 u 的不同解

$$u = \begin{cases} \mathrm{e}^{-\delta t}\left[C_1\cos(\sqrt{1-\zeta^2})\omega_0 t + C_2\sin(\sqrt{1-\zeta^2})\omega_0 t\right], & \xi < 1 \\ C_1\mathrm{e}^{-\lambda_1 t} + C_2\mathrm{e}^{-\lambda_2 t}u, & \xi > 1 \\ (C_1 + C_2)\,\mathrm{e}^{-\omega_0 t}, & \xi = 1 \end{cases} \tag{2-40}$$

其中, $\xi < 1$ 为欠阻尼状态, $\xi > 1$ 为过阻尼状态, $\xi = 1$ 为临界状态。在阀芯与弹簧构成的弹簧质量系统与阀座未接触情况下，在气体或摩擦阻尼作用下运动，当 $\xi > 1$ 时，单向阀运动过程稳定。通过分析可知，在外加气源激励关闭后，单向阀在阻尼比 $(r_e/\omega) < 1$ 时发生共振，阻尼固有角频率 $\omega_d = \left[\sqrt{1-(r_e/\omega)^2}\right]\omega$ ，系统的自由振动过程是一振幅随时间不断衰减的等频运动。在黏性当量阻尼很小时，阻尼固有角频率 ω_d 和无阻尼固有角频率 ω 十分接近。抑制单向阀共振问题可以在弹簧设计时调整黏性当量阻尼系数 r_e ，使 $r_e > \omega$ ，则单向阀弹簧质量系统在外加激励后的运动是趋向稳定的，调整弹簧黏性当量阻尼系数可以通过调整弹簧工作部分质量 M 、阀芯质量 m 和弹簧长度 L 来实现。另外，在单向阀上游增加气容可以缓冲外部激励对单向阀的瞬间冲击，将能抑制单向阀在气压系统中发生的共振问题，还可以在管路中增加节流圈，通过调整节流圈的直径，达到抑制共振现象的目的。然而上述质量弹簧模型没有充分考虑弹簧劲度系数对流体能量损失的影响。在实际工程中，阀门的开启是靠阀门入口与出口之间流体的压差来实现的，而阀门的关闭是在阀门入口和出口之间没有压差或压差很小时，靠安装在阀门上的弹簧来实现的。

近年来，随着计算流体动力学和计算机技术的飞速发展，数值模拟手段广泛应用于内部的复杂流动研究。数值模拟手段加深了阀门设计者和科研人员对其内部复杂流动的认识，从而有可能从改善其内部流场结构出发，达到降低流动损失、改善阀门的振动性能的目的。这些实际工况都是阀芯完全受流体载荷和弹簧载荷作用下的运动。刘华坪基于 Fluent 软件提供的计算方法和物理模型，利用动网格及 UDF 技术，对管路系统常见的四种阀门流动进行了动态数值模拟。该数值模拟方法打破了以往静态研究的局限，更真实地模拟了阀门的开关动态过程中的流动状态和阀体受力情况。随后，李振海进一步将 Fluent 动网格技术应用于弹簧劲度系数对流体能量损失的影响规律的研究，对单向阀进行自由运动的动力学仿真分析，并改变单向阀弹簧劲度系数来进行对比仿真分析，进而得到弹簧劲度系数对流体能量损失的影响规律。结果表明，动网格技术很好地再现了单向阀非稳态自由开启过程，并且得到了很多有价值的结论。

通过上述研究可以看出，Fluent 动网格技术在单向阀数值仿真过程中的巨大优势，结果表明其能够很好地模拟单向阀开关的非线性动态过程。随着数值仿真技术的不断发展，单向阀数值仿真将更加依靠计算流体动力学方法，并引入流固耦合方法进一步获得单向阀工作过程的非线性特性，实现单向阀各参数的进一步优化。

2.2.4　开关阀门类仿真分析

推进系统自锁阀和电磁阀是卫星平台姿轨控系统不可或缺的部件。电磁阀主要用于控制推进剂的流动，安装于推力器喷注器上游，控制推进剂与燃料的喷注，实现发动机的多次反复启动，以实现脉冲工作。电磁阀除了在发动机中得到应用外，还大量地用于地面测试设备中。

自锁阀从基本原理来说实际上是结构不同的电磁阀，在航天中也得到了广泛的应用。自锁阀是一种由脉冲供电，并在完成动作后由锁位机构保持最后指令状态，而不需要继续消耗电能的阀门，是节能型电磁控制阀。自锁阀包括气路高压自锁阀和液路自锁阀两种，其中高压自锁阀用于控制增压气体流动，液路自锁阀用于液路内流体的流动。

电磁阀门的工作过程是一个复杂的多场耦合问题，在电磁阀门的设计过程中必须充分考虑电磁阀门开启的瞬态过程造成的阀门内流体状态的变化，以及阀门内流体对电磁阀门工作造成的影响。早期的电磁阀门设计主要通过经验公式的方法，随着计算机技术的发展，数值仿真的手段越来越丰富。对于电磁阀来说，数值仿真包括了电磁场仿真、流场仿真、结构仿真、耦合场仿真以及控制参数仿真等。相应出现的大型商业软件也越来越多地被技术人员使用，如 Ansoft Maxwell，Ansys，AMESim，Matlab/Simulink，Fluent 等。

（1）电磁场仿真研究

电磁场仿真是指以麦克斯韦方程组为基础，利用数值分析的手段求解未知的磁场和磁通等物理量，其他相关的物理量，如电流、开启时间、电磁力、衔铁的运动状态等可由这些自由度导出。

20 世纪 90 年代，日本岐阜大学的 Y. Kawase、加州大学的 Song - Min Wang 等人就对电磁阀进行了电磁场的有限元分析，得出了响应曲线，在此基础上进行了电磁阀的响应时间优化设计。

　　在计算方法的选择方面，北京宇航系统工程研究所娄路亮等对比了三种计算直流螺线管式电磁铁电磁吸力的工程方法，即经验公式法、磁路分割法和有限元方法的计算特点，包括计算难易程度、计算精度等。由于采用有限元方法可以考虑磁性材料的非线性特性及磁路的漏磁效应，因此磁力计算结果较为精确，适宜在工程设计中推广应用。山东大学张清等采用二维有限元法，以矢量磁位为求解变量，编制了电磁场计算软件。该软件已用于电磁阀的设计计算，并通过试验验证了其有效性。北京理工大学车辆电子工程实验室在对电磁场进行有限元分析的基础上，对电磁阀进行了结构上的改进，减少了漏磁，减小了气隙磁阻，增加了电磁场的线性区域。

　　在实际工程应用中，大多采用大型的商业软件进行计算，包括 Ansoft Maxwell，Ansys，AMESim，Simulink 等。在 Ansoft Maxwell 应用方面，北京控制工程研究所张榛计算了电磁阀的动态响应特性，仿真出其工作电流曲线和磁化曲线，并进行变参数化设计，实现了对电磁阀设计方案的评估和优化。通过对比仿真结果和产品实测数据，证明了这种有限元设计方法行之有效，如图 2 - 50 所示。

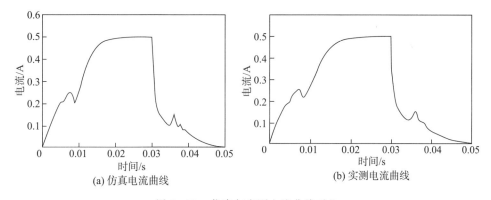

图 2 - 50　仿真与实测电流曲线对比

　　北京科技大学张功晖等利用该软件的参数化计算功能，对不同主工作气隙、不同驱动电压条件下的模型进行计算，得到开启过程的各种动态特性曲线。通过开启过程的电流变化曲线判断出电磁阀完全开启所需时间，并且进行相应的实验测试，对数值仿真计算结果进行验证，如图 2 - 51 所示。

　　Ansys 软件是国际流行的融结构、热、流体、电磁、声学于一体的大型通用有限元软件，在电磁运用方面，可有效分析多种设备，而且方便、快捷、准确。西安石油大学的周静等利用 Ansys 对自制的微型电磁阀进行了二维仿真分析，通过改变气隙大小，得出电磁力随气隙的变化而变化的结论，如图 2 - 52 所示。

　　苏州大学的袁军涛对微型隔离膜片电磁阀的磁场强度、电磁力进行了模拟计算，并且选择了空间三维场来计算，相对于二维流场的计算可以得到更为精确的结果，得到电磁力与工作气隙和线圈匝数的关系。清华大学的刘前锋等在仿真的基础上进行了电磁阀的设计。

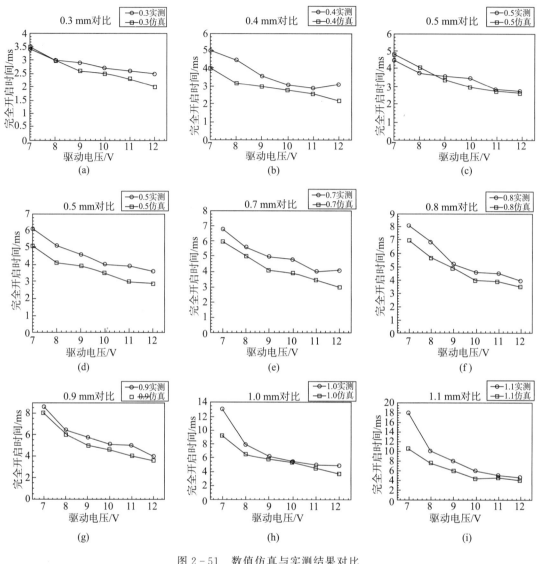

图 2-51 数值仿真与实测结果对比

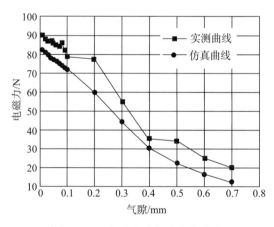

图 2-52 电磁力随气隙变化曲线

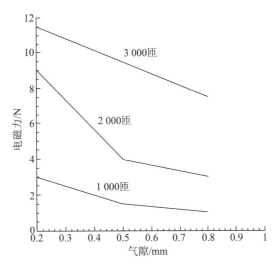

图 2-53　电磁力与工作气隙和线圈匝数的关系曲线

工程系统高级建模和仿真平台基于 AMESim，该软件是广泛应用于机电、液压、气动等领域的商业化工程软件。

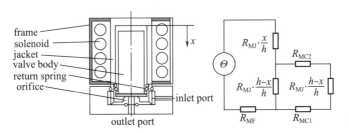

图 2-54　电磁阀结构及磁路

布达佩斯工业大学的 Viktor Szente 研究了自制电磁阀的动态特性，并用 AMESet 工具建立了图 2-55 所示的电磁阀 AMESim 模型。仿真结果与试验结果接近，从而验证了该仿真手段的可行性。仿真结果如图 2-56 所示。

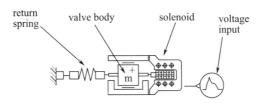

图 2-55　电磁阀 AMESim 模型

电磁仿真的另一种手段是建立磁路的数学模型，用 Simulink 建模求解。太原理工大学的白志红，西北工业大学的马静和国防科技大学的戴佳等分别采用磁路分析法建立了电磁阀的模型，并用 Simulink 进行了仿真分析，得出了直流电源作用下的位移波形和电流波形等结果，如图 2-57～图 2-59 所示。

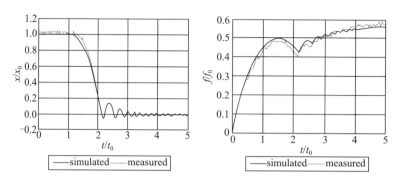

图 2-56 阀体位移曲线和电流曲线

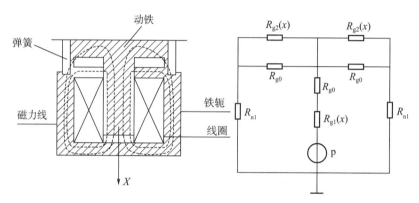

图 2-57 电磁铁的磁路分布和等效磁路

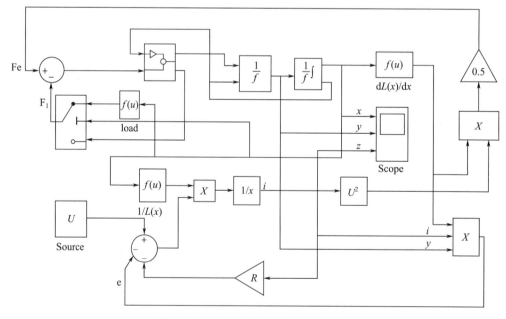

图 2-58 电磁铁的动态特性仿真框图

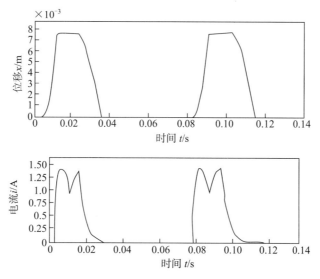

图 2-59 直流电源作用下的位移波形和电流波形

（2）流场仿真研究

流场仿真的基础是计算流体力学。计算流体力学是利用数值方法通过计算机求解描述流体运动的数学方程，揭示流体运动的规律，研究定常流体运动的空间物理特性和非定常流体运动的时空物理特性。

Purdue 大学 Guillermo 等利用 Fluent 对具有复杂结构的阀门进行了流场分析，分析结果与试验结果吻合的较好。CRAFT Tech 的 Vineet 等则对复杂阀门的稳定性进行了仿真。西北工业大学马莹雪等利用 Fluent 软件对某电磁阀分别进行了稳态流场和非稳态流场的数值计算。通过稳态流动模拟，得到了电磁阀出口的质量流量和阀门前后压降的关系式。通过非稳态流场的计算，得到了电磁阀出口的质量流量以及阀门前后压降随阀门关闭过程的变化情况，并对流量和压降的这种变化进行了分析。

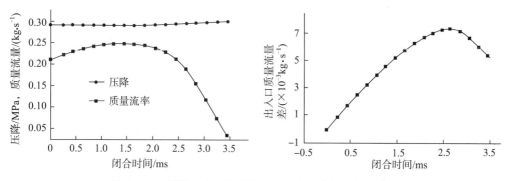

图 2-60 压降、出口流量和出入口流量差随时间变化图

（3）结构仿真及优化研究

结构仿真主要是分析在流体的作用下，电磁阀阀体所承受的应力。

东北大学龙日生对一种电磁阀的静、动态应力场进行了有限元分析。分析内容包括：

对整体和其重要承压部件阀体、活塞、阀套组件进行设计工况下静强度分析；进行抗冲击分析；对阀体进行水压试验工况下的强度分析；模态分析。模态分析可以确定一个结构的固有频率和振型。固有频率和振型是承受动态载荷结构设计中的重要参数，同时也是进一步分析的必要数据。

中国农业大学陶润等，通过设定弹簧预紧力、弹簧刚度、吸收电阻、动铁和阀芯的质量等约束条件，运用 AMESim 的 Optizamation 工具，利用遗传算法对电磁阀参数进行优化计算，优化后的电磁阀动作时间缩短。

（4）耦合场仿真研究

各仿真软件都有一定的应用范围，同时各专业仿真软件的侧重点也不同。电磁仿真软件 Ansoft 和系统仿真软件 AMESim，二者在电磁铁设计上的功能结构不同，但却具有很强的互补性。AMESim 能够根据电磁铁的结构参数便捷地构建整个电磁铁乃至整个电磁阀的仿真模型，但其电磁铁模型基于磁路理论构建，准确性降低；而 Ansoft 是基于物理原型的有限元建模分析，在电磁方面能够提供比较准确的电磁仿真结果，但系统分析能力不强，不能进行强耦合分析。

浙江大学王扬彬等综合两仿真软件的分析优势，将 Ansoft 的电磁铁分析仿真结果编成 AMESim 系统仿真时可调用的数据表格，建立了完整的电磁阀模型，实现了电磁回路、机械部件和液压系统之间的耦合，如图 2-61～图 2-66 所示。由于电磁铁仿真是基于物理原型的仿真，其结果精确逼近真实的测试结果，避免了采用磁路原理计算时存在的问题，大大提高了电磁阀仿真的精度。

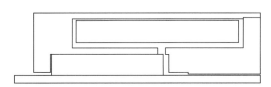

图 2-61　电磁铁 Ansoft 仿真模型

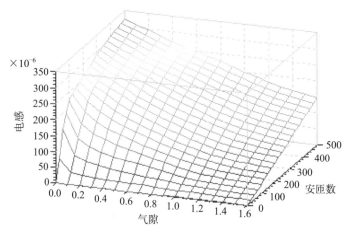

图 2-62　电磁力与安匝数、气隙关系

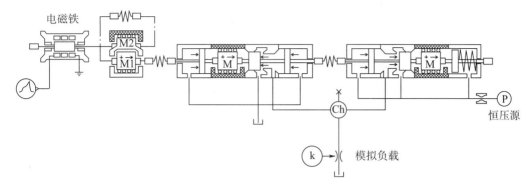

图 2 - 63　电磁阀仿真模型

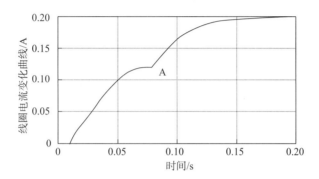

图 2 - 64　电流与时间关系曲线

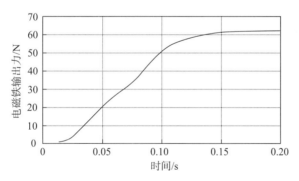

图 2 - 65电磁力与时间关系曲线

借助 AMESim 开发的推进系统仿真软件，国防科技大学白晓瑞等建立了推进系统的全系统仿真模型，如图 2 - 67～图 2 - 69 所示。对发动机系统的动力学特性进行了仿真分析，结果显示该仿真模型能够较好地反映发动机系统的工作特性。

（5）控制参数仿真研究进展

电磁阀驱动电路的设计决定外部能量以何种特性通过电磁阀，即流经电磁阀线圈的电流的波形特征。其电路的形式及参数不仅影响输入能量的大小，而且影响输入能量的变化率，决定着电磁力的变化特点，直接决定电磁阀的响应速度。

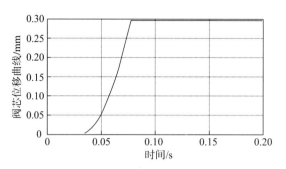

图 2-66　阀芯运动位移曲线

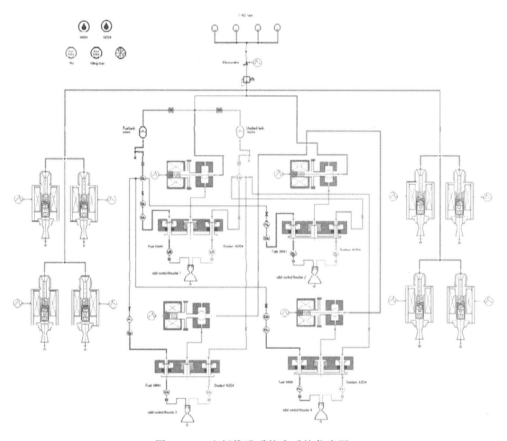

图 2-67　空间推进系统全系统仿真图

　　电压驱动输入方法是普通电磁铁机构所广泛采用的形式，其能量输入及其变化如图 2-70 所示。在电流驱动方式中，电流开始以极高的变化率来实现快速吸合的最优能量输入。

　　海军工程大学的邹开凤等通过对实现电磁阀高速响应最优能量输入的驱动电路进行设计与仿真研究，给出了驱动电路中驱动电压、电容和电磁阀线圈电阻和电感的取值范围，并进行了试验研究，如图 2-71 和图 2-72 所示。

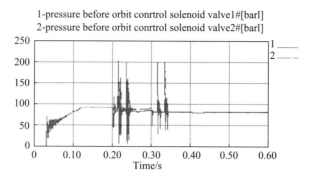

图 2-68 轨控电磁阀推进剂阀口压力曲线

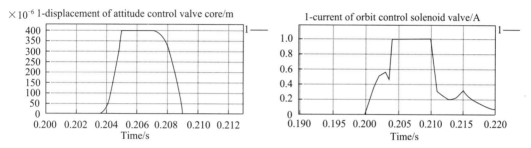

图 2-69 姿控电磁阀阀芯位移曲线和轨控电磁阀电流响应曲线

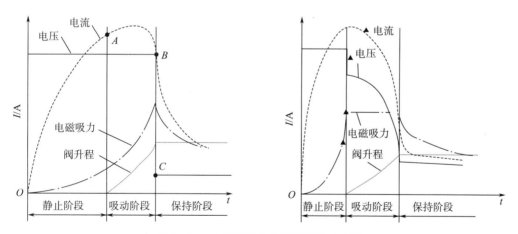

图 2-70 电压驱动和电流驱动输入方案

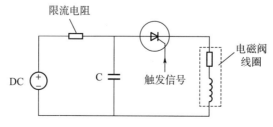

图 2-71 电磁阀驱动电路示意图

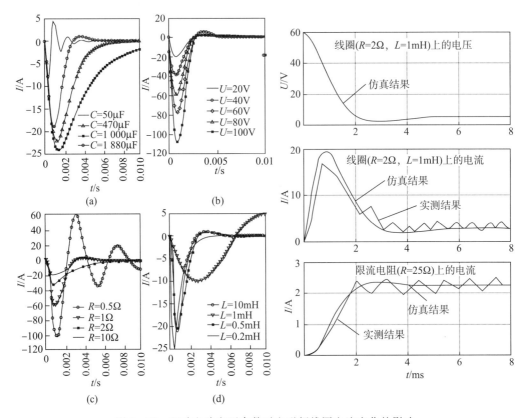

图 2 - 72　驱动电路主要参数对电磁阀线圈电流变化的影响

　　上海 711 研究所的周玉成等通过对电磁阀动态响应的仿真计算，确定了激励电压、PWM 的频率和占空比、释放回路电阻的大小及控制方式等对电磁阀动态响应的影响。结论：PWM 信号频率越大，电磁阀线圈保持电流就越稳定；PWM 占空比越大，电磁阀线圈保持电流就越大，适当选取占空比可以让保持电流的平均值迅速保持恒定；电磁阀释放回路中电阻的阻值越大，电磁阀断电时电流下降得就越快，关断就越迅速，但同时电流波动增大；电磁阀的激励电压在开启阶段和吸合阶段都有一个最佳值，电压过大对加快电磁阀启闭响应的影响并不大，还可能导致元器件损坏，占空比调节比较困难。

　　韩国釜庆大学 Ill - Yeong Lee 对驱动电路进行了改进，经试验验证，开启时间为 1.55 ms，关闭时间为 1.95 ms，如图 2 - 73 所示。

　　电磁阀是发动机中重要的组成部件之一。近年来，随着计算机技术的发展，仿真工作也迅速发展起来。在能查到的文献资料中，国外的仿真工作起始于 20 世纪 90 年代初，国内则集中在近十年。结合相关试验，可以发现数值仿真与试验结果都能很好地吻合，所以仿真工作可以对电磁阀设计方案的评估和优化起到很好的辅助作用，有必要进行深入研究。综合仿真工作的侧重点可以看出，阀门性能的关键在于其开关速度、密封性及寿命，提高这三个方面的性能也是今后电磁阀发展的方向。

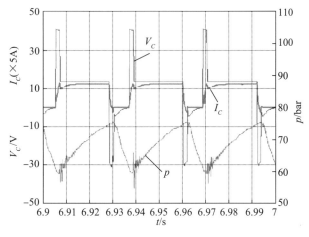

图 2 - 73　测量曲线

2.2.5　压力容器仿真分析

D. Joe Benton 等人采用有限单元法对 TC4 钛合金内衬 T1000GB 纤维增强的复合材料气瓶进行分析。其中仿真分析主要包括：线性有限元分析确定材料，非线性轴对称分析确定气瓶外形几何尺寸，三维有限元模态分析确定气瓶的自然频率和呼吸模态，随机振动分析确定容器的随机应力响应和对疲劳的影响，冲击分析确定冲击过程中的应力响应，疲劳分析确定气瓶的疲劳过程中的损伤累计因子，断裂力学分析验证先漏后爆的失效模式。

David L. Gray 等人利用 ABAQUS 有限单元分析程序中三维正交本构求解纤维缠绕复合材料增强压力容器在内压作用下的结构响应。求解过程中，利用 ABAQUS 用户子程序 UVARM 通过轴对称到纤维主方向的坐标变换得到纤维的应变。同时引入了用户变量——局部纤维缠绕角度。正交材料参数取决于考虑应力强化的石墨纤维的应变。通过子程序 UVARM 读入局部纤维缠绕角度，当前求解纤维应变可通过用户自定义场变量 USDFLD 来更新，这样 ABAQUS 就可以自动计算材料的非线性。最终计算考虑与不考虑材料常数应力强化下结构的非线性分析结果。

最终得出，复合材料增强压力容器的分析结果与是否考虑几何非线性有很大关系。增强纤维的应变是场变量和材料常数两者的复合函数。同时得出，通过层合材料参数获取缠绕增强复合材料的响应是不可行的，而通过材料常数确定的场变量来确定应力应变曲线和结构的载荷响应才是正确的。

PSI 公司设计和制造部分缠绕的钛合金隔膜贮箱。设计过程中采用轴对称模型进行了模态分析，随机振动分析、内衬分析、焊缝分析、缠绕分析、支座分析，断裂力学分析和安全裕度分析。随机振动分析中进行了 20%～100% 不同填充比下各种工况的分析，最坏情况是推进剂充满（填充比为 100%）且贮箱压力为 3.27 MPa，因此设计应针对这种情况。内衬分析主要集中在内部压力与动载荷相结合工况和隔膜贮箱特有的焊缝残余应力工况，最危险区域为支撑附近的焊缝区域，对此应确保该区域有足够强度。在缠绕分析中得到了复合材料的应力与复合材料柱段长度的函数。在断裂力学分析中，对焊缝及其热影响区、复合材料与金属内衬界面、隔膜加持环与柱段交接部位和隔膜加持环与复合材料连接处进行了重点分析，得出贮箱满足寿命和先漏后爆等设计需求。在安全裕度分析中验证压力下焊缝屈服裕度和内衬爆破压力下的强度裕度最小。

2.2.6　减压器仿真分析

2.2.6.1　概述

在航天推进系统中，气体减压器通常用于将气瓶中的高压气体介质减至低压，直接作为推进剂供给下游推力器使用或给贮箱提供稳定挤压气体，控制贮箱中的压力，或者为气路系统提供恒压气源，操纵开关元件。

实际上，减压器是利用气流的节流效应实现降压目的的。一般地，气体通过阀芯与阀座之间的狭窄截面时发生节流现象，气体压力下降，流速增加，高压气体的一部分压力势能转变成动能。气体流到低压腔时，高压气体受到滞止，于是产生了冲击、涡流和摩擦，气体的一部分动能转变成摩擦功，这种摩擦功往往以热能的形式被气体所吸收，同时在整个过程中只有一部分动能恢复成压力能，因此气体经过节流，压力有所下降。同时依靠控制与调节系统的调节，使阀门后压强和弹性元件的作用力处于动态平衡以适应压强或流量的波动，阀门后压强在一定的误差范围内保持恒定。

减压器的计算模型框图如图 2-74 所示。

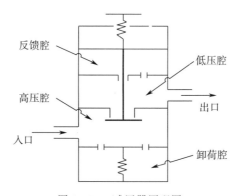

图 2-74　减压器原理图

（1）模型假设

为突出问题本质，在建立数学模型时，作一些合理假设和简化如下：

1）视工作介质为理想气体，气流为定常绝热流动；

2）减压器内部气体压力场和温度场呈均匀分布；

3）忽略运动部件的静摩擦力以及由速度的高次幂决定的摩擦力，只考虑与阀芯运动中的速度成正比的阻尼；

4）不计密封比压的影响，即认为活门关闭时，阀座处的漏量为零；

5）忽略沿程和局部损失，忽略轴向热传导和重力场影响。

（2）动态模型

减压器数学模型可以看作是由局部流阻将各个气体体积单元连接而成的组合模块。

①质量流量方程

$$Q_{m1} = \begin{cases} C_{d1} A_{v1} \sqrt{\dfrac{2\gamma}{\gamma-1} p_1 \rho_1 \left[\left(\dfrac{p_2}{p_1}\right)^{\frac{2}{\gamma}} - \left(\dfrac{p_2}{p_1}\right)^{\frac{\gamma+1}{\gamma}} \right]} & \dfrac{p_2}{p_1} > \left(\dfrac{2}{\gamma+1}\right)^{\frac{\gamma}{\gamma-1}} \\[3mm] C'_{d1} A_{v1} \sqrt{p_1 \rho_1 \left(\dfrac{2\gamma}{\gamma+1}\right)^{\frac{\gamma+1}{\gamma-1}}} & \dfrac{p_2}{p_1} \leqslant \left(\dfrac{2}{\gamma+1}\right)^{\frac{\gamma}{\gamma-1}} \end{cases} \quad p_1 \geqslant p_2 \geqslant 0$$

$$(2-41)$$

式中，A_{v1} 为阀芯节流面积，Q_{m1} 为气瓶出口节流处流量，C_{d1}、C'_{d1} 为流量系数，p_1、ρ_1 分别为高压腔气体压力和密度，p_2 为低压腔气体压力。

②温度变化方程

气瓶内高压气体经过减压器活门节流后的温度表达式为

$$T_2 = T_1 + k_1 (p_1 - p_2) \tag{2-42}$$

式中，T_1 为减压器高压腔温度，T_2 为减压器节流后的工作温度；k_1 是与气体有关的一个常数，对于不同的气体其值不同。

③状态方程

由理想气体状态方程推导出

$$\frac{\mathrm{d} p_2}{\mathrm{d} t} = \frac{\gamma}{V_2} \left(p_1 \frac{Q_{m1}}{\rho_1} - p_2 \frac{\mathrm{d} V_2}{\mathrm{d} t} \right) \tag{2-43}$$

式中，V_2 为低压腔容积。

④运动方程

根据减压器工作原理图，取减压器阀芯完全关闭时为坐标原点，设沿阀芯运动方向向下为正，建立阀芯的运动微分方程如下

$$\begin{cases} \dfrac{\mathrm{d} h}{\mathrm{d} t} = h_d \\[2mm] m \dfrac{\mathrm{d} h_d}{\mathrm{d} t} = F_g + F_k - kh - ch_d + F_m + F_s \end{cases} \tag{2-44}$$

式中，h_d 为阀芯运动组件运动速度，F_g 为气体作用在阀芯上的力，m 为阀芯运动组件质量，F_k 为弹簧预紧力，k 为弹簧刚度，c 为弹簧阻尼系数，F_m 为摩擦力，F_s 为流体作用力。

2.2.6.2　仿真综述

（1）减压器特性

减压器采用收缩喷嘴节流结构进行减压，并利用弹簧振子调节系统进行压力调节。减压器工作时，高压气体进入减压器高压腔内，大部分气体冲撞阀芯并引起气体滞止和压力升高，并与另一部分绕流阀芯的流体冲撞混合。然后，高压腔的气体从减压器喉部（环形节流口）高速射流出去，引起附近壁面气体分离产生较大的压力损失。气体高速

射流撞击阀芯柱面，引起气流滞止和压力升高。由于高压腔气体混合并不均匀，因此通过阀芯环形节流口的气体还存在绕流现象。气体节流后进入直管段和低压腔后，气流混合充分发展，流速下降，气体压力有所回升。进入出口段后，流通面积减小。流速增加，气体压力有所降低。另外，部分气体通过阻尼孔进入阻尼腔，作用在敏感元件上，调节系统弹簧力平衡。

减压器的动态特性是指其在失去原来平衡状态的过程中，所表现出来的特性，引起此动态过程的原因归纳起来有两个：一个是由控制系统的动作引起的，另一个是由外界干扰引起的。在这一动态过程中，系统中各参变量都在随时间变化，这种变化过程性能的好坏，就决定系统动态特性的优劣。研究减压器动态特性的主要问题有两方面：一方面是稳定性问题，即减压器系统中管道或容腔中压力瞬间峰值与波动情况，主要分析减压器系统是否会因为压力峰值过高而产生压力冲击，或系统经过动态过程后，是否会很快达到新的平衡状态，还是形成较持续的振荡；另一方面是过渡品质问题，即执行机构和控制机构的响应品质和响应速度，主要研究系统达到新的稳定状态所经历的过渡时间、达到压力峰值的时间，以及压力、流量等参数随时间的变化等。

对于减压器振动问题，由于减压器、管道和贮箱构成了一个结构系统。根据管道振动理论，在有激振力的情况下，这个系统可能产生振动，激振力可来自系统自身或系统外部。来自系统自身的主要有与管道相连接的减压器的振动和管内流体脉动引起的振动，或来自系统外的其他系统的振动和冲击等。振动对系统而言是一种交变动载荷，其危害程度取决于激振力的大小和系统自身的抗振性能。从振动的诱发因素出发，可以将振动分为两类：低频压力脉动诱发的振动和高频压力脉动诱发的振动。

（2）减压器仿真（算法、模型、计算内容及结果）

对减压器的动态分析来说，为研究气体瞬态流动特性，就需要复杂的数学工具解决繁琐的计算问题，因此研究对象主要是液体或气体直动式减压器。在 20 世纪 70 年代以前，国外在这方面的研究主要停留在数学建模上，在设计、使用相类似的系统时仍以试验和经验为主，可供使用的成熟而有效的方法还很欠缺，大量的研究与开发工作有待深入进行。70 年代后，随着计算机技术的发展，各种数值计算方法不断涌现，国内外关于减压器的动态特性研究得到迅速发展，形成了几种比较成熟的数值建模方法以及各种各样的数值运算简化方法。特别是进入新世纪后，计算机技术的飞速发展使得研究中基本实现了用计算机对瞬态过程进行动态描述，并根据计算结果提出了工程实用解决方法和若干定量的判断原则。

从 20 世纪 80 年代开始，国内部分高校已经开始了数值建模研究工作，至 80 年代末曾进行过个别简单压力调节器的动态分析，并提出了若干应用原则。目前国内正在复杂压力调节器的数学模型上开展研究，并积极寻找更为简单的算法。可以说国内与国外相比，还存在较大的差距，开展动态特性的研究仍需要做大量的工作。

目前对减压器动态建模和分析采用的方法主要有四种：微分方程法、传递函数法、功率键图法、CFD 法。无论是微分方程法还是传递函数法，或者是键图法，在进行减压器建模的时候，基本上都采用集中参数模型，并且引入膜片面积、节流面积等计算的经验公式。有时甚至根本不考虑减压器内流体的流动，仅仅靠热力学方程或者参数逼近类似的数学方法来完成建模，对非线性的因素考虑不全面，模型不够精确。

实际上减压器的工作过程是典型的流固耦合问题，阀体内流动所引起的不稳定现象也是一种综合效应。譬如典型的旋涡诱发振动问题，对于阀芯这样的圆柱体，由于气流均是垂直于阀芯中心线流进和流出，减压器节流后气体垂直于阀杆流出，阀杆周围的流态是圆柱体绕流的情况。在尾流中形成一个规则的旋涡流型，这种旋涡流动和圆柱体的运动相互作用，成为旋涡诱发振动效应的根源。在低马赫（$Ma=0.3$）流动时，雷诺数从 300 到大约 $3×10^5$ 的范围内以及 $3.5×10^6$ 以上时，旋涡会以一个明确的频率周期性地脱落。对于减压器来说，如果旋涡脱落频率恰好等于或数倍于弹簧振子调节系统的固有频率时，会造成阀芯振动。而这种振动通过传统的建模仿真方式是完全不能观察到的。

计算流体力学利用数值方法通过计算机求解描述流体运动的数学方程，揭示流体运动的规律。根据使用的不同的离散方法，又发展了阀门的有限差分模型、有限元模型、有限体积模型等。基于计算流体力学产生的计算模型不仅考虑了流体的问题，可根据需求建立一维、二维、三维模型，模型更加精确、灵活，通用性更强，同时，流场的可视化有助于更好地理解阀门的动态特性。

NASA Stennis Space Center 利用有限差分模型，考虑可压缩流和不可压缩流，对低温液体调节阀和气体减压器进行了稳态与瞬态仿真。稳态流线、马赫数、压力分布图与瞬态马赫数分布变化图如图 2-75～图 2-76 所示，通过液体调节阀的仿真得出的流量系数与试验测试结果如图 2-77 所示，其误差在 1% 以内，显示出 CFD 技术对于减压器仿真精度的优越性。

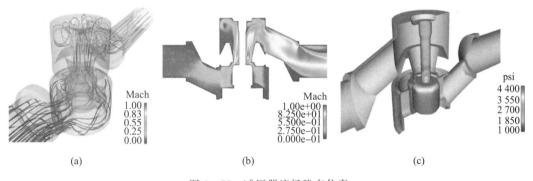

图 2-75　减压器流场稳态仿真

Jeremy Shipman 等人在减压器柱塞阀芯的喉部周围位置设定监测点以此记录阀芯相应位置的压力响应曲线，观察到了典型的旋涡诱发振动问题，得到了高频与低频振动频率。从图 2-78（b）可以看到，所有的监测点压力都几乎存在同样的周期性振动，只是处于阀芯喉部位置的三个点的振荡性最强。通过傅里叶分析得到图 2-78（c）的频率-能量关系图，可以看到在 4 kHz 左右高频振动能量最强，8 kHz 左右能量次之，同时还存在三次或四次谐波，而低频频率则大约在 250 Hz 左右。

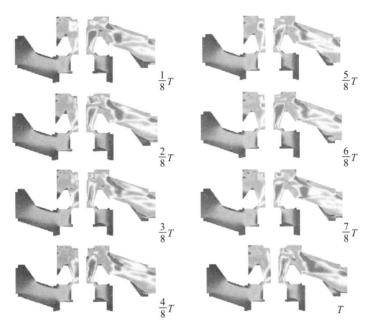

$\frac{1}{8}T$

$\frac{2}{8}T$

$\frac{3}{8}T$

$\frac{4}{8}T$

$\frac{5}{8}T$

$\frac{6}{8}T$

$\frac{7}{8}T$

T

图 2 - 76　减压器流场瞬态仿真

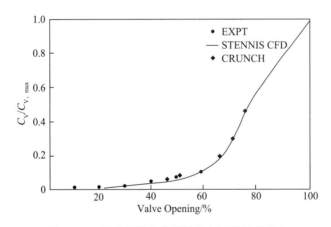

图 2 - 77　流量系数的仿真结果与试验结果对比

　　针对由阀芯运动和结构耦合所引起的 "chatter - like" 现象，Vineet Ahuja 等人采用混合 RANS - LES 模型、弹簧-阻尼模型和动网格技术，分别对阀芯位移固定、阀芯以 7 kHz 的固定频率振动以及阀芯位移由弹簧-阻尼模型计算得到三种情况下的减压器流场进行了仿真计算。阀芯位移固定的情况下，可以看到 3.5 kHz 频率下的谐波能量明显增大，并且表现出为全系统不稳定，这种不稳定有可能是由阀芯形状、流路复杂性和节流所引起的。图 2 - 79 为阀芯受迫振动与弹簧-阻尼模型仿真下作用于阀芯的垂直力。从受力的模态分析可以看到受迫振动算例时，7 kHz 频率下的谐波能量几乎是 3 kHz 频率下的两倍。而弹簧-阻尼模型下在 3.5～7 kHz 谐波之间的能量分布却大致相等。两者之间的差异则主要归因于阀座区域间的射流运动。

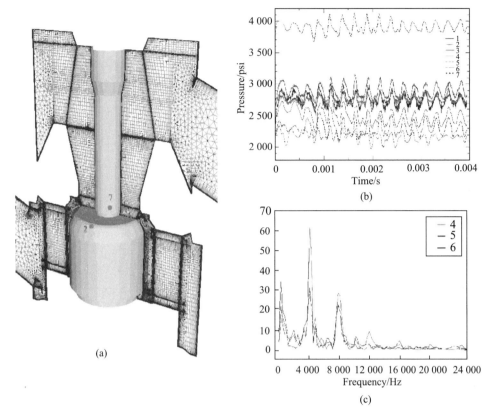

图 2 - 78　阀芯频率-能量关系图

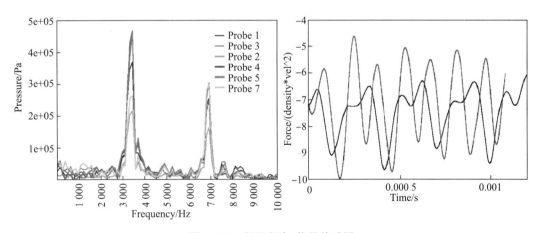

图 2 - 79　阀芯频率-能量关系图

Lu - yao Hou 等人应用了 Fluent 软件建立了减压器的有限元模型,其中气穴模型采用多项式定义饱和蒸气压,对阀门特定开度下的流动和气蚀现象进行了数值计算,得到了该开度下的流场压力分布及临界气蚀速度,如图 2 - 80 所示。模拟分析显示,最危险的气泡形成区发生在刚刚进入小孔的地方,气泡破裂区处在阀塞材料下方。同时小孔急剧的收缩使得通过小孔的流体瞬时速度变得非常大,加剧了湍流,更易发生气蚀现象。

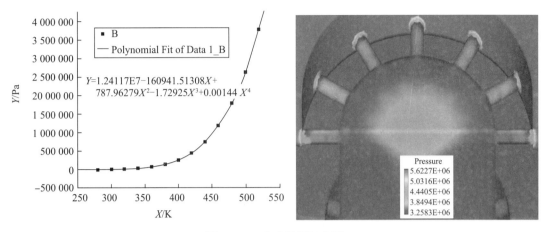

图 2 - 80 流道局部压力图

2.3 推进系统其他相关仿真分析进展

2.3.1 低温推进剂存贮

Santosh K. Mukka 等人采用两相流有限单元数值模拟模型对低温零蒸发贮存系统进行流场及耦合传热分析。分析中采用圆柱段加椭球封头的贮箱,贮箱为铝合金壳体外敷多层隔热材料(MLI)。此外,通过制冷机来补偿整个系统的漏热。在流体和气体求解域内联合求解质量、动量守恒和能量守恒方程,同时在固体域内求解热传导方程。文中研究了由低温制冷机造成的不同工况下,通过有限单元求解可得稳态状况下的速度、温度和压力分布,同时在气液交界面上考虑比容和气化潜热的变化。研究表明,当制冷机出口的流体与贮箱轴线以一定角度喷射时箱内流体得到很好的循环。

Abumen Galib H. 等人对复合材料液氢贮箱进行分析,其中数值仿真包括结构分析、复合材料分析、损伤容差分析和断裂与疲劳分析等。

结构分析控制方程为

$$\boldsymbol{M}\ddot{\boldsymbol{u}} + \boldsymbol{C}\dot{\boldsymbol{u}} + \boldsymbol{K}\boldsymbol{u} = \boldsymbol{F}(t) \qquad (2-45)$$

其中 $\boldsymbol{M}$,$\boldsymbol{C}$ 和 $\boldsymbol{K}$ 分别为质量矩阵,阻尼矩阵和刚度矩阵,$\ddot{\boldsymbol{u}}$,$\dot{\boldsymbol{u}}$ 和 $\boldsymbol{u}$ 分别为加速度、速度和位移,$\boldsymbol{F}(t)$ 为外力。

复合材料控制方程为

$$\begin{Bmatrix} N_l \\ M_l \end{Bmatrix} = \begin{bmatrix} \boldsymbol{A}_l & \boldsymbol{B}_l \\ \boldsymbol{B}_l^{\mathrm{T}} & \boldsymbol{D}_l \end{bmatrix} \begin{Bmatrix} \varepsilon_l \\ \kappa_l \end{Bmatrix} \qquad (2-46)$$

其中,N_l 和 M_l 分别为面力和弯矩;ε_l 和 κ_l 为应变和转角;A_l,B_l 和 D_l 分别为面内、耦合和弯曲刚度系数。

分析结果表明,当贮箱内压为设计压力两倍时,贮箱开始出现损伤。从损伤的角度看,贮箱的设计压力应满足使用压力可增加 1.5 到 3 倍的要求。贮箱充气与放气循环过程的低周疲劳分析表明,贮箱应满足至少 100 个循环内复合材料增强层不发生破坏。

M. Rahman 和 S. Ho 对低温液氢贮箱进行了三维流动和热传导分析，贮箱模型如图 2-81 所示，内部为沿贮箱轴向的热管和热管周围的喷射装置。

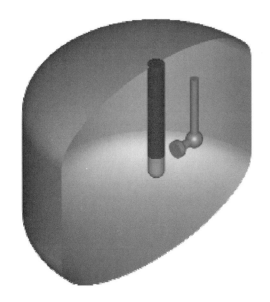

图 2-81 低温液氢贮箱三维模型

针对上图三维模型，数值模拟中采用两种简化模型，即三维模型和轴对称模型。本书对以上两种模型进行了不同喷嘴流速的分析，得到流场和温度场的分布，并对三维模型和轴对称模型进行对比。

两种模型分析结果均表明，喷嘴轴向速度以及平均速度的增加均可以减小最大温度。但相同速度情况下，轴对称模型计算所得的最大温度比三维模型低。

2.3.2 联合仿真与耦合分析

2.3.2.1 AMESim 与 Fluent

问题描述：采用 AMESim 和 Fluent 软件对阀门的开启过程流动进行联合仿真。Fluent 模拟流体流动过程，AMESim 模拟信号的传输过程，两者通过 UserCosim 模块进行数据交换。数据传输原理如图 2-82 所示。

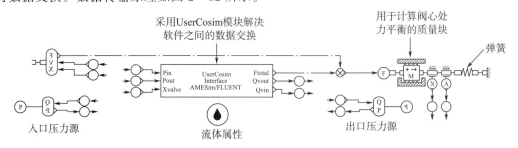

图 2-82 AMESim 和 Fluent 数据传输原理图

AMESim 和 Fluent 数据传输的核心在 UserCosim 模块，在模块中可以定义 AMESim 和 Fluent 的数据传输接口，如图 2 - 83 所示。

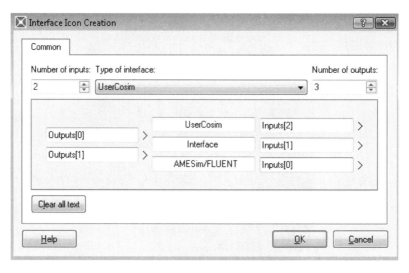

图 2 - 83　UserCosim 模块

然后在 AMESim 和 Fluent 中分别准备需要计算的模型，如图 2 - 84 所示。

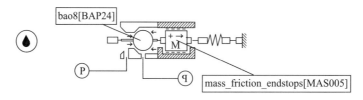

Check-valve HCD model in AMESim

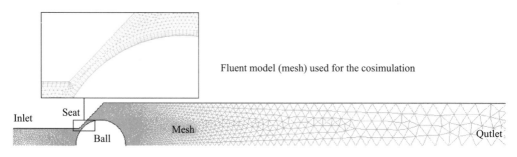

图 2 - 84　联合仿真前需要准备的模型

在 AMESim 中需要建立与 Fluent 软件的联合通信接口。在 "Interface Icon Creation" 中选择 "UserCosim"，并在 AMESim 中选择输入参数数量为 2，输出参数数量为 3，如图 2 - 85 所示。

在 Fluent 中需要设置 "Scheme"，路径为 "File\Read\Scheme"，如图 2 - 86 所示。

然后在 Fluent 中读入在 AMESim 中对阀门输入输出参数的设置，如图 2 - 87 所示。

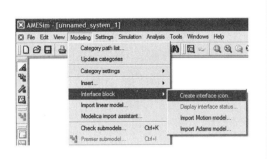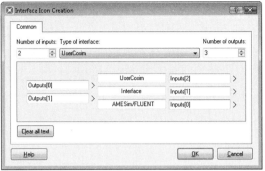

图 2-85　AMESim 的联合通信界面

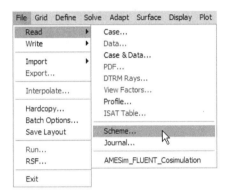

图 2-86　Fluent 面板中设置"Scheme"

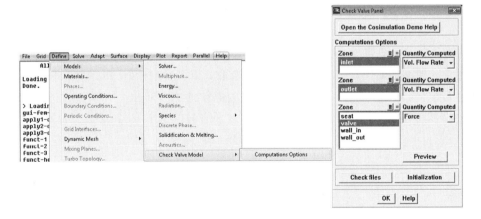

图 2-87　在 Fluent 中读入 AMESim 的接口参数设置

面板将会提示分四步完成数值计算的初始化，如图 2-88 和图 2-89 所示：

1）设置每个 Fluent 边界条件需要计算个数；

2）确定在 CFD 流场中需要计算的个数；

3）核实联合仿真中需要的准备文件；

4）初始化 AMESim 模型。

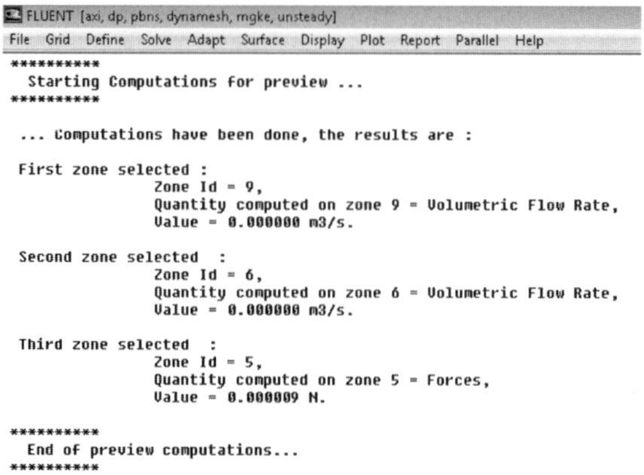

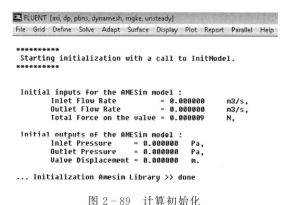

图 2-88　对计算设置条件进行确认

图 2-89　计算初始化

　　需要指出的是，在联合仿真计算中，时间步长的选取非常重要。它需要综合考虑阀门的网格质量、模型的时间尺度、Courant 数的选取，以及 AMESim 的求解步长等。一般可以选取时间步长 $t=1\times10^{-5}$ s，等待计算稳定后逐渐增加时间步长，直到收敛为止，如图 2-90 和图 2-91 所示。

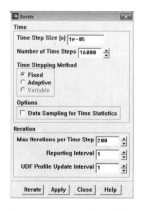

图 2-90　时间步长的设置

```
FLUENT [axi, dp, pbns, dynamesh, rngke, unsteady]
File  Grid  Define  Solve  Adapt  Surface  Display  Plot  Report  Parallel  Help
  6509 4.5757e-09 3.9825e-10 2.4372e-10 1.4491e-07 1.3281e-06  0:00:41  164
  6510 4.2244e-09 3.4781e-10 2.1182e-10 1.1541e-07 1.0574e-06  0:00:33  163
! 6511 solution is converged
  6511 3.9152e-09 3.0794e-10 1.8635e-10 9.1950e-08 8.4232e-07  0:00:26  162

**********
 Exchange with the AMESim model
**********


 Inputs of the AMESim model at time = 0.001790 s :
        inputs[0] (Qvin)        =       0.000919        m3/s,
        inputs[1] (Qvout)       =       0.000848        m3/s,
        inputs[2] (Ftotal)      =       38.757154       N.

 Outputs of the AMESim model at time = 0.001790 s :
        outputs[0] (Pin)        =       810999.959303   Pa,
        outputs[1] (Pout)       =       100000.000000   Pa,
        Previous valve position =       0.013207        m,
        outputs[2] (Xvalve)     =       0.013217        m.


Flow time = 0.00179, time step = 179
15821 more time steps

Updating solution at time level N... done.

Updating mesh at time level N... done.
  iter continuity x-velocity y-velocity          k     epsilon     time/iter
! 6511 solution is converged
  6511 3.9152e-09 3.0794e-10 1.8635e-10 9.1950e-08 8.4232e-07  0:00:32  200
  6512 2.9598e-04 1.7937e-02 6.0064e-04 1.6636e-02 1.9668e-02  0:00:26  199
```

图 2－91　联合仿真计算的信息面板

特别需要指出的是，联合仿真计算中，Fluent 需要编制相应的 UDF 程序来对计算以及数据交换过程进行控制，如图 2－92、图 2－93 所示。

Contents of udf-cosimulation.c

- double Flow_rate_computation(int id_zone)
- double Pressure_computation(int id_zone)
- void Compute_valve_forces_fluent(int id_zone)
- DEFINE_PROFILE(pressure_outlet_profile,thread,index)
- DEFINE_PROFILE(pressure_inlet_profile,thread,index)
- DEFINE_PROFILE(velocity_inlet_profile,thread,index)
- DEFINE_ON_DEMAND(Computations_preview)
- DEFINE_ON_DEMAND(Check_cosimulation_files)
- DEFINE_ON_DEMAND(Initialization)
- DEFINE_ON_DEMAND(StopCosimulation)
- DEFINE_EXECUTE_AT_END(Exchange_with_amesim)
- DEFINE_CG_MOTION(valve_displacement, dt, cg_vel, cg_omega, time, dtime)
- DEFINE_GEOM(axis, domain, dt, position)

图 2－92　需要使用的 UDF 模块

定义阀门的运动

```
DEFINE_CG_MOTION(valve_displacement, dt, cg_vel, cg_omega, time, dtime)
{
/* This Macro "DEFINE_CG_MOTION" is used to define the motion of the valve during the co-simulation.
   The current position of the valve is provided by AMESim (See the Macro "DEFINE_EXECUTE_AT_END")*/
  /* reset velocities */
  NV_S(cg_vel, =, 0.0);
  NV_S(cg_omega, =, 0.0);

  cg_vel[0] = (current_x_valve - previous_x_valve)/dtime;

  vel_valve = cg_vel[0];
}
```

定义阀门的信息

```
DEFINE_GEOM(axis, domain, dt, position)
{
/* This Macro "DEFINE_GEOM" is used to specified a moving or a deforming zone in the Fluent model.
   In this case, the axis of the Fluent model are specified as deforming zones.*/
   position[1] = 0;
}
```

图 2－93　UDF 模块中对阀门信息及运动的定义

通过联合数值计算，得到的计算结果如图 2-94～图 2-96 所示。

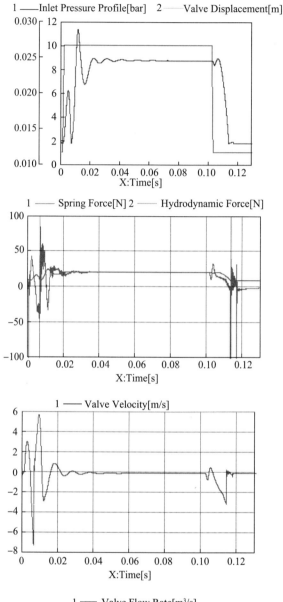

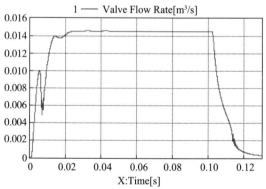

图 2-94　AMESim 计算结果

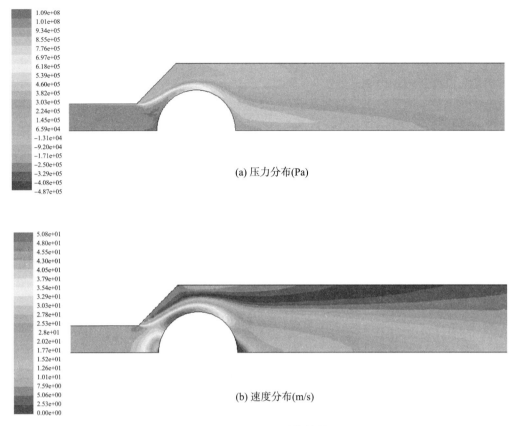

(a) 压力分布(Pa)

(b) 速度分布(m/s)

图 2 - 95　Fluent 计算结果

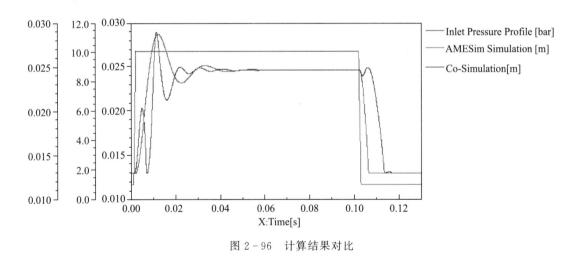

图 2 - 96　计算结果对比

从上面的计算结果对比图可以看出，联合仿真比较好地捕捉了阀门开启的动态相应过程，因此结果与实际比较吻合。

2.3.2.2　AMESim 与 Matlab/Simulink

　　AMESim 仿真软件具有丰富的模型库，用户可以采用基本元素法按照实际的物理系统来构建自己需要的模型，而不需要去推导复杂的数学模型，而 Simulink 借助与 Matlab 强大的数值计算能力，能够在 Matlab 下建立系统框图和仿真环境，在各个工程领域都发挥着巨大的作用，是当今主流的仿真软件。对于包括机械部分又有控制部分的系统，如果单纯利用 Simulink 进行仿真，系统将会变得非常复杂，将电动力系统的机械部分在 AMESim 中仿真，而控制部分利用 Simulink 仿真，利用 AEMSim 提供的接口将两个仿真联合起来，这样就可以充分发挥两个软件各自的优势，取得更好的仿真效果，这种联合仿真技术也是未来仿真的一个发展方向。

　　AMESim 和 Matlab 的联合仿真是通过 AMESim 中的界面菜单下的创建图标功能与 Simulink 中的 S 函数实现连接的。具体实现过程是在 AMESim 中经过系统编译、参数设置等生成供 Simulink 使用的 S 函数，在 Simulink 环境中将建好的 AMESim 模型当作一个普通 S 函数来对待，添加入系统的 Simulink 模型中，从而实现二者的联合仿真。

　　（1）系统环境设置

　　在已安装并使用了 AMESim 的系统中再安装 Matlab/Simulink 时，要实现联合仿真，首先应对系统环境变量进行设置，设置 MatlabB 环境变量，设定值为 Matlab，安装位置如“C：\MATLAB6pI”，目的是便于 AMESim 找到产生 S 函数必需的相关文件；查看环境变量 Path 的值中是否包含系统安装目录如“C：\windows\System32”。

　　（2）系统编译器配置

　　要实现 AMESim 与 Matlab/Simulink 的联合仿真平台，对于使用 Windows NT、Windows 2000 或 Windows XP 操作系统的用户，需要先安装 Microsoft Visual C++作为系统编译器。在安装了 Matlab（6.1 及以上的版本）之后，由于系统内已经存在 Microsoft Visual C++与 LCC C（Matlab 自带，只能用于产生 MEX 文件）两种 ANSI C/C++编译器，在使用 AMESim 建模并进入编译模式时，会发现编译过程中止并在编译信息提示框中出现除正常的编译过程信息外的如下提示信息：

```
Select a compiler：
［1］Microsoft Visual C/Cversion 6.0
［2］Lcc C version 2.4
［0］None
Compiler
```

　　此情况无法在 AMESim 环境中通过相关指令或配置方法解决，导致编译中止无法继续进入参数设置模式，仿真无法进行。在此情况下，需要进入 Matlab 命令窗口，运行 mex－setup 命令对 Matlab 编译器进行配置，Matlab 会自动搜索外部编译器的类型、版本以及安装路径，最后通过选择键入提示给用户输入的相应数字，选择一个编译器作为缺省编译器。

　　配置过程：

在 Matlab 命令窗口中，运行命令：

mex – setup

出现如下提示信息，mex 自动搜索外部编译器的类型、版本及所在的路径，并提示用户输入相应数字，选择一个作为缺省编译器：

Please choose your compiler for building external

interface(MEX)files：

Select a compiler：

［1］Lcc C version 2.4 in CAMATLAB6PI\sysHcc

［2］Microsoft Visual C/C＋＋version 6.0 in C：Program Files\Viicrosoff Visual Studio

［0］None

Compiler：

键入 2

对配置数据进行确认：

Please verify your choices：

Compiler：Microsoft Visual C/CH 6.0

Location：C：Wrogram FileskMicrosoff Visual Studio

Are these correct?（［y］/n）：

如果上述确认信息正确，键入 Y，系统编译器配置过程结束。

此外还要设置 Matlab 与 AMESim 在同一工作目录下工作。在此基础上就可进行正常的 AMESim 与 Matlab 的联合仿真工作了。

（3）需要注意的问题

1）联合仿真是在两部分模型（两套软件）同时运行的状况下进行的，AMESim 模型从参数模式进入运行模式时，会生成特定的参数文件供 Simulink 仿真运算使用。因此，如需修改 AMESim 模型的任意参数，必须在修改后再进入运行模式，以便在新的仿真运算中经过修改的参数值有效。若要关闭 AMESim 模型，也可通过在 Dos 命令窗口输入"AMEload"命令，将 AMESim 模型文件重新分离成联合仿真所需的各个部分。

2）S 函数模块中的参数设置。S 函数名称必须设定为 AMESim 模型名称加"–"形式，以实现 AMESim 模型与 S 函数的结合。S 函数中的参数是为了规定 AMESim 模型仿真结果格式而进行设置的。在标准仿真界面中前两个参数必须进行设置：第一个参数用于规定是否生成 AMESim 模型仿真结果文件，"1"代表生成该文件，其他值代表不生成该文件；第二个参数用于规定仿真结果文件的采集时间间隔，"0"或负值代表该间隔与 Simulink 仿真结果文件相同，若设定值为"0.01"，即代表该间隔为 0.01 s。

3）在标准仿真界面中，除去应用对应的信号输出模块外，还要用到 HitCrossing 模块，它的信号取 Demux 模块输出的最后一个信号。用于检查仿真过程中出现的非连续情况，其示值为正时表示未出现该情况，其示值为负时表示出现非连续情况，从而自动调节仿真计算速度，以克服此情况。如不使用该模块，可能导致仿真过程可靠性降低或仿真过程时间增长。联合仿真界面不需要该模块。

问题描述：采用 AMESim 和 Simulink 联合仿真，通过控制伺服阀的开关方向，实现液压传动装置的运动。联合仿真系统图如图 2 - 97 所示。

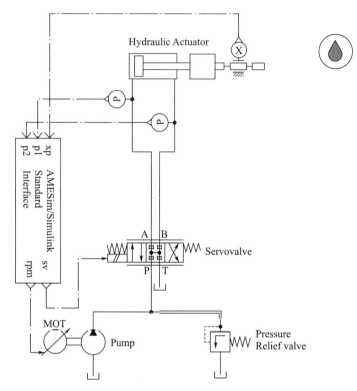

图 2 - 97　伺服阀和液压传动装置的联合仿真系统模型

联合仿真的数据传输接口如图 2 - 98 所示。

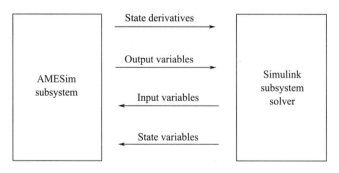

图 2 - 98　AMESim 和 Simulink 数据接口示意图

AMESim 子系统向 Simulink 子系统求解器传送状态导数和输出变量，并接受输入变量和状态变量；相反，Simulink 子系统求解器向 AMESim 子系统发送输入变量和状态变量，并接受状态导数和输出变量。在 Simulink 采用 S 函数，建立数据传递原理图如图 2 - 99 所示。

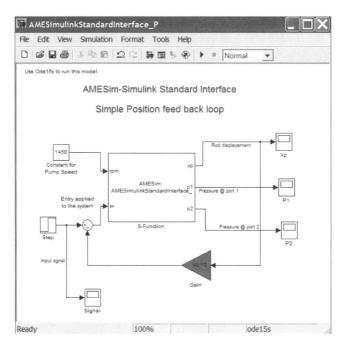

图 2 - 99　AMESim – Simulink 标准界面

通过仿真，计算结果如图 2 – 100 所示。

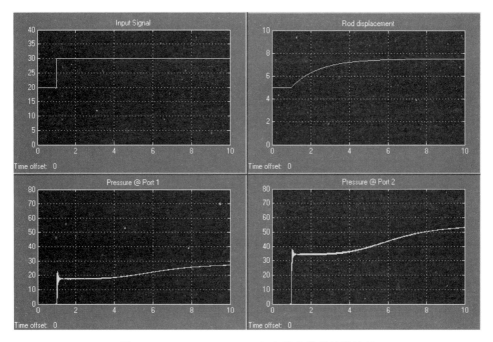

图 2 - 100　AMESim – simulink 联合仿真计算结果

从上图可以看出，当电流信号从 20 mA 阶跃到 30 mA 时，液压传动机构在控制信号作用下位移从 50 mm 变化到 75 mm。

2.3.3　推进剂晃动分析

2.3.3.1　概述

液体晃动是指容器中液体自由液面的波动（有时也指两种互不相溶液体界面的波动。晃动的某些特点使得了解液体行为很困难，这是因为贮箱运动方向、幅值和频率会造成多样的液体晃动形式；液体推进剂燃烧时，液体质量不断变化，晃动频率是时变的；液体黏性或挡板及其他抑制晃动的装置增加了阻尼，当阻尼或激励幅值足够大，液体响应将呈现明显的非线性特征，这将使得对晃动特性的了解变得更加困难。

随着航天事业的飞速发展，推进剂占火箭、卫星等航天器总质量的比重不断加大，推进剂晃动与箭体姿态运动通过惯性力的相互作用而直接耦合。如果晃动不稳定，晃动幅值不断增大，火箭姿态角就会因晃动惯性力的作用而不断加大，从而导致箭体姿态运动发散。液体晃动是一个在充液航天器总体设计中必须考虑的问题，推进剂的运动对在轨航天器的稳定、控制、定位、对接的影响都是关键的。为了控制不断增大的星体充液量以及飞行器姿态的指向精度，再加上失重或微重力环境，使得充液系统晃动动力学的研究更加重要，也更加复杂了。

现阶段，对于刚性容器中液体晃动的线性化理论已发展得相当完善并在工程设计中得到了充分的应用。然而对于具有不同几何形状的贮腔中液体非线性晃动问题至今仍然吸引着众多学者的关注，特别是微重力环境下液体的非线性晃动问题，需要进一步研究。为了防止液体晃动特性对航天器的不良影响，就必须掌握其晃动的规律，提高其内部液体推进剂的晃动阻尼，抑制液体的晃动，从而达到动力稳定的设计要求。在了解液体晃动特性的基础上，针对不同的飞行器或者不同的飞行状态，以及不同的防晃要求，在贮箱的结构设计中采取相应的、有效的防晃措施，也需要进一步的研究。

在零重力或者微重力条件下，航天器在飞行过程中的气-液两相流行为较难控制。国内外很多学者采用实验、理论分析以及数值模拟方法，对液体的晃动特性进行了大量研究。

在理论分析方面，通常将液体晃动简化为等效力学模型，并采用解析求解的方法，得到了一些液体晃动动力学的基本理论。然而，等效力学模型只能反映液体晃动的总体效应，而且只适用于液体晃动比较小的情况（即近似为线性理论可以求解的情况），并不能反映整个流场的分布规律。同时理论分析无法考虑复杂几何边界等因素的影响。

数值模拟具有较大的灵活性，周密考虑各种因素，能直观形象地给出任意时刻的流场分布图。数值模拟技术能较好地弥补实验时间短、外载条件实现困难、初始条件不易保证、测量记录判断困难、实验机会少、费用高等不足，因此受到了国内外研究人员的广泛重视。

2.3.3.2　国外进展

液体晃动问题的开创性工作是由俄罗斯的许多学者完成的，他们对充液航天器的液体晃动问题已经发表了很多文章。在 Moiseev 的两篇著名综述报告中，详述了有关基本理论和文献。在此之后，出现了一大批针对常（超）重力或微（零）重力、不同的贮箱形状、不同激励方式等多种情形的研究成果。Abramson 等对液体燃料晃动的早期研究进行了全面、系统的综述，并附录了大量的参考文献。

早期的研究主要集中于对球型贮箱、圆柱贮箱以及椭球型贮箱的液体晃动的研究，研究小幅晃动下的液体晃动的固有频率和振型。晃动分析多在线性范围内进行，一般采用变量分离法、基于变分原理的 Ritz 法和 Galerkin 法等。为了掌握液体的晃动规律，也有不少学者采用等效力学模型分析。Mikishev 用动力学方程等价准则，建立了容器一维平动和一维摆动扰动下充液耦合系统的等效平面摆模型；Unruh 等对液体晃动采用了单摆等效模型，之后将现代数据提取和模型分析方法用于模型参数确定，所得到的等效力学模型可更准确地反映液体晃动特性。对于旋转腔体内液体的晃动，Kana 提出了一个等效的复合球摆模型，该模型考虑了充液系统绕对称轴转动以及径向摆动两个自由度，与简单的单摆模型相比，其显著优点是能够预计系统旋转运动相应的离心力。这些基于小幅晃动的线性理论已相当完善，并成功地应用于工程实际。液体的大幅晃动本质是一个非线性、非定常带自由边界的初边值问题。

国外关于非线性晃动的研究有：Moiseev 利用摄动法和特征函数研究具有任意形状的贮箱中液体的非线性晃动，但很难应用其理论解决实际问题；Faltinsen 采用了 Moiseev 所提出的方法研究了受水平和俯仰激励的矩形贮箱中液体非线性晃动问题，将问题表述为相对于惯性坐标系的一个非线性初边值问题，在小幅激励的假设下应用摄动法求解了该问题；Nakayama 等研究了受俯仰激励的二维矩形贮箱中液体的非线性晃动，他们首先将液体运动表述为相对贮箱固联坐标系的一个非线性初边值问题，而后利用准变分原理通过有限元方法求解了该问题。

近几年来，对液体晃动特性的研究趋向于采用 CFD 数值模拟的方法。尤其是在低重力或者失重的情况下，对于贮箱内的液体的气-液两相流行为更加难以控制，在理论分析的基础上，更多的学者侧重于 CFD 数值模拟的方法。Takehiro Himeno 和 Toshinori Watanabe 采用数值模拟的方法，分析了在低重力下的贮箱内气-液两相流行为，并与落塔试验的结果相比较，得到了很好的验证。这种数值方法采用了 C-CIP 和 Level Set Function 方法以及 CSF 模型，可以用来模拟可压和不可压情况下的气-液两相流行为，并且考虑表面张力、黏性力以及重力的影响。N. C. Pal，S. K. Bhattacharyya 和 R K. Sinha 采用三维有限元数值模拟的方法，对液体晃动的影响进行了研究。Takehiro Himeno、Toshinori Watanabe 等人采用数值模拟的方法，分析了小贮箱内的液体的晃动以及波破碎现象，并且，采用缩小模型实验的方法对数值模拟的结果进行了验证，证明了数值模拟的有效性。Chia-Li Hu，Jiahn-Horng Chen 用数值模拟的方法研究了矩形贮箱内的液体晃动特性。为了研究液体自由表面的特性采用 VOF 方法，分析了不同操作情况和不同充液比情况下的液体晃动现象。随着计算机存储能力和计算能力的提高，数值模拟的方法受到了越来越多学者的关注与应用。无论是对于充液航天器晃动特性的分析还是对于防晃特性的分析，数值模拟的应用有着很大的发展前景。

2.3.3.3　国内进展

20世纪80年代初期，我国开始了复杂航天器动力学问题的立题研究，并从90年代开始了工程应用阶段的研究，全面开展了复杂航天器的晃动特性的试验、理论以及数值模拟的研究。

（1）贮箱内液体小幅晃动的特性研究

余延生研究了Cassini贮箱液体的小幅晃动问题，利用Ritz变分法求解了液体小幅自由晃动问题，得到自由晃动问题中最基本的两个物理量：固有频率和振型。陈新龙研究了微重力条件下Cassini贮箱液体晃动问题的解析求解方法。以静平衡液面为基准点线性化液体晃动方程，然后利用特征函数展开法、变分原理及Ritz法等方法，将微重力下自由晃动问题的求解转变为求解矩阵方程的特征值问题，从而利用给出的计算公式求得液体自由晃动的振型和固有频率。

耿利寅采用变分有限元方法，计算了圆柱形容器内液体晃动谐振频率，按照这一方法计算了卧式圆柱形容器内液体的横向晃动问题。贺元军也采用变分原理得到了低重力环境下圆柱形贮箱和轴对称椭球形贮箱中液体的小幅晃动特性，然后分析了受横向激励时液体的晃动及其数值解的收敛性。尹立中采用变分原理对俯仰运动圆柱贮箱中液体的有限幅值晃动的动力学特性进行了理论分析，同时研究了俯仰运动贮箱中液体的有限幅值晃动，研究中假定了液体为不可压缩、流动无旋，忽略了液体的黏性和表面张力。

在微重力或者失重的情况下，液体的表面张力对液体的晃动还是有很大影响的。包光伟对微重力环境下慢自旋充液容器内的液体晃动做了研究，文中采用Pfeiffer理论建立具有表面张力的液体自由晃动边值问题，采用三次样条插值的边界元法数值求解晃动的特征频率和模态。计算给出球腔内晃动液体关于充液比、微重Bond数和自旋Bond数的频率曲线。周宏、李俊峰、王天舒研究了低重环境下航天器贮箱内液体晃动的特性，采用了任意Lagrange-Euler有限元方法描述贮箱内不可压黏性液体的运动。用Laplace-Young表面张力公式将表面张力效应引入自由液面边界条件，采用最小二乘数值逼近方法拟合自由液面平均曲率，给出了含表面张力的动力学边界条件的数值计算形式，并计算了常重和微重条件下的矩形贮箱的液体晃动特性，主要是分析了自由液面的形状以及液面的波高变化。

（2）贮箱内液体大幅晃动的特性研究

对于圆柱型贮箱，通常当贮箱中液体晃动幅值小于腔体半径的15%时，可用线性系统来研究流体的小幅晃动特性；当晃动幅值大于腔体半径的25%时，将出现明显的非线性效应，此时不仅晃动幅值显著增大，甚至会出现晃动液体的飞溅和浪花，并且在一定的频率范围内还可能出现液体的旋转或涡旋现象，因此必须作为强非线性系统来研究流体的大幅晃动特性。因此，对大幅晃动特性的研究也是很有必要的。

李声远从试验技术与理论计算结合的角度，对解决复杂结构航天器低重力环境下，大幅度液体晃动非线性动态特性问题和模拟月球重力环境下月球探测器动力学性能的研究，进行了建设性的论述。陈建平采用有限元理论求解了小幅晃动的固有频率、晃动模态及液面波高响应。基于液体速度势和自由液面波高,提出了液体大幅晃动的 ALE 有限元分析方法。王照林对微重力充液系统大幅晃动动力学的理论基础进行阐述,说明了它在充液航天器动力学与控制中的应用,并且分析了液体大幅晃动自由边界的确定及数值稳定性问题。

岳宝增研究了低重力环境下三维液体非线性晃动问题。采用 ALE(任意的拉格朗日-欧拉)运动学描述跟踪自由液面,给出了表面张力的数值计算公式。模拟了考虑表面张力情况下圆筒型贮腔中液体的非线性晃动,并得到了贮腔壁面处自由液面位置变化的时间历程、作用在贮腔上的晃动力变化的时间历程等非线性动力学特性。岳宝增主要研究了圆筒形贮腔中三维液体非线性晃动问题,将任意的拉格朗日-欧拉(Arbitrary Lagrangian - Eulerian,ALE)运动学描述引入到 Navies - Stokes 方程中,在时间域上采用一种速度和压力的分步计算格式进行时间离散;在空间域上利用 Galerkin 加权余量法对系统方程进行数值离散,得到了数值计算黏性不可压液体非线性晃动的 ALE 分步有限元法的计算格式。推导了三维液体自由液面上结点法向矢量的数值计算方法,模拟了圆筒形贮腔(包括带圆环形隔板的圆筒形贮腔)中三维液体的非线性晃动,并得到了一些重要的非线性特性。

贺元军研究了低重力环境下液体非线性晃动的稳态响应,建立了液体非线性晃动的微分方程组,并借助变分原理建立了液体压力体积分形式的 Lagrange 函数;然后将速度势函数在自由液面处作波高函数的级数展开,通过变分从而导出自由液面运动学和动力学边界条件非线性方程组;最后用多尺度法求解非线性方程组,就重力强度对圆柱形贮箱中液体非线性晃动的全局稳态响应的影响进行了详细的理论分析。大幅晃动的非线性的研究主要是基于 ALE 有限元分析方法,分析了低重力情况下的大幅晃动特性。

(3)液体晃动的阻尼特性研究

李俊峰等人研究了贮箱内液体小幅晃动的频率和阻尼计算。根据小幅晃动条件下利用速度势函数推导的计算液体晃动频率和内部 Rayleigh 阻尼的特征值方程,利用简化处理转化为一般的广义特征值问题,并针对这种非对称大型稀疏矩阵采用了 Arnoldi 迭代方法,求解得到晃动频率和内部阻尼,将利用 Stokes 边界层理论计算得到边界上的阻尼与内阻尼之和作为晃动的等效阻尼,分析了球型贮箱和方型贮箱的前几阶固有频率和阻尼比。包光伟研究了在全失重条件下的液体晃动固有频率特征问题。采用边界数值计算方法求解了半湿球内液体的晃动特征问题,并说明了这一数值方法对半湿旋转对称腔内液体晃动问题的求解也是适合的。他还研究了微重力慢自旋条件下椭球型球腔内液体的晃动特性,首次采用双向打靶法数值确定此条件下的弯月面中心的位置和曲率。

程绪铎研究了两底为半球面、腰为圆柱面贮箱中液体的受迫晃动特性,用一类特征函数展开的方法求出液体自由晃动频率、速度势,推出了贮箱横向振动时液体受迫振动的动力学方程和边界条件,利用函数展开法求出液体受迫振动速度势,并给出了腔体横向振动时液体对腔壁的反力和反力矩,最后给出了数值计算结果。

王宁介绍了一种软件包——ANASLOSH 软件包,其目的是给任何即便是很小的加速度力提供准确测定晃动模式的方法。ANASLOSH 1.0 软件,专门用于测定任何加注比和轴向重力下自由表面的平衡形状。ANASLOSH 2.0 软件用以预测任何稳定重力条件下，即便是重力突降或失重情况下液体的特性，仅适用于线性理论的计算。还介绍了即将开发的 ANASLOSH 3.0，适用于很高的精度计算出自由表面的形态。王毅、常小庆以部分管理表面张力贮箱的管理舱为研究对象，利用三维气液平衡界面计算程序 Sufurce Evolver。在无重力和微重力且几何边界条件比较复杂的环境下对管理舱内的气液平衡界面进行数值模拟，仅研究了重力沿着贮箱轴向的情形。

（4）等效力学模型的研究

液体的晃动对航天器的稳定性产生一定的影响，为了使航天器控制和稳定性问题分析简便，很多学者也采用了等效力学模型对充液航天器的液体晃动规律及稳定性进行研究。通常情况下，采用等效摆模型和质量-弹簧力学模型，如图 2 - 101 所示。

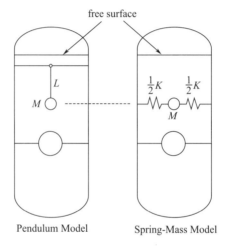

图 2 - 101　等效力学模型示意图

包光伟建立了二维平动和二维摆动扰动下空间摆等效模型，研究了三轴定向充液卫星的姿态稳定性。但它们为简化分析而忽略了液体表面张力的影响，因此与微重力环境下的实际情况相比，仍有一定的差距。李英波在考虑液体表面张力影响液体晃动求解的基础上，利用动力学方程等价准则，建立了三轴定向充液卫星在二维平动和二维摆动扰动作用下的空间摆等效力学模型，并对两种情况下等效摆的主要参数进行了计算和比较。陈存芸研究了在贮箱推进剂沉底的前提下，采用等效弹簧-质量模型对某运载火箭三级无动力段飞行晃动不稳定现象进行了分析。张树瑜等人用空间等效摆模型描述航天器贮箱内液体晃动。根据液体晃动构建模型与边界条件，获得了液体在贮箱腔内作涡旋运动时的赫姆霍兹方程。研究有加速度的平衡状态及小幅运动时固定腔体中理想流体的横向运动，分别求出每个腔体在固定基座上的固有频率和振型函数。航天器具备横行速度和姿态运动时，考虑航天器运动对加速度势的影响，给出液体对主刚体的作用力和力矩，由此建立了轴对称贮箱等效力学模型。

（5）挡板对液体晃动特性的影响研究

为了使航天运载器具有良好的飞行稳定性，就必须提高其内部液体推进剂的晃动阻尼，抑制液体的晃动，从而达到动力稳定的设计要求。在圆柱型贮箱的研究中，通常添加的是圆环形挡板、半圆形挡板和纵向竖条挡板。图 2 - 102 给出了不同形状挡板的示意图。

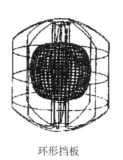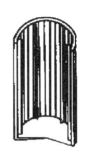

半圆形挡板　　　　　　环形挡板　　　　　纵向竖条挡板

图 2 - 102　不同形状的挡板示意图

　　王照林等考察了带有同孔隔板的贮箱内液体的晃动特性以及隔板对晃动的抑制问题，特别分析了黏弹性隔板的防晃效应等。梁波用实验方法研究了刚性和柔性防晃板对液体晃动的抑制作用，分析了液体晃动频率和晃动阻尼。同时，研究了影响防晃板防晃性能的各种因素，并提出了柔性防晃板在防晃性能方面的优越性。夏益霖讨论了贮箱防晃设计的两类主要方法——液体晃动的结构控制和阻尼控制的防晃机理、防晃特性描述方法、结构实现途径及适用性，并介绍了对称环形挡板、对称径向挡板以及非对称挡板的防晃特性。万水研究了横向环形防晃板对液体晃动特性的影响，并指出：多层挡板的阻尼效益，不能采用将单层挡板阻尼线性叠加的方法计算，只有当各层防晃板间距较大时，才能把各层防晃板的阻尼叠加起来作为多层防晃板总晃动阻尼的近似值。程绪铎研究了微重状态下，带有隔板的球形腔体受迫转动时其内液体的晃动特性，并说明了加隔板后有明显的防晃作用：一是液体晃动的基频降低，二是使液体对腔壁的反作用力下降。

　　万水分析了纵向窄条防晃板的防晃特性，防晃板越宽，对液体晃动频率的降低作用就越显著，纵向防晃板对液体深度变化能提供比较稳定的晃动阻尼。潘海林采用数值模拟方法，研究了全尺度重力探测卫星贮箱对于安装挡板和不安装挡板情形下液体推进剂晃动的流体动力特性，表明挡板产生的阻尼在减少流体晃动的同时也减少了流体作用在贮箱上的力，在垂直于挡板方向减少的幅度更加明显。液体防晃特性的研究主要是在贮箱内添加隔板，以此增加阻尼，抑制液体的晃动，隔板的形状主要有圆环形、半圆形、纵向竖条挡板等。并且，很多学者验证了添加隔板后有明显的防晃作用。

第 3 章 推进系统仿真分析的基本理论

推进系统是一个复杂的系统，广泛覆盖了结构力学、流体力学、热力学、电磁学、热力学、化学反应、控制工程等学科。同样，推进系统仿真工作也需要具备较宽广的知识，了解这些学科知识则有助于开展仿真分析工作。本章对开展推进系统仿真分析所需的基础知识加以介绍，从基本理论开始，介绍推进系统仿真分析所涉及的基本概念和方程，并对推进系统仿真会用到的典型物理现象与知识加以介绍，如水击现象、液体晃动以及多孔介质等典型问题，使读者从基本知识和基本概念的角度了解推进系统仿真分析相关的基本理论。

3.1 基本理论

3.1.1 流动理论

流体流动所遵循的物理定律，是建立流体运动基本方程组的依据。这些定律主要包括质量守恒、动量守恒、动量矩守恒、能量守恒、热力学第二定律，加上状态方程、本构方程。在实际计算时，还要考虑不同的流态，如层流与湍流。黏性流动是包括摩擦、热传导和质量扩散等输运现象的流动，这些输运现象是耗散性的，它们总是使流体的熵增加。本节推导和讨论的方程就适用于这样的黏性流动，不包括质量扩散。

3.1.1.1 基本控制方程

（1）系统与控制体

在流体力学中，系统是指某一确定流体质点集合的总体。系统以外的环境称为外界。分隔系统与外界的界面，称为系统的边界。系统通常是研究的对象，外界则用来区别于系统。系统将随系统内质点一起运动，系统内的质点始终包含在系统内，系统边界的形状和所围空间的大小可随运动而变化。系统与外界无质量交换，但可以有力的相互作用，以及能量（热和功）交换。

控制体是指在流体所在的空间中，以假想或真实流体边界包围，固定不动形状任意的空间体积。包围这个空间体积的边界面，称为控制面。控制体的形状与大小不变，并相对于某坐标系固定不动。控制体内的流体质点组成并非不变的。控制体既可通过控制面与外界有质量和能量交换，也可与控制体外的环境有力的相互作用。

将物理学的基本原理运用到控制体内的流体上和流过控制面的流体，借助控制体，将我们的注意力集中在控制体本身这一有限区域内的流体。直接将物理学基本原理运用于有限控制体，得到的流体流动方程将是积分形式的。对这些积分形式的控制方程进行处理，可间接地导出偏微分方程组。对于空间位置固定的有限控制体，无论是积分形式的还是偏微分形式的,都称为守恒型控制方程。而对于随流体运动的有限控制体,无论是积分或偏微分形式的方程组,称为非守恒型控制方程。

(2) 质量守恒方程 (连续性方程)

在流场中,流体通过控制面 A_1 流入控制体,同时也会通过另一部分控制面 A_2 流出控制体,在这期间控制体内部的流体质量也会发生变化。按照质量守恒定律,流入的质量与流出的质量之差,应该等于控制体内部流体质量的增量,由此可导出流体流动连续性方程的积分形式为

$$\frac{\partial}{\partial t}\iiint_V \rho\,\mathrm{d}x\,\mathrm{d}y\,\mathrm{d}z + \iint_A \rho v \cdot n\,\mathrm{d}A = 0 \tag{3-1}$$

式中,V 表示控制体,A 表示控制面。等式左边第一项表示控制体 V 内部质量的增量;第二项表示通过控制表面流入控制体的净通量。

根据数学中的奥-高公式,在直角坐标系下可将其化为微分形式

$$\frac{\partial \rho}{\partial t} + u\frac{\partial(\rho u)}{\partial x} + v\frac{\partial(\rho v)}{\partial y} + w\frac{\partial(\rho w)}{\partial z} = 0 \tag{3-2}$$

对于不可压缩均质流体,密度为常数,则有

$$\frac{\partial u}{\partial x} + \frac{\partial v}{\partial y} + \frac{\partial w}{\partial z} = 0 \tag{3-3}$$

对于圆柱坐标系,其形式为

$$\frac{\partial \rho}{\partial t} + \frac{\rho v_r}{r} + \frac{\partial(\rho v_r)}{\partial r} + \frac{\partial(\rho v_\theta)}{r\partial \theta} + \frac{\partial(\rho v_z)}{\partial z} = 0 \tag{3-4}$$

对于不可压缩均质流体,密度为常数,则有

$$\frac{v_r}{r} + \frac{\partial v_r}{\partial r} + \frac{\partial v_\theta}{r\partial \theta} + \frac{\partial v_z}{\partial z} = 0 \tag{3-5}$$

(3) 动量守恒方程 (运动方程)

动量守恒是流体运动时应遵循的另一个普遍定律,描述为:在一给定的流体系统,其动量的时间变化率等于作用于其上的外力总和,其数学表达式即为动量守恒方程,也称为运动方程或 N-S 方程,其微分形式表达如下

$$\begin{cases} \rho\dfrac{\mathrm{d}u}{\mathrm{d}t} = \rho F_{bx} + \dfrac{\partial p_{xx}}{\partial x} + \dfrac{\partial p_{yx}}{\partial y} + \dfrac{\partial p_{zx}}{\partial z} \\[2mm] \rho\dfrac{\mathrm{d}v}{\mathrm{d}t} = \rho F_{by} + \dfrac{\partial p_{xy}}{\partial x} + \dfrac{\partial p_{yy}}{\partial y} + \dfrac{\partial p_{zy}}{\partial z} \\[2mm] \rho\dfrac{\mathrm{d}w}{\mathrm{d}t} = \rho F_{bz} + \dfrac{\partial p_{xz}}{\partial x} + \dfrac{\partial p_{yz}}{\partial y} + \dfrac{\partial p_{zz}}{\partial z} \end{cases} \tag{3-6}$$

式中,F_{bx},F_{by},F_{bz} 分别是单位质量流体上的质量力在三个方向上的分量;p_{ij} 是流体内应力张量的分量。

动量守恒方程在实际应用中有许多表达形式,其中比较常见的有以下几种。

①可压缩黏性流体的动量守恒方程

$$\begin{cases} \rho\dfrac{\mathrm{d}u}{\mathrm{d}t}=\rho f_x+\dfrac{\partial p}{\partial x}+\dfrac{\partial}{\partial x}\left\{\mu\left[2\,\dfrac{\partial u}{\partial x}-\dfrac{2}{3}\left(\dfrac{\partial u}{\partial x}+\dfrac{\partial v}{\partial y}+\dfrac{\partial w}{\partial z}\right)\right]\right\}+ \\[3mm] \qquad\dfrac{\partial}{\partial y}\left[\mu\left(\dfrac{\partial u}{\partial y}+\dfrac{\partial v}{\partial x}\right)\right]+\dfrac{\partial}{\partial z}\left[\mu\left(\dfrac{\partial w}{\partial x}+\dfrac{\partial u}{\partial z}\right)\right] \\[3mm] \rho\dfrac{\mathrm{d}v}{\mathrm{d}t}=\rho f_y+\dfrac{\partial p}{\partial y}+\dfrac{\partial}{\partial y}\left\{\mu\left[2\,\dfrac{\partial v}{\partial y}-\dfrac{2}{3}\left(\dfrac{\partial u}{\partial x}+\dfrac{\partial v}{\partial y}+\dfrac{\partial w}{\partial z}\right)\right]\right\}+ \\[3mm] \qquad\dfrac{\partial}{\partial z}\left[\mu\left(\dfrac{\partial v}{\partial z}+\dfrac{\partial w}{\partial y}\right)\right]+\dfrac{\partial}{\partial x}\left[\mu\left(\dfrac{\partial u}{\partial y}+\dfrac{\partial v}{\partial x}\right)\right] \\[3mm] \rho\dfrac{\mathrm{d}w}{\mathrm{d}t}=\rho f_z+\dfrac{\partial p}{\partial z}+\dfrac{\partial}{\partial z}\left\{\mu\left[2\,\dfrac{\partial w}{\partial z}-\dfrac{2}{3}\left(\dfrac{\partial u}{\partial x}+\dfrac{\partial v}{\partial y}+\dfrac{\partial w}{\partial z}\right)\right]\right\}+ \\[3mm] \qquad\dfrac{\partial}{\partial x}\left[\mu\left(\dfrac{\partial w}{\partial x}+\dfrac{\partial u}{\partial z}\right)\right]+\dfrac{\partial}{\partial z}\left[\mu\left(\dfrac{\partial v}{\partial z}+\dfrac{\partial w}{\partial z}y\right)\right] \end{cases} \tag{3-7}$$

②常黏性流体的动量守恒方程

$$\rho\frac{\mathrm{d}v}{\mathrm{d}t}=\rho F-\mathrm{grad}p+\frac{\mu}{3}\mathrm{grad}(\mathrm{div}v)+\mu\,\nabla^2 v \tag{3-8}$$

③常密度常黏性流体的动量守恒方程

$$\rho\frac{\mathrm{d}v}{\mathrm{d}t}=\rho F-\mathrm{grad}p+\mu\,\nabla^2 v \tag{3-9}$$

④无黏性流体的动量守恒方程（欧拉方程）

$$\rho\frac{\mathrm{d}v}{\mathrm{d}t}=\rho F-\mathrm{grad}p \tag{3-10}$$

⑤静力学方程

$$\rho F=\mathrm{grad}p \tag{3-11}$$

⑥相对运动方程

在非惯性参考系中的相对运动方程是研究像大气、海洋及旋转系统中流体运动所必须考虑的。由理论力学得知，绝对速度 v_a 为相对速度 v_r 及牵连速度 v_e 之和，即

$$v_a=v_r+v_e \tag{3-12}$$

其中，$v_e=v_0+\Omega\times r$，v_0 为运动系中的平动速度，Ω 是其转动角速度，r 为质点矢径。

而绝对加速度 a_a 为相对加速度 a_r、牵连加速度 a_e 及科氏加速度 a_c 之和，即

$$a_a=a_r+a_e+a_c \tag{3-13}$$

其中

$$a_e=\frac{\mathrm{d}v_0}{\mathrm{d}t}+\frac{\mathrm{d}\Omega}{\mathrm{d}t}\times r+\Omega\times(\Omega\times r) \tag{3-14}$$

$$a_c=2\Omega\times v_r \tag{3-15}$$

将绝对加速度代入运动方程，即得到流体的相对运动方程

$$\rho\frac{\mathrm{d}v_r}{\mathrm{d}t}=\rho F_b+\mathrm{div}p-a_c-2\Omega v_r \tag{3-16}$$

（4）能量守恒方程

将热力学第一定律应用于流体运动，将各项用有关的流体物理量表示出来，即是能量方程，如下式所示

$$\frac{\partial}{\partial t}(\rho E)+\frac{\partial}{\partial x_i}[u_i(\rho E+p)]=\frac{\partial}{\partial x_i}\left[k_{\text{eff}}\frac{\partial T}{\partial x_i}-h_j J_j+u_j\ (\tau_{ij})_{\text{eff}}\right]+S_h \qquad (3-17)$$

式中，$E=h-\dfrac{p}{\rho}+\dfrac{u_i^2}{2}$；$k_{\text{eff}}$ 是有效热传导系数，$k_{\text{eff}}=k+k_t$，其中 k_t 是湍流热传导系数，根据所使用的湍流模型来定义；J_j 是组分 j 的扩散流量；S_h 包括了化学反应热以及其他用户定义的体积热源项；方程右边的前三项分别描述了热传导、组分扩散和黏性耗散带来的能量输运。

3.1.1.2　湍流模型

湍流是自然界广泛存在的流动现象。大气、海洋环境的流动，飞行器和船舰的绕流，叶轮机械、化学反应器、核反应堆中的流体运动都是湍流。湍流是一种多尺度性和黏性不可忽略的、有旋的三维运动，这是其最重要的特性。首先，湍流是一个有旋的三维运动，湍流以很强的涡量脉动为特征，在描述湍流运动时，涡量动力学起了很关键的作用。其次，流体的流动是一个多尺度的问题，在湍流流动中，长度尺度有一个很宽的范围，Reynolds 数通常很大，还不稳定，继续产生更小尺度的湍流运动，这样也就把大尺度湍流运动的能量传递到更小尺度的运动，如此不断反复，直至产生最小尺度的湍流运动。最后，湍流总是在大雷诺数中产生，但黏性的作用很重要。流动不稳定产生最大尺度的湍流运动，在最小尺度的湍流运动中，湍流能量耗散为热。湍流能量的产生和耗散是湍流运动的两个重要过程，很多现象都和这两个过程紧密相关，这两个过程直接决定了湍流能量在长度尺度（或波数）空间中的分布。

正因为如此，湍流流动在物理上近乎于无穷多的尺度和数学上强烈的非线性的核心特征，使得人们无论是通过理论分析、实验研究还是计算机模拟来彻底认识湍流都非常困难。回顾计算流体力学的发展，特别是活跃的 20 世纪 80 年代，不仅提出和发展了一大批高精度、高分辨率的计算格式，从主控方程看相当成功地解决了欧拉方程的数值模拟，可以说欧拉方程数值模拟方法的精度已接近于它有效使用范围的极限；同时还发展了一大批有效的网格生成技术及相应的软件，具体实现了工程计算所需要的复杂外形的计算网格；随着计算机的发展，无论从计算时间还是从计算费用考虑，欧拉方程都已能适用于各种实践。在此基础上，20 世纪 80 年代还进行了求解可压缩雷诺平均方程及其三维定态黏流流动的模拟。20 世纪 90 年代又开始一个非定常黏流流场模拟的新局面，这里所说的黏流流场具有高雷诺数、非定常、不稳定、剧烈分离流动的特点，需要继续探求更高精度的计算方法和更实用可靠的网格生成技术。但更为重要的是，研究湍流机理，建立相应的模式，并进行适当的模拟，这仍是解决湍流问题的重要途径。

（1）湍流模型分类

湍流流动模型很多，但大致可以归纳为以下三类。

第一类是湍流输运系数模型，即将速度脉动的二阶关联量表示成平均速度梯度与湍流黏性系数的乘积，用笛卡儿张量表示为

$$- \rho \overline{u_i' u_j'} = \mu_t \left(\frac{\partial u_i}{\partial x_j} + \frac{\partial u_j}{\partial x_i} \right) - \frac{2}{3} \rho k \delta_{ij} \tag{3-18}$$

模型的任务就是给出计算湍流黏性系数 μ_t 的方法。根据建立模型所需要的微分方程的数目，可以分为零方程模型（代数方程模型）、单方程模型和双方程模型。

第二类是抛弃了湍流输运系数的概念，直接建立湍流应力和其他二阶关联量的输运方程。

第三类是大涡模拟。前两类是以湍流的统计结构为基础，对所有涡旋进行统计平均。大涡模拟把湍流分成大尺度湍流和小尺度湍流，通过求解三维经过修正的 Navier - Stokes 方程（纳维-斯托克斯方程，简称 N-S 方程），得到大涡旋的运动特性，而对小涡旋运动还采用上述的模型。

实际求解中，选用什么模型要根据具体问题的特点来决定。选择的一般原则是精度要高，应用简单，节省计算时间，同时也具有通用性。

常见的湍流模型包括：单方程（Spalart - Allmaras）模型、双方程模型（标准 $k - \varepsilon$ 模型、重整化群 $k - \varepsilon$ 模型、可实现 $k - \varepsilon$ 模型）及雷诺应力模型和大涡模拟，如图 3 - 1 所示。

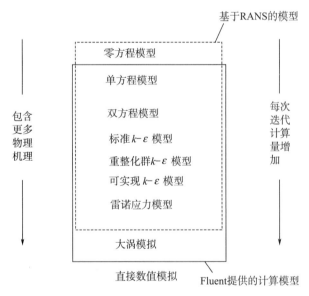

图 3-1　湍流模型详解

（2）平均量输运方程

雷诺平均就是把 N - S 方程中的瞬时变量分解成平均量和脉动量两部分。对于速度，有

$$u_i = \overline{u_i} + u_i' \tag{3-19}$$

式中，$\overline{u_i}$ 和 u_i' 分别是平均速度和脉动速度（$i = 1, 2, 3$）。

类似地，对于压力等其他标量，也有

$$\phi = \bar{\phi} + \phi' \tag{3-20}$$

式中，ϕ 表示标量，如压力、能量、组分浓度等。

把上面的表达式代入瞬时的连续与动量方程，并取平均（去掉平均速度上的横线），可以把连续与动量方程写成如下的笛卡儿坐标系下的张量形式

$$\frac{\partial \rho}{\partial t} + \frac{\partial}{\partial x_i}(\rho u_i) = 0 \tag{3-21}$$

$$\rho \frac{\mathrm{d}u_i}{\mathrm{d}t} = \frac{\partial p}{\partial x_i} + \frac{\partial}{\partial x_j}\left[\mu \left(\frac{\partial u_i}{\partial x_j} + \frac{\partial u_j}{\partial x_i} - \frac{2}{3}\delta_{ij} \frac{\partial u_l}{\partial x_l} \right) \right] + \frac{\partial}{\partial x_j}(-\rho \overline{u_i' u_j'}) \tag{3-22}$$

上面两个方程称为雷诺平均的 Navier - Stokes（RANS）方程。它们和瞬时 Navier - Stokes 方程有相同的形式，只是速度或其他求解变量变成了时间平均量。额外多出来的项 $-\rho \overline{u_i' u_j'}$ 是雷诺应力，表示湍流的影响。

对于密度变化的流动过程，如燃烧问题，需要采用法夫雷（Favre）平均才可以求解。法夫雷平均就是除了压力和密度本身以外，所有变量都用密度加权平均。变量的密度加权平均定义如下

$$\tilde{\phi} = \overline{\rho\phi}/\bar{\rho} \tag{3-23}$$

式中，符号～表示密度加权平均，对应于密度加权平均值的脉动值用 ϕ'' 表示，有 $\phi = \tilde{\phi} + \phi''$。显然，这种脉动值的简单平均值不为零，但它的密度加权平均值等于零，即 $\overline{\phi''} \neq 0$，$\overline{\rho\phi''} = 0$。

为了求解方程，必须模拟雷诺应力项以使方程封闭。通常的方法是应用 Boussinesq 假设，认为雷诺应力与平均速度梯度成正比，表达式如下

$$-\rho \overline{u_i' u_j'} = \mu_t \left(\frac{\partial u_i}{\partial x_j} + \frac{\partial u_j}{\partial x_i} \right) - \frac{2}{3}\left(\rho k + \mu_t \frac{\partial u_i}{\partial x_i} \right)\delta_{ij} \tag{3-24}$$

Boussinesq 假设被用于单方程模型和 $k - \varepsilon$ 双方程模型。这种近似方法好处是与求解湍流黏性系数有关的计算时间比较少。例如，在 Spalart - Allmaras 单方程模型中只多求解一个表示湍流黏性的输运方程；在 $k - \varepsilon$ 双方程模型中只需多求解湍动能 k 和耗散率 ε 两个方程，湍流黏性系数用湍动能 k 和耗散率 ε 的函数来描述。Boussinesq 假设的不足之处是假设 μ_t 为各向同性标量，对于一些复杂流动，该条件并不是严格成立，所以其具有应用局限性。

另外的近似方法是求解雷诺应力各分量的输运方程。这也需要额外再求解一个标量方程，通常是耗散率 ε 方程。这就意味着对于二维湍流流动问题，需要多求解 4 个输运方程，而三维湍流问题需要多求解 7 个方程，需要较多的计算时间，要求更高的计算机内存。

在很多情况下基于 Boussinesq 假设的模型很好用，而且计算量并不是很大。但是，如果湍流场各向异性很明显，如强旋流动以及应力取得的二次流等流动中，求解 RSM 模型可以得到更好的结果。

（3）常用湍流模型简介

①单方程（Spalart - Allmaras）模型

单方程模型求解变量是 $\tilde{\upsilon}$，表征出了近壁（黏性影响）区域以外的湍流运动黏性系数。$\tilde{\upsilon}$ 的输运方程为

$$\rho\,\frac{\mathrm{d}\tilde{\upsilon}}{\mathrm{d}t}=G_{\upsilon}+\frac{1}{\sigma_{\tilde{\upsilon}}}\left[\frac{\partial}{\partial x_j}\left\{(\mu+\rho\tilde{\upsilon})\,\frac{\partial\tilde{\upsilon}}{\partial x_j}\right\}+C_{b2}\left(\frac{\partial\tilde{\upsilon}}{\partial x_j}\right)\right]-Y_{\upsilon} \tag{3-25}$$

式中，G_{υ} 是湍流黏性产生项；Y_{υ} 是由于壁面阻挡与黏性阻尼引起的湍流黏性的减少；$\sigma_{\tilde{\upsilon}}$ 和 C_{b2} 是常数；υ 是分子运动黏性系数。

湍流黏性系数 $\mu_t=\rho\tilde{\upsilon}f_{\upsilon1}$，其中，$f_{\upsilon1}$ 是黏性阻尼函数，定义为 $f_{\upsilon1}=\dfrac{\chi^3}{\chi^3+C_{\upsilon1}^3}$，$\chi\equiv\dfrac{\tilde{\upsilon}}{\upsilon}$。而湍流黏性产生项 G_{υ} 模拟为 $G_{\upsilon}=C_{b1}\rho\tilde{S}\tilde{\upsilon}$，其中 $\tilde{S}\equiv S+\dfrac{\tilde{\upsilon}}{k^2d^2}f_{\upsilon2}$，$f_{\upsilon2}=1-\dfrac{\chi}{1+\chi f_{\upsilon1}}$，$C_{b1}$ 和 k 是常数，d 是计算点到壁面的距离；$S\equiv\sqrt{2\Omega_{ij}\Omega_{ij}}$，$\Omega_{ij}=\dfrac{1}{2}\left(\dfrac{\partial u_j}{\partial x_i}-\dfrac{\partial u_i}{\partial x_j}\right)$。在 Fluent 软件中，考虑到平均应变率对湍流产生也起到很大作用，$S\equiv|\Omega_{ij}|+C_{\mathrm{prod}}\min(0,|S_{ij}|-|\Omega_{ij}|)$，其中，$C_{\mathrm{prod}}=2.0$，$|\Omega_{ij}|\equiv\sqrt{2\Omega_{ij}\Omega_{ij}}$，$|S_{ij}|\equiv\sqrt{2S_{ij}S_{ij}}$，平均应变率 $S_{ij}=\dfrac{1}{2}\left(\dfrac{\partial u_j}{\partial x_i}+\dfrac{\partial u_i}{\partial x_j}\right)$。

在涡量超过应变率的计算区域计算出来的涡旋黏性系数变小。这适合涡流靠近涡旋中心的区域，那里只有"单纯"的旋转，湍流受到抑止。包含应变张量的影响更能体现旋转对湍流的影响。忽略了平均应变，估计的涡旋黏性系数产生项偏高。

湍流黏性系数减少项 Y_{υ} 为 $Y_{\upsilon}=C_{w1}\rho f_w\left(\dfrac{\tilde{\upsilon}}{d}\right)^2$，其中，$f_w=g\left(\dfrac{1+C_{w3}^6}{g_6+C_{w3}^6}\right)^{1/6}$，$g=r+C_{w2}(r^6-r)$，$r\equiv\dfrac{\tilde{\upsilon}}{\tilde{S}k^2d^2}$，$C_{w1}$，$C_{w2}$，$C_{w3}$ 是常数，在计算 r 时用到的 $\tilde{S}$ 受平均应变率的影响。

上面的模型常数在 Fluent 软件中默认值为 $C_{b1}=0.1335$，$C_{b2}=0.622$，$\sigma_{\tilde{\upsilon}}=2/3$，$C_{\upsilon1}=7.1$，$C_{w1}=C_{b1}/k^2+(1+C_{b2})/\sigma_{\tilde{\upsilon}}$，$C_{w2}=0.3$，$C_{w3}=2.0$，$k=0.41$。

②标准 $k-\varepsilon$ 模型

标准 $k-\varepsilon$ 模型需要求解湍动能及其耗散率方程。湍动能输运方程是通过精确的方程推导得到的，但耗散率方程是通过物理推理，数学上模拟相似原形方程得到的。该模型假设流动为完全湍流，分子黏性的影响可以忽略。因此，标准 $k-\varepsilon$ 模型只适合完全湍流的流动过程模拟。标准 $k-\varepsilon$ 模型的湍动能 k 和耗散率 ε 方程为如下形式

$$\rho\,\frac{\mathrm{d}k}{\mathrm{d}t}=\frac{\partial}{\partial x_i}\left[\left(\mu+\frac{\mu_t}{\sigma_k}\right)\frac{\partial k}{\partial x_i}\right]+G_k+G_b-\rho\varepsilon-Y_M \tag{3-26}$$

$$\rho\,\frac{\mathrm{d}\varepsilon}{\mathrm{d}t}=\frac{\partial}{\partial x_i}\left[\left(\mu+\frac{\mu_t}{\sigma_\varepsilon}\right)\frac{\partial\varepsilon}{\partial x_i}\right]+C_{1\varepsilon}\,\frac{\varepsilon}{k}(G_k+C_{3\varepsilon}G_b)-C_{2\varepsilon}\rho\,\frac{\varepsilon^2}{k} \tag{3-27}$$

式中，G_k 表示由于平均速度梯度引起的湍动能产生，G_b 表示由于浮力影响引起的湍动能产生；Y_M 表示可压缩湍流脉动膨胀对总的耗散率的影响。湍流黏性系数 $\mu_t = \rho C_\mu \dfrac{k^2}{\varepsilon}$。

在 CFD 软件中，作为默认值常数，$C_{1\varepsilon} = 1.44$，$C_{2\varepsilon} = 1.92$，$C_{3\varepsilon} = 0.09$，湍动能 k 与耗散率 ε 的湍流普朗特数分别为 $\sigma_k = 1.0$，$\sigma_\varepsilon = 1.3$。

③重整化群 $k - \varepsilon$ 模型

重整化群 $k - \varepsilon$ 模型是对瞬时的 N - S 方程用重整化群的数学方法推导出来的模型。模型中的常数与标准 $k - \varepsilon$ 模型不同，而且方程中也出现了新的函数或者项。其湍动能与耗散率方程与标准 $k - \varepsilon$ 模型有相似的形式

$$\rho \frac{\mathrm{d}k}{\mathrm{d}t} = \frac{\partial}{\partial x_i} \left[(\alpha_k \mu_{\mathrm{eff}}) \frac{\partial k}{\partial x_i} \right] + G_k + G_b - \rho \varepsilon - Y_M \tag{3-28}$$

$$\rho \frac{\mathrm{d}\varepsilon}{\mathrm{d}t} = \frac{\partial}{\partial x_i} \left[(\alpha_\varepsilon \mu_{\mathrm{eff}}) \frac{\partial \varepsilon}{\partial x_i} \right] + C_{1\varepsilon} \frac{\varepsilon}{k} (G_k + C_{3\varepsilon} G_b) - C_{2\varepsilon} \rho \frac{\varepsilon^2}{k} - R \tag{3-29}$$

式中，G_k 表示由于平均速度梯度引起的湍动能产生，G_b 表示由于浮力影响引起的湍动能产生，Y_M 表示可压缩湍流脉动膨胀对总的耗散率的影响，这些参数与标准 $k - \varepsilon$ 模型中相同。α_k 和 α_ε 分别是湍动能 k 和耗散率 ε 的有效湍流普朗特数的倒数。

湍流黏性系数计算公式为

$$\mathrm{d} \left(\frac{\rho^2 k}{\sqrt{\varepsilon \mu}} \right) = 1.72 \frac{\widetilde{\upsilon}}{\sqrt{\widetilde{\upsilon}^3 - 1 - C_\upsilon}} \mathrm{d}\widetilde{\upsilon}$$

其中，$\widetilde{\upsilon} = \mu_{\mathrm{eff}} / \mu$，$C_\upsilon \approx 100$。对于前面方程的积分，可以精确到有效雷诺数（涡旋尺度）对湍流输运的影响，这有助于处理低雷诺数和近壁流动问题的模拟。对于高雷诺数，上面方程可以给出：$\mu_t = \rho C_\mu \dfrac{k^2}{\varepsilon}$，$C_\mu = 0.084\ 5$。这个结果和标准 $k - \varepsilon$ 模型的半经验推导给出的常数 $C_\mu = 0.09$ 非常近似。在 CFD 软件中，如果是默认设置，用重整化群 $k - \varepsilon$ 模型时针对的是高雷诺数流动问题。如果对低雷诺数问题进行数值模拟，必须进行相应的设置。

④可实现 $k - \varepsilon$ 模型

可实现 $k - \varepsilon$ 模型的湍动能及其耗散率输运方程为

$$\rho \frac{\mathrm{d}k}{\mathrm{d}t} = \frac{\partial}{\partial x_i} \left[\left(\mu + \frac{\mu_t}{\sigma_k} \right) \frac{\partial k}{\partial x_i} \right] + G_k + G_b - \rho \varepsilon - Y_M \tag{3-30}$$

$$\rho \frac{\mathrm{d}\varepsilon}{\mathrm{d}t} = \frac{\partial}{\partial x_i} \left[\left(\mu + \frac{\mu_t}{\sigma_\varepsilon} \right) \frac{\partial \varepsilon}{\partial x_i} \right] + \rho C_1 S\varepsilon - \rho C_2 \frac{\varepsilon^2}{k + \sqrt{\upsilon \varepsilon}} + C_{1\varepsilon} \frac{\varepsilon}{k} C_{3\varepsilon} G_b \tag{3-31}$$

式中，$C_1 = \max \left[0.43, \dfrac{\eta}{\eta + 5} \right]$，$\eta = Sk / \varepsilon$。

在上述方程中，G_k 表示由于平均速度梯度引起的湍动能产生，G_b 表示由于浮力影响引起的湍动能产生；Y_M 表示可压缩湍流脉动膨胀对总的耗散率的影响；C_2 和 $C_{1\varepsilon}$ 是常数；σ_k 和 σ_ε 分别是湍动能及其耗散率的湍流普朗特数。在 CFD 中，作为默认值常数，$C_{1\varepsilon} = 1.44$，$C_2 = 1.9$，$\sigma_k = 1.0$，$\sigma_\varepsilon = 1.2$。

该模型的湍流黏性系数与标准 $k-\varepsilon$ 模型相同。不同的是，黏性系数中的 C_μ 不是常数，而是通过公式计算得到

$$C_\mu = \cfrac{1}{A_0 + A_s \cfrac{U^* K}{\varepsilon}}$$

其中，$U^* = \sqrt{S_{ij}S_{ij} + \widetilde{\Omega}_{ij}\widetilde{\Omega}_{ij}}$，$\widetilde{\Omega}_{ij} = \Omega_{ij} - 2\varepsilon_{ijk}\omega_k$，$\Omega_{ij} = \overline{\Omega}_{ij} + 2\varepsilon_{ijk}\omega_k$，$\widetilde{\Omega}_{ij}$ 表示在角速度 ω_k 旋转参考系下的平均旋转张量率。模型常数 $A_0 = 4.04$，$A_s = \sqrt{6}\cos\phi$，$\phi = \dfrac{1}{3}\arcos(\sqrt{6}W)$，式中 $W = \dfrac{S_{ij}S_{jk}S_{ki}}{\widetilde{S}}$，$\widetilde{S} = \sqrt{S_{ij}S_{ij}}$，$S_{ij} = \dfrac{1}{2}\left(\dfrac{\partial u_j}{\partial x_i} + \dfrac{\partial u_i}{\partial x_j}\right)$。

从这些式子中发现，C_μ 是平均应变率与旋度的函数。在平衡边界层惯性底层，可以得到 $C_\mu = 0.09$，与标准 $k-\varepsilon$ 模型中采用的常数一样。该模型适合的流动类型比较广泛，包括有旋均匀剪切流、自由流（射流和混合层）、腔道流动和边界层流动。对以上流动过程模拟结果都比标准 $k-\varepsilon$ 模型的结果好，特别是可实现 $k-\varepsilon$ 模型对圆口射流和平板射流模拟中，能给出较好的射流扩张角。

双方程模型中，无论是标准 $k-\varepsilon$ 模型、重整化群 $k-\varepsilon$ 模型还是可实现 $k-\varepsilon$ 模型，三个模型有类似的形式，即都有 k 和 ε 的输运方程，它们的区别在于：1）计算湍流黏性的方法不同；2）控制湍流扩散的湍流普朗特数不同；3）ε 方程中的产生项和 G_k 关系不同。但都包含了相同的表示由于平均速度梯度引起的湍动能产生 G_k，表示由于浮力影响引起的湍动能产生 G_b，表示可压缩湍流脉动膨胀对总的耗散率的影响 Y_M。

湍动能产生项

$$G_k = -\rho \overline{u_i' u_j'} \frac{\partial u_j}{\partial x_i} \tag{3-32}$$

$$G_b = \beta g_i \frac{\mu_t}{Pr_t} \frac{\partial T}{\partial x_i} \tag{3-33}$$

式中，Pr_t 是能量的湍流普特朗数，对于可实现 $k-\varepsilon$ 模型，默认设置值为 0.85；对于重整化群 $k-\varepsilon$ 模型，$Pr_t = 1/\alpha$，$\alpha = 1/Pr_t = k/\mu C_p$。热膨胀系数 $\beta = -\dfrac{1}{\rho}\left(\dfrac{\partial \rho}{\partial T}\right)_p$，对于理想气体，浮力引起的湍动能产生项变为

$$G_b = -g_i \frac{\mu_t}{\rho Pr_t} \frac{\partial \rho}{\partial x_i} \tag{3-34}$$

⑤雷诺应力模型

雷诺应力模型（RSM）是求解雷诺应力张量的各个分量的输运方程。具体形式为

$$\frac{\partial}{\partial t}(\rho \overline{u_i u_j}) + \frac{\partial}{\partial x_k}(\rho U_k \overline{u_i u_j}) = -\frac{\partial}{\partial x_k}\left[\rho \overline{u_i u_j u_k} + \overline{p(\delta_{kj}u_i + \delta_{ik}u_j)}\right] +$$
$$\frac{\partial}{\partial x_k}\left(\mu \frac{\partial}{\partial x_k}\overline{u_i u_j}\right) - \rho\left(\overline{u_i u_k}\frac{\partial U_j}{\partial x_k} + \overline{u_j u_k}\frac{\partial U_i}{\partial x_k}\right) - \rho\beta(g_i \overline{u_j\theta} + g_j \overline{u_i\theta}) + \tag{3-35}$$
$$\overline{p\left(\frac{\partial u_i}{\partial x_j} + \frac{\partial u_j}{\partial x_i}\right)} - 2\mu \overline{\frac{\partial u_i}{\partial x_k}\frac{\partial u_j}{\partial x_k}} - 2\rho\Omega_k(\overline{u_j u_m}\varepsilon_{ikm} + \overline{u_i u_m}\varepsilon_{jkm})$$

式中，左边的第二项是对流项 C_{ij} ，右边第一项是湍流扩散项 D_{ij}^{T} ，第二项是分子扩散项 D_{ij}^{L} ，第三项是应力产生项 P_{ij} ，第四项是浮力产生项 G_{ij} ，第五项是压力应变项 Φ_{ij} ，第六项是耗散项 ε_{ij} ，第七项是系统旋转产生项 F_{ij} 。

在上式中，C_{ij}、D_{ij}^{L}、P_{ij}、F_{ij} 不需要模拟，而 D_{ij}^{T}、G_{ij}、Φ_{ij}、ε_{ij} 需要模拟以封闭方程。D_{ij}^{T} 可以用 Delay 和 Harlow 的梯度扩散模型来模拟，但这个模型会导致数值不稳定，在 CFD 中是采用标量湍流扩散模型

$$D_{ij}^{\mathrm{T}} = \frac{\partial}{\partial x_k}\left(\frac{\mu_t}{\sigma_k}\frac{\partial \overline{u_i u_j}}{\partial x_k}\right) \tag{3-36}$$

式中，湍流黏性系数用 $\mu_t = \rho C_\mu \dfrac{k^2}{\varepsilon}$ 来计算，根据 Lien 和 Leschziner，$\sigma_k = 0.82$ ，这和标准 $k - \varepsilon$ 模型中选取 1.0 有所不同。

压力应变项 ϕ_{ij} 可以分解为三项，即

$$\phi_{ij} = \phi_{ij,1} + \phi_{ij,2} + \phi_{ij}^{\mathrm{w}} \tag{3-37}$$

式中，$\phi_{ij,1}$、$\phi_{ij,2}$ 和 ϕ_{ij}^{w} 分别是慢速项、快速项和壁面反射项，具体表述可以参见相关的文献。

浮力引起的产生项 G_{ij} 模拟为

$$G_{ij} = \beta \frac{\mu_t}{Pr_t}\left(g_i \frac{\partial T}{\partial x_j} + g_j \frac{\partial T}{\partial x_i}\right) \tag{3-38}$$

耗散张量 ε_{ij} 模拟为

$$\varepsilon_{ij} = \frac{2}{3}\delta_{ij}(\rho\varepsilon + Y_M) \tag{3-39}$$

式中，$Y_M = 2\rho\varepsilon M_t^2$ ，M_t 是马赫数；标量耗散率 ε 用标准 $k - \varepsilon$ 模型中采用的耗散率输运方程求解。

⑥大涡模拟

湍流中包含了不同时间与长度尺度的涡旋。最大长度尺度通常为平均流动的特征长度尺度。最小尺度为 Komogrov 尺度。LES 的基本假设是：1）动量、能量、质量及其他标量主要由大涡输运；2）流动的几何和边界条件决定了大涡的特性，而流动特性主要在大涡中体现；3）小尺度涡旋受几何和边界条件影响较小，并且各向同性，在大涡模拟（LES）过程中，将小于某一格子尺度的小涡的诸量过滤掉，直接求解大涡的流动控制方程，小涡对大涡运动的作用仍用模式理论描述，从而使得网格要求比 DNS 低。LES 的控制方程是对 N-S 方程在波数空间或者物理空间进行过滤得到的。过滤的过程是去掉比过滤宽度或者给定物理宽度小的涡旋，从而得到大涡旋的控制方程

$$\frac{\partial \rho}{\partial t} + u\frac{\partial \rho \bar{u}_i}{\partial x_i} = 0 \tag{3-40}$$

$$\frac{\partial}{\partial t}(\rho \bar{u}_i) + \frac{\partial}{\partial x_j}(\rho \overline{u_i u_j}) = \frac{\partial}{\partial x_j}\left(\mu \frac{\partial \bar{u}_i}{\partial x_j}\right) - \frac{\partial \bar{p}}{\partial x_j} - \frac{\partial \tau_{ij}}{\partial x_j} \tag{3-41}$$

式中，τ_{ij} 为亚网格应力，$\tau_{ij} = \rho \overline{u_i u_j} - \rho \bar{u}_i \cdot \bar{u}_j$ 。

很明显，上述方程与雷诺平均方程很相似，只不过大涡模拟中的变量是过滤过的量，而非时间平均量，并且湍流应力也不同。

3.1.1.3　初始条件和边界条件

在 CFD 分析中，初始条件和边界条件的正确设置是关键的一步。现有的 CFD 软件都提供了现成的各种类型的边界条件，这里对有关的初始条件和边界条件作一般讨论。

（1）初始条件

顾名思义，初始条件就是计算初始给定的参数，即 $t = t_0$ 时给出各未知量的函数分布，如

$$\begin{cases} u = u(x,y,z,t_0) = u_0(x,y,z) \\ v = v(x,y,z,t_0) = v_0(x,y,z) \\ w = w(x,y,z,t_0) = w_0(x,y,z) \\ p = p(x,y,z,t_0) = p_0(x,y,z) \\ \rho = \rho(x,y,z,t_0) = \rho_0(x,y,z) \\ T = T(x,y,z,t_0) = T_0(x,y,z) \end{cases} \quad (3-42)$$

很明显，当流体运动定常时，无初始条件问题。

（2）边界条件

所谓边界条件，就是流体力学方程组在求解域的边界上，流体物理量应满足的条件。例如，流体被固壁所限，流体将不应有穿过固壁的速度分量；在水面这个边界上，大气压强认为是常数（在距离不大的范围内）；在流体与外界无热传导的边界上，流体与边界之间无温差等。由于各种具体问题不同，边界条件的提法千差万别，一般要保持恰当：1）保持在物理上是正确的；2）要在数学上不多不少，刚好能用来确定积分微分方程中的积分常数，而不是矛盾的或有随意性。

通常流体边界分为流固分界面和流流（液液、液气）分界面，下面分别讨论。

①流固分界面边界条件

飞机、船舶在空气及水中运动时的流固分界面，水在岸边及底部的流固分界面，均属这一类。一般而言，流体在固体边界上的速度依流体有无黏性而定。对于黏性流体，流体将黏附于固体表面（无滑移），即

$$v \mid_F = v \mid_S \quad (3-43)$$

式中，$v \mid_F$ 是流体速度；$v \mid_S$ 是固壁面相应点的速度。上式表明，在流固边界面上，流体在一点的速度等于固体在该点的速度。对于无黏性流体，流体可沿界面滑移，即有速度的切向分量，但不能离开界面，也就是流体的法向速度分量等于固体的法向速度分量，即

$$v_n \mid_F = v \mid_S \quad (3-44)$$

另外，也可视所给条件，给出无温差条件

$$T \mid_F = T \mid_S \quad (3-45)$$

式中，$T \mid_F$ 是流体温度，$T \mid_S$ 是固壁面相应点的温度。

②液液分界面边界条件

密度不同的两种液体的分界面就属于这一类。一般而言，对分界面两侧的液体情况经常给出的条件是

$$v_1 = v_2, T_1 = T_2, p_1 = p_2$$

对应力及传导热情况给出的条件是

$$\tau = \mu_1 \frac{\partial u}{\partial n}\bigg|_1 = \mu_2 \frac{\partial u}{\partial n}\bigg|_2 \tag{3-46}$$

$$Q = k_1 \frac{\partial T}{\partial n}\bigg|_1 = k_2 \frac{\partial T}{\partial n}\bigg|_2 \tag{3-47}$$

③液气分界面边界条件

液气分界面最典型的是水与大气的分界面，即自由面。由于自由面本身是运动和变形的，而且其形状常常也是一个需要求解的未知函数，因此就有一个自由面的运动学条件问题。设自由面方程为

$$F(x,y,z,t) = 0 \tag{3-48}$$

并假定在自由面上的流体质点始终保持在自由面上，则流体质点在自由面上一点的法向速度，应该等于自由面本身在这一点的法向速度。经过一系列推导，得到自由液面运动学条件

$$\frac{\partial F}{\partial t} + v \cdot \nabla F = 0 \tag{3-49}$$

如果要考虑液气边界上的表面张力，则在界面两侧，两种介质的压强差与表面张力有如下关系

$$p_2 - p_1 = \sigma\left(\frac{1}{R_1} + \frac{1}{R_2}\right) \tag{3-50}$$

这就是自由面上的动力学条件。当不考虑表面张力时，有

$$p = p_a$$

其中 p_a 为大气压强。

④无穷远的条件

流体力学中的很多问题，流体域是无限远的。例如，飞机在空中飞行时，流体是无界的。如果将坐标系取在运动物体上，这时无穷远处的边界条件为：当 x 趋于无穷远时

$$u = u_\infty, p = p_\infty$$

其中下标表示无穷远处的值。

3.1.2 结构理论

对于大型或复杂物体结构进行力学分析和计算通常采用的方法为有限元法（Finite Element Method，FEM）。本小节针对有限元法的含义、发展与实现等基本内容进行简单介绍，在有限元基本概念中着重介绍有限元变量、坐标以及变量之间关系的表示方法等。

3.1.2.1 有限元法的思想

有限元法是分析连续体的一种近似计算方法，简言之就是将连续体分割为有限个单元

的离散体的数值方法。有限元分析方法（简称有限元分析）是计算机问世以后迅速发展起来的一种广泛用于工程实体建模、结构分析与计算的有效方法。有限元法的思想充分体现了人类在认识复杂事物过程中经常采用的"化繁为简"、"化整为零"的基本思路。由于将定义域分解成有限个单元是有限元法最重要的特点，故因此得名。

有限元法是基于离散化法逼近原模型的思想，其中包括有限元分割（分段或离散化）、有限元模型和有限元求解。有限元分割是指将连续物体（无限自由度）分割成有限个数目的单元（称为有限自由度下连续物体的有限元）。有限元模型是指使用积分方法（而不是有限差分法的微分方法）对各有限元建立代数方程，再用这些有限的代数方程所构成的方程组来近似表示原系统模型，即用连续函数精确描述有限单元，用描述有限单元的函数方程组来近似描述整体系统。可见有限元分割在宏观上是离散的，而在微观（单元）上则是分段连续的。有限元求解是指对有限元模型的单元变量进行求解，并将其组合为整体系统的解。

有限元法是一种求解微分方程组定解问题的数值方法。将问题的定义域分解成有限个子域，在每个子域上将待求函数于有限个点上进行近似插值；根据有关的物理分析或数学分析，获得单个子域上有限个插值点的待求函数值与外界条件之间应该满足的方程组；通过系统综合，进一步得到原问题整个定义域所有插值点上待求函数值与外界条件应该满足的方程组；求解出所有插值点上的待求函数值；根据插值函数，就可以近似得到定义域中每个点的待求函数值，从而实现原问题的近似求解。

将问题的定义域所分解成的有限个子域称为单元；将单元上的待求函数插值点称为节点；将每个单元上节点的待求函数值与外界条件之间满足的方程组称为单元方程组；将所有节点的待求函数值与外界条件之间满足的方程组称为总体方程组；将实现待求函数在有限个单元的有限个节点上近似插值的过程称为有限元离散。单元方程组和总体方程组一般为代数方程组，甚至在许多情况下还是简单的线性代数方程组。特别地，在有些情况下，单元方程组和总体方程组也可能为常微分方程组。由于代数方程组和常微分方程组一般都有标准的数值解法，这样就保证了原问题通过有限元离散后能够顺利求解。

3.1.2.2　有限元法的历史及应用

有限元法最初在航空结构分析中取得过明显的成效。1941 年，Hrenikoff 利用框架分析法（Framework Method）分析平面弹性体，将平面弹性体描述为杆和梁的组合体；1943 年，Courant 在采用三角形单元及最小势能原理研究 S. Vemant 扭转问题时，利用分片连续函数在子域中近似描述未知函数。

20 世纪 60 年代中期，Argyris、Kelesy（1960 年）、Turner、Clough、Martin 和 Topp（1956 年）等在计算力学的研究中做出了杰出贡献。人们公认 Courant（1943 年）是有限元法的奠基人。然而，到了 20 世纪 60 年代，Clough 才使人们接受了"有限单元"（Finite Element）这一术语。之后，在许多数学家的共同努力下，有限元法摆脱了各种各样的工程应用背景而成为了一种具有普适意义的数学方法，即有限元方法是一种数学上的变分方法，如 Zienkiewicz 发现能够写成变分形式的所有场问题都可以写出有限元列式。

20 世纪 70 年代后，有限元法进一步得到了蓬勃发展，其应用范围扩展到所有工程领域，成为连续介质问题数值解法中最活跃的分支。由变分法有限元扩展到加权残数法与能量平衡法有限元，由弹性力学平面问题扩展到空间问题、板壳问题，由静力平衡问题扩展到稳定性问题、动力问题和波动问题，由线性问题扩展到非线性问题，分析的对象从弹性材料扩展到塑性、黏弹性、黏塑性和复合材料等，由结构分析扩展到结构优化乃至于设计自动化，从固体力学扩展到流体力学、传热学、电磁学等领域。

20 世纪 90 年代，有限元法的理论得到了不断的完善和发展。主要体现在：建立了严格的数学和工程学基础；应用范围扩展到结构力学以外的广泛领域；收敛性得到进一步研究，形成了系统的误差估计理论；相应的有限元软件得到快速发展。目前，各种数值模拟软件公司开始强强联合，不断推出功能齐全、界面友好的系列软件，如流行的 CAE 分析软件主要有 ANSYS、NASTRAN、ADINA、ABAQUS、MARC、COSMOS 等，以满足解决复杂及大型装备产品的设计与制造难题。

有限元法已深入应用于许多领域，如静力分析、动力分析、破坏与寿命分析、电磁场分析、热传导分析、电场分析、耦合场分析和流体分析等。随着计算机技术及计算机辅助设计软件的不断发展，有限元法的工程应用越来越广泛，如汽车的车架车身结构与零件强度设计、碰撞安全性分析，复合材料的力学分析，载荷物体的静力学与动力学分析，载荷材料的变形分析与受力计算，部件接触时的力学分析，电力场、热力场等流体分析，建筑结构的力学分析，高层剪力墙的塑性动力分析，道路桥梁的裂纹分析，手术的计算机辅助模拟与应用，武器结构受力与精确打击的动态研究等。由于有限元法使用方便、计算精度高，其计算结果已成为机械零部件产品设计和性能分析的可靠依据，极大地缩短了产品设计周期，减少了研制费用，显著降低了成本，因而得到了广泛应用。

3.1.2.3　有限元法的基本概念

（1）有限元法的实现过程

有限元法的实现过程主要指有限元模型的建立和求解过程，主要包括 5 个步骤：对象离散化、单元分析、构造总体方程（单元方程综合或建模）、求解方程及输出结果。有限元法的实现过程如图 3-2 所示。

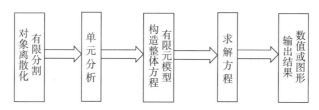

图 3-2　有限元实现过程

①对象离散化

根据预期精度或经验将连续问题进行有限元分割。当研究对象为连续介质问题时，需要将所研究的对象来进行合理的离散化分割，形成一系列有限单元，确定各单元节点的连接关系，进而建立研究对象的离散系统。对于各种实体结构通常根据实际情况将连续体进行适当的分割，得到有限单元，使对象的整体变为由一系列有限单元构成的组合体。

②单元分析

有限元法的核心工作之一是对各单元的分析。例如，通过分析各单元的节点力与节点位移之间的关系和边界条件，以便建立能够用于描述实体总体结构特征的单元刚度矩阵。通常，对于实体结构的单元刚度矩阵，需要先确定其内部的位移插值函数及近似描述变量，再通过变分原理得到。对于简单的杆件结构的刚度矩阵则可通过直观的力学概念得到。

③构造总体方程

将单元刚度矩阵组成总体方程刚度矩阵，且总体方程应满足相邻单元在公共节点上的位移协调条件，即整个结构的所有节点载荷与节点位移之间应存在变量关系。有限元的总体方程即为被研究对象的有限元模型。

④求解方程

在求解有限元模型时，应考虑总体刚度方程中所引入的边界条件，以便得到符合实际情况的唯一解。通过选择合适的线性代数方程组的数值求解方法，求得结构中各单元节点上的变量值，进而可以求出节点外任意点上的变量值。这些变量值可以是位移、应变和应力等物理量。事实上，随着有限元划分的数量增多，使总体方程的维数增大，其求解过程将变得十分庞大和繁琐。

⑤输出结果

有限元模型求解结束，可通过数值解序列或由其构成的图形显示结果，分析被研究体的物理结构变形情况，以及各种物理量之间的变化关系，通过列表显示各种数据信息，用等值线分布图显示等受力点，或用动画显示各种量的变化过程。

现代有限元法是工程分析中处理偏微分方程边值问题的最有效数值方法之一，对于工程中的许多场变量的定解问题，通过有限元法可以得到满足工程要求的近似解。此外，有限元法的推广应用在很大程度上依赖于计算机及其软件技术的先进程度。

（2）建立有限元方程的方法

有限元方程是建立有限元模型的基础，是进行有限元分析的前提。以下简要介绍建立有限元方程的常用方法。

①直接方法

直接方法是指直接从结构力学引申得到。直接方法具有过程简单、物理意义明确、易于理解等特点。由于其基本概念和建模方法的物理意义十分清晰，对理解有限元法的相关概念和具体应用十分有益。直接方法不适用于对复杂问题的研究。

②变分方法

变分方法是常用的方法之一，主要用于线性问题的模型建立。该方法要求被分析问题存在一个"能量泛函"，由泛函取驻值来建立有限元方程。对于线性弹性问题，常用最小势能原理、最小余能原理或其他形式的广义变分原理进行分析。某些非线性问题（弹塑性问题）的虚功方程也可归于此类。

③加权残值法

对于线性自共轭形式方程，加权残值法可得到和变分法相同的结果，如对称的刚度矩阵。对于那些"能量泛函"不存在的问题（主要是一些非线性问题和依赖于时间的问题），加权残值法是一种很有效的方法。例如，Calerkin 法（即选用函数为权函数的加权残值法）。

（3）有限元法与工程求解问题的关系

有限元法与工程求解问题的关系可以用如图 3 - 3 所示的方框图表示。

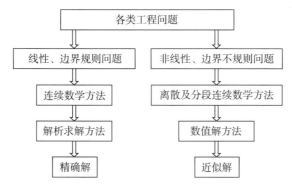

图 3 - 3　有限元法与工程求解问题的关系

通常，实际工程问题可分为线性问题与非线性问题、边界规则与不规则问题等。对于简单的线性、边界规则问题，可采用常规的数学方法进行解析求解，得到问题的精确解。而对于非线性、边界不规则等复杂问题，在满足精度预期的条件下，可采用整体离散化、局部连续化方法建立有限元模型，通过数值解得到原问题的近似解。对于工程问题，可采用一般数学方法得到其精确解，或利用有限元法得到其近似解。

（4）有限元法中的变量

在有限元分析中，所涉及的研究内容及变量非常多，下面对常见变量类型、变量含义及其关系做简要说明。

①有限元法的基本变量

体力是指分布在物体体积内部各个质点上的力，如重力、惯性力和电磁力等。

面力是指分布在物体表面上的力，如风力、接触力、流体力和阻力等。

应力是指在外力作用下其物体产生的内力。

位移是指节点的移动。在约束条件下的节点位移称作虚位移，是指可能发生的位移。

应变是指在外力作用下其物体发生的相对变形量，是无量纲的变量。线段单位长度的伸缩，称为正应变，用 ε 表示。例如，假设过 P 点的某微小单元线的长度为 l，其变形后长度为 Δl，则 P 点的应变为 $\varepsilon \cdot \Delta l$。在直角坐标中所取单元体为正六面体时，单元体的两条相互垂直的边，在变形后直角改变量定义为剪应变、角应变或切应变，切应变以直角减小为正，反之为负，如图 3 - 4 所示。

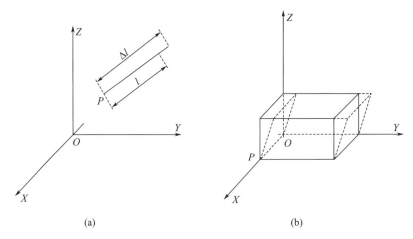

(a)　　　　　　　　　　　　　　　(b)

图 3-4　应变定义的图形表示

②有限元法中的变量关系

在有限元分析中，对节点变量与坐标系之间以及各节点或变量之间的关系分析，是建立有限元方程的关键。介质中的应力表示：图 3-5 所示为介质中任意一点的应力表示。对任意物体，可以通过任意两点 n、m 将其截为两部分：Ⅰ 和 Ⅱ。

在截面 mn 内任取一点 P 并做一微小平面 ΔA，设 P 点上的内力为 ΔQ，则有

$$\lim_{\Delta A \to 0} \frac{\Delta Q}{\Delta A} = S = \sigma$$

其中，σ 为 P 点的应力，σ 在 ΔA 的法向量 $\boldsymbol{n}$ 上的投影 σ_n 为正应力，σ 在 ΔA 上的投影 τ_n 为剪应力。P 点在任意平面上都会受到一个正应力和两个剪应力的作用。在空间分别与三个坐标轴平行。应力和剪应力可各自分解为三个坐标力，分别与三个坐标轴平行。

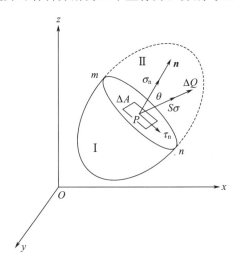

图 3-5　P 点在任意平面的受力表示

六面体的应力表示：在任意点附近取一个小六面体，按上述规则，六面体每个面都承

受一个正应力和两个剪应力，由于平行面上承受的力大小相等、方向相反，由剪应力的互平衡原则，即 $\tau_{xy} = \tau_{yx}$，$\tau_{xz} = \tau_{zx}$，$\tau_{yz} = \tau_{zy}$，则物体内任意一点的应力状态可以用六个独立的应力分量来表示为 σ_x，σ_y，σ_z，σ_{xy}，σ_{xz}，σ_{yz}，其应力状态如图 3-6 所示。

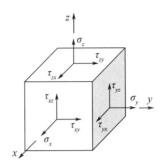

图 3-6　六面体表面应力状态的表示

应力分量的下标表示方法：对于上述符号，其第一个下标代表作用面的外法线方向，第二个下标代表作用力方向，如 τ_{xy}，τ_{xz} 代表面外法线为 x 方向、作用力分别为 y 方向和 z 方向的两个剪应力，τ_{yx}，τ_{yz} 代表面外法线为 y 方向、作用力分别为 x 方向和 z 方向的两个剪应力，τ_{zx}，τ_{zy} 代表面外法线为 z 方向、作用力分别为 x 方向和 y 方向的两个剪应力，而 $\sigma_x = \sigma_{xx}$，$\sigma_y = \sigma_{yy}$，$\sigma_z = \sigma_{zz}$ 含义同上。

应力分量的正负表示：沿外法线方向的正应力取正号，反向取负号，即拉力为正，压力为负。因此，图 3-7 中所有的应力方向均为正（注意：与坐标方向无关）。

任意四面体的应力表示：图 3-7 所示为任意四面体的应力的分布情况，用 6 个应力分量可以表示任意斜面上的应力情况。

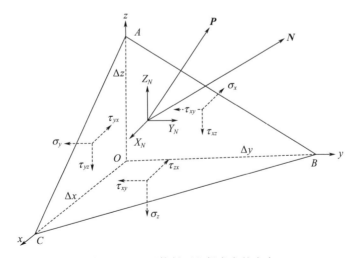

图 3-7　四面体斜面上任意点的应力

在图 3-7 中，P 为斜面上的面力，N 为斜面外法线向量，斜面上的面力沿直角坐标轴的分量可表示为

$$\begin{cases} X_n = l\sigma_x + m\tau_{yx} + n\tau_{zx} \\ Y_n = m\sigma_y + m\tau_{zy} + n\tau_{xy} \\ Z_n = n\sigma_z + l\tau_{xz} + m\tau_{yz} \end{cases} \quad (3-51)$$

其中，l、m、n 分别为斜面外法线方向的三个方向余弦，即

$$\begin{cases} l = \cos(N, x) \\ m = \cos(N, y) \\ n = \cos(N, z) \\ l^2 + m^2 + n^2 = 1 \end{cases} \quad (3-52)$$

面力与分力有以下关系

$$\begin{cases} p^2 = X_N^2 + Y_N^2 + Z_N^2 \\ \sigma_N^2 = X_N l + Y_N m + Z_N n \\ \sigma_N = l^2\sigma_x + m^2\sigma_y + n^2\sigma_z + 2lm\tau_{yz} + 2lm\tau_{xy} + 2lm\tau_{zx} \end{cases} \quad (3-53)$$

3.1.3　传热理论

热量从高温度区域向低温度区域移动的过程称为热量传递，简称传热。传热过程按照原理的不同可以分为热传导、热对流和辐射传热这三种。下面分别就这三种传热方式展开介绍。

（1）热传导

物体各部分之间不发生相对位移时，依靠分子、原子及自由电子等微观粒子的热运动而产生的热能传递称为热传导（heat conduction），简称导热。例如，固体内部热量从温度较高的部分传递到温度较低的部分，以及温度较高的固体把热量传递给与之接触的温度较低的另一固体都是导热现象。

通过对大量实际导热问题的经验提炼，法国物理学家傅里叶将导热现象的规律总结为傅里叶（Fourier）定律：单位时间内通过单位截面积所传导的热量，正比于当地垂直于截面方向上的温度变化率。即

$$\frac{\Phi}{A} \sim \frac{\partial t}{\partial x} \quad (3-54)$$

此处，x 是垂直于面积 A 的坐标轴。引入比例常数可得

$$\Phi = -\lambda A \frac{\partial t}{\partial x} \quad (3-55)$$

这就是导热基本定律即傅里叶导热定律（Fourier's law of heat conduction）的数学表达式。式中负号表示热量传递方向指向温度降低方向，这也是满足热力学第二定律所必需的。傅里叶导热定律用文字来表达是：在导热过程中，单位时间内通过给定界面的导热量，正比于垂直该方向上的温度变化率和截面面积，而热量传递的方向则与温度升高的方向相反。傅里叶导热定律用热流密度 q 表示时有下列形式

$$q = -\lambda \frac{\partial t}{\partial x} \quad (3-56)$$

式中，$\dfrac{\partial t}{\partial x}$ 是物体沿 x 方向的温度变化率，q 是沿 x 方向传递的热流密度（严格地说，热流密度是矢量，所以 q 应是热流密度矢量在 x 方向上的分量）。当物体的温度是三个坐标的函数时，三个坐标方向上的单位矢量与该方向上的热流密度分量的乘积合成一个空间热流密度矢量，记为 $\boldsymbol{q}$ 。傅里叶导热定律的一般形式的数学表达式是对热流密度质量写出的，其形式为

$$\boldsymbol{q} = -\lambda \ \mathrm{grad}t = -\lambda \ \frac{\partial t}{\partial x}\boldsymbol{n} \qquad (3-57)$$

式中，$\mathrm{grad}t$ 是空间某点的温度梯度（temperature gradient）；$\boldsymbol{n}$ 是通过该点的等值线上的法向单位矢量，指向温度升高的方向。

导热系数的定义式由傅里叶定律的数学表达式给出。由式（3-57）可得

$$\lambda = -\frac{\boldsymbol{q}}{\dfrac{\partial t}{\partial x}\boldsymbol{n}} \qquad (3-58)$$

数值上，它等于单位温度梯度作用下物体内热流量密度矢量的模。

工程计算采用的各种物质的导热系数的数值都是用专门实验测定出来的。导热系数的数值取决于物质的种类和温度等因素。金属的导热系数一般很高，常温（20 ℃）下金属导热系数的典型数值是：纯铜为 399 W/（m·K），碳钢为 36.7 W/（m·K）。气体导热系数很小，如 20 ℃时空气的导热系数为 0.0259 W/（m·K）。液体的数值介于金属和气体之间，如 20 ℃时水的导热系数为 0.599 W/（m·K）。非金属固体材料的导热系数在很大范围内变化，数值高的同液体相近，数值低的则接近甚至低于空气导热系数的数量级。

（2）热对流

热对流（heat convection）是指由于流体宏观运动而引起的流体各部分之间发生相对位移，冷、热流体掺混所导致的热量传递过程。热对流仅能发生在流体中，而且由于流体中的分子同时在进行着不规则的热运动，因而热对流必然伴随有热传导现象。工程上特别感兴趣的是流体流过一个物体表面时流体与物体表面间的热量传递过程，并称之为对流传热（convective heat transfer），以区别于一般意义上的热对流。

就引起流动的原因而论，对流传热可区分为自然对流与强制对流两大类。自然对流（natural convection）是由于流体冷、热各部分的密度不同而引起的，暖气片表面附近受热空气向上流动就是一个例子。如果流体的流动是由于水泵、风机或其他压差作用所造成的，则成为强制对流（forced convection）。冷油器、冷凝管等管内冷却水的流动都由水泵驱动，它们都属于强制对流。另外，工程上还常遇到液体在热表面上沸腾及蒸气在冷表面上凝结的对流传热问题，分别简称为沸腾传热（boiling heat transfer）及凝结传热（condensation heat transfer），它们是伴随有相变的对流传热。

对流传热的基本计算式是牛顿冷却公式（Newton's law of cooling）：

流体被加热时

$$q = h(t_{\mathrm{w}} - t_{\mathrm{f}})$$

流体被冷却时

$$q = h(t_f - t_w)$$

式中，t_w 及 t_f 分别为壁面温度和流体温度，℃。如果把温差（亦称温压）记为 Δt，并约定永远为正值，则牛顿冷却公式可表示为

$$q = h \Delta t$$

$$\Phi = hA \Delta t$$

式中，比例系数 h 称为表面传热系数（convective heat transfer coefficient）（表面传热系数以前又常称为对流换热系数），单位是 W/（m² · K）。上式是计算对流传热（亦可称换热）的速率方程。

表面传热系数的大小与对流传热过程中的许多因素有关。它不仅取决于流体的特性（λ，η，ρ，c_p 等）以及换热表面的形状、大小与布置，而且还与流速有密切的关系。表3-1 给出了几种对流传热过程表面传热系数数值的大致范围。在传热学学习中，掌握典型条件下表面传热系数的数量级是很有必要的。由表可见，就介质而言，水的对流传热比空气强烈；就对流传热方式而言，有相变的优于无相变的；强制对流高于自然对流。例如，空气自然对流传热的 h 为 1～10 的量级，而水的强制对流的 h 的量级则是"成千上万"。

表 3-1　对流传热表面传热系数的大致数值范围

过程		$h/[W/(m^2 \cdot K)]$
自然对流	空气	1～10
	水	200～1 000
强制对流	气体	20～100
	高压水蒸气	500～3 500
	水	1 000～1 500
水的相变换热	沸腾	2 500～35 000
	蒸汽凝结	5 000～25 000

（3）热辐射

物体通过电磁波来传递能量的方式称为辐射。物体会因各种原因发出辐射能，其中因热的原因而发出辐射能的现象称为热辐射。

自然界中每个物体都不停向空间发出热辐射，同时又不断地吸收其他物体发出的热辐射。辐射与吸收过程的综合结果就造成了以辐射方式进行的物体间的热量传递——辐射传热（radiative heat transfer），也常称为辐射换热。当物体与周围环境处于热平衡时，辐射传热量等于零，但这是动态平衡，辐射与吸收的过程仍在不停地进行。

导热、对流这两种热量传递方式只在有物质存在的条件下才能实现，而热辐射可以在真空中传递，而且实际上真空中辐射能的传递最有效，这是热辐射区别于导热、对流传热的基本特点。当两个物体被真空隔开时，例如地球和太阳之间，导热和对流都不会发生，只能进行辐射传热。辐射传热区别于导热、对流传热的另一个特点是，它不仅产生能量的传递，而且还伴随着能量形式的转换，即发射时从热能转换为辐射能，而被吸收时又从辐

射能转换为热能。

实验表明，物体的辐射能力与温度有关，同一温度下不同物体的辐射与吸收本领也不大一样。在探索热辐射规律的过程中，一种称作绝对黑体的理想物体的概念具有重大意义。所谓黑体，是指能吸收投入到其表面上的所有辐射能量的物体。黑体的吸收本领和辐射本领在同温度的物体中是最大的。

黑体在单位时间内发出的热辐射量由斯忒藩-玻耳兹曼（Stefan - Bolzmann）定律揭示

$$\Phi = A\sigma T^4 \tag{3 - 59}$$

式中　T——黑体的热力学温度，K；

　　　σ——斯忒藩-玻耳兹曼常量，即通常说的黑体辐射常数，它是个自然常数，其值为 $5.67 \times 10^{-8}\,\mathrm{W/(m^2 \cdot K^4)}$；

　　　A——辐射表面积，m^2。

一切实际物体的辐射能力都小于同温度下的黑体。实际物体辐射热流量的计算可以采用斯忒藩-玻耳兹曼定律的经验修正形式

$$\Phi = \varepsilon A\sigma T^4 \tag{3 - 60}$$

式中，ε 为黑体的热力学温度（K）。

3.1.4　电磁理论

现代意义的电磁理论是以麦克斯韦方程组为基础。19 世纪，英国科学家麦克斯韦在总结了静电场、静磁场、稳恒电流电磁感应，以及似稳交变电流实验规律的基础上，提出了变化的磁场产生电场和位移电流的假设，把静电场、静磁场的电磁感应规律的核心，推广到随时间变化的电荷、电流所产生的电磁场，高度概括为具有优美数学形式的方程，称为麦克斯韦方程组。

麦克斯韦方程组是从高斯、安培、法拉第以及其他科学家的实验基础上推导出来的，它不仅包括了电场与电荷之间、磁场与电流之间的关系，而且定义了电场量与磁场量之间的双边耦合。麦克斯韦电磁理论基于宏观和低速运动的电磁现象，在宏观实验所能达到的范围普遍适用，对高速运动情况也可以应用。同其他基础的电磁规律，一起构成了电磁学的基本骨架。电磁场研究都围绕着麦克斯韦方程组展开，这是研究宏观电磁场问题的基础，也是电磁场有限元分析的依据和出发点，分析与研究电磁场就是对其方程组的求解与实验验证。

麦克斯韦方程组实际上是由四个定律组成的，它们分别是安培环路定律、法拉第电磁感应定律、高斯电通定律（亦简称高斯定律）和高斯磁通定律（亦称磁通连续性定律）。

（1）安培环路定律

安培环路定律就是磁场强度沿着闭合路径的线积分，等于该闭合路径包围的面积中通过的总电流，而不论介质和磁场强度的分布如何。总电流包括电场变化产生的位移电流和自由电荷产生的传导电流。积分表达式如下

$$\oint_\Gamma \boldsymbol{H} \cdot \mathrm{d}\boldsymbol{l} = \iint_\Omega \left(\boldsymbol{J} + \frac{\partial \boldsymbol{D}}{\partial t} \right) \cdot \mathrm{d}\boldsymbol{S} \tag{3-61}$$

式中，Γ 为曲面 Ω 的边界，$\boldsymbol{H}$ 为磁场强度，$\boldsymbol{D}$ 为电位移矢量，$\boldsymbol{J}$ 为传导电流密度矢量 $(\mathrm{A/m^2})$，$\partial D/\partial t$ 为位移电流密度。

（2）法拉第电磁感应定律

决定感应电动势大小，并不是磁通本身而是磁通随时间的变化率，闭合回路中的感应电动势与穿过此回路的磁通量随时间的变化率成正比。积分表示为

$$\oint_\Gamma \boldsymbol{E} \cdot \mathrm{d}\boldsymbol{l} = -\iint_\Omega \frac{\partial \boldsymbol{B}}{\partial t} \cdot \mathrm{d}\boldsymbol{S} \tag{3-62}$$

式中，$\boldsymbol{E}$ 为电场密度 $(\mathrm{V/m})$，$\boldsymbol{B}$ 为磁感应强度 $(\mathrm{T}$ 或 $\mathrm{Wb/m^2})$。

（3）高斯电通定律

在电场中，不管电解质和电通密度矢量如何分布，穿出任何一个闭合曲面的电通量等于这一闭合曲面包围的电荷量，这里指的电通量也就是电通密度矢量对此闭合曲面的积分。积分表达式如下

$$\oiint_s \boldsymbol{D} \cdot \mathrm{d}\boldsymbol{S} = \iiint_v \rho \, \mathrm{d}v \tag{3-63}$$

式中，$\boldsymbol{D}$ 为电位移矢量，ρ 为电荷体密度 $(\mathrm{C/m^3})$，v 为闭合曲面 $\boldsymbol{S}$ 围成的体积区域。

（4）高斯磁通定律

磁场中，每一个电流元穿过任一封闭曲面的磁通量为零，则其代数和也应为零，而不管磁介质和磁通密度矢量如何分布，这里的磁通量也就是磁通量矢量对此闭合曲面的有向积分。积分表达式如下

$$\oiint_s \boldsymbol{B} \cdot \mathrm{d}\boldsymbol{S} = 0 \tag{3-64}$$

将上面的公式组合起来，就构成了有介质情况下的麦克斯韦方程组的积分形式

$$\begin{aligned} \oint_\Gamma \boldsymbol{H} \cdot \mathrm{d}\boldsymbol{l} &= \iint_\Omega \left(\boldsymbol{J} + \frac{\partial \boldsymbol{D}}{\partial t} \right) \cdot \mathrm{d}\boldsymbol{S} \\ \oint_\Gamma \boldsymbol{E} \cdot \mathrm{d}\boldsymbol{l} &= -\iint_\Omega \frac{\partial \boldsymbol{B}}{\partial t} \cdot \mathrm{d}\boldsymbol{S} \\ \oiint_s \boldsymbol{D} \cdot \mathrm{d}\boldsymbol{S} &= \iiint_v \rho \, \mathrm{d}v \\ \oiint_s \boldsymbol{B} \cdot \mathrm{d}\boldsymbol{S} &= 0 \end{aligned} \tag{3-65}$$

积分形式的麦克斯韦方程组描述了在一定范围（一个闭合曲面或一个闭合回路）内的电磁场量和电荷、电流之间的关系。它们还有分别对应的微分形式，麦克斯韦方程组就是由安培环路定律、法拉第电磁感应定律、高斯电通定律、高斯磁通定律的微分形式组成。微分形式的麦克斯韦方程组描述的是空间任一点上电磁场的规律，因此更为实用

$$
\begin{cases}
\nabla \times \boldsymbol{H} = \boldsymbol{J} + \dfrac{\partial \boldsymbol{D}}{\partial t} \\[2mm]
\nabla \times \boldsymbol{E} = -\dfrac{\partial \boldsymbol{B}}{\partial t} \\[2mm]
\nabla \times \boldsymbol{D} = \rho \\[2mm]
\nabla \times B = 0
\end{cases}
\tag{3-66}
$$

3.2　流动水击问题

水击亦称液压冲击或"水锤（water hammer）"，是由于液体局部加速度过大所致的管内压强急剧变化的一种动态现象。这种现象经常出现在液压系统中。在液压系统的工作过程中，当阀门突然关闭或者执行部件突然换向，以及外负载急剧变化时，均将出现压强交替升降的波动过程。由于管路中液流的惯性及可压缩性，流体的动能转换为压强能，并迅速逐层形成压强波。由于液流的黏性，该压强波经过一段时间后逐渐衰减而停止。在液体火箭发动机的启动和关机过程中，推进剂供应系统内会出现水击现象。

通常水击主要有两种情况：1）液流突然停止时的液压冲击；2）运动部件制动时的液压冲击。

有压管道非恒定流动的连续方程

$$
\frac{\partial}{\partial s}(\rho v A) + \frac{\partial}{\partial t}(\rho A) = 0
\tag{3-67}
$$

有压管道非恒定流动的运动方程

$$
\frac{\partial Z}{\partial s} + \frac{1}{\gamma}\frac{\partial p}{\partial s} + \frac{1}{g}\left(\frac{\partial v}{\partial t} + v\frac{\partial v}{\partial s}\right) + \frac{4\tau_0}{\gamma D} = 0
\tag{3-68}
$$

3.2.1　水击连续微分方程

水击的发生是因为管内流体和管道都是弹性体，流速变化引起流体密度、管道截面发生变化，产生了弹性波。因此，$A = A(s,\ t)$，$\rho = \rho(s,\ t)$，则有

$$
\begin{cases}
\dfrac{\mathrm{d}A}{\mathrm{d}t} = \dfrac{\partial A}{\partial t} + v\dfrac{\partial A}{\partial s} \\[3mm]
\dfrac{\mathrm{d}\rho}{\mathrm{d}t} = \dfrac{\partial \rho}{\partial t} + v\dfrac{\partial \rho}{\partial s}
\end{cases}
\tag{3-69}
$$

引入流体的体积弹性系数 K，由 $\dfrac{1}{K} = \dfrac{1}{\rho}\dfrac{\mathrm{d}\rho}{\mathrm{d}p}$ 推出

$$
\frac{1}{K}\frac{\mathrm{d}\rho}{\mathrm{d}p} = \frac{1}{\rho}\frac{\mathrm{d}\rho}{\mathrm{d}t}
\tag{3-70}
$$

忽略 ρ 随 s 或 t 的变化，把 ρ 看作常数，则对于均质圆管有

$$
\frac{\partial h}{\partial t} + v\frac{\partial h}{\partial s} + v\sin\theta + \frac{c^2}{g}\frac{\partial v}{\partial s} = 0
\tag{3-71}
$$

式中，θ 为管轴和水平线夹角，如果考虑高程的沿程变化 $\partial z/\partial s$ 以及水头的沿程变化 $\partial h/\partial s$ 都远小于水头的当地变化 $\partial h/\partial t$ ，则可简化为

$$\frac{\partial h}{\partial t}=-\frac{c^2}{g}\frac{\partial v}{\partial s} \tag{3-72}$$

上式即为不同形式的水击连续微分方程。

3.2.2　水击运动微分方程

在瞬变流计算中，认为切应力 τ_0 是和速度为定常时相同的。因此，按照达西-威斯巴哈（Darcy Weisbach）公式，切应力可以表达成摩擦系数 λ 的函数：$\tau_0=\dfrac{\lambda}{8}\rho v|v|$ ，并考虑 $z+\dfrac{p}{\gamma}=h$ ，一起代入得

$$g\frac{\partial h}{\partial s}+\frac{\partial v}{\partial t}+v\frac{\partial v}{\partial s}+\frac{\lambda}{2D}v|v|=0 \tag{3-73}$$

这是考虑摩阻的水击运动微分方程，如果考虑到 $\partial v/\partial s \ll \partial v/\partial t$ ，并且忽略阻力，则

$$\frac{\partial h}{\partial s}=-\frac{1}{g}\frac{\partial v}{\partial t} \tag{3-74}$$

因为考虑了沿程水头损失，使水击基本微分方程成为有两个因变量（速度 v 和水头 h ）和两个自变量（距离 s 和时间 t ）的一阶拟线性双曲型偏微分方程组。求方程组的精确解是非常困难的，特征线法就是先把偏微分方程沿特征线变为常微分方程，然后再变为一阶有限差分方程求其近似解。特征线法物理意义明确，方法严密且有足够的精度，能够解算考虑阻力影响的、较复杂的水击问题。

3.3　节流小孔问题

在液压元件中，普遍存在液体流经孔口或间隙的现象。液流通道上其通流截面有突然收缩的流动称为节流。节流是液压技术中控制流量和压力的一种基本方法。能使流动节流的装置，称为节流装置。例如，液压阀的孔口是常用的节流装置，通常利用液体流经液压阀的孔口来控制压力或调节流量。

图 3-8 是节流小孔的结构示意图，孔的结构呈细管状，一般来说管长（L）与管径（d）之比不小于 4（$L \geqslant 4d$）。

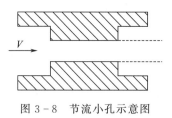

图 3-8　节流小孔示意图

根据流量计算公式

$$Q = \frac{\pi d^2 \Delta p}{128 \mu L} = \alpha \cdot A \cdot \Delta p \tag{3-75}$$

孔两端的流量 Q 与节流口两端压差 Δp 呈线性关系，与孔长 L 及通流面积 A 也有直接关系，进出口压力差对流量影响相对较大。因此小孔节流的特点就是流量随外负载的变化较大。可以看出，在其他条件不变的情况下，速度的稳定性与灵敏性取决于节流阀的流量，流量又取决于液压系统中节流阀的结构形式和开口度的大小。

3.4　液体晃动问题

3.4.1　基本方程

（1）液体运动的速度

假设贮箱是刚性的，贮箱的激励运动为横向平动，速度为

$$\boldsymbol{v}_0(t) = (\boldsymbol{v}_{0x}, \boldsymbol{v}_{0y}, 0) \tag{3-76}$$

贮箱内液体是理想不可压缩流体，且是无旋的，则存在势函数 $\varphi(x, y, z, t)$，使得贮箱内液体速度为

$$\boldsymbol{v} = \boldsymbol{v}_0 + \nabla\varphi \tag{3-77}$$

（2）连续性方程

按照流体的质量不变定律，即在流体的运动过程中考察任意的质量流团，虽然流团的体积是可变的，但其质量在运动过程中却始终保持不变，这样就可以导出流体应满足下列方程

$$\frac{\partial \rho}{\partial t} + \nabla \cdot (\rho \boldsymbol{v}) = 0 \tag{3-78}$$

此即微流体的连续性方程。

当流体为不可压缩时，流体的质量密度显然为常数，此时流体的连续性方程经整理得到拉普拉斯方程

$$\nabla^2 \varphi = 0 \tag{3-79}$$

（3）流体的固壁边界条件

流体与固壁接触，当流体是理想流体时，则由于流体与固壁之间的剪切力为零，流体质点可以沿着固壁切面方向自由运动，但却不能有沿着固壁法线方向的速度分量存在，这就是所谓的"固壁不可渗透性条件"。设固壁法线方向为 $\boldsymbol{n}$，则理想流体的固壁边界条件可写为

$$\boldsymbol{v} \cdot \boldsymbol{n} = 0 \tag{3-80}$$

整理后得到

$$\frac{\partial \varphi}{\partial n} = 0 \tag{3-81}$$

（4）液体自由面的运动学边界条件

充液系统中液体与气体的接触边界面称为液体的自由面。液体自由面上的液体质点的运动有如下的假定，在不考虑液体波浪破碎的情况下，自由面上的液体质点在运动过程中将始终在自由面上，即自由面守恒原理成立。设自由面法线方向为 $\boldsymbol{n}$ ，波高为 ς ，并略去高阶小量，则有

$$\boldsymbol{v} \cdot \boldsymbol{n} = \frac{\partial \varsigma}{\partial t} \tag{3-82}$$

整理后得到

$$\frac{\partial \varphi}{\partial n} = \frac{\partial \varsigma}{\partial t} \tag{3-83}$$

（5）液体自由面处的伯努利方程

黏性流体的动力学普遍方程称作 N-S 方程。可根据流场内任意位置的微元六面体在惯性力、压力、体积力和黏性力作用下的平衡条件列出

$$\frac{\mathrm{d}\boldsymbol{v}}{\mathrm{d}t} = \boldsymbol{f} - \frac{1}{\rho} \nabla p + \upsilon \Delta \boldsymbol{v} \tag{3-84}$$

式中，f 为体积力，υ 为黏性系数。对于无黏性的流体，令方程中的 $\upsilon = 0$，得到流体的动力学方程

$$\frac{\mathrm{d}\boldsymbol{v}}{\mathrm{d}t} = \boldsymbol{f} - \frac{1}{\rho} \nabla p \tag{3-85}$$

此式为流体的欧拉方程。当流体只受重力作用时

$$\boldsymbol{f} = -g\boldsymbol{k} \tag{3-86}$$

整理可以得到

$$\nabla\left(\frac{\partial \varphi}{\partial t}\right) = -\nabla\left(gz + \frac{\mathrm{d}\boldsymbol{v}_0}{\mathrm{d}t} \cdot \boldsymbol{r} + \frac{p}{\rho}\right) \tag{3-87}$$

即

$$\nabla\left(\frac{\partial \varphi}{\partial t} + \frac{\mathrm{d}\boldsymbol{v}_0}{\mathrm{d}t} \cdot \boldsymbol{r} + gz + \frac{p}{\rho}\right) = 0 \tag{3-88}$$

对上式进行积分，可以得到

$$\frac{\partial \varphi}{\partial t} + \frac{\mathrm{d}\boldsymbol{v}_0}{\mathrm{d}t} \cdot \boldsymbol{r} + gz + \frac{p}{\rho} = h(t) \tag{3-89}$$

式中，$h(t)$ 为时间的任意函数。相对于液体而言，气体的质量密度很小，因此利用气体所满足的 Bernoulli 首次积分，可以近似得到气体的压强为常数，即 p/ρ 为常数。故可将其并入函数 $h(t)$ 中有

$$\frac{\partial \varphi}{\partial t} + \frac{\mathrm{d}\boldsymbol{v}_0}{\mathrm{d}t} \cdot \boldsymbol{r} + g\varsigma = h(t) \tag{3-90}$$

由于将函数 $h(t)$ 并入势函数并不会改变速度场的空间分布，将势函数仍写为 φ，则

$$\frac{\partial \varphi}{\partial t} + \frac{\mathrm{d}\boldsymbol{v}_0}{\mathrm{d}t} \cdot \boldsymbol{r} + g\varsigma = 0 \tag{3-91}$$

记流场空间、液体自由表面、腔壁表面分别为 V、∂V_f、∂V_w，综合得到边值问题

$$\begin{cases} \nabla^2 \varphi = 0 \\ \dfrac{\partial \varphi}{\partial n} = 0 \\ \dfrac{\partial \varphi}{\partial n} = \dfrac{\partial \zeta}{\partial t}, \; \dfrac{\partial \varphi}{\partial t} + \dfrac{\mathrm{d} \boldsymbol{v}_0}{\mathrm{d} t} \cdot \boldsymbol{r} + g\,\varsigma = 0 \end{cases} \quad (3-92)$$

其中，$\varsigma(x, y, z, t)$ 是液体自由面波高，$\boldsymbol{n}$ 是液体域边界表面 $\partial V = \partial V_f \bigcup \partial V_w$ 外法向。只考虑液体的自由晃动时，取容器的运动速度 $=0$，于是有

$$\begin{cases} \nabla^2 \varphi = 0 \\ \dfrac{\partial \varphi}{\partial n} = 0 \\ \dfrac{\partial \varphi}{\partial n} = \dfrac{\partial \zeta}{\partial t}, \; \dfrac{\partial \varphi}{\partial t} + g\zeta = 0 \end{cases} \quad (3-93)$$

3.4.2　泛函极值原理求解

为求自由晃动的特征问题，令

$$\varphi(x, y, z, t) = \mathrm{i}\omega \phi(x, y, z) \mathrm{e}^{\mathrm{i}\omega t}, \varsigma(x, y, z, t) = H(x, y, z) \mathrm{e}^{\mathrm{i}\omega t} \quad (3-94)$$

其中 $\omega(x, y, z)$、$\phi(x, y, z)$ 分别为晃动的特征频率与晃动的特征模态。将其代入到边值问题，便得到自由晃动的特征问题

$$\begin{cases} \nabla^2 \phi = 0 \\ \dfrac{\partial \phi}{\partial n} = 0 \\ \dfrac{\partial \phi}{\partial n} = H, H = \dfrac{\omega^2}{g} \phi \end{cases} \quad (3-95)$$

在特征问题中消去 H，得到关于 ϕ 的微分方程边值问题

$$\begin{cases} \nabla^2 \phi = 0 \\ \dfrac{\partial \phi}{\partial n} = 0 \\ \dfrac{\partial \phi}{\partial n} = \dfrac{\omega^2}{g} \phi \end{cases} \quad (3-96)$$

引入泛函 L_1，L_2 以及 L_3，使得

$$\begin{cases} \delta L_1 = \displaystyle\int_V \delta \phi\, \nabla^2 \phi\, \mathrm{d}V = \int_V \left[\nabla \cdot (\delta \phi\, \nabla \phi) - \nabla(\delta \phi) \cdot \nabla \phi \right] \mathrm{d}V \\ \delta L_2 = \displaystyle\int_{\partial V_w} \delta \phi\, \dfrac{\partial \phi}{\partial n} \mathrm{d}S \\ \delta L_3 = \displaystyle\int_{\partial V_f} \delta \phi \left(\dfrac{\partial \phi}{\partial n} - \dfrac{\omega^2}{g} \phi \right) \mathrm{d}S \end{cases} \quad (3-97)$$

由高斯公式，可得

$$\int_V \nabla \cdot (\delta\phi \, \nabla\phi) \mathrm{d}V = \int_{\partial V} \delta\phi \, \nabla\phi \cdot \boldsymbol{n} \, \mathrm{d}S = \int_{\partial V} \delta\phi \, \frac{\partial\phi}{\partial n} \mathrm{d}S \qquad (3-98)$$

因此，有

$$\delta L_1 = \int_V [\nabla \cdot (\delta\phi \, \nabla\phi) - \nabla(\delta\phi) \cdot \nabla] \mathrm{d}V = \int_{\partial V} \delta\phi \, \frac{\partial\phi}{\partial n} \mathrm{d}S - \frac{1}{2}\delta \int_V (\nabla\phi)^2 \mathrm{d}V \quad (3-99)$$

显然，有 $\delta L_1 = 0$，$\delta L_2 = 0$，$\delta L_3 = 0$。

令 $L = L_2 + L_3 - L_1$，则

$$\delta L = \delta L_2 + \delta L_3 - \delta L_1 = \frac{1}{2}\delta \int_V (\nabla\phi)^2 \mathrm{d}V - \frac{1}{2}\frac{\omega^2}{g}\delta \int_{\partial V_\mathrm{f}} \phi^2 \mathrm{d}S = 0 \qquad (3-100)$$

从而导出泛函式

$$L(\phi) = \frac{1}{2}\int_V (\nabla\phi)^2 \mathrm{d}V - \frac{1}{2}\frac{\omega^2}{g}\int_{\partial V_\mathrm{f}} \phi^2 \mathrm{d}S \qquad (3-101)$$

微分方程边值问题的解 $\phi(x,y,z)$ 就是泛函的极值问题 $\delta L = 0$ 的解。将 $\phi(x,y,z)$ 代入泛函

$$L = \frac{1}{2}\left\{\int_V \left[\left(\frac{\partial\phi}{\partial x}\right)^2 + \left(\frac{\partial\varphi}{\partial y}\right)^2 + \left(\frac{\partial\phi}{\partial z}\right)^2\right]\mathrm{d}V - \frac{\omega^2}{g}\int_{\partial V_\mathrm{f}} \phi^2 \mathrm{d}S\right\} \qquad (3-102)$$

式（3-102）就是有限元计算方法的基本方程。

3.5 多孔介质问题

3.5.1 多孔介质介绍

所谓多孔介质，是指多孔固体骨架构成的孔隙空间中充满单相或多相介质。固体骨架（solid matrix）遍及多孔介质所占据的体积空间，孔隙空间相互连通，其内的介质可以是气相流体、液相流体或气液两相流体。多孔介质的主要物理特征是空隙尺寸极其微小，比表面积数值很大。多孔介质内的微小空隙可能是相互连通的，也可能是部分连通、部分不连通的。

为了对多孔介质中的流体流动进行描述，必须对多孔介质的几何特性做如下限制：

1）多孔介质中的孔隙空间是相互连通的；

2）孔隙的尺寸与流体分子平均自由程相比要大得多；

3）孔隙的尺寸必须足够小，这样流体的流动才会受到流体和固体界面上的黏附力，以及流体与流体界面上的黏着力的控制。

描述多孔介质的基本特性包括均质、异质、各项异性、饱和多孔介质、非饱和多孔介质等。

1）均质与异质：如果多孔介质的参数在整个区域范围内所取宏观平均值均相同时，我们称该多孔介质为均质，否则为异质多孔介质；

2）各向异性：多孔介质中，某些宏观张量的大小可能随方向变化，这种情况称为各向异性，反之称为各向同性。

仿真分析时多孔介质问题经常涉及到的基本结构参数和基本性能参数如下：

1）孔隙率：孔隙率（porosity）指多孔介质内的微小空隙的总体积与该多孔介质的总体积的比值。孔隙率与多孔介质固体颗粒的形状、结构和排列有关。

2）比面：比面（specific surface）定义为固体骨架总表面积与多孔介质总容积之比。细粒构成的材料将显示出远较粗粒材料为大的比面积。这是与多孔材料的流体传导性即渗透率有关的一个重要参数；

3）迂曲度：一般来讲，多孔介质空隙连通通道是弯曲的，显然其弯曲程度将对多孔介质中的传递过程产生影响。对多孔介质这一结构特性用迂曲度（tortuosity）表示。表征为弯曲通道真实长度与连接弯曲通道两段的直线长度之比。

4）固体颗粒尺寸：particle size。

5）空隙尺寸：空隙尺寸（pore size）通常由下式确定，式中参数分别为表面张力、接触角、使非湿润流体进入空隙所需压力

$$d_0 = 4\sigma\cos\theta / p_c \qquad\qquad (3-103)$$

6）渗透率：渗透率（permeability）由达西定律定义，表述了在一定流动驱动力推动下，流体通过多孔材料的难易程度，一般用下式表达

$$u = -\frac{k}{\mu}\frac{\partial P}{\partial x} \qquad\qquad (3-104)$$

式中，$\dfrac{\partial P}{\partial x}$ 为流动方向上的压力梯度，k 为渗透率，μ 为流体的黏度，u 为流体在孔隙中的流速。

7）水力传导系数：水力传导系数（hydraulic conductivity）是多孔介质流体传输能力的另一个特性参数，可以用下式表达

$$K = k\rho g / \mu$$

8）饱和度：在多孔材料中，某特定流体所占空隙容积之百分比称为饱和度（saturation）。

9）毛细压力：当两种互不相溶的流体相互接触时，它们各自的内部压力在接触面上存在着不连续性，两压力之差称作毛细压力（capillary pressure）。

对于数值计算中最常用到的三个基本特征参数：孔隙率、渗透率和比面，具体参数值根据实际问题进行确定。

3.5.2　多孔介质传热传质机理和规律

3.5.2.1　传热过程

多孔介质的传热包括固体骨架（颗粒）之间相互接触及空隙中流体的导热过程；空隙中流体的对流换热（这种对流换热可为强迫对流，也可为自然对流，还可以是二者并存的混合对流，同时也包括液体沸腾、蒸发及蒸气凝结等相变换热）；固体骨架（颗粒）或气体间的辐射换热。实验研究和理论分析结果表明，对颗粒直径不超过 4～6 mm 的多孔介

质，在 $GrPr < 10^3$ 时，其空隙中流体的对流换热贡献可以忽略不计，而辐射换热贡献，只是在固体颗粒之间温差较大，空隙为真空或由气体占据时才比较明显。

3.5.2.2　传质过程

多孔介质的传质过程包括以下两个方面。

1）分子扩散。这是由于流体分子的无规则随机运动或固体微观粒子的运动而引起的质量传递，它与热量传递中的导热机理相对应。

2）对流传质。这是由于流体的宏观运动而引起的质量传递，它与热量传递中的对流换热相对应。概括言之，它既包括流体与固体骨架壁面之间的传质，也包括两种不混溶流体（含气液两相）之间的对流传质。按流体流态的不同，单相流体对流传质又有层流和湍流之分；气液两相流体（即非饱和多孔介质中的流动）则有更多不同形态的对流传质。显然，空隙中流体的宏观运动是由毛细力、压力、重力等所引起的；由毛细力引起的宏观对流传质称为毛细对流传质，而由压力梯度引起的对流传质则称为渗透传质。

目前多孔介质传热传质的研究重点主要集中在以下几个方面：

1）结合宏观和微观范畴的研究，以理论分析、实验研究和数值模拟为手段，建立和完善多孔介质的微观和宏观模型；

2）发展测量原理及完善测量手段，丰富和完善多孔介质的基础数据库，探索渗透系数、孔隙率、毛细力、表面张力和接触角等测试方法；

3）强化以工程应用为背景的多孔介质中传热传质的基础研究，这也成为今后多孔介质传热传质研究的主要方向。

3.5.2.3　多孔介质传热与流动控制方程

多孔介质按介质中流体是否发生相变来看，有饱和与非饱和之分。航天工程特别是空间推进系统中涉及到的多孔介质仿真以饱和多孔介质居多。这里重点介绍饱和多孔介质的经典模型。

（1）连续方程

多孔介质的宏观质量守恒方程可以表示为

$$\frac{\partial(\phi\rho)}{\partial\tau} + \nabla \cdot (\rho V) = 0 \qquad (3-105)$$

式中，ϕ 为多孔介质的孔隙率，如果是非均匀介质，则 ϕ 是空间位置的函数；ρ 为流体的密度。如果流体为不可压缩流体，ρ 为常数，如果为气体，假定其为理想气体，则 $\rho = p/(R_g T)$，其中，R_g 为气体常数；V 为流体的表观速度，可以通过达西定律求得。

（2）运动方程

工程中经常遇到的主要流态是多孔介质中流体的层流流动。Re 为 $1\sim10$ 属于层流流动时，流体的容积流量与压力、重力及黏性力的关系服从达西定律

$$q_v = -\frac{kA}{\mu L}[(p_1 - p_2) + \rho g L] \qquad (3-106)$$

式中，$k = \Phi/C$，为多孔介质的渗透率；q_v 为容积流量（m^3/s）；A 为控制体截面积；L 为控制体高度；p_2，p_1 分别为控制体出入口压力。

忽略惯性力时达西定律可以表达成流体传输通量的形式

$$j_f = -\frac{k}{\mu}\nabla p \text{ 或 } u = -\frac{k}{\mu}\nabla p \tag{3-107}$$

对于理想气体，适用的达西定律宏观表达式为

$$q_{v1}p_1 = -\frac{k_p A}{\mu}\left(\frac{p_1^2 - p_2^2}{2}\right) \tag{3-108}$$

式中，q_{v1} 是在压力 p_1 下的容积流量。

①滑流流动

当压力较低、气体较稀薄时，致使多孔空隙通道尺寸接近分子自由程，在多孔固体颗粒壁面上产生滑流现象时，渗透率与压力存在明显的函数关系，这种现象称为 Klinkenberg 效应。渗透率可以表示为

$$k_g = k_\infty\left(1 + \frac{b}{p}\right) \tag{3-109}$$

式中，k_∞ 是在非常大的气相压力下测得的多孔介质的渗透率，这时 Klinkenberg 效应可以忽略。

对于存在滑流流动时，达西定律修正式为

$$q_{v1}p_1 = -\frac{k_{p,\infty}A}{\mu}\left(1 + \frac{2b}{p_1 + p_2}\right)\left(\frac{p_1^2 - p_2^2}{2}\right) \tag{3-110}$$

当压力特别低时，气体流动变成了分子流，宏观流动过程变成分子扩散过程。

对于大孔隙率的多孔介质，加入惯性项则更为合理，达西定律修正为

$$\rho\left[\phi^{-1}\frac{\partial V}{\partial \tau} + \phi^{-2}(V \cdot \nabla V)\right] = -\nabla p - \frac{\mu}{k}V \tag{3-111}$$

②Darcy‐Forchheimer 修正

当流动速度达到一定程度（一般指基于孔尺度的特征雷诺数 Re_p 大于 1），达西定律需要在流动的阻力项中再加入一个平方项

$$\nabla p = -\frac{\mu}{k}V - C_F k^{-\frac{1}{2}p}|V|V \tag{3-112}$$

式中，C_F 为无量纲阻力常数。当流动进入湍流状态后（$Re_p > 100$），C_F 与流动速度成线性关系，从而非线性阻力项与流动速度成三次方关系。

③Darcy‐Brinkman 修正

多孔介质孔隙率较高时，Brinkman 方程可以很好地满足多孔介质流动区域和纯流体流动区域交界面处的无滑移条件

$$\nabla p = -\frac{\mu}{k}V + \mu_m\nabla^2 V \tag{3-113}$$

式中，μ_m 为有效黏性系数。对于大孔隙率的多孔介质，可以简单地取 $\mu_m = \mu$。

④Brinkman - Forchheimer 方程

为了模拟多孔介质中的复杂流动，需要考虑加速度和惯性效应修正、Brinkman 修正和 Forchheimer 修正的达西定律

$$\rho\left[\phi^{-1}\frac{\partial V}{\partial \tau}+\phi^{-1}\nabla\left(\frac{\overline{V}\cdot\overline{V}}{\phi}\right)\right]=-\frac{1}{\phi}\nabla(\phi\rho)+\frac{\mu}{\phi\rho}\nabla^2 V-\frac{\mu}{k}V-\frac{1}{\sqrt{k}}C_F\rho\,|V|V$$

$$(3-114)$$

（3）能量方程

假定某一多孔介质各向同性；不考虑辐射传热，黏度耗散传热，以及压力变化做功等，满足局部热平衡假设，能量平衡关系式

$$(\rho c)_m\frac{\partial T}{\partial \tau}+(\rho c_p)_f V\cdot\nabla T=\nabla\cdot(\lambda_m\nabla T)+\phi\dot{q}_m \qquad (3-115)$$

其中

$$(\rho c)_m=(1-\phi)(\rho c)_s+\phi(\rho c_p)_f$$

$$\lambda_m=(1-\phi)\lambda_s+\phi\lambda_f \qquad (3-116)$$

$$\dot{q}_m=(1-\phi)\dot{q}_s+\phi\dot{q}_f \qquad (3-117)$$

式中，下标 s，f 分别表示固相和液体相；c 为固体比热，c_p 为流体的定压比热，λ 为导热系数，q 为内热源所产生的单位体积的热量，ϕ 表示流体所占据的容积占总容积的比率。

当固体和流体之间存在换热时，局部热平衡假设不成立，则需要采用双方程模式，用两个方程来分别描述固相和流体相

$$(1-\phi)(\rho c)_s\frac{\partial T_s}{\partial t}=(1-\phi)\nabla\cdot(\lambda_s\nabla T_s)+(1-\phi)\dot{q}_s+h(T_f-T_s) \quad (3-118)$$

$$\phi(\rho c)_f\frac{\partial T_f}{\partial t}+(\rho c_p)_f V\cdot\nabla T_f=\phi\nabla\cdot(\lambda_f\nabla T_f)+\phi\dot{q}_f+h(T_f-T_s) \quad (3-119)$$

3.6 微重力流体力学

微重力流体科学是流体力学与空间材料、空间生物技术、燃烧交叉的新兴学科，研究微重力环境中流体的流动、迁移热（质）输运和相变等基本规律，还有物理化学问题和低温问题，这是微重力科学的基础和核心。近三十年来，随着空间技术的进步，空间科学迅速发展。空间飞行器在轨道自由飞行时，其间的微重力水平仅为地面的 10^{-3} 量级，在地面重力作用下常见的浮力、对流、静压不均匀和沉降等现象都极大地减弱了。在微重力环境中，在自由面上温度或浓度分布不均匀形成的表面张力驱动对流、相变对流等与自由面或界面有关的现象将变得很重要，会出现一些在地面上尚未见到的新现象。空间应用和流体力学基础研究的需要促进了微重力流体科学的发展，微重力流体科学在微重力科学中占有核心的位置，越来越受到重视。

目前许多广义的理解，也把微重力理解为微小重力，有时也有低重力之称。微重力科学就是研究微重力环境中的科学规律，它实际上是物理学、化学、生物科学等各学科在微

重力环境这种特定条件下的延伸。微重力流体科学就是研究流体介质（液体、气体、等离子体）在微重力环境中运动规律的科学。地球重力场作用于地球表面及地球空间的物体上，使物体与其他的力保持平衡。人们习惯于生活在地球重力环境中，很理解地球重力的各种作用。在一个自由落体的系统中，可以造成一种"失重"状态。同样，把一个物体抛向天空，地球引力场与初始动量形成抛物线运动的离心力相抵消，也可以在运动物体的质心附近形成"失重"状态。当人们把空间飞行器发射到空间，并绕地球作周期转动时，地球引力与空间飞行器运动产生的离心力相平衡，在飞行器中造成"失重"环境。事实上，由于各种次级力的作用，绝对的"失重"环境是难于获得的，只能获得大体的失重环境，即微小重力环境。所以，微重力环境是近地轨道飞行器中存在的环境。随着人类的空间活动越来越频繁，必然要求进行微重力科学的研究。在载人空间活动日益活跃的今天，微重力研究就成为载人空间计划的主要内容。在一个局部运动坐标系中，重力可以被某种力所抵消，局部坐标系中的物体将受到一个有效重力的作用。一般而言，有效重力的原点、大小及方向都会发生变化。

3.6.1 微重力环境下毛细驱动方程

引入用以描述毛细力、重力和相对量级的无量纲参数 Bond 数

$$B_0 = \frac{\Delta \rho g d^2}{\sigma}$$

其中，$\Delta \rho$ 和 σ 分别是两流体相之间界面的密度差和表面张力，g 是重力加速度，d 是特征长度。当 $B_0 \leqslant 1$，就说明系统的表面张力占主导地位，重力作用可以忽略。对于给定的液体，$\Delta \rho$ 和 σ 保持不变，g 和 d 减小都可以使 $B_0 \leqslant 1$。比如地面上的微尺度系统和空间的微重力环境。然而，微重力环境中表面张力可以在大尺度范围仍起支配作用。

毛细流动可以定义为：在重力影响可以忽略的情况下，由液体的表面张力、容器几何形状以及液/固界面润湿性共同驱动的自发的界面流动现象。这种毛细流动是自然界和工业界许多传递过程的基础，比如地面上多孔介质中的微尺度流动，以及空间液体推进剂贮箱中的大尺度毛细流动。本文主要是利用落塔提供的短时微重力环境来研究大尺度下的毛细驱动流动。

3.6.2 毛细压差驱动方程

在常重力环境下，控制推进剂的力主要是重力和惯性力，表面张力的作用很小，可以不予考虑。在微重力环境下，表面张力成为一种主导的控制力，由此引起的气液界面两侧的压差称为毛细压差。

按照流体力学的一般分析方法，从气液分界面取一微小单元 $ds \times ds$，由其受力平衡条件确定毛细压差 ΔP_σ，如图 3-9 所示。R_1 和 R_2 是微元中心处的曲率半径。取 ds 任意小时，作用在单元曲面每边的切向力等于 σds。将作用在线段 l_1 方向的力投影到包含 Z 轴和 l_1 线段的平面上。把力分解成垂直和水平分量，其水平分量彼此抵消，表面张力向下的分力 $2F_1 = 2\sigma ds \sin\alpha_1$，当 α 角很小时

$$\sin\alpha_1 = \frac{\mathrm{d}s}{2R_1}, \sin\alpha_2 = \frac{\mathrm{d}s}{2R_2}$$

所以，$2F_1 = \dfrac{\sigma\,\mathrm{d}s \times \mathrm{d}s}{R_1}$，同理 $2F_2 = \dfrac{\sigma\,\mathrm{d}s \times \mathrm{d}s}{R_2}$，作用在单元曲面 $\mathrm{d}s \times \mathrm{d}s$ 上向下的压差

$$\Delta P_\sigma = \frac{2F_1 + 2F_2}{\mathrm{d}s \times \mathrm{d}s} = \sigma\left(\frac{1}{R_1} + \frac{1}{R_2}\right) \tag{3-120}$$

这就是气液界面的压差，即毛细压差。式（3-120）也称为拉普拉斯（Laplace）公式，对于球形界面，$R_1 = R_2$，$\Delta P_\sigma = \dfrac{2\sigma}{R_s}$，$R_s$ 为球形界面的曲率半径；对于宽度为 w 的细长窄缝，$R_1 = \dfrac{w}{2}$，$R_2 \gg R_1$，$\Delta P_\sigma = \dfrac{2\sigma}{w}$。

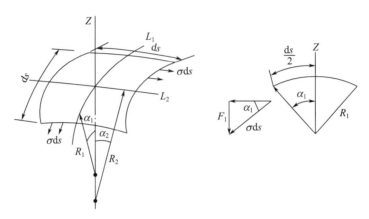

图 3-9　毛细压差的定义

3.6.3　表面张力驱动流动方程

接触角是气液界面与固体边界接触时在接触点处气液界面切线方向与固体边界间的夹角，它是气体-液体-固体分子间作用力平衡的结果。如图 3-10 所示，当 $\theta < 90°$，液体对该种材料是浸润性；当 $\theta > 90°$，液体对该种材料是非浸润性。除了无水肼，多数推进剂与金属材料的接触角接近 $0°$。无水肼的接触角在 $40° \sim 50°$ 之间。

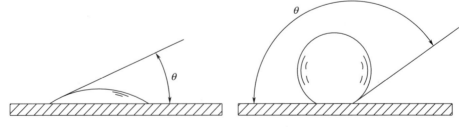

图 3-10　流体与固体界面的接触角

在圆孔中，可求出球形界面的毛细压差与孔半径和接触角的关系。如图 3-11 所示，

考虑 $R_s = \dfrac{R}{\cos\theta}$ ，则

$$\Delta P_\sigma = \frac{2\sigma}{R}\cos\theta \tag{3-121}$$

这个关系在无水肼表面张力贮箱的设计中很有用。

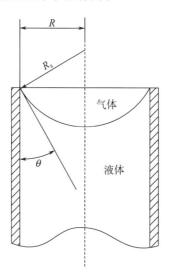

图 3 - 11　毛细压差与接触角的关系

　　一般在过滤器设计中，气泡法用于检验过滤器的精度。同样，气泡法会用在贮箱的设计中，作为衡量贮箱能力的重要参数。

　　若液体的浸润性好，$\theta = 0°$，毛细压差可定义为

$$\Delta P_\sigma = \frac{4\sigma}{D_{BP}} \tag{3-122}$$

式中，ΔP_σ 是泡破点压力，D_{BP} 称为出现气泡破裂点的孔直径。对于圆孔，它是孔的直径；对于编织的细网来说它是毛细水力当量孔径。气液交界面处的 ΔP_σ 也被称为毛细网的表面张力维持能力，只要界面两边的实际压差不超过 ΔP_σ，气体就不会穿过气液界面进入到液体中。即

$$\Delta P_\sigma \geqslant \sum \Delta P_i$$

其中，$\sum \Delta P_i$ 是推进剂贮箱毛细管装置的压差。

　　微重力环境下，表面张力占主导地位，液体将向着结构曲率半径小的位置运动，这就是表面张力驱动流动。

　　考虑如下的长角形结构，如图 3 - 12 所示。A 处的液体量大，其气液界面的主曲率半径 $R_{a1} > R_{b1}$，$R_{a2} \gg R_{a1}$，$R_{b2} \gg R_{b1}$。界面上 A 点和 B 点的压力为

$$P_A = P_0 - \Delta P_{a\sigma} \tag{3-123}$$

$$P_B = P_0 - \Delta P_{b\sigma} \tag{3-124}$$

　　两点的压差为

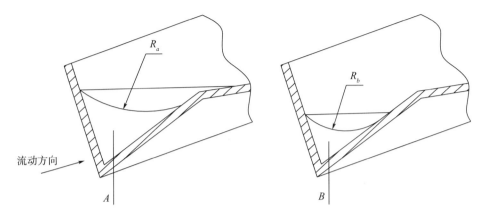

图 3 - 12　表面张力驱动流动

$$P_A - P_B = \Delta P_{b\sigma} - \Delta P_{a\sigma} = \sigma \left(\frac{1}{R_{1b}} - \frac{1}{R_{1a}} \right) > 0 \qquad (3-125)$$

液体将由 A 点向 B 点流动。

3.7　稀薄气体动力学

　　通常情况下处理气体的流动都采用连续介质模型。用平常的测量仪器观察到的气体的性质是连续和光滑的，因而连续假设是很自然的。在实践中或实验室里，通常条件下的流动特征尺度至少要有 1 cm，而气体的物理或动力学性质在 10^{-3} cm 的范围内变化会很小，在 10^{-9} cm 的体积下气体的分子运动不能忽略。从 Loschmidt 数 n_0（标准状态下每立方厘米气体分子数）为 $2.687 \times 10^{19} /cm^3$ 可知，在标准状态下这个很小的 10×10^{-9} cm^3 的体积里包含了大约 3×10^{10} 个分子，这个数目足够大，使得气体分子的平均性质不受其数目大小的影响。但在气体密度十分低的特殊情况下（载物体十分纤细的情况下也是如此），气体的间断粒子效应就会变得显著起来，不得不放弃连续介质假设而采取细观模型或分子气体动力学的方法，或者稀薄气体动力学的方法。

　　当宏观量梯度的标尺长度变得与分子的平均自由程可以相比的时候，连续介质模型不再适用。宏观量梯度的标尺长度为

$$L = r/(\mathrm{d}r/\mathrm{d}x) \qquad (3-126)$$

　　引入 Knudsen 数，定义为分子平均自由程 λ（一个分子在两次碰撞间走过距离的平均值）与流动特征长度 L 的比值

$$Kn = \lambda/L \qquad (3-127)$$

　　一般，当 $Kn > 0.1$ 时，间断分子效应即出现，连续介质模型不再正确，要用分子描述方法。

　　高空大气密度随高程降低，分子平均自由程由海平面约 0.07×10^{-6} m 增加到 70 km 的约 1 mm 和 85 km 的约 1 cm，这时稀薄气体效应显著起来。对于近年来发展起来的微机电系统（micro - electro - mechanical systems，MEMS），由于其细小的尺寸，当以气体

为介质时，对其性态的研究应考虑稀薄气体效应的影响。

钱学森最先根据稀薄程度将稀薄气体流动分为三大领域，即滑流领域、过渡领域和自由分子流领域。根据合适选择的 Kn 数的数值范围，这三大领域为：

1）$0.01 < Kn < 0.1$　　　　　　　　滑流领域

2）$0.1 < Kn < 10$　　　　　　　　　过渡领域

3）$Kn > 10$　　　　　　　　　　　　自由分子流

在滑流领域中，气体的流动会显现出与一般流动稍有不同的现象，这主要表现在边界附近，出现速度在边界的滑移和温度跳跃。在这一领域中，一般气体动力学的方程仍然有效，或可借助 Chapman‐Enskog 展开的高阶项得到比 Navier‐Stokes 方程更为高阶的方程，但对边界条件要做一些改变。在气体很稀薄，即 Kn 数很大的那一端，气体分子与物体表面的碰撞占主导地位，当 λ 比 L 大很多时，由物体反射的分子只有在飞离物体很远以后才与其他分子碰撞，分子来流的速度分布函数不受物体存在的影响，是已知的平衡的 Maxwell 分布，来流对于物体的动量与能量作用容易计算出来。这一领域称为自由分子流领域。在滑流领域与自由分子流领域之间的过渡领域中，分子与表面的碰撞和来流中分子的互相碰撞有着同等的重要性。这时分析变得困难，要借助分子气体动力学的方法。

（1）分子动力理论

Boltzmann 方程给出了分布函数对空间位置和时间的变化率的关系。

单组分气体的 Boltzmann 方程如下

$$\frac{\partial f}{\partial t} + c \cdot \frac{\partial f}{\partial r} + F \cdot \frac{\partial f}{\partial c} = \left(\frac{\partial f}{\partial t}\right)_c \equiv \int_{-\infty}^{\infty} \int_0^{4\pi} (f^* f_1^* - f f_1) c_r \sigma \, \mathrm{d}\Omega \, \mathrm{d}c_1 \qquad (3-128)$$

该方程是一个积分微分方程，其右端项称为碰撞积分或碰撞项，F 为气体的速度分布函数。该方程给出了分布函数对空间位置和时间的变化率。

这是分子气体动力学的基本方程，在整个稀薄气体动力学中占据着中心地位。在自由分子流领域中应用无碰撞项的 Boltzmann 方程，有时应用它的平衡解 Maxwell 分布。在滑流领域应用从解 Boltzmann 方程的 Chapman‐Enskog 展开所得到的一阶近似 Navier‐Stokes 方程或二阶近似 Burnett 方程，或用系统的渐进展开得到流体力学方程组。在过渡领域则要从 Boltzmann 方程或用与它等价的方法求解气体流动的问题。

（2）自由分子流

计算自由分子流的基本方程是无碰撞项的 Boltzmann 方程

$$\frac{\partial f}{\partial t} + c \cdot \frac{\partial f}{\partial r} + F \cdot \frac{\partial f}{\partial c} = 0 \qquad (3-129)$$

该方程的通解为

$$f(c, r, t) = f_0(c, r - ct) \qquad (3-130)$$

该通解指出，分布函数在特征线上，亦即沿分子的运动轨迹为常值。

（3）连续介质模型（滑流领域）

当气体略微稀薄时（Kn 数小于 0.1），间断分子效应没有明显表现出来，对气体的流动可以从连续介质模型进行研究。这包括三种方法：

从 Navier - Stokes 方程出发，并利用滑流边界条件得到一些问题的解答。

采用渐进理论从 Boltzmann 方程出发，用渐进分析法得到比 N - S 方程更为精确的流体力学方程和相应的滑流边界条件。典型代表是 Burnett 方程和 Grad 方程。

采用直接模拟蒙特卡洛法（DSMC），目前已分别对钝锥、球体、柱体等不同形状的物体进行了计算，取得了较好的计算结果。

（4）过渡领域

过渡领域问题的数值方法分为 Boltzmann 方程的直接数值求解和对于流动物理进行直接模拟两大类。直接模拟蒙特卡洛方法在求解过渡领域流动问题尤其是非平衡流动问题中非常成功，得到广泛采用。

DSMC 方法与 Boltzmann 方程有相同的物理基础和假设（分子混沌和稀疏气体假设）。但 DSMC 方法不同于 Boltzmann 方程，后者要依赖于逆碰撞的存在，因而不能考虑三体碰撞的问题，DSMC 方法可以应用于复合化学反应这样包括三体碰撞的复杂过程。

DSMC 方法用大量的模拟分子模拟真实的气体。模拟分子数目要足够多，以使得它们在流场网格中能够充分地代表真实气体分子的分布。

3.8　电磁问题

在电磁方面的大多数工程实践中，对麦克斯韦方程描述的偏微分进行简化，以便能间接利用分离变量法、格林函数法等的电磁场解析解，但是一般很难直接得到精确的电磁场解析解。只能根据具体情况给定的边界条件和初始条件，用数值法求其数值解，一般采用最为实用的有限元数值计算方法。对电磁场直接求解比较困难，应先定义两个量（矢量磁势和标量电势）把电场和磁场变量分离开来，分别形成一个独立的电场和磁场的偏微分方程，这样使问题得到简化，有利于数值求解。

矢量磁势 $\boldsymbol{A}$ 定义为

$$\boldsymbol{B} = \nabla \times \boldsymbol{A} \tag{3-131}$$

标量电势 ϕ 定义为

$$E = -\nabla\phi \tag{3-132}$$

广义的矢量磁势 $\boldsymbol{A}$ 和标量电势 ϕ 满足高斯磁通定律和法拉第电磁感应定律，将其应用到安培环路定律和高斯电通定律中，经过推导分别得到磁场偏微分方程和电场偏微分方程如下

$$\nabla^2 \boldsymbol{A} - \mu\varepsilon \frac{\partial^2 \boldsymbol{A}}{\partial t^2} = -\mu\boldsymbol{J} \tag{3-133}$$

$$\nabla^2 \boldsymbol{\phi} - \mu\varepsilon \frac{\partial^2 \boldsymbol{\phi}}{\partial t^2} = -\frac{\rho}{\varepsilon} \tag{3-134}$$

式中，μ、ε 分别是磁导率和介电常数，拉普拉斯算子为

$$\nabla^2 = \left(\frac{\partial^2}{\partial x^2} + \frac{\partial^2}{\partial y^2} + \frac{\partial^2}{\partial z^2} \right) \tag{3-135}$$

在工程实际中，必须设置好边界条件才能得到精确的解析值，否则得到的解就是一个范围内的变化数值，这样的范围值是没有实际意义的。

电磁场中常见边界条件非常之多，归结起来可概括为三种：狄利克莱边界条件、诺依曼边界条件以及它们的组合。

1）狄利克莱边界条件表示为

$$\phi \mid_\Gamma = g(\Gamma) \tag{3-136}$$

式中，Γ 为狄利克莱边界，$g(\Gamma)$ 是位置的函数，可以为常数和零。为零时，此狄利克莱边界称为齐次边界条件。

2）诺依曼边界条件表示为

$$\frac{\partial \phi}{\partial t} \bigg|_\Gamma + f(\Gamma) \phi \mid_\Gamma = h(\Gamma) \tag{3-137}$$

式中，Γ 为诺依曼边界，n 为边界 Γ 的外法线矢量，$f(\Gamma)$ 和 $h(\Gamma)$ 为一般函数，可为常数和零，为零时，即为齐次诺依曼边界条件。在确定了边界条件和初始条件的限制后，采用有限元法对上面两式进行数值求解，解得磁势和电势的场分布值，然后经过后处理可得到电磁场的各种物理量，如磁感应强度、电流密度。

3.9　燃烧问题

3.9.1　基本方程

在忽略粒子相湍流脉动、气相密度湍流脉动、重力的情况下，描述三维、两相、黏性、湍流、多组分化学反应现象的控制方程为：

1）气相连续方程

$$\frac{\partial \rho}{\partial t} + \frac{\partial}{\partial x_j}(\rho u_j) = 0 \tag{3-138}$$

2）动量方程

$$\frac{\partial}{\partial t}(\rho u_i) + \frac{\partial}{\partial x_j}(\rho u_i u_j) = -\frac{\partial p}{\partial x_i} + \frac{\partial \tau_{ij}}{\partial x_j} \tag{3-139}$$

式中的 τ_{ij} 为应力张量。

3）能量方程

$$\frac{\partial}{\partial t}(\rho h) + \frac{\partial}{\partial x_j}(\rho u_j h) = \frac{\partial p}{\partial t} + \frac{\partial}{\partial x_j}\left[\frac{\mu}{p_r} \frac{\partial h}{\partial x_j} + \mu\left(\frac{1}{Sc} - \frac{1}{Pr}\right) \sum_{i=1}^{N} h_i \frac{\partial Y_i}{\partial x_j} \right] \tag{3-140}$$

式中，h 为混合物静焓，h_i 为组元 i 的静焓，h_i^0 为生产焓。

$$h = \sum Y_i h_i, \quad h_i = \int_{T_0}^{T} C_p \, dT + h_i^0 \tag{3-141}$$

4）组元方程

$$\frac{\partial}{\partial t}(\rho Y_i) + \frac{\partial}{\partial x_j}(\rho u_j Y_i) = \frac{\partial}{\partial x_j}\left(\rho D \frac{\partial Y_i}{\partial x_j}\right) + \dot{\omega}_i \tag{3-142}$$

式中，$\dot{\omega}_i$ 为组元 i 的化学反应速率。

5）状态方程

$$P = \rho R_u T \sum_{i=1}^{N} \frac{Y_i}{M_i} \tag{3-143}$$

式中，R_u 为通用气体常数，M_i 为 i 组元的分子量。

3.9.2　燃烧模型

通常情况下，大多数物质的燃烧速率很高，因此反应速率受到掺混过程的控制。在非预混火焰中，湍流缓慢地将燃料和氧化剂输运到反应区，发生快速反应。而预混火焰中，湍流将低温的反应物缓慢地输运到高温的产物中，发生快速燃烧反应。在这些情况下可以说燃烧是受混合过程控制的，因此那些复杂而又未知的化学动力速率可以省略掉。目前，常用的燃烧模型有：有限速率法、涡耗散模型。

（1）有限速率法

有限反应速率 R_i 作为源项出现在组分输运方程中，它使用 Arrhenius 公式计算化学源项，忽略湍流脉动的影响。这一模型对于反应相对缓慢的物质来说是可以接受的。物质 i 的净反应速率源项，可以通过参加的 N_r 个化学反应的 Arrhenius 反应源的和计算得到。

$$R_i = M_{w,i} \sum_{i=1}^{N_r} R_{i,r} \tag{3-144}$$

式中，$M_{w,i}$ 为第 i 种物质的相对分子质量。

第 r 个反应可以写成如下形式

$$\sum v'_{i,r} M_i \xrightleftharpoons[k_{b,r}]{k_{f,r}} \sum_{i=1}^{N} v''_{i,r} M_i$$

式中，N 是系统中化学物质数目；$v'_{i,r}$ 是反应 r 中反应物 i 的化学计量系数；$v''_{i,r}$ 是反应 r 中生成物 i 的化学计量系数；M_i 是第 i 种物质的符号；$k_{f,r}$ 是反应 r 的正向速率常数；$k_{b,r}$ 是反应 r 的逆向速率常数。上面方程的求和是针对系统中所有的物质，但只有作为反应物或生成物出现的物质才有非零的化学计量数。反应 r 的正向反应速率常数 $k_{f,r}$ 通过 Arrhenius 公式计算

$$k_{f,r} = A_r T^{\beta_r} e^{-E_r/RT} \tag{3-145}$$

式中，A_r 是指数前因子（恒定单位）；β_r 是温度指数（无量纲）；E_r 是反应活化能，J/kmol；R 是气体常数，J/（kmol·K）。

（2）涡耗散模型

涡耗散模型（Eddy - Dissipation Model）的基本思想是：当气流涡团因耗散而变小时，分子之间碰撞机会增多，反应才容易进行并迅速完成，故化学反应速率在很大程度上受湍流的影响，而且反应速率还取决于涡团中燃料、氧化剂和产物中浓度值最小的一个。

该模型表达式形式为

$$R_{fu} = -\bar{\rho}\,\frac{\varepsilon}{k}\min[A\,\overline{m_{fu}}, A\,\overline{m_{ox}}/S, B\,\overline{m_{pr}}/(1+S)] \tag{3-146}$$

式中，$A = 4$，$B = 0.5$，S 为化学当量比。反应速率取决于湍流脉动衰变速率 ε/k，并能自动选择成分来控制反应速率。

3.10　两相流问题

气液两相流数学模型采用不可压缩流体的 Navier‑Stokes 方程描述，两相流流动可分为三种情况。

（1）情况一：物质（液体）

质量守恒方程

$$\frac{\partial(\rho_l)}{\partial t} + \nabla \cdot (\rho_l U_l) = 0 \tag{3-147}$$

动量守恒方程

$$\frac{\partial}{\partial t}(\rho_l U_l) + \nabla \cdot (\rho_l U_l U_l) = \nabla \cdot (T_l) + \rho_l g \tag{3-148}$$

（2）情况二：物质（气体）

质量守恒方程

$$\frac{\partial(\rho_g)}{\partial t} + \nabla \cdot (\rho_g U_g) = 0 \tag{3-149}$$

动量守恒方程

$$\frac{\partial}{\partial t}(\rho_g U_g) + \nabla \cdot (\rho_g U_g U_g) = \nabla \cdot (T_g) + (\rho_g g) \tag{3-150}$$

（3）情况三：两种物质的交界面（气液交界面）

质量守恒方程

$$\frac{\partial(C\rho_l)}{\partial t} + \nabla \cdot (C\rho_l U_l) = 0 \tag{3-151}$$

$$\frac{\partial\langle(1-C)\rho_g\rangle}{\partial t} + \nabla \cdot \langle(1-C)\rho_g U_g\rangle = 0 \tag{3-152}$$

动量守恒方程

$$\frac{\partial}{\partial t}(\rho_l U_l) + \nabla \cdot (\rho_l U_l U_l) = \nabla \cdot (CT_l) + (C\rho_l g) + \frac{1}{V}\int_A T_l n_{lg}\,\mathrm{d}A \tag{3-153}$$

$$\begin{aligned}
&\frac{\partial}{\partial t}\langle(1-C)\rho_g U_g\rangle + \nabla \cdot \langle(1-C)\rho_g U_g U_g\rangle \\
&= \nabla \cdot \langle(1-C)T_g\rangle + \langle(1-C)\rho_g g\rangle + \frac{1}{V}\int_A T_g n_{lg}\,\mathrm{d}A
\end{aligned} \tag{3-154}$$

其中

$$\frac{1}{V}\int_A[-T_1 \cdot n_{lg} - T_g \cdot n_{lg}]\mathrm{d}A = \frac{1}{V}\int_A m_{lg}^{\sigma}\mathrm{d}A \tag{3-155}$$

为了得到一套完全基于气液两相流的控制方程，需引入以下平均变量

$$\begin{cases}\rho = C\rho_1 + (1-C)\rho_g \\ T = CT_1 + (1-C)T_g\end{cases} \tag{3-156}$$

假设两种物质在通过界面时的速度是连续的，将新变量代入原方程，则基于不可压缩流体 N-S 方程的气液两相流模型基本控制方程可以归结如下。

1）连续性方程

$$\nabla \cdot U = 0 \tag{3-157}$$

2）动量方程

$$\frac{\partial(\rho\boldsymbol{U})}{\partial t} + \rho U \cdot \nabla U = -\nabla p + \nabla \mu S + F \tag{3-158}$$

式中，ρ 为密度，$\boldsymbol{U}$ 为流速矢量，t 为时间，p 为压力，μ 表示的是动力黏性系数，F 为体积力，包括重力和表面张力的作用。

3）流体体积函数的输运方程

$$\frac{\partial C}{\partial t} + U \cdot \nabla C = 0 \tag{3-159}$$

式中，C 为流体体积函数，当 $C=1$ 表示单元内的物质为水；$C=0$ 表示单元内的物质为空气；$0 < C < 1$ 表示单元中含有水-气的交界面。交界面单元内流体属性可以根据单元的流体体积函数按下式确定

$$\begin{cases}\rho = \rho_1 + C(\rho_1 - \rho_g) \\ \mu = \mu_1 + C(\mu_1 - \mu_g)\end{cases} \tag{3-160}$$

式中，ρ_1，ρ_g 分别为液体、气体的密度；μ_1，μ_g 分别为液体、气体的动力黏性系数。考虑三维直角坐标系的流动问题，可进一步写成如下分量形式

$$\begin{cases}\dfrac{\partial u}{\partial x} + \dfrac{\partial v}{\partial y} + \dfrac{\partial w}{\partial z} = 0 \\[2mm] \dfrac{\partial u}{\partial t} + \dfrac{\partial(uu)}{\partial x} + \dfrac{\partial(uv)}{\partial y} + \dfrac{\partial(uw)}{\partial z} = -\dfrac{\partial p}{\partial x} + \dfrac{\mu}{\rho}\left(\dfrac{\partial^2 u}{\partial x^2} + \dfrac{\partial^2 u}{\partial y^2} + \dfrac{\partial^2 u}{\partial z^2}\right) + \dfrac{\sigma}{\rho}\kappa\delta_s n_r + g_x \\[2mm] \dfrac{\partial v}{\partial t} + \dfrac{\partial(vu)}{\partial x} + \dfrac{\partial(vv)}{\partial y} + \dfrac{\partial(vw)}{\partial z} = -\dfrac{\partial p}{\partial y} + \dfrac{\mu}{\rho}\left(\dfrac{\partial^2 v}{\partial x^2} + \dfrac{\partial^2 v}{\partial y^2} + \dfrac{\partial^2 v}{\partial z^2}\right) + \dfrac{\sigma}{\rho}\kappa\delta_s n_r + g_y \\[2mm] \dfrac{\partial w}{\partial t} + \dfrac{\partial(wu)}{\partial x} + \dfrac{\partial(wv)}{\partial y} + \dfrac{\partial(ww)}{\partial z} = -\dfrac{\partial p}{\partial z} + \dfrac{\mu}{\rho}\left(\dfrac{\partial^2 w}{\partial x^2} + \dfrac{\partial^2 w}{\partial y^2} + \dfrac{\partial^2 w}{\partial z^2}\right) + \dfrac{\sigma}{\rho}\kappa\delta_s n_r + g_z\end{cases}$$

$$\tag{3-161}$$

式中，u，v，w 分别为 x，y，z 方向的速度分量，p 为压力，μ 为动力黏性系数，$\dfrac{\sigma}{\rho}\kappa\delta_s n_r$ 为表面张力作用，σ 为表面张力系数，n_r 为自由面曲率，g_x，g_y，g_z 分别为 x，y，z 方向重力的作用。

第 4 章　推进系统仿真分析常用工具

一般来说，对于卫星推进系统的仿真分析，主要分为系统级（如冷气推进系统、单组元推进系统等）和部件级（如阀门、推力器等）两大类。因此，所采用的仿真工具也包括系统级和部件级。目前，通常采用的系统级仿真软件有 AMESim 和 Flowmaster；而部件级仿真软件主要有 Fluent、CFX 以及 Ansys 等。还有一类软件工具，常常在仿真计算结束后，用于数据处理。

4.1　推进系统系统级流动仿真工具

4.1.1　AMESim

AMESim 软件是一种多学科领域系统建模仿真平台，用户可以在这个平台上建立复杂的多学科系统模型，并在此基础上进行仿真计算和深入分析。同时，也可以在这个平台上研究任何元件或系统的稳态及动态性能。例如，在燃油喷射、制动系统、动力传动、液压系统、机电系统和冷却系统中的应用。由于面向工程应用的定位，使得 AMESim 软件成为在汽车、液压和航天航空工业研发部门的理想选择。工程设计师完全可以应用集成的一整套 AMESim 应用库来设计一个系统，这些来自不同物理领域的模型一般都是经过严格的测试和实验验证的。

4.1.1.1　功能介绍

AMESim 不仅可以帮助用户降低开发的成本和缩短开发的周期，也可以使用户从繁琐的数学模型中解放出来，从而专注于物理系统本身的设计。AMESim 软件由三部分组成，即基本环境、各类应用库以及与其他软件的接口。

（1）基本环境

基本环境由 AMESim、AMESet、AMECustom 以及 AMERun 四部分组成。其中，AMESim 是系统工程建模与仿真平台，它提供了系统工程设计的完整平台，在此平台上，工程师可以建立复杂的多学科系统模型，进行仿真计算和分析。AMESim 引入了基本元素的概念，即从模型中提取构成工程系统的最小单元，能够在模型中描述所有系统和零部件。AMESim 的环境界面如图 4 - 1 所示。

AMESet（模型、文档生成器）是子模型编辑工具，工程师可以通过它增加 AMESim 应用库。AMESet 创建的模型库，具有标准化、可重复使用以及易于维护等优点。自行创建的模型库完全兼容软件中原有的 AMESim 模型，并且可以在 AMESim 所支持的不同操作平台之间自由移植。

AMECustom（模型定制工具）是 AMESim 的定制工具。通过 AMECustom，工程师

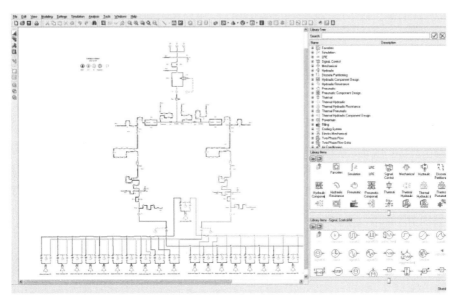

图 4-1　AMESim 基本环境界面

可以建立专用的、具有定制用户界面和参数设置的模型数据库，对各种模型和模型组均有效。所生成的定制模型包含个性化的图标、可供同一模型选择的预先定义的多套参数、合适的参数/变量选择以及在线帮助等。此外，还可以采用 AMECustom 的加密功能对敏感信息进行加密。

AMERun（运行版本）是 AMESim 的只运行版本，提供了参数设置、仿真分析功能。通过 AMERun，非专业建模/仿真人员可以与专业建模/仿真人员共享经过验证的、严格测试以及定制好的 AMESim 模型。

（2）相互兼容的应用库

AMESim 拥有的应用库，包括控制应用库、机械应用库、流体应用库、电磁应用库、热分析应用库以及内燃机应用库等。所有的应用库都提供了将信号端转换成为结构化的多通口功能模块，使工程师可以利用方块图灵活、迅速地建立物理系统的模型。

①控制应用库

AMESim 信号控制库包含了用于控制、检测和观察多学科领域系统模型的各种模块。基于方块图的方法，可以用于建立线性、非线性、连续、离散、条件运行、复合信号以及混合系统的模型。信号控制库是建立控制系统和基于数学方程的模型的理想工具。模型的建立通过预先定义好的方块来进行，如加法器、过滤器、死区、查表或数学表达式，支持标量信号、矢量信号以及数值运算/逻辑运算。

②机械应用库

AMESim 机械库包含了用于构建一维平动和转动机械系统的元件模块，可独立用于完整的一维机械系统建模。由于液压、气动、电磁和电动系统通常与某种形式的机械系统（如驱动器、泵、马达、曲柄连杆和滑阀等）相互作用，因此，这些机械元件模块也可以作为 AMESim 其他应用库的补充，它考虑了机械系统模型中的数字刚度问题、非线性特性以及间断点（如静/动摩擦、机械间隙间的反冲、摩擦迟滞、离合器缓冲和终端撞击等）。所有类型的离合器、摩擦接触面、制动器、橡胶接头、轴承以及发动机装配都采用了最新的摩擦/缓冲模型。机械应用库中的升降机仿真模型，如图 4 - 2 所示。

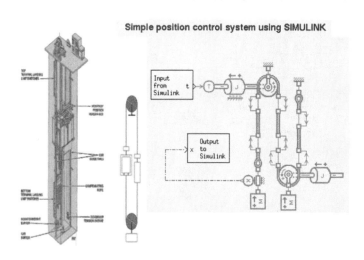

图 4 - 2　升降机仿真模型

　　AMESim 平面机构库包含了用于构建二维平动和转动机械系统的元件模块。由于大部分机械系统是平面机构，所以这个库主要用于平面机构系统的研究。而通过对称性分析，大多数空间机构可以简化成为平面机构进行分析。平面机构库借助 AMESim 强大、完整的应用库进行多学科间的直接耦合，包括液压、气动、电磁以及电动系统（如驱动器、泵、马达、曲柄连杆和滑阀等），都与平面机构库相互兼容。

　　AMESim 动力传动库包含了用于建立动力传动系、变速箱以及驱动链的各种模块，工程师可以通过它研究动力传动系统仿真中涉及的各种物理现象。从发动机到轮胎，动力传动库提供了从最基本的模块到最详细的高级模块，以及完整的建模手段，主要应用于新型自动变速器的设计、驱动链/轴的振动分析、换挡品质的改善、离合器的设计、双质量飞轮尺寸的确定以及齿轮箱效率的优化。动力传动库常用于四轮驱动、重卡、客车、越野设备、船舶以及重工机械等动力传动系统设计。动力传动库中的六速变速器的车辆模型，如图 4 - 3 所示。

　　③流体应用库

　　AMESim 液压库包含了不同复杂程度的各种模型，专门用于各种复杂液压系统设计。主要包含了机液系统的基本结构单元模块，它被看作是液压元件建模的工程语言，可以对喷油器、液压锤、柱塞泵、叶片泵、半主动缓冲器以及其他类型的液压阀建模。由于是基于结构单元建模，因此可以非常直接地理解模型的层次。液压元件设计库通过细分结构单元来处理液压元件的多样性，使工程师可以用最少的图标和单元模块来构建最多的工程系统模型。

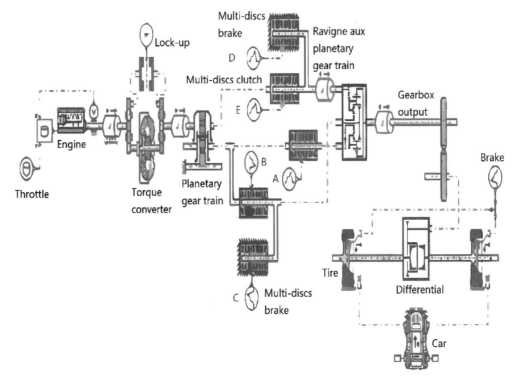

图 4 - 3　六速变速器的车辆模型

AMESim 液阻库主要用于流体阻力对于低压高流速液压回路的设计有很大影响的场合。它包含了一整套模块，通过这些模块很容易建立车辆、越野设备、航空航天、舰船、能源，以及油气领域中的液压油、燃油、润滑油、冷却液、水和其他介质流体管网的模型。通过这种管网模型，可以计算整个管网回路各点的压力损失和流量分布情况。液阻库为流体管网设计提供的解决方案，使工程师可以迅速地求解各种类型管网的流量和压力。

AMESim 气动库包含了不同复杂程度的模型，专门用于各种复杂气动系统设计。气动元件设计库包含了各种气动系统的基本结构单元模块，它被看作是气动元件建模的工程语言，可以对 LPG 喷油器、驱动器、压缩机、氧气调节器、减振器以及其他各种类型的气动阀建模。

④电磁应用库

AMESim 电磁库用于电、磁和机械相互作用的工程应用系统建模，主要研究机电系统或驱动器，如电磁阀（VFS、VBS 和 PWM）、电磁/压电驱动喷油器、可变气门机构、可变磁阻驱动器、传感器以及力矩马达等的电磁部分动态特性。它包括了不同材料的磁特性、磁铁单元、磁铁、漏磁以及电子模型等。复杂的机械系统是由液压元件和电磁元件进行驱动和控制，完整系统的响应和动态特性来源于各个不同部分间响应的耦合，电磁库确保了设计过程中的连续性。而电磁库和机械库、液压元件设计库和气动元件设计库的结合使用，则用于建立高级的系统模型。

AMESim 电机及驱动库用于机械能和电能相互转换的工程应用场合。电机及驱动库对需要用电动设备替代机械/液压驱动的现代机械制造厂商、研究所非常有用，有助于建立电力驱动的机电系统仿真模型。

⑤热分析应用库

AMESim 热库处理固体材料之间的热交换，它基于瞬态热传递计算理论，用于对固体材料间常规的热传递模式建模（传导、自由或者强制对流、辐射）。

AMESIM 热液压库专门用于流体温度变化，对整体性能影响很大的液压系统设计。它含有不同复杂程度的模型，基于瞬态热传递计算模型，用于建立流体中热现象（如能量转换、对流等）模型，并研究在液压系统中流体的热变化。

AMESim 热液压元件设计库，包含了各种机液系统的基本结构单元模块，它被看作是流体温度变化对系统整体性能有很大影响的液压元件建模的工程语言，通常用于高压燃油喷射系统、航空航天液压/燃油系统以及冷却系统等。

AMESim 热气动库，包含了各种用于对气动管网建模、分析管网中温度/压力/质量流量变化的元件。基于瞬态热传递计算理论，用于对气体中的热现象建模，并研究在各种不同热源作用下这些气体中热的变化。典型的应用，如排放系统、HVAC（供暖、通风和空调系统）、汽油燃油喷射、环境控制系统、气体运输、悬架以及热交换等。

AMESim 发动机冷却库，专门用于发动机冷却系统的设计。在瞬态热转换计算的基础上，用于建立在冷却液（能量传输、对流）中的热现象、热交换器的热转换模型，以及研究在发动机冷却回路中的热变化。发动机冷却系统是为在车辆爬坡、满载以及高温条件下，为发动机金属壳体和油液提供足够的冷却能力。发动机暖机过程需要特殊的流量为发动机本身加热以降低热损失。通过这些方面的改善，工程师可以在发动机的约束条件（如低油耗、高寿命和低排放等）和性能之间取得最佳的折衷。

在工业过程中，经常可以看到两相流的应用，如汽车空调系统、建筑（工业用、办公用）环境系统和低温系统等。在这些应用中，人们一般利用流体的相变现象实现对环境的要求。而 AMESim 两相流库可以模拟复杂的相变制冷剂流动网络，采用动态集中参数法模拟换热现象，可计算的类型包括：

• 系统中能量的传送；

• 制冷剂单相和两相（流沸腾、冷凝）对流换热；

• 系统各处的压降、温度、制冷剂流量以及焓分布；

• 制冷剂干度的变化；

• 气相、液相间质量的转换；

• 壁面与湿空气间的对流换热以及冷凝水的影响。

空气调节系统经常配备在乘客运输工具（如汽车、飞机和火车等）和建筑物中，在家用电器（如冰箱、冷柜等）中也能看到空气调节系统的应用。空气调节系统通过控制车厢内的湿度和温度来确保乘客舒适、维持一定的温度等。

AMESim 空气调节库专门用于设计空调系统，包括：

- 确定制冷循环零部件的尺寸，尤其是确定换热器的尺寸；
- 设计并测试现存的或新开发的系统性能；
- 研究制冷循环的稳定性，对控制方案进行测试；
- 评估空调系统的能效以及对电负荷/发动机负荷、燃油消耗和污染排放的影响。

发动机冷却模型，如图 4-4 所示。

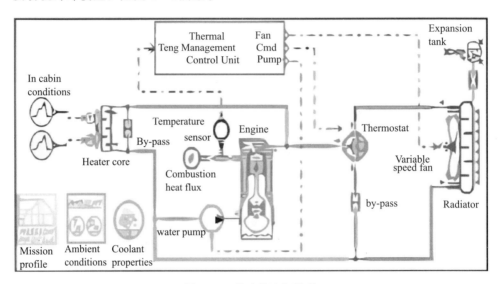

图 4-4　发动机冷却模型

⑥内燃机应用库

AMESim IFP 整车性能库专用于传统车辆、混合动力车辆油耗以及排放性能的仿真和分析。同时，还能够预算车辆的整体性能（包括加速能力、爬坡能力和最大车速等），有助于评估发动机、传动系以及车辆结构。IFP 整车性能库还可以作为实际的监测工具，它提供了接近现实的动态边界条件，可以在完整的车辆环境中分析某个部件的具体功能。

通过引入 IFP 发动机库，AMESim 的建模能力达到了更高的水平，进一步确立了作为完整系统建模工具的地位。AMESim 可以用于由不同发动机和动力传动子系统之间相互作用所引起的复杂动态性能分析。IFP 发动机库结合其他标准库，为动力系统分析人员在设计和优化"虚拟"车辆、发动机以及其他动力系统方面提供了灵活的建模环境。

应用发动机库，既可以进行时域分析，又可以进行频域分析。实时代码生成功能的实现，使仿真不再与测试世界脱节。IFP 发动机库，可以建立从发动机设计的详细模型到用于控制策略的研究模型，利用 AMESim 的模型简化工具可以迅速简化复杂模型，从而进行硬件在环（HIL）或者软件在环（SIL）的测试及验证。

作为在设计过程中的一个主要工具，AMESim 具有与其他软件包丰富的接口，例如 Simulink；Adams；Simpack；Generic Co - simulation；Labview 等，通过丰富的接口资源，AMESim 可以完成很多复杂的、多学科的仿真任务。

4.1.1.2　基本算法

AMESim 基本算法主要是基于准一维的机电液方程，详细算法可以参考相应的帮助文档。

4.1.1.3　建模与仿真实施

（1）建模实施要点

建模实施要点主要包括 AMESim 自带模型的选择和利用 AMEset 建立 AMESim 中没有的数学模型。

AMESim 自带模型的选择，主要体现在选用适用于实际需求的数学模型，例如，流体管路模型。AMESim 自带的两通流体管路模型包括六种，相同模型存在不同接口形式。如果实际仿真需求关心管路摩擦给流体带来的流阻损失，可以选择 HL01、HL02、HL03（compressibility + friction hydraulic line）模型进行仿真；如果实际仿真需求关心管路流体内的瞬态特性，可以选择 HLG0020D、HLG0021D、HLG0022D（hydraulic line CFD 1D Lax – Wendroff）模型进行仿真。

HL000	simple compressibility hydraulic line（C）
HL01	compressibility + friction hydraulic line（C – R）
HL02	compressibility + friction hydraulic line（R – C – R）
HL02I	fluid inertia + pipe friction hydraulic line（IR）
HL03	compressibility + friction hydraulic line（C – R – C）
HL07	hydraulic line with lumped element（C – IR）
HL08	hydraulic line with lumped element（IR – C – IR）
HL09	hydraulic line with lumped element（C – IR – C）
HL10	distributive hydraulic line with lumped elements（C – R – * * * – C – R）
HL11	distributive hydraulic line with lumped elements（R – C – * * * – C – R）
HL12	distributive hydraulic line with lumped elements（C – R – * * * – R – C）
HL040	distributive hydraulic line with lumped elements（C – IR – * * * – C – IR）
HL041	distributive hydraulic line with lumped elements（IR – C – * * * – C – IR）
HL042	distributive hydraulic line with lumped elements（C – IR – * * * – IR – C）
HLG0020D	hydraulic line CFD 1D Lax – Wendroff（C – IR – * * * – C – IR）
HLG0021D	hydraulic line CFD 1D Lax – Wendroff（IR – C – * * * – C – IR）
HLG0022D	hydraulic line CFD 1D Lax – Wendroff（C – IR – * * * – IR – C）

对于相关的模型，如果通过模型注释，如 compressibility + friction hydraulic line，不能进行相应选择，可以通过帮助文档对各个模型的详细介绍进行选择。例如，HL01 模型，可以查阅帮助文档，通过帮助文档可以详细地了解模型，并合理选择。

还可以利用 AMEset 建立 AMESim 中没有的数学模型，具体步骤如下：

· 建立相应的物理接口；

· 对接口变量，内部变量等进行定义；

· 对模型进行代码编程，可以使用 AMESim 中自带的源代码，也可以自己编制相应数学模型代码；

· 编译后形成使用的模型。

（2）仿真实施要点

仿真实施要点主要在于边界条件的设置和仿真步长的选择。

对于边界条件的设置，要符合实际工况，对每一个物理模型进行参数设置，如系统中互相连通的气体压力初始状态一致；对于不了解的参数，可以查询帮助文档，帮助文档中会有详细介绍。

对于仿真步长的选择，针对系统初始瞬态采用短步长进行仿真，中期稳态可以采用长步长继续仿真，如图 4-5 所示。

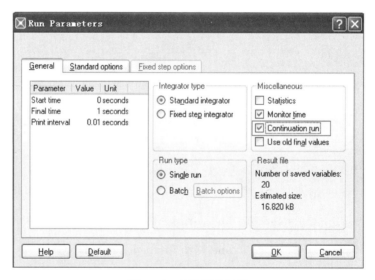

图 4-5 求解策略面板

4.1.1.4 算例介绍

下面以"弹簧质量系统的仿真"为例，介绍 AMESim 的使用。

（1）启动 AMESim

从菜单程序选择 AMESim _ Imagine AMESim ，图 4-6 显示的是 AMESim 主界面。

本界面是空的，因没有打开或创建模型。要搭建一个系统，必须创建一个新的空模型，然后才能在计算机上设计草图，存储系统。

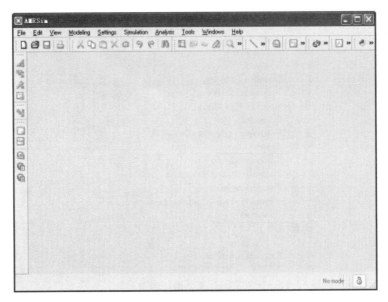

图 4 - 6　AMESim 主界面

（2）创建新草图

要创建新草图，按如下之一即可：1）点击打开空模型图标，出现如图 4 - 7 所示的窗口。2）同时按下 Ctrl＋N 或者在下拉菜单中选择 File _ New。

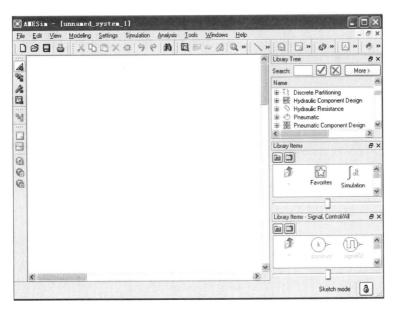

图 4 - 7　创建新的空模型

类库属于库，它们被表示为按钮的集合，在主界面左侧工具栏。如果把鼠标移动到它们上，会显示一个标注，给出每一个类库的标题。一个类库是特定元件图标的集合，是这些元件的数学模型（参见元件子模型，如图 4 - 8 所示）。

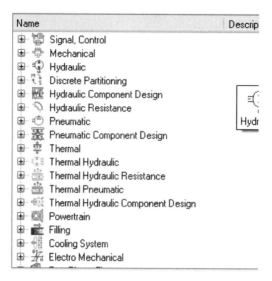

图 4 - 8　元件的子模型

弹簧质量系统仿真使用如图 4 - 9 所示的机械库。

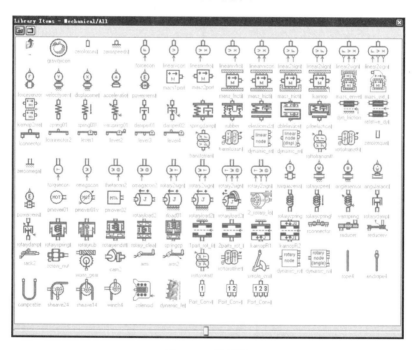

图 4 - 9　机械库

所有需要的元件都在图 4 - 9 所示的机械库里。

（3）搭建弹簧质量模型

第 1 步：选择，旋转和镜像一个图标

• 点击机械库按钮打开它。通常该类库中的元件图标都是绿色的。

• 点击单端口的质量元件。

注：当在显示屏移动指针时，指针会转为选择质量块的形状。可以以不同方位移动选好的元件。

• 尝试点击鼠标中键和右键。中键旋转图标，右键使图标镜像或沿垂直轴翻转，这可给出 8 种不同方位的元件。

• 按显示的姿态方位放置质量元件。

• 将指针放在质量图标的中心，点击鼠标左键，质量将以反色显示。

注：AMESim 还允许使用拖拉释放原理给草图添加元件，然而这项技术并不方便，旋转操作更困难，我们推荐使用点击方法，而不用拖拉方式。

第 2 步：从草图删除元件

• 通过点击选择质量块。

• 质量块被选择后，按下 Del 键删除选择的元件。

• 点击 Yes。

第 3 步：搭建草图

• 将质量元件添加到显示界面。

• 点击线性弹簧。

• 同时按下 Ctrl＋R 旋转它。

• 将它的一端定位到接近质量块的位置。

• 点击鼠标左键。

弹簧与质量块应该连接上了，若未连上，则弹簧与质量块的定位不准。通过下述方法可以解决：

• 选择弹簧。

• 移动它到恰好位置。

• 再点击鼠标左键。

如果选错了元件，可以通过 Del 键、Backspace 键或者 Escape 键实现删除。

元件被删除后，又显示出类库来。元件被连在一起的点称为端口，质量块有一个端口而弹簧有两个端口。两个端口出现的绿色方块表示准备连接的端口。此时单端口的质量块处于正常颜色，而弹簧以它的反色显示，原因是弹簧的另一个端口还没有连接，AMESim 这样显示是提醒草图还没有完成。最后，可以添加一个两端口质量块，另一个弹簧和一个零速度源来完成草图。

第 4 步：添加，旋转和删除文本

从水平工具栏点击文本按钮。系统建完后就进入下一阶段。进入下一阶段之前，把草图存储下来。按如下步骤存储系统文件：

• 选择文件 File ＿ Save，出现保存对话框，可以确定一个路径，并给系统命名。

• 输入文件名：MassSpring。文件名是字母和数字的组合，不能带空格。

• 点击存储按钮 Save。

（4）给元件分配子模型

系统中每一个元件都必须与一个数学模型相关联，数学模型是数学方程的集合和一段计算机码的可执行文件。AMESim 中，把系统元件的数学模型描述为子模型，而术语模型特指完整系统的数学模型。AMESim 包含一个大的子模型集合，子模型与元件是自动关联的。

第 1 步：进入子模型模式

从水平工具栏点击子模型模式按钮。需要注意，单端口质量块具有正常的样子，而两个弹簧、双端口质量块和零速度源都取它们的反色。这是由于只有单端口质量块有子模型与它关联，其他元件必须指定子模型。

在 AMESim 内，一个元件可能有多个子模型与它关联，对于单端口质量块，只有一个子模型可用，所以被自动关联。其他元件，有多个子模型可供选择，可以手工匹配。作为选配，可以让 AMESim 选择最简单的模型。这就是首选子模型功能的目的，它将在本例中使用。

第 2 步：使用首选子模型功能

从水平工具栏点击首选子模型按钮。这时，所有元件都有正常的图标，表示它们都有子模型。在列表中，选择每一个元件的第一个子模型。为了检查匹配给元件的子模型名字，我们将在草图上把它们显示出来。

第 3 步：显示/消隐元件标注

• 在草图上点击鼠标右键，出现标注菜单，如图 4 - 10 所示。

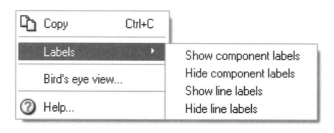

图 4 - 10　标注菜单

• 选择显示元件标注子菜单。给每一个元件选择的子模型，以标注形式显示出来。
• 选择消隐元件标注子菜单，则标注消失了。

在当前例子使用这一功能生成的草图如图 4 - 11 所示。子模型有短名字例如 MAS001，是与单端口质量块相关联的子模型。在这个阶段，这些名字没什么意义，但随着设计师变得越来越有经验，这些信息会越来越重要。

（5）设置参数

第 1 步：进入参数模式

在水平工具栏点击参数模式按钮。AMESim 对系统执行各种检查并生成可执行码，系统编译窗口会给出一些技术信息，说明完成仿真必须解的方程，如图 4 - 12 所示。

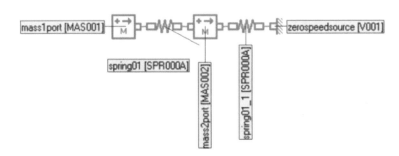

图 4 - 11 元件的标注

图 4 - 12 系统编译窗口

点击关闭按钮关闭窗口后，变成如图 4 - 13 所示的草图，标注被修改成子模型后面添加了数字，称为立即数。这种简化适合辨别同一个子模型的不同表现。

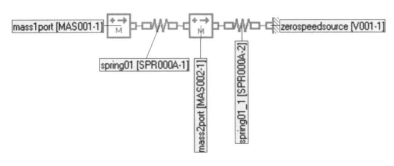

图 4 - 13 子模型中的立即数

大多数 AMESim 子模型有一组参数与之关联，然而单端口质量块子模型用 kg 确定质量，弹簧用刚度确定。当 AMESim 用子模型与元件关联时，这些参数需要设置为合理的默认值，仿真时必须把这些参数设置成真实值。

第 2 步：改变参数

选择单端口质量块，改变参数对话框如图 4 - 14 所示。单端口质量块的子模型 MAS001 是一个简单模型，它包括两个状态变量，即端口 1 上的速度和位移。显示窗的主要部分是描述参数的标题、单位和当前值的列表。

如果要改变参数当前值，可以：

- 双击这个值。
- 输入一个新值。
- 按 Enter 键。
- 点击 OK 按钮，关闭对话框。

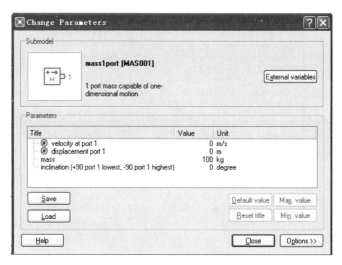

图 4 - 14　改变参数对话框

第 3 步：定义状态变量

状态变量由微分方程确定，在子模型内，还定义了这些状态变量的导数。将对如下形式的方程编码：$dx/dt\cdots$；$dv/dt\cdots$。每一个状态变量都要给出初始值或启动值。

在这个例子中，必须给出时间 $t=0$ 时的速度值 v 和位移值 x。

在本模式下，质量块有两个状态变量，完全模式有 4 个状态变量。

- 按顺序点击每一个元件观察它们的参数。注：零速度源没有参数可改变，因此产生一个空对话框。

- 返回到单端口质量块 MAS001。将速度初始值设置为 1 m/s。注意对话框内有两列可编辑项，左侧一列用于改变变量名，右侧一列用于改变变量值。

- 确定端口 1 的速度值是可编辑的。

- 输入 1。

- 敲 Enter 键。只要必要，也能给其他参数输入新值。

- 点击 OK 按钮。

结果如图 4 - 15 所示。

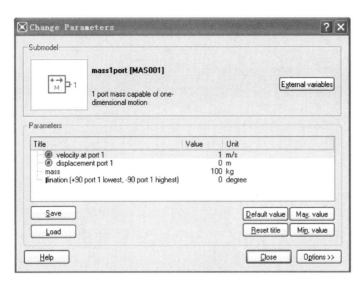

图 4 - 15　改变速度值

注：可以按适当按键装载最小值、默认值或最大值，最小、最大值只是指导性的，可以设置超出这个范围的值。

（6）运行仿真

第 1 步：进入运行模式

点击运行模式按钮，显示界面如图 4 - 16 所示。

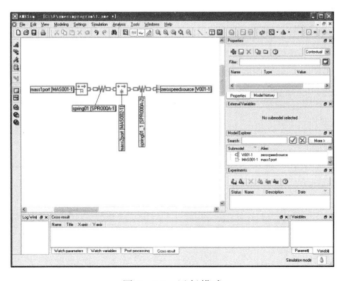

图 4 - 16　运行模式

第 2 步：检查设置运行参数

点击运行参数按钮，运行参数对话框如图 4 - 17 所示。这允许改变运行特性，显示窗有不同的数值。默认值被设置成最常用的值。

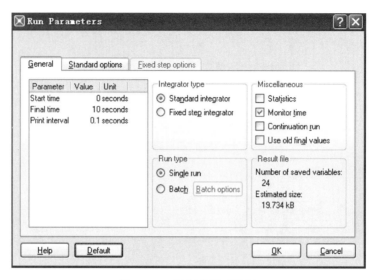

图 4 - 17　运行参数对话框

可以把最终时间换成 1.0 s，通信间隔换成 0.01 s：

- 双击最终时间值。
- 键入 1.0。
- 双击通信间隔值。
- 键入 0.01。
- 单击输入键（Enter）。
- 点击 OK 按钮后更改生效。

现在，运行参数设置完毕，按下列步骤可以开始仿真了。

第 3 步：开始仿真计算

点击开始运行按钮，启动运行。本例运行很快结束，可以立即绘制结果图。

（7）绘制曲线图

- 点击单端口质量块，变量列表对话框如图 4 - 18 所示。显示窗的主要部分是描述变量的标题、单位和最终值。
- 选择端口 1 的速度（velocity）。
- 在草图上拖拉并释放它，或者点击绘图按钮（Plot）。窗口显示如图 4 - 19 所示。
- 点击双端口质量块。
- 点击端口 1 的速度。
- 在包含第一个图（AMEPlot - 1）的窗口内拖拉并释放它。图表更新成如图 4 - 20 所示。
- 返回到图形窗口。

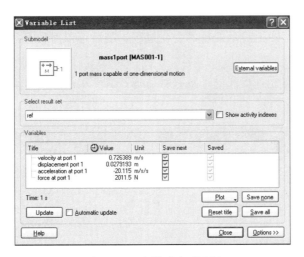

图 4 - 18　变量列表对话框

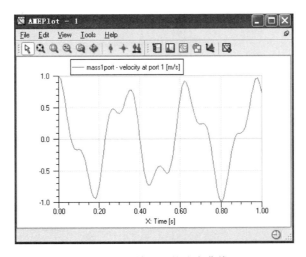

图 4 - 19　端口 1 的速度曲线

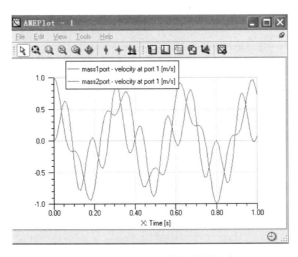

图 4 - 20　更新为两条曲线的图表

（8）使用重放功能

重放功能允许在草图上显示变量的变化过程，随后可以对仿真过程所发生的事情进行可视化。

•点击重放功能图标，出现一个重放对话框，有一组按钮，可以通过操作按钮完成视频的观看，如图 4 - 21 所示。

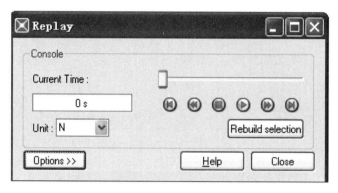

图 4 - 21　重放操作

•把单位从 N 变成 m/s。

•点击选项按钮 Options，展开如图 4 - 22 所示的额外选项对话框。

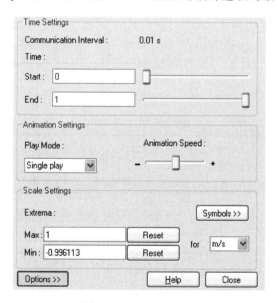

图 4 - 22　选项的显示

•点击符号按钮（Symbols），再一次展开对话框，可以把数字符号变成箭头符号，如图 4 - 23 所示。

•点击重建选项按钮，把更改考虑进来。

•点击播放按钮（Play）。

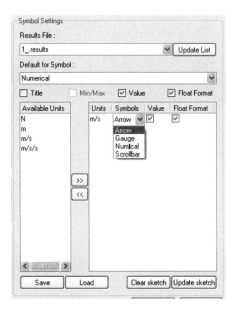

图 4 - 23　符号设置显示

- 观察效果，如图 4 - 24 所示。
- 关闭重放对话框。

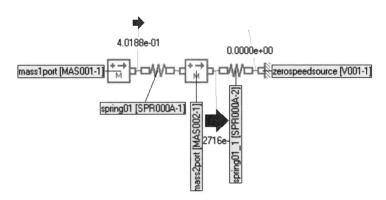

图 4 - 24　草图演示了变化演绎过程

4.1.2　Flowmaster

4.1.2.1　功能介绍

Flowmaster 是一款专业的一维工程流体管路系统的分析软件，主要应用于对流体管路系统进行整体分析。Flowmaster 同时是面向工程的完备流体系统仿真软件包，对于各种复杂的流体管网系统，都可以利用 Flowmaster 快速有效地建立精确的系统模型，并进行完备的分析。Flowmaster 是全球领先的一维流体管网系统仿真工具，已被广泛地应用于各种冷却润滑系统、液压系统、水输送系统以及热管理系统的设计、优化和性能仿真。

Single Phase 模块包括：

1）不可压模块主要用于液体及低压气态流体系统的计算，包括稳态分析、动态分析、流体平衡分析、元件尺寸分析、部件耦合影响分析及传热分析。这个模块的典型应用包括：

- 管网系统分析；
- 系统特性曲线计算；
- 系统浪涌、气穴计算；
- 气体扩散分析；
- 汽车冷却及润滑系统。

2）可压模块主要用于气体系统分析，包括稳态分析及动态分析。这个模块典型应用包括：

- 气体供给分配系统；
- 气体加注站；
- 压缩机系统；
- 管路磨损计算。

Fluid Power 模块用于液压系统计算，包括稳态分析、动态分析、部件耦合影响分析、传热分析。这个模块的典型应用包括：

- 发动机燃油喷射系统；
- 液压动力系统；
- 润滑系统。

4.1.2.2　基本算法

与 AMESim 类似，Flowmaster 基本算法主要也是基于准一维的机电液方程，详细算法可以参考相应的帮助文档。

4.1.2.3　建模与仿真实施要点

Flowmaster 对于同一部件采用唯一的数学模型，仿真分析重点主要集中在参数设置。当选中某一参数后，位于窗口下方的信息栏会显示该参数的一些具体信息，包括该参数的许用最小值、最大值、默认值，安全设置以及适用范围代码等。适用范围代码是不同分析类型的两字母缩写，用来表示该参数是否必需。如果缩写字母显示为大写形式，表示该参数为必需参数，如果代码显示为小写形式，表示该参数为可选参数。

对流体输送类不可压流动：

- SS——稳态分析；
- ST——瞬态分析；
- SF——流体配平分析；
- SP——填充分析；
- SR——重启动计算；
- SZ——求解管道系统通径分析；

- SI ——元件相互影响分析；
- MW ——蒸汽/水；
- MA ——空气/水；
- SSH ——稳态传热分析；
- STH ——瞬态传热分析。

对流体输送类可压流动：

- CS ——稳态分析；
- CT ——瞬态分析；
- CF ——流体配平分析；
- SR ——重启动计算。

对流体做功类：

- FS ——稳态分析；
- FT ——瞬态分析；
- FR ——重启动计算；
- FI ——元件相互影响分析；
- FSH ——稳态传热分析；
- FTH ——瞬态传热分析。

在流体输送和流体做功分析中，传热选项为子模型，在 Flowmaster 数据输入窗口中没有特定的适用范围代码。

通过参数选择，可以选择合适的数学模型对系统进行仿真分析。

4.1.2.4　算例介绍

下面以"管路流体仿真"为例介绍 Flowmaster 的使用。

（1）选定数据库

在开始使用软件之前，需要选定合适的数据库来访问用户所需的数据文件，如图 4-25 所示。在选项菜单（Option）下选择 File Locations，打开 File Locations 面板。在 File Locations 面板下，用户需要选择数据库类型（Data Manager），设定仿真项目文件和相关模型文件的默认存放目录。在开始使用 Flowmaster 时，如果所有的仿真项目使用的是同一个数据库类型，那么该数据库只需设置一次。但是，如果要建立的仿真项目模型所需数据库类型与软件预先设置的数据库类型不一致时，需要在建模开始阶段重新选择合适的数据库类型。

（2）新建项目

首先，建立一个新的项目文件，默认所有工作将存储在该项目文件下。选择 File\New Project（或点击任务栏 New Project 按钮）打开 New Project 面板，Name 文本框输入项目名称，如 Training。

如果需要提高项目文件的安全性，可以设定该项目文件的用户名和密码。在 Security 下选中 Required 复选框，进行设定后该项目文件只能供拥有用户名和密码的用户访问。

图 4 - 25　选定数据库

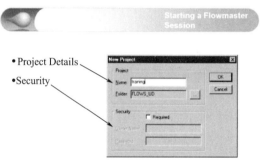

图 4 - 26　新建项目文件

项目窗口用来设置项目的详细信息，包括对该项目的描述信息和项目所包含的网络模型清单。另外，用户可以通过下拉菜单修改项目的所属单位（Default unit）。如果在项目建立时设置了用户名和密码，此时用户可以在 Users 面板下设置更详细的安全信息。

（3）新建网络模型

点击"新建（New）"按钮，新建一个新的网络模型，如图 4 - 27 所示。在 New Network 下输入新网络模型的名称，同时，最好也输入该网络模型的建立者和简单描述信息，以方便以后查找。该窗口是网络模型的主要控制窗口，包含了网络模型各方面的信息，因此，需要对该控制窗口的使用格外重视。通过该主窗口的选项可以打开一些其他的窗口。网络模型控制窗口包含以下几个重要面板。

　• Component data entry facility：位于窗口上方的部件参数输入设置，分别是：Edit on selection——对所选择的部件进行参数编辑；Collect on selection——将所选择的部件列出清单；Auto activate the edit window——自动激活部件参数编辑窗口。

　• Setup 面板：通过该面板可以进行分析类型设置，同时可以添加对网络模型的描述信息，设置输出参数等。

　• Component Data 面板：通过该面板可以设置部件参数。

　• Node Data 面板：通过该面板可以设置节点参数。

• Analyse 面板：通过该面板设置网络模型的一些全局参数（如流体类型等），同时可以通过该面板开始计算。

• Results List 面板：当计算完成后，可以通过该窗口选择相应的结果清单来激活结果窗口。

• Analysis type data 下拉菜单：通过该分析类型设置可以对输入参数进行过滤。当只需要进行某一特定类型仿真分析（如稳态分析）时，设置相应的分析类型可以对模型的输入参数进行过滤，此时，与该分析类型相关的参数才会显示出来。

• View Network 按钮：通过该按钮可以显示网络模型工作窗口，从而可以建立、显示或修改网络模型。

• Description 描述信息输入窗口：如果需要，可以在该区域输入网络模型的描述信息。

• Content 内容设置窗口：通过该区域可以设置模型参数报告（Network Data Report）所包含的内容。

图 4 - 27　新建网络模型

（4）网络模型窗口

打开或新建一个网络模型后，显示如图 4 - 28 所示的网络模型工作窗口。该窗口包含下拉菜单、工具栏、元件工具条和绘图区等。通过点击 View Network 按钮，可以激活元件族工具条，如图 4 - 29 所示。

Flowmaster 中的元件在数据库中是以"元件族"（元件类库）的形式存在的，如阀族、泵族、管道族等。

将鼠标悬停在某一元件族的图标上，将会显示一条描述该元件族的简短信息。在压力源元件上单击鼠标左键，并选中该元件，此时压力源元件图标将跟随鼠标移动，在绘图区中再次单击鼠标左键即可添加该元件。绝大多数元件都可以通过这种方式进行添加。如果要在不同位置添加同一元件，只需在相应位置单击鼠标左键即可。要退出该元件模式，可以单击鼠标右键，选择"Idle Mode"，或按空格键退出。管道元件的添加方式有所不同。要添加一段管道，首先需要在管道族中选中该元件，然后在绘图区中某一位置按下鼠标左键来确定管道起始位置，拖动鼠标到某一位置后，松开鼠标左键即可确定管道的末端位置。同样，将鼠标停留在某一元件图标上时，将会显示一条简短信息来描述该元件。

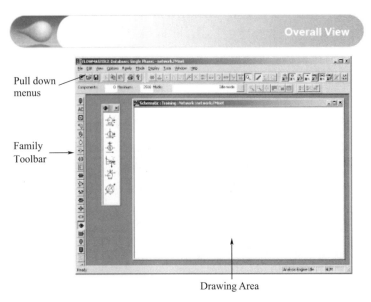

图 4 - 28　网络模型窗口

流体输送类　容器族　　　　　流体做功类　容器与源部件族

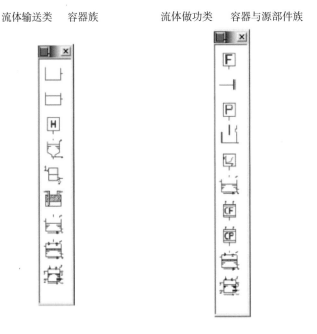

图 4 - 29　元件族

通过命令工具条可以对绘图区网络模型进行多种操作，其包含功能见图 4 - 28。当选中命令工具条中的某一操作命令时，鼠标将变成相应形式，然后选中某一元件时即可执行该操作。要退出该项操作模式，可以单击鼠标右键，选择 Idle Mode，或按空格键退出。在命令工具条中，"连接（Connect）"命令用来连接所建立的元件。激活"连接（Connect）"命令后，首先单击鼠标左键选中某一部件的出口连接（Flow out）类型，然后拖动鼠标，直到显示另一部件的进口连接（Flow in）类型，松开鼠标左键，这样就在这两个部件间建立了连接。当鼠标悬停在某一部件上时，该部件的连接类型会显示出来，如"进口（Flow in）"、"出口（Flow out）"、"控制信号输出（Control signal out）"等。

可以运用以上所介绍的方法来建立一个完整的网络模型，如图 4 - 30 所示。

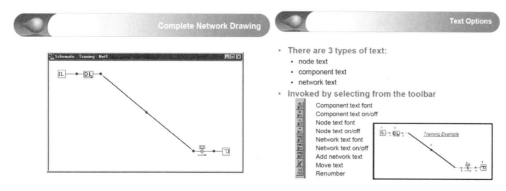

图 4 - 30　完整的网络模型

通过文本工具条能够在所建立的网络模型中输入说明文字。元件和节点文本是指在建立该元件和节点时软件自动赋予的数字代号。在软件中，通过在"数据（Data）"或"结果（Results）"面板下点击"绘图（Draw）"命令，能够在绘图区网络模型上显示相应的输入数据或结果数据。用户可以通过网络模型文本工具添加说明文字。具体操作为：点击"添加网络模型文本（Add network text）"，然后在绘图区中需要输入文本的区域点击鼠标左键，此时会出现一个文本输入面板，在其中输入相应文字，点击"OK"按钮即可。如果需要修改文本格式，用户可以双击所输入的文字，或点击"添加网络模型文本（Add network text）"按钮，在所需修改文本上单击鼠标左键，然后进行相应设置来修改文本格式。文本工具条的后 2 个按钮可以用来移动文本和进行元件或节点的重新编号。文本能够和相应元件或元件集合关联起来，这样在移动元件时相应文字也能随之移动。具体操作为：在"添加网络模型文本（Add network text）"模式下在绘图区空白处单击鼠标右键，选择"关联文本至最近元件（Attach Text to nearest Component）"；或在某一文本上单击鼠标右键，选择"关联文本至最近元件（Attach Text to nearest Component）"，如图 4 - 31 所示。

（5）参数输入

①元件的参数输入

在网络模型框架建立完成后，就需要进行元件的参数输入工作。

图 4 - 32 显示的是管道元件的稳态分析数据输入窗口。数据输入窗口的上部显示了元件列表（在该算例中包含了网络模型中的所有元件）以及改变元件列表的一些操作（移除元件 Remove、清除所有元件 Clearall、选择元件方式 Collect functions 等）。"跳转（Do to）"按钮能够在网络模型中加亮显示所选择的元件。当选定某一输入参数后，点击"绘图（Draw）"按钮能够在绘图区网络模型中相应元件上显示该参数。数据输入窗口的下

- **Text can be associated to the nearest component or super-component**
  - The options can be accessed by 'alternate' clicking on the network schematic

图 4 - 31   关联文本至最近元件示意图

部显示了所选择元件的数据输入表格。所有数据表格的形式基本一致，第一行给出了元件和元件族的一些具体信息，以及在数据库中被最后一次修改的日期和时间。表格共有 3 列，分别包含以下信息：

- 描述 Description：显示了对所选元件相应参数的描述信息。
- 数值 Value：显示了每个参数的当前输入值，包含：不设置参数、选项代码或具体数值等 3 种输入形式。
- 单位 Units：显示了每个参数当前所使用的单位。用户可以通过选中表格时所出现的下拉菜单来修改某一参数的单位。

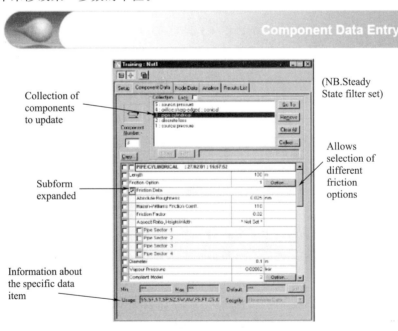

图 4 - 32   稳态分析数据输入窗口

在某些情况下，某一参数表格下还会包含一个子表格，用来设置一些辅助信息。例如，在管道参数输入窗口中，包含一个"摩擦参数（Friction data）"的子表格，该子表格可以通过选中"摩擦参数（Friction data）"旁的方框来展开。

当选中某一参数后，位于窗口下方的信息栏会显示该参数的一些具体信息，包括该参数的许用最小值、最大值，默认值，安全设置以及适用范围代码等。

在流体输送和流体做功分析中，传热选项为子模型，在 Flowmaster 数据输入窗口中没有特定的适用范围代码。一些参数需要通过选项来进行设置，如"摩擦选项（Friction option）"。用户也可以对某些参数进行复制，通过参数复制面板的设置可以进行一些不同的复制操作，例如，用户可以将某一管道元件的长度参数复制到另一个管道元件，也可以将该管道的所有参数复制到其他所有管道元件，或复制到所选定的部分管道元件。另外，同一名称的参数可以在不同元件类型间进行复制。

现在用户需要给所建立的网络模型里的元件输入上表所示参数。注意，管道元件的绝对粗糙度需要在子表格"摩擦参数（Friction Data）"中输入。这里，除了默认参数设置外，不需要输入曲线、等式和曲面等。对以上所建立的网络模型，等效的流体做功类参数输入如图 4 - 33 所示。

Upstream Pressure Source			Orifice		
Pressure	1.5	bar	Pipe Diameter	100	mm
			Orifice Diameter	50	mm
Discrete Loss					
Area	7850	mm2	**Downstream Pressure Source**		
Forward Flow Loss Coeff.	50		Pressure	1	bar
Reverse Flow Loss Coeff.	50				
Pipe					
Length	100	m			
Friction Option	1				
Roughness	0.025				
Diameter	100	mm			

图 4 - 33　参数输入图

②节点的参数输入

主窗口的第三个面板用来输入节点参数，在其中的主表格里显示了节点编号、水平高度、温度、蒸气压，以及干/湿状态等信息。

• 编号（ID）：根据节点生成的顺序而自动分配的编号。

• 水平高度（Level）：定义元件相对基准面的水平高度。一般来说，元件两侧节点应该处于同一高度上，但对于管道和离散损失元件来说，两侧的高度可以发生变化。

• 温度（Temperature）：只用于蒸汽/水（steam/water）和空气/水（air/water）模块下局部参数的设置。

• 蒸气压（Vapour Pressure）：可用于瞬态分析中定义局部蒸气压的变化。

• 干/湿状态（Wet/Dry）：在该算例中，节点应设置为湿状态（干状态主要用于可压缩分析或填充分析）。

• 自动蒸发（Auto Vaporisation）：通过该项设置自动蒸发模块的开启和关闭。打开该模块意味着当节点压力下降到蒸气压时气穴就会生成，同时有关气穴的结果将会记录。该项主要用于瞬态计算。

• 品质（Quality）：该项用来设置空气的湿度，只用于空调分析中，在其他分析类型中，该项需要设置为零。节点的收集同元件的收集功能一样，节点收集功能在建立和修改大型网络模型时作用明显，它允许用户通过制定一些准则来选择特定的节点。比如，用户可以根据节点的水平高度、温度、蒸气压，以及品质等信息来选择节点。

在本算例中，输入的节点参数如图 4 - 34 所示。

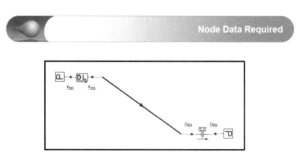

图 4 - 34　节点信息

现在，网络模型的建立已完成，下面就可以进行计算分析了。要进行一项分析计算，先选择"分析（Analysis）"面板，在该面板中显示了所要运行的分析任务的详细信息。用户可以输入该分析任务的所有者和描述信息（用来区分多个分析结果），从下拉菜单中可以选择分析类型。在分析窗口下部为一个通用数据表格，用户可在这里定义针对整个网络模型的全局参数，如图 4 - 35 所示。另外，该数据表格的具体内容与所选分析类型有关。

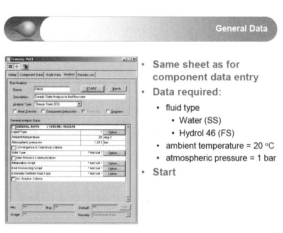

图 4 - 35　数据表格

现在根据用户所用软件环境，选择流体输送类稳态分析（SS）或流体做功类稳态分析（FS），然后设置全局参数。参数设置完成后，可以通过点击"开始（Start）"按钮进行计算。

（6）运行仿真分析

首先，用户需要确认是否保存对网络模型所作的修改，选择"OK"。接下来，用户需要确认是否进行当前的分析任务（如图 4-35 中第一个窗口所示），选择"OK"。

分析开始后，会弹出分析进展（Analysis Progress）窗口（图 4-35 中第二个窗口所示）。Flowmaster 首先会检查模型的连通性以及元件的数据输入，如果这些检查失败，则会中断运行，并记录错误信息。通过模型连通性和元件数据输入检查后，分析计算继续进行。如果计算完毕，成功与否"Success?"状态栏会显示"Yes"，但此时可能会有警告信息。警告信息会被写入警告文件，用户需要对其进行检查。

（7）查看运行结果

主控制窗口的最后一个面板给出了分析结果列表，如图 4-36 所示，在该面板下列出了特定网络模型的所有结果文件。

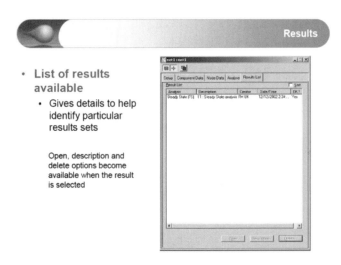

图 4-36 网格模型结果文件

列表中所包含的数据信息可用来确定所运行过的算例。表中给出了分析类型以及描述信息和所有者信息（如果在分析前输入了该信息），另外，进行计算的日期和时间也会记录下来。如果计算过程成功完成，在最后一栏里会显示"Yes"，若失败则会显示"No"，若计算过程非正常终止（例如切断电源等），此栏会显示"Crash"。

要访问某一结果文件，用户可双击相应的结果文件，或选中该文件然后点击"打开（Open）"。当第一次激活结果窗口时，会显示"Setup"面板，该面板记录了分析计算的一些信息，如所有者、描述信息、日期时间等。图 4-37 显示了元件结果窗口的基本布局。Flowmaster 提供了几种查看稳态计算结果的方法，一种方法是从元件列表中选中某一元件，该元件的主要结果信息会在窗口下部显示出来。例如，选中管道元件，则会显示出管道的流量、流速等数据。

另一种方法是将结果显示在绘图区的网络模型上，该方法可以使用不同颜色来帮助区分流量、压力、温度等数据信息，这部分内容将在以后进行详细说明。

第三种方法是将结果以图形形式显示。

这些方法对元件和节点都适用。

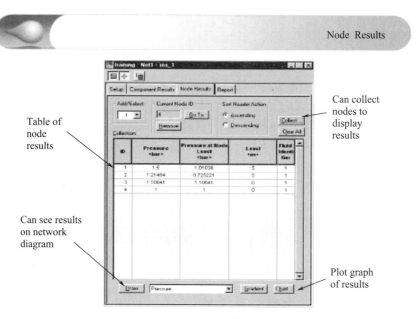

图 4 - 37　元件和节点信息

（8）节点结果

节点的结果数据可以显示成表格形式，包括节点编号，压力（以水平面为参考），节点水平高度上的压力，水平高度以及给定的流体编号等。同样，节点的结果数据也能在网络模型上显示和以图形形式输出等，如图 4 - 38 所示。

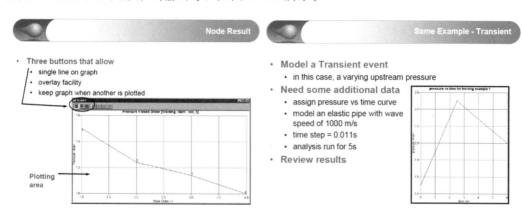

图 4 - 38　图形结果输出

（9）瞬态计算实例

下面将利用稳态分析结果相同的网络模型来进行瞬态分析，另外，本节还将介绍 Flowmaster 用于瞬态分析时的详细界面特点。

在该算例中，为进行瞬态分析，压力随时间变化的曲线（如图 4 - 38 所示）将会用于网络模型的上游压力源元件中。为实现分析管道元件，还需要输入弹性模型的一些参数，如波传播速度等。另外，还需要设置时间步长、结束时间等，这些参数具体值见图 4 - 38。在该算例中，需要在上游压力源元件中设置一条性能曲线。在数据表格中选择"曲线/等式（curve/equation）"，此时会出现一个窗口供用户选择曲线库、等式库或不设置参数（Not Set）等，如图 4 - 39 所示。

- **Curve**
- **Surface**
- **Equation**
- **Stored within an expandable database**
  - Will cover the database features later

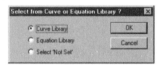

图 4 - 39　图形库

当选择曲线库或等式库后会出现如图 4 - 40 所示的窗口。

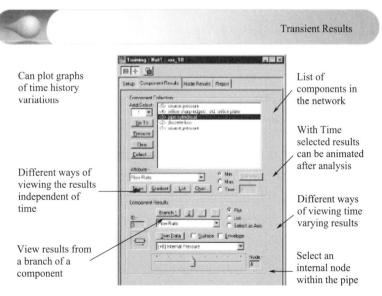

图 4 - 40　测量元件实时显示结果

　　所有的特性曲线以元件族的形式分类，这样能够方便快速地进行查找。通过双击元件族的名字，可以打开该族所包含的曲线。图 4-40 显示的为源族所包含的曲线列表，列表中包含了曲线名称，拟合方式（多项式、等式、线性或无拟合等），曲线建立和最后修改的日期/时间等。要从列表中选择某条曲线，可以先单击该曲线，然后点击"OK"，或双击该曲线即可。

　　当开始一个瞬态分析任务并激活网络模型窗口时，会弹出与之前相似的窗口，该窗口用来设置瞬态仿真过程中的动态颜色显示功能。能以不同颜色动态显示的结果参数有压力、流量和温度等。用户可以根据结果的数值范围设置不同的颜色带，这些颜色带能以图形格式保存。

　　除了以上结果显示外，用户可通过测量元件来实时显示结果。

　　（10）瞬态仿真结果

　　瞬态仿真结果的显示与稳态仿真结果相似，但同时还增加了一些功能用来显示计算结果随时间的变化。

　　例如，在如图 4-40 所示的元件结果窗口里，用户可以查看单个数值的结果，如某一参数的最小值、最大值、某一特定时间的数值等。查看的方式可以是在网络模型上显示，以图形方式显示（如每个元件的流量）或显示成列表等。通过在属性栏时间选项里点击"Animate"按钮可以激活动态显示功能，这样，用户可以选择不同的属性进行结果的动态显示。

　　另外，结果参数也能显示成随时间变化的形式。这些参数可以是元件的进口或出口参数，对管道来说，可以是管道两端，也可以是管道中间某一位置的参数。同样，这些结果可以显示成点、表格或面等。

　　除时间外，用户可通过坐标轴选择功能设置不同的 x 轴。

4.2　部件级仿真分析工具

4.2.1　Fluent

4.2.1.1　功能介绍

　　Fluent 是用于模拟具有复杂外形的流体流动以及热传导的计算机程序。它提供了完全的网格灵活性，可以使用非结构网格，例如二维三角形或四边形网格、三维四面体/六面体/金字塔形网格来解决具有复杂外形的流动。它甚至可以用混合型非结构网格，允许根据解的具体情况对网格进行修改（细化/粗化）。

　　对于大梯度区域，如自由剪切层和边界层，为了非常准确地预测流动，自适应网格是非常有用的。与结构网格和块结构网格相比，这一特点很明显地减少了产生"好"网格所需要的时间。对于给定精度，自适应方法使网格细化变得很简单，并且减少了计算量。其原因在于：网格细化仅限于那些需要更多网格的解域。

　　Fluent 是用 C 语言写的，具有很大的灵活性与能力。因此，动态内存分配、高效数据结构、灵活的解控制都是可以做到的。除此之外，为了高效地执行、交互地控制，以及灵活地适应各种机器与操作系统，Fluent 使用 Client/Server 结构，因此它允许同时在用户桌面工作站和强有力的服务器上分离地运行程序。

在 Fluent 中，解的计算与显示可以通过交互界面、菜单界面来完成。用户界面是通过 Scheme 语言及 LISP dialect 写的。高级用户可以通过写菜单宏及菜单函数自定义及优化界面。

Fluent 软件包一般包括 Fluent 解算器；prePDF，模拟 PDF 燃烧的程序；GAMBIT，几何图形模拟以及网格生成的预处理程序；TGrid，可以从已有边界网格中生成体网格的附加前处理程序；Filters（Translators）从 CAD/CAE 软件（如：ANSYS，I－DEAS，NASTRAN，PATRAN 等）的文件中输入面网格或者体网格。图 4－41 所示为以上各部分的组织结构。注意，在 Fluent 使用手册中"Grid"和"Mesh"是具有相同含义的两个单词。

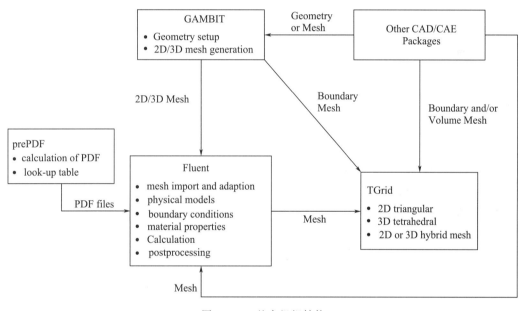

图 4－41　基本组织结构

用户可以用 GAMBIT 产生所需的几何结构及网格，也可以在已知边界网格（由 GAMBIT 或者第三方 CAD/CAE 软件产生的）中用 TGrid 产生三角网格、四面体网格或者混合网格。也可能用其他软件产生 Fluent 所需要的网格，比如 ANSYS（Swanson Analysis Systems，Inc.）、I－DEAS（SDRC），或者 MSC/ARIES，MSC/PATRAN 及 MSC/NASTRAN（都是 MacNeal－Schwendler 公司的软件）。其他 CAD/CAE 软件的界面可能根据用户的需要酌情发展，但是大多数 CAD/CAE 软件都可以产生上述格式的网格。一旦网格被读入 Fluent，剩下的任务就是使用解算器进行计算了。其中包括边界条件的设定、流体物性的设定、解的执行、网格的优化、结果的查看与后处理。

Fluent 解算器有如下模拟能力：

• 用非结构自适应网格模拟 2D 或者 3D 流场，它所使用的非结构网格主要有三角形/五边形、四边形/五边形，或者混合网格，其中混合网格有棱柱形和金字塔形（一致网格和悬挂节点网格都可以）；

• 不可压缩或可压缩流动；

• 定常状态或者过渡分析；

• 无黏，层流和湍流；

• 牛顿流或者非牛顿流；

• 对流热传导，包括自然对流和强迫对流；

• 耦合热传导和对流；

• 辐射热传导模型；

• 惯性（静止）坐标系、非惯性（旋转）坐标系模型；

• 多重运动参考框架，包括滑动网格界面和 rotor/stator interaction modeling 的混合界面；

• 化学组分混合和反应，包括燃烧子模型和表面沉积反应模型；

• 热、质量、动量、湍流和化学组分的控制体源；

• 粒子、液滴和气泡的离散相的拉格朗日轨迹的计算，包括和连续相的耦合；

• 多孔流动；

• 一维风扇/热交换模型；

• 两相流，包括气穴现象；

• 复杂外形的自由表面流动。

上述各功能使得 Fluent 具有广泛的应用，主要有以下几个方面：

• 过程设备的应用；

• 油/气能量的产生和环境应用；

• 航天和涡轮机械的应用；

• 汽车工业的应用；

• 热交换应用。

总而言之，对于模拟复杂流场结构的不可压缩/可压缩流动来说，Fluent 是很理想的软件。对于不同的流动领域和模型，Fluent 公司还提供了其他几种解算器，其中包括 NEKTON、FIDAP、POLYFLOW、IcePak 以及 MixSim。

4.2.1.2　基本算法

对于所有的流动，Fluent 都是解质量和动量守恒方程。对于包括热传导或可压性的流动，需要解能量守恒的附加方程。对于包括组分混合和反应的流动，需要解组分守恒方程，或者使用 PDF 模型来解混合分数的守恒方程以及其方差。当流动是湍流时，还要解附加的输运方程。

在 Fluent 中最基本的是层流流动的守恒方程（在惯性无加速度的坐标系中）。质量守恒方程又称为连续性方程

$$\frac{\partial \rho}{\partial t} + \frac{\partial}{\partial x_i}(\rho u_i) = S_m \tag{4-1}$$

该方程是质量守恒方程的一般形式，它适用于可压流动和不可压流动。源项 S_m 是从分散的二级相中加入到连续相的质量（比方说由于液滴的蒸发），源项也可以是任何的自定义源项。

二维轴对称问题的连续性方程为

$$\frac{\partial \rho}{\partial t} + \frac{\partial}{\partial x}(\rho u) + \frac{\partial}{\partial x}(\rho v)\frac{\rho v}{r} = S_m \tag{4-2}$$

具体各个变量的意义可以参阅相关的流体力学书籍，其中有具体详细的介绍。

在惯性（非加速）坐标系中 i 方向上的动量守恒方程为

$$\frac{\partial}{\partial t}(\rho u_i) + \frac{\partial}{\partial x_j}(\rho u_i u_j) = -\frac{\partial p}{\partial x_i} + \frac{\partial \tau_{ij}}{\partial x_j} + \rho g_i + F_i \tag{4-3}$$

式中，p 是静压，τ_{ij} 是下面将会介绍的应力张量，ρg_i 和 F_i 分别为 i 方向上的重力体积力和外部体积力（如离散相相互作用产生的升力）。F_i 包含了其他的模型相关源项，如多孔介质和自定义源项。

应力张量由下式给出

$$\tau_{ij} = \left[\mu\left(\frac{\partial u_i}{\partial x_j} + \frac{\partial u_j}{\partial x_x}\right)\right] - \frac{2}{3}\mu\frac{\partial u_l}{\partial x_l}\delta_{ij} \tag{4-4}$$

对于二维轴对称集合外形，轴向和径向的动量守恒方程分别为

$$\frac{\partial}{\partial t}(\rho u) + \frac{1}{r}\frac{\partial}{\partial x}(r\rho u u) + \frac{1}{r}\frac{\partial}{\partial r}(r\rho v u)$$
$$= -\frac{\partial p}{\partial x} + \frac{1}{r}\frac{\partial}{\partial x}\left[r\mu\left(2\frac{\partial v}{\partial x} - \frac{2}{3}(\nabla \cdot v)\right)\right] + \frac{1}{r}\frac{\partial}{\partial r}\left[r\mu\left(2\frac{\partial u}{\partial r} + \frac{\partial v}{\partial x}\right)\right] + F_x \tag{4-5}$$

以及

$$\frac{\partial}{\partial t}(\rho v) + \frac{1}{r}\frac{\partial}{\partial x}(r\rho u v) + \frac{1}{r}\frac{\partial}{\partial r}(r\rho v v)$$
$$= -\frac{\partial p}{\partial r} + \frac{1}{r}\frac{\partial}{\partial x}\left[r\mu\left(\frac{\partial v}{\partial x} + \frac{\partial u}{\partial r}\right)\right] + \frac{1}{r}\frac{\partial}{\partial r}\left[r\mu\left(2\frac{\partial v}{\partial x} - \frac{2}{3}(\nabla \cdot v)\right)\right] - \tag{4-6}$$
$$2\mu\frac{v}{r^2} + \frac{2}{3}\frac{\mu}{r}(\nabla \cdot v) + \rho\frac{w^2}{r} + F_r$$

其中

$$\nabla \cdot v = \frac{\partial u}{\partial x} + \frac{\partial v}{\partial r} + \frac{v}{r} \tag{4-7}$$

式中，v 为漩涡速度。

Fluent 所解的能量方程的形式为

$$\frac{\partial}{\partial t}(\rho E) + \frac{\partial}{\partial x_i}[u_i(\rho E + P)] = \frac{\partial}{\partial x_i}\left(k_{\text{eff}}\frac{\partial T}{\partial x_i} - \sum_{j'}h_{j'}J_{j'} + u_j(\tau_{ij})_{\text{eff}}\right) + S_h \tag{4-8}$$

其中，k_{eff} 是有效热传导系数（$k + k_t$，其中 k_t 是湍流热传导系数，根据所使用的湍流模

型来定义），$J_{j'}$ 是组分 j' 的扩散流量。上面方程右边的前三项分别描述了热传导、组分扩散和黏性耗散带来的能量输运，S_h 包括了化学反应热以及其他用户定义的体积热源项。在上面的方程中

$$E = h - \frac{p}{\rho} + \frac{u_i^2}{2} \tag{4-9}$$

其中，理想气体的显焓定义为

$$h = \sum_{j'} m_{j'} h_{j'} \tag{4-10}$$

对于可压缩流体

$$h = \sum_{j'} m_{j'} h_{j'} + \frac{p}{\rho} \tag{4-11}$$

其中

$$h_{f'} = \int_{T_{\text{ref}}}^{T} c_{p,j'} \mathrm{d}T \tag{4-12}$$

$m_{j'}$ 为组分 j' 的质量分数；$T_{\text{ref}} = 298.15 \text{ K}$。

（1）PDF 模型的能量方程

当激活非绝热 PDF 燃烧模型时，Fluent 解总焓形式的能量方程

$$\frac{\partial}{\partial t}(\rho H) + \frac{\partial}{\partial x_i}(\rho u_i H) = \frac{\partial}{\partial x_i}\left(\frac{k_i}{c_p} \frac{\partial H}{\partial x_i}\right) + \tau_{ik} \frac{\partial u_i}{\partial x_i} + S_h \tag{4-13}$$

假定 Lewis=1，右边第一项表示传导和组分扩散项。非守恒形式的黏性扩散项的贡献由第二项描述。总焓 H 定义为

$$H = \sum_{j'} m_{j'} H_{j'} \tag{4-14}$$

其中 $m_{j'}$ 为组分 j' 的质量分数，而且

$$h_{j'} = \int_{T_{\text{ref},j'}}^{T} \mathrm{d}T + h_{j'}^0 (T_{\text{ref},j'}) \tag{4-15}$$

$h_{j'}^0 (T_{\text{ref},j'})$ 是在参考温度 $T_{\text{ref},j'}$ 下组分 j' 的生成焓。

①压力作用和动能项

Fluent 在默认求解状态下，分离解算器在解不可压缩流动时不考虑压力作用和动能项。可以通过文本命令 define/models/energy 将上述两项内容激活，在模拟可压流或者使用耦合解算器时，压力作用和动能项总是予以考虑的。

②黏性耗散项

能量方程和 PDF 模型的能量方程中均包括了黏性耗散项，该项所描述的是黏性剪切所产生的热能。使用分离解算器时，Fluent 默认的能量方程不包括它（因为黏性热可以忽略）。当 Brinkman 数 Br 接近或者大于 1，黏性热将会很重要。其中

$$Br = \frac{\mu U_e^2}{k \Delta T} \tag{4-16}$$

ΔT 为系统温度的差分。

若考虑黏性耗散项并且使用分离解算器，需要激活黏性模型面板上的黏性热项。对于

可压缩流动一般有 $Br \geqslant 1$。但是需要注意的是，当使用分离解算器时，若定义了可压流动模型，Fluent 并不自动激活黏性耗散项。当使用耦合解算器时，所解的能量方程总会包含黏性耗散项。

③组分扩散项

能量方程以及 PDF 模型的能量方程包括了由于组分扩散而导致的焓的输运的影响。当使用分离解算器时，组分扩散项会默认包含在能量方程中。如果不希望考虑组分扩散项的影响，可以在组分模型面板中关闭扩散能量源项的选项。

对于非绝热 PDF 燃烧模型，组分扩散项 $\dfrac{\partial}{\partial x_i} \sum_{j'} h_{j'} J_{j'}$ 并不是以显式的形式出现在能量方程中，而是在方程右边的第一项 $\dfrac{\partial}{\partial x_i}\left(\dfrac{k_i}{c_p} \dfrac{\partial H}{\partial x_i}\right)$ 中将其包含。当使用耦合解算器时，该项总是包含在能量方程中。

④化学反应产生的能量源项

能量方程中的能量源项 S_h 包括了由于化学反应而产生的能量源项

$$S_{h,\text{reaction}} = \sum_{j'} \left[\frac{h_{j'}^0}{M_{j'}} + \int_{T_{\text{ref},j'}}^{T_{\text{ref}}} c_{p,j} \, \mathrm{d}T \right] R_{j'} \tag{4-17}$$

其中 $h_{j'}^0$ 是组分 j' 的生成焓，$R_{j'}$ 是组分 j' 的体积生成速度。

非绝热 PDF 燃烧模型的能量方程中，焓的定义已经包括了能量的生成，所以能量的反应源项不包括在 S_h 中。

⑤辐射产生的能量源项

当使用某一辐射模型时，能量方程和 PDF 模型的能量方程中的 S_h 也包括了辐射源项。

（2）固体区域的能量方程

Fluent 所用的固体区域的能量输运方程的形式为

$$\frac{\partial}{\partial t}(\rho h) + \frac{\partial}{\partial x_i}(\rho u_i h) = \frac{\partial}{\partial x_i}\left(k \frac{\partial T}{\partial x_i}\right) + \dot{q}''' \tag{4-18}$$

其中，ρ 为密度；h 为显焓；k 为传导系数；T 为温度；$\dot{q}'''$ 为体积热源。

$\dfrac{\partial}{\partial x_i}(\rho u_i h)$ 体现了由于固体的平移和旋转而导致的能量对流热传导。速度场 u_i 由指定固体区域的运动计算出来；$\dfrac{\partial}{\partial x_i}\left(k \dfrac{\partial T}{\partial x_i}\right)$ 为固体内部热传导流量；$\dot{q}'''$ 为体积热源的热流量。

①固体的各向异性热传导

当使用分离解算器时，Fluent 允许制定固体材料的各向异性热传导系数。固体的各向异性传导项形式为

$$\frac{\partial}{\partial x_i}\left(k_{ij} \frac{\partial T}{\partial x_i}\right)$$

其中 k_{ij} 是热传导系数矩阵。关于固体材料的各向异性热传导系数的制定，可以参阅

Fluent 帮助文档中的固体的各向异性热传导系数一节。

②入口处的扩散

入口处能量的净输入既包括对流部分也包括扩散部分。对流部分由所指定的入口温度确定，扩散部分依赖于计算出温度场的梯度。因此扩散部分（相应的净入口输运）不是提前指定的。在某些情况下，可能希望指定入口处的能量净输运而不是入口温度。如果使用分离解算器，可以通过取消入口能量扩散来实现这一目标。在默认的情况下，Fluent 在入口处会考虑能量的扩散流量。要关闭入口扩散，可以使用文本命令：define/models/energy。如果使用耦合解算器，入口扩散选项无法关闭。

（3）浮力驱动流动和自然对流问题

当流体被加热且其密度随温度变化时，流体会由于重力原因而导致密度变化。这种流动现象被称为自然对流（或者混合对流），Fluent 用 Grashof 数与 Reynolds 数的比值来度量浮力在混合对流中的作用

$$\frac{Gr}{Re^2} = \frac{\Delta\rho gh}{\rho v^2} \tag{4-19}$$

当所得结果接近或者超过 1 时，在分析过程中必须考虑浮力对于流动的贡献。反之，则可以忽略浮力的影响。在纯粹的自然对流中，浮力诱导流动由瑞利数（Rayleigh）度量

$$Ra = \frac{g\beta\Delta TL^3\rho}{\mu\alpha} \tag{4-20}$$

其中热膨胀系数为

$$\beta = -\frac{1}{\rho}\frac{\partial\rho}{\partial T} \tag{4-21}$$

热扩散系数为

$$\alpha = \frac{k}{\rho c_p} \tag{4-22}$$

Rayleigh 数小于 10^8 表明浮力诱导为层流流动，当瑞利数在 10^8 到 10^{10} 之间就开始过渡到湍流了。

对于很多自然对流流动，可以用 Boussinesq 模型来得到更好的收敛速度，它要比设定密度为温度的函数来解决问题收敛得快。除了动量方程的浮力项之外，该模型在所有解决的方程中将密度看成常数。动量方程为

$$(\rho - \rho_0)g = -\rho_0\beta(T - T_0)g \tag{4-23}$$

其中，ρ_0 是流动的常数密度，T_0 是操作温度，β 是热扩散系数。上面的方程是通过 Boussinesq 近似等于 $\rho_0(1-\beta\Delta T)$ 来消除浮力项中的 ρ 得到的。只要真实密度变化很小，该近似是很精确的。

在封闭区域使用 Boussinesq 模型来计算时间相关自然对流是很必要的。假如温度变化很小，该模型也可以用于定常问题。Boussinesq 模型不能用于组分，燃烧和反应流动的计算。

在混合或自然对流中，必须设定以下输入参数从而考虑浮力问题：

· 在能量面板中打开能量方程选项，菜单：Define/Models/Energy。

· 在 Define/Operating Conditions 操作条件面板中打开重力选项，并在每一个方向上输入相应的重力加速度数值。Fluent 中默认的重力加速度为零。

· 如果使用不可压缩理想气体定律，要在操作条件面板中检查操作压力的数值。

· 对是否使用 Boussinesq 近似进行选择：如果不使用 Boussinesq 模型，则须在操作条件面板中激活操作密度选项，然后指定操作密度。

4.2.1.3　建模与仿真实施要点

（1）单位系统

Fluent 通过在其他单位和国际标准单位之间设定转换因子，使得用户能够在任何单位系统下工作，即使是不相容的系统也可以。因此，既可以在英制单位下以瓦特作为热计算的单位，又可以在长度定义上使用国际标准单位。其实 Fluent 解算器内部所使用的单位就只有国际标准单位，内部存储和计算全部是国际标准单位，只是输入和输出的时候中加了一个转换因子。单位是可以在问题解决过程中转换的，转换的时间可以是在问题设定的时候也可以在完成计算的时候。如果以前输入一些国际单位的参数，后来转为输入其他单位，那么所有先前的输入和设定都会转换为新的单位系统。如果计算仿真是在国际单位下进行的，而报告想用其他单位，可以转换单位系统，Fluent 会自动将问题的所有数据转换为新的单位系统。需要强调的是，Fluent 内部使用的是国际单位，所以单位的转换仅仅是将内部的数值转换到所需的界面。

Fluent 提供 British，SI，CGS，Default. 单位系统。这些单位系统之间可以相互转换，转换方法是在设定单位面板中的 Set All To 选项中确定所要单位。英制单位点击 British 按钮；国际单位点击 SI 按钮；CGS（centimeter – gram – second）单位点击 CGS 按钮；回到默认单位，点击 Default 按钮。默认单位和国际单位相似，但角度单位是度而不是弧度。点击某一按钮之后单位系统马上就转换了，如果不想定义任何单位，关闭面板就可以了。改变单位后，所有后来输入的单位都按照新的单位系统。

（2）网格模型

Fluent 可以输入各种类型、各种来源的网格。可以通过各种手段对网格进行修改，如：转换和调解节点坐标系，对并行处理划分单元，在计算区域内对单元重新排序以减少带宽，以及合并和分割区域等。也可以获取网格的诊断信息，其中包括内存的使用与简化，网格的拓扑结构，解域的信息。可以在网格中确定节点、表面以及单元的个数，并决定计算区域内单元体积的最大值和最小值，而且检查每一单元内适当的节点数。

Fluent 是非结构解法器，使用内部数据结构来为单元和表面网格点分配顺序，以保持临近网格的接触，因此它不需要 i，j，k 指数来确定临近单元的位置。解算器不会要求所有的网格结构和拓扑类型，这使我们能够灵活使用网格拓扑结构来适应特定的问题。二维问题可以使用四边形网格和三角形网格，三维问题可以使用六面体、四面体、金字塔形以及楔形单元，如图 4 – 42 所示。Fluent 可以接受单块和多块网格，以及二维混合网格和三维混合网格。另外还接受 Fluent 有悬挂节点的网格（即并不是所有单元都共有边和面的顶点），有关悬挂节点的详细信息请参阅帮助文档中"节点适应"一节。非一致边界的网格也可接受（即具有多重子区域的网格，在这个多重子区域内，内部子区域边界的网格节点并不是同一的）。详情请参阅 Fluent 帮助文档中非一致网格一节。

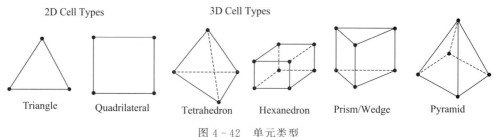

图 4 - 42　单元类型

　　Fluent 可以在很多种网格上解决问题。如图 4 - 43 所示为 Fluent 的有效网格。O 型网格，零厚度壁面网格，C 型网格，一致块结构网格，多块结构网格，非一致网格，非结构三角形，四边形和六边形网格都是有效的。

　　Fluent 在二维问题中可以使用由三角形、四边形或混合单元组成的网格，在三维问题中可以使用四面体、六面体、金字塔形以及楔形单元，或者两种单元的混合。网格的选择依赖于具体的问题，在选择网格的时候，应该考虑初始化的时间、计算花费、网格质量以及数值耗散。

　　特别地，网格质量对计算精度和稳定性有很大的影响。网格质量包括：节点分布、光滑性，以及歪斜角度（skewness）。在节点密度和聚集度方面，因流动的连续性被离散化，因此某些流动的显著特征（剪切层，分离区域，激波，边界层和混合区域）的求解精度取决于网格的节点密度和分布。在很多情况下，关键区域的弱解反倒戏剧化地成了流动的主要特征。比如：由逆压梯度造成的分离流强烈地依靠边界层上游分离点的解。边界层解（即网格近壁面间距）在计算壁面剪切应力和热传导系数的精度时有重要意义。这一结论在层流流动中尤其准确，网格接近壁面需要满足

$$y_p \sqrt{\frac{u_\infty}{v_x}} \leqslant 1 \qquad\qquad (4-24)$$

其中，y_p 为从临近单元中心到壁面的距离；u_∞ 为自由流速度；v 为流体的动力学黏性系数；x 为从边界层起始点开始沿壁面的距离。上面的方程基于零攻角层流流动的 Blasius 解。

　　网格的分辨率对于湍流也十分重要。由于平均流动和湍流的强烈作用，湍流的数值计算结果往往比层流更容易受到网格的影响。在近壁面区域，不同的近壁面模型需要不同的网格分辨率。

　　一般说来，无流动通道应该用少于 5 个单元来描述。大多数情况需要更多的单元来解决。大梯度区域如剪切层或者混合区域，网格必须精细化以保证相邻单元的变量变化足够小。不幸的是，要提前确定流动特征的位置是很困难的。而且在复杂三维流动中，网格是要受到 CPU 时间和计算机资源的限制的。在解运行时和后处理时，网格精度提高，CPU 和内存的需求量也会随之增加。自适应网格技术可用于在流场的发展基础上提高和/或减少网格密度，并因此而提供了网格使用更为经济的方法。

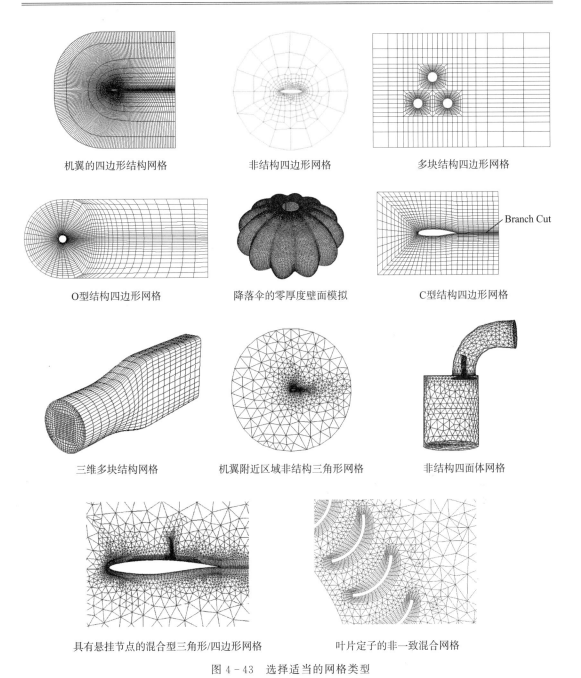

机翼的四边形结构网格　　　　　非结构四边形网格　　　　　多块结构四边形网格

O 型结构四边形网格　　　　降落伞的零厚度壁面模拟　　　　C 型结构四边形网格

三维多块结构网格　　　机翼附近区域非结构三角形网格　　　非结构四面体网格

具有悬挂节点的混合型三角形/四边形网格　　　叶片定子的非一致混合网格

图 4 - 43　选择适当的网格类型

（3）边界条件

对于流动的出入口边界条件，Fluent 提供了 10 种边界单元类型：速度入口、压力入口、质量入口、压力出口、压力远场、质量出口、进风口、进气扇、出风口以及排气扇。下面是 Fluent 中的进出口边界条件选项：

- 速度入口边界条件用于定义流动入口边界的速度和标量。
- 压力入口边界条件用来定义流动入口边界的总压和其他标量。

•质量流动入口边界条件用于可压缩流规定入口的质量流速。在不可压缩流中不必指定入口的质量流，因为当密度是常数时，速度入口边界条件就确定了质量流条件。

•压力出口边界条件用于定义流动出口的静压（在回流中还包括其他的标量）。当出现回流时，使用压力出口边界条件来代替质量出口条件常常有更好的收敛速度。

•压力远场条件用于模拟无穷远处的自由可压缩流动，该流动的自由流马赫数以及静态条件已经指定了。这一边界类型只用于可压缩流。

•质量出口边界条件用于在解决流动问题之前，所模拟的流动出口的流速和压力的详细情况还未知的情况。在流动出口是完全发展的时候这一条件是适合的，这是因为质量出口边界条件假定出了压力之外的所有流动变量正法向梯度为零。对于可压缩流计算，这一条件是不适合的。

•进风口边界条件用于模拟具有指定的损失系数，流动方向以及周围（入口）环境总压和总温的进风口。

•进气扇边界条件用于模拟外部进气扇，它具有指定的压力跳跃、流动方向以及周围（进口）总压和总温。

•出风口边界条件用于模拟通风口，它具有指定的损失系数以及周围环境（排放处）的静压和静温。

•排气扇边界条件用于模拟外部排气扇，它具有指定的压力跳跃以及周围环境（排放处）的静压。

需要注意的是，在入口处要准确地描述边界层和完全发展的湍流流动之前，应该首先通过实验数据和经验公式创建边界轮廓文件来完美地设定湍流量。如果已知轮廓的分析描述而不是数据点，也可以用这个分析描述来创建边界轮廓文件，或者创建用户自定义函数来提供入口边界的信息。一旦完成了轮廓函数的创建，就可以使用如下的方法：

•Spalart - Allmaras 模型：在湍流指定方法下拉菜单中指定湍流黏性比，并在湍流黏性比之后的下拉菜单中选择适当的轮廓名。通过将 m_t/m 和密度与分子黏性的适当结合，Fluent 为修改后的湍流黏性计算边界值。

•$k - \varepsilon$ 模型：在湍流指定方法下拉菜单中选择 k 和 ε 并在湍动能（Turb. Kinetic Energy）和湍流扩散速度（Turb. Dissipation Rate）之后的下拉菜单中选择适当的轮廓名。

•雷诺应力模型：在湍流指定方法下拉菜单中选择雷诺应力部分，并在每一个单独的雷诺应力部分之后的下拉菜单中选择适当的轮廓名。

在大多数湍流流动中，湍流的更高层次产生于边界层而不是流动边界进入流域的地方，因此这就导致了计算结果对流入边界值来说相对不敏感。然而必须注意的是要保证边界值不是非物理边界。非物理边界会导致解不准确或者不收敛。对于外部流来说这一特点尤其突出，如果自由流的有效黏性系数具有非物理性的大值，边界层就会找不到了。可以选择用更为方便的量来指定湍流量，如湍流强度、湍流黏性比、水力直径以及湍流特征尺度。要获得更方便的湍流量的输运值，如 I，L 或者 m_t/m，必须求助于经验公式，详细介绍可以参阅相关文献。

（4）流体条件

流体区域是一组所有现行的方程都需要被求解的单元。对于流体区域只需要输入流体材料类型。分析过程中必须指明流体区域内包含哪种材料，以便于使用适当的材料属性。如果模拟组分输运或者燃烧，则不必在此处选择材料属性，当激活模型时，则必须在组分模型面板中指定混合材料。相似地，对于多相流动也不必指定材料属性，当在多相流模型面板中激活模型时则须选择它们。

可选择的输入允许设定热、质量、动量、湍流、组分以及其他标量属性的源项，也可以为流体区域定义运动。如果邻近流体区域内具有旋转周期性边界，就需要指定相应的旋转轴。如果使用 $k-\varepsilon$ 模型或者 Spalart – Allmaras 模型来模拟湍流，则可以将流体区域定义为层流区域。如果采用 DO 模型模拟辐射，则可以指定流体是否参与辐射。

①定义流体材料

要定义流体区域内包含的材料，可在材料名字下拉列表中选择适当的选项。这一列表中会包含所有已经在使用材料面板中定义的流体材料（或者从材料数据库中加载）。如果模拟组分输运或者多相流，在流体面板的下拉列表中不会出现材料名。对于组分计算，所有流体区域的混合材料将会出现在组分模型面板中。对于多相流，所有流体区域的材料将会出现在多相流模型面板中。

②定义源项

如果希望在流体区域内定义热、质量、动量、湍流、组分以及其他标量属性的源项，可以激活源项选项来实现。详情可以参阅 Fluent 帮助文档。

③指定层流区域

如果使用 $k-\varepsilon$ 模型或者 Spalart – Allmaras 模型来模拟湍流，在指定的流体区域关掉湍流模拟是可能的（即：使湍流生成和湍流黏性无效，但是湍流性质的输运仍然保持）。如果知道在某一区域流动是层流，那么这一功能是很有用的。比方说：如果知道机翼上的转捩点的位置，则可以在层流单元区域边界和湍流区域边界创建一个层流/湍流过渡边界。这一功能允许用户模拟机翼上的湍流过渡。要在流体区域内取消湍流模拟，可在流体面板中打开层流区域选项。

④指定旋转轴

如果邻近流体区域存在旋转性周期边界，或者区域是旋转的，必须指定旋转轴。要定义旋转轴，须设定旋转轴方向和起点。这个轴和任何邻近壁面区域或任何其他单元区域所使用的旋转轴是独立的。对于三维问题，旋转轴起点是从旋转轴起点中输入的起点，方向为旋转轴方向选项中输入的方向。对于二维非轴对称问题，只需要指定旋转轴起点，方向就是通过指定点的 z 方向。（z 向是垂直于几何外形平面的，这样才能保证旋转出现在该平面内）。对于二维轴对称问题，不必定义轴，旋转通常就是关于 x 轴的，起点为（0，0）。

⑤定义区域运动

对于旋转和平移坐标系要定义移动区域，可在运动类型下拉菜单中选择运动参考坐标系。然后在面板的扩展部分设定适当的参数。要对移动或者滑移网格定义移动区域，在移动类型下拉列表中选择移动网格，然后在扩展面板中设定适当的参数。详情请参阅滑动网格。对于包括线性、平移运动的流体区域问题，通过设定 X、Y 和 Z 分量来指定平移速度。对于包括旋转运动的问题，在旋转速度设置中指定旋转速度。

⑥定义辐射参数

如果使用 DO 辐射模型，则可以用激活辐射选项并指定流体区域是否参与辐射的计算。

（5）固体条件

固体区域是仅用来解决热传导问题的一组区域。作为固体处理的材料可能事实上是流体，但是假定其中没有对流发生。固体区域仅需要输入材料类型。必须表明固体区域包含哪种材料，以便于计算时使用适当的材料。可选择的输入允许设定体积热生成速度（热源），也可以定义固体区域的运动。如果在邻近的固体单元内有旋转性周期边界，就需要指定旋转轴。如果模拟 DO 辐射模型，可以指定固体材料是否参加辐射的计算。

4.2.1.4　算例介绍

（1）问题描述

建一个混合弯管模型。冷流体从大管进入，热流体从小管进入，两种流体在弯曲部位混合，如图 4 - 44 所示。

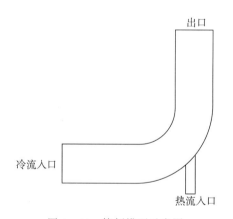

图 4 - 44　算例模型示意图

（2）建模及边界条件设置

1）几何建模与各边命名。对于这样一个简单的模型，可以很方便地用 GAMBIT 自带建模工具或 CAD 软件生成所需要的计算模型，最终对混合弯管各边的命名如图 4 - 45 所示，方便下一步确定各边网格节点的分布。

2）确定各边网格节点分布。确定 EA 和 EB 边的网格分布，确定 EC、ED、EE 和 EF 边的网格分布，具体选项与参数设置如图 4 - 46、图 4 - 47 所示。

3）确定 EG、EI 和 EH 边的网格分布，具体选项与参数设置如图 4 - 48、图 4 - 49 所示。

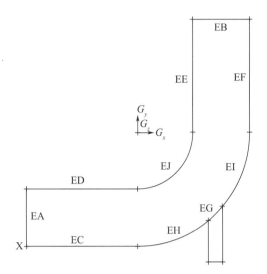

图 4 - 45　混合弯管各边命名

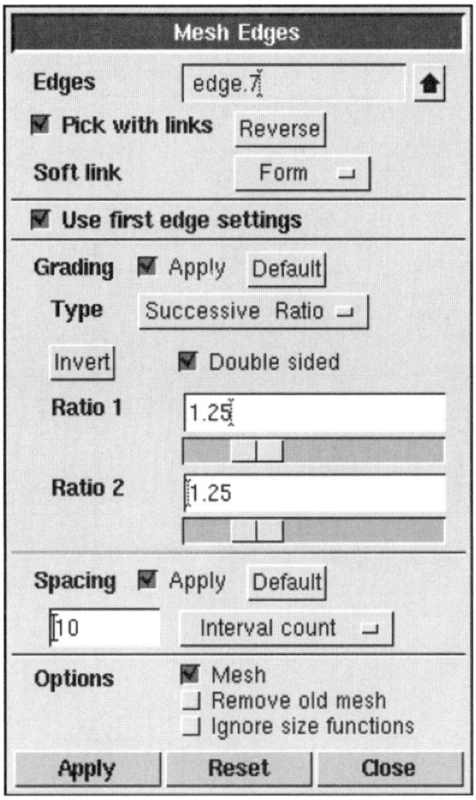

图 4 - 46　EA 与 EB 边网格节点分布

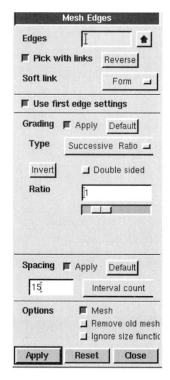

图 4 - 47　EC、ED、EE 和 EF 边网格节点分布

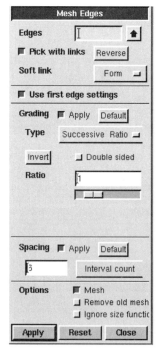

图 4 - 48　EG 边网格节点分布

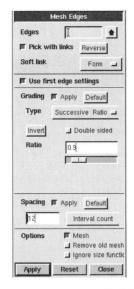

图 4-49 EI 和 EH 边网格节点分布

4）设置混合弯管弯曲部位内部（EJ）的网格等级（Grading）。选择 EJ 边，在这里不用设置边上节点的间距，GAMBIT 在对面网格化时会计算边上节点的间距。本例采用 Mapped Mesh 对面进行网格划分，所以，弯管弯曲部位的内径上的节点数必须与外径上的节点数相等，GAMBIT 会自动确定正确的节点数量。撤销 Mesh 复选框是因为不需要对边进行网格划分，只需对边进行等级设计。当下一步对混合弯管大管进行网格划分时，GAMBIT 将用具体的等级（Grading）对边进行网格划分，如图 4-50 所示。

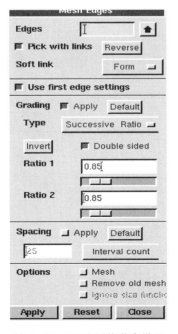

图 4-50 EJ 边网格节点设置

5）生成面的结构化网格。点击 Mesh 按钮，选择 Face 下的 Mesh Faces 按钮，弹出如图 4 - 51 所示对话框，选择大管平面，按图示进行设置，完成后点击 Apply 按钮。

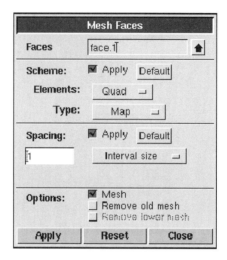

图 4 - 51　网格化大管

和大管网格划分类似，强制用 Map，GAMBIT 会自动改变定点类型，最终网格生成结果如图 4 - 52 所示。

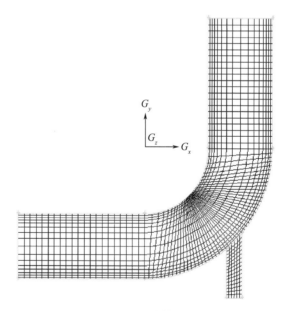

图 4 - 52　计算网格

6）设置边界类型，如图 4 - 53 所示。

（3）导出网格，保存任务

1）导出混合弯管的网格文件，如图 4 - 54 所示。

2）保存 GAMBIT 任务并退出 GAMBIT，如图 4 - 55 所示。

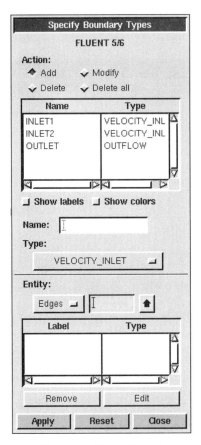

图 4 - 53　设置边界类型

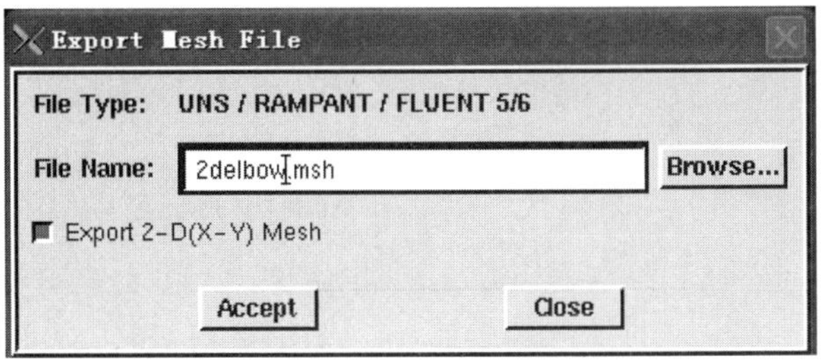

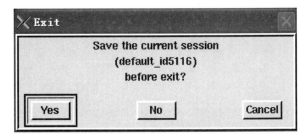

图 4 - 54　导出网格文件

图 4 - 55　退出 GAMBIT

（4）将网格模型导入 Fluent 进行设置

1）读取网格文件：File→Read→Mesh，如图 4 - 56 所示。

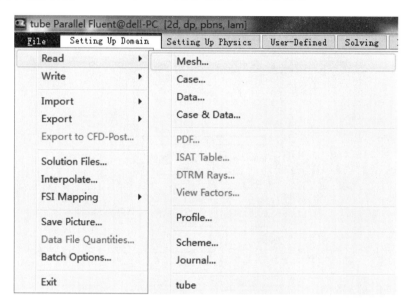

图 4 - 56 读取网格文件

2）网格检查：General→Check，如图 4 - 57 所示。

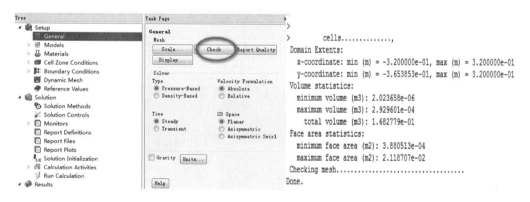

图 4 - 57 网格检查

3）显示网格：Display→Grid，如图 4 - 58 所示。

（5）建立求解模型

1）保持求解器的默认设置不变：Setup→General→Solver，如图 4 - 59 所示。

2）设置标准 k - epsilon 湍流模型并保留默认设置：Setup→Models→Viscous，如图 4 - 60 所示。

3）选择能量方程：Setup→Models→Energy，如图 4 - 61 所示。

4）设置流体的物理属性：Setup→Materials，如图 4 - 62、图 4 - 63 所示。

5）设置边界条件：Setup→Boundary Conditions，如图 4 - 64 所示。

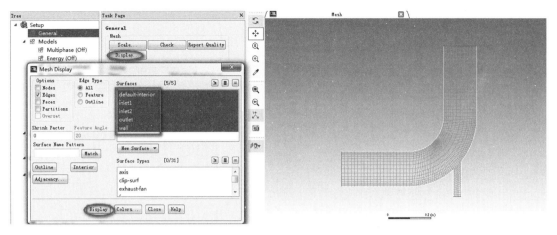

图 4 – 58　显示网格操作示意图

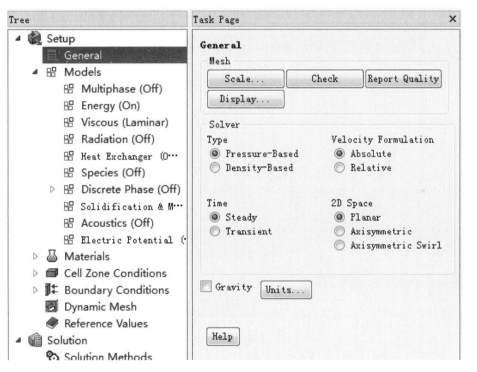

图 4 – 59　求解器设置

设置主入口的边界条件，如图 4 – 65 所示，在 Thermal 中设置流体温度为 293 K。

同上设置小管入口边界条件，如图 4 – 66 所示，在 Thermal 中设置流体温度为 313 K。设置出口压力边界条件，如图 4 – 67 所示。

（6）计算求解

1）初始化流场：Solution → Solution Initialization → Initialize。本例中，选择从 inlet1 进行初始化操作。

图 4 - 60　湍流模型设置

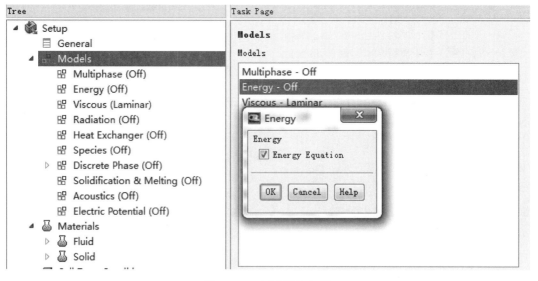

图 4 - 61　打开能量方程

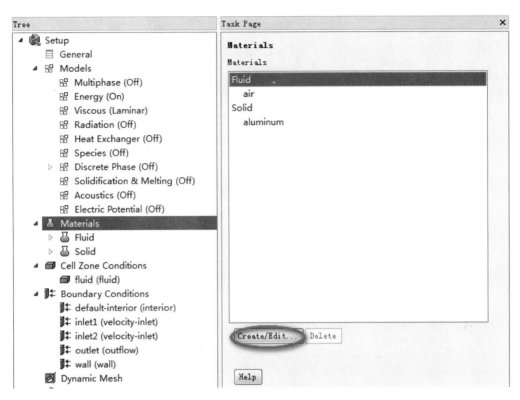

图 4 - 62　流体设置面板

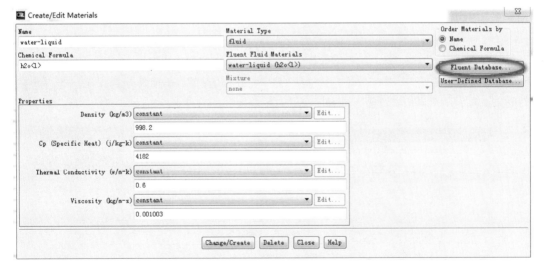

图 4 - 63　设置流体物理属性

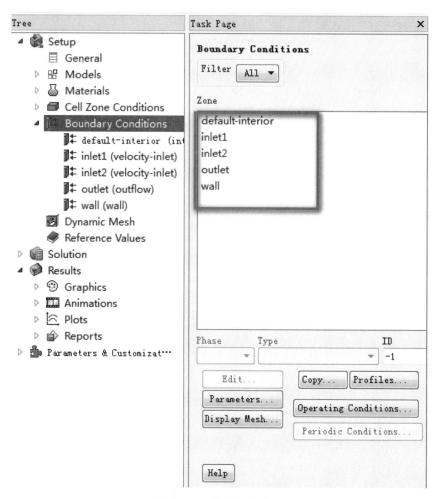

图 4-64　边界条件设置

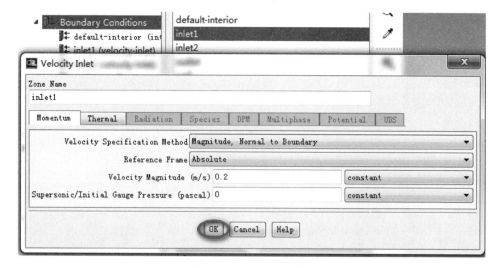

图 4-65　inlet1 边界条件

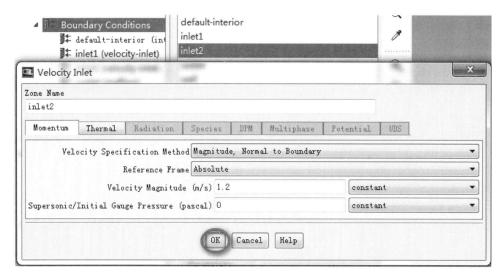

图 4 - 66　inlet2 边界条件

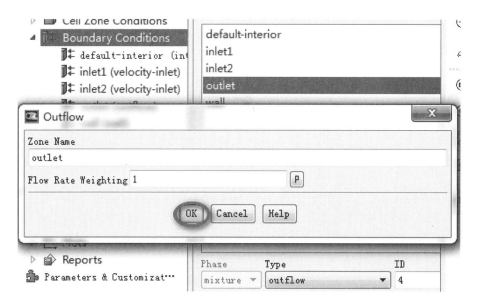

图 4 - 67　outlet 边界条件

2）在计算时绘制残差曲线图：Solution → Monitors → Residuals，如图 4 - 68 所示。

3）保存 case 文件：File → Write → Case，如图 4 - 69 所示。

4）开始进行 150 次的迭代计算：Solution → Run Calculation → Calculate，如图 4 - 70 所示。

5）保存 dat 文件：File → Write → Data，如图 4 - 71 所示。

（7）显示初步计算结果

1）利用不同的颜色显示速度分布：Display → Contours，如图 4 - 72 所示。

2）显示温度场，如图 4 - 73 所示。

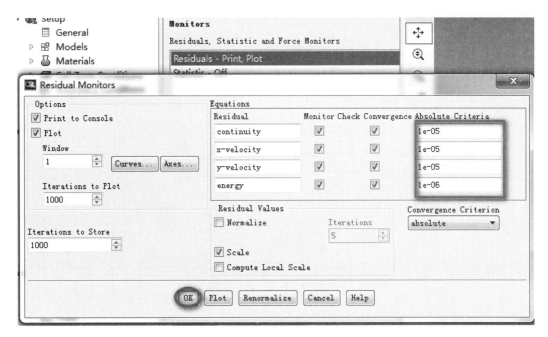

图 4-68　残差设置

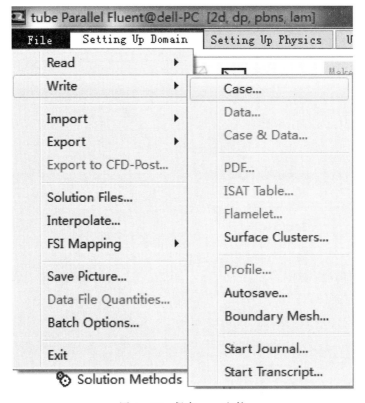

图 4-69　保存 case 文件

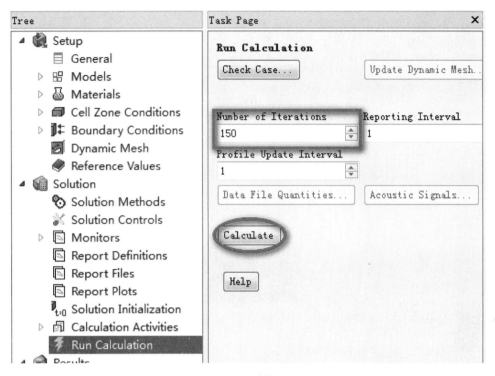

图 4 - 70　计算设置

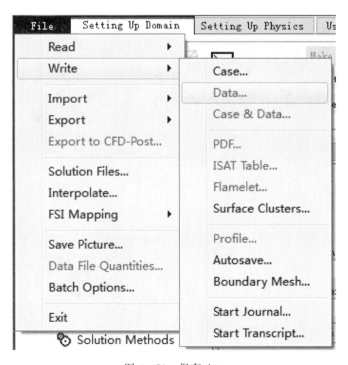

图 4 - 71　保存 data

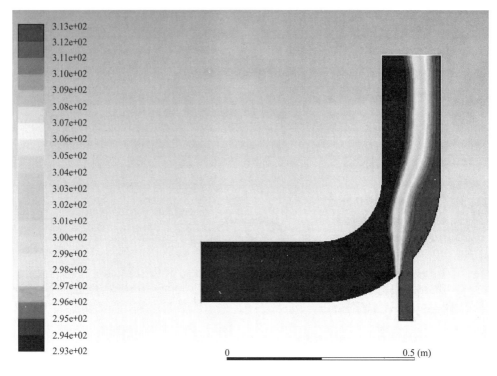

图 4-72　速度显示云图

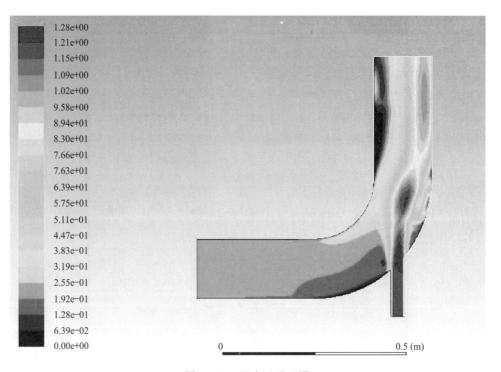

图 4-73　温度显示云图

3）显示速度矢量场：Display → Vectors，如图 4 - 74 所示。

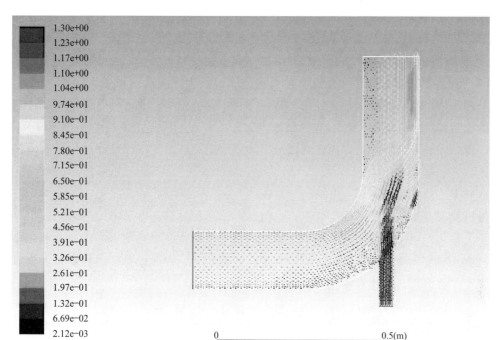

| 1.30e+00 |
| 1.23e+00 |
| 1.17e+00 |
| 1.10e+00 |
| 1.04e+00 |
| 9.74e+01 |
| 9.10e-01 |
| 8.45e-01 |
| 7.80e-01 |
| 7.15e-01 |
| 6.50e-01 |
| 5.85e-01 |
| 5.21e-01 |
| 4.56e-01 |
| 3.91e-01 |
| 3.26e-01 |
| 2.61e-01 |
| 1.97e-01 |
| 1.32e-01 |
| 6.69e-02 |
| 2.12e-03 |

0　　　　　　　　　　　0.5(m)

图 4 - 74　显示速度矢量

4.2.2　FLOW - 3D

4.2.2.1　功能介绍

FLOW - 3D 软件是国际知名流体力学大师 Dr. C. W. Hirt 毕生之作。从 1985 年正式推出后，在 CFD 和传热学领域得到了广泛的应用。对实际工程问题的精确模拟与结果的准确计算都受到用户的高度赞许。其独特的 FAVOR™ 技术和针对自由表面（Free surface）的 VOF 方法，为常见的金属压铸与水力学等复杂问题提供了更高精度、更高效率的解答。不仅如此，FLOW - 3D 本身完整的理论基础与数值结构，也能满足不同领域用户的需要。

FLOW - 3D 软件的主要特点如下：

（1）先进的自由液面追踪功能

Tru - VOF 技术是 Flow - 3D 独有的自由液面追踪技术，主要由三部分组成：一是定位表面；二是跟踪自由表面运动到计算网格时的流体表面；三是应用表面的边界条件。许多 CFD 程序宣称使用了 VOF 方法。事实上，它们仅仅执行了 VOF 中的两步，这种"虚假的 VOF 法"经常得出错误的结果。FLOW - 3D 使用了真实的三步 VOF 方法，称之为"Tru - VOF"。自由表面的跟踪，可由 Tru - VOF 来计算。这种方法能够精确地算出金属液滴的结合与分开，这使得 FLOW - 3D 有强大而且可靠的能力来模拟金属液充填型腔的流动过程。

（2）运动物体功能

独特的运动物体功能是其他软件所没有的，通常的例题都是使用物体运动而计算网格不动的方法计算的，该方法可以计算物体之间的相互作用、物体和流体的相互作用，同时可以计算出物体的结构力学参数，该方法是六自由度。

（3）复杂造型的细部特征

利用多网格区块的建立技术，FLOW – 3D 能够有效率地建立网格。即使是外形非常复杂的大型铸件，也能够配合不同的精度设定，以适当的网格数量描述复杂的外形特征。另外，设计人员也可针对特定的区域做局部加密设定，以检视该区域在浇注过程中是否存在问题。

（4）多方块网格

进行模拟分析前，必须先生成方形网格。对于形状复杂、厚薄不均的铸件，单一的方块需要大量的网格来达成精度；特别是铸件的浇口很薄，需要很细密的网格。利用多个方块而且大小可变的网格，就可以针对铸件进行区域划分，并根据各区的精度要求施以不同网格大小。方块可以是边界相连，或者完全重叠。

（5）FAVOR 网格剖分法

传统的有限差分法利用结构性网格来建立铸件的几何模型，这样会令铸件形状出现梯阶化，使计算结果出现较大的误差。FLOW – 3D 特有的 FAVOR 网格剖分技术，可以把网格进行剖分，这样就可以准确地建立复杂形状，提高计算的准确度。

（6）流体自由表面追踪计算 Tru – VOF

FLOW – 3D 是流体自由表面计算法（Volume of Fluid）的先驱，特有的 Tru – VOF 计算方法，比一般的算法更准确地跟踪压铸过程中金属前沿的喷溅及聚合。

4.2.2.2　基本算法

（1）FLOW – 3D 的 GMRES 算法

F – packing 算法是用来消除流动过程中较大自由液面破裂时产生的小空穴或者泡沫，它可以用来计算内部流体网格产生的小的负背离，其流体分数小于 0.99。它只用在可以产生自由表面的单相流中。

F – packing 算法可以通过下面的路径激活，Numerics\Volume – of – fluid advection\Advanced options\F – packing，默认是关闭内部空穴。当在极端实例中选择减少液面破裂时，平滑的自由液面就会产生来减少液面的破裂。当选择丢弃孤立流体液滴选项时，在自由液面前端孤立的液滴（流体没有充满一个网格时）就会被丢弃。

（2）Lagrangian 网格算法

构造 Lagrangian 网格，嵌入在流体中并随流体运动，许多有限元方法采用这种方式追踪自由表面，因为网格和流体一起运动，因此网格自动追踪自由表面。在自由表面上需要修正近似方程、施加边界条件，以描述流体仅在边界的一侧存在，如果没有进行修正，不对称的发展最终会使计算不精确。

Lagrangian 方法的主要缺点是不能追踪破碎或相交的自由表面，在自由表面大幅度运动时如果不引入 Regridding 技术如 ALE 方法（Arbitrary - Lagrangian - Eulerian）也很难模拟。下面的其他方法使用固定的 Eulerian 网格，因此可以计算复杂的表面运动。

（3）自由液面高度算法

小振幅的振荡、浅水波等自由表面运动中，由于自由表面和静水面偏离较小，可以用表面高度 H 表示，高度的变化由运动方程控制（公式略）。有限差分对这种方程很容易实现，由于只需要记录每个水平位置的高度，因此在三维计算中需要的内存很小，而且自由表面的边界条件容易简化。

（4）Marker - and - Cell 算法（MAC）

这是最早的时域自由表面流动问题的数值方法，基于固定的 Eulerian 网格和控制体积，网格内流体的位置由随流体运动的标记质点确定。包含标记的网格中有流体，没有标记的是空的，自由表面定义在包含流体和至少有一个相邻网格是空网格的网格内，网格中表面的位置和方向不是原始 MAC 法的一部分。这样，表面运动通过对流速插值实现，而对于新填充流体的网格，则需要用特殊的方法定义。

（5）自由液面标记算法

自由液面标记算法能够减少内存资源开销和 CPU 计算时间，因为它把标记质点仅放在表面上而不是放在流体内部。同时，这样也删除了 MAC 法中的体积追踪特性，并需要其他方法确定表面破碎和合并的方式。在二维问题中，自由液面标记质点可以沿液面线性安放，这样不仅可以保持质点间均匀的间距以及简化插值计算，也可以为施加边界条件提供方便。但是，由于在三维问题中没有简单的方法可以在表面布置标记质点，导致自由液面标记质点方法不适用。

（6）VOF 方法

VOF 方法基于流体体积的百分比，这种方法基于 MAC 法体积追踪的特点，需要大量内存和 CPU 资源，每个网格（控制体积）中都要包含流体的属性（如压力、速度、温度等）。如果知道每个网格内流体体积，就可以计算得到自由液面的位置、坡度和曲率等。坡度和曲率可以用相邻网格的体积百分比计算，但是由于体积百分比是一个阶梯函数，这样相邻网格的体积百分比可以应用于查找网格中自由表面的位置（和坡度及曲率）。可以看出，和 MAC 法一样，VOF 方法必须施加自由表面边界条件，即指定合适的气体压力（和相对应的表面张力）以及确定满足表面剪切应力为零的速度分量。要计算液面随时间的变化，需要实时获得网格中的体积百分比情况，而流体百分比的运动方程与高度函数方法类似，由于数值耗散和扩散误差破坏了阶梯函数的本质，导致不能直接求解。

在一维问题中，VOF 方法可以精确模拟界面，流体界面位于相邻网格体积百分比是 0 和 1 的网格之间，流体必然靠近百分比为 1 的网格，界面位置可以用体积百分比表示，然后流入空网格的体积可以用先充满包含界面网格然后传递到空网格的方式。在二维和三维问题中，VOF 方法可以采用类似的相邻网格的方法，但是不能像一维问题那样精确，随着问题维数的增加，无法精确计算表面的形状和位置。总的来看，VOF 法并不是采用表面追踪函数而是利用体积追踪的方式提高了自身的适用性，从而在一定程度上可以处理流体的破碎和融合。

（7）基于变密度的 VOF 方法

VOF 方法需要对边界条件进行特殊处理，由于自由液面在网格内运动，包含流体的网格不断变化，即求解区域也不断变化，需要在变化的自由表面区域施加合适的表面应力条件。更新流动区域和施加边界条件是很重要的工作，因此一些 VOF 的近似方法对流体和气体都进行了计算，通常是把流动看作一种变密度的流体运动，用 F 表示密度。由于流体和气体同时进行求解，因此不需要对自由液面进行边界条件设置。然而该方法并不实用，主要因为：1）气体对压力变化的敏感性远大于流体，在压力-速度耦合求解过程中不容易收敛，有时候还需要花费大量的 CPU 计算时间；2）自由液面处流体和气体对压力、速度的响应不同，变密度 VOF 方法模拟自由液面运动是采用平均速度模拟的，这样通常会导致自由液面的不正常运动。

即使这样，变密度方法有时也被称作 VOF 方法，因为它使用了流体体积函数。要精确追踪自由液面，必须把液面当作不连续进行处理，即必须用一种方法定义液面的不连续性并在液面处施加边界条件。同时，使用特殊的数值方法，在不破坏液面不连续特性的前提下追踪网格内液面的运动。

从复杂度和鲁棒性考虑，VOF 方法可能是最成功的方法，FLOW-3D 中使用了经过改进的 VOF 方法。VOF 方法改进的优点，主要是更好、更精确地计算网格内运动流体百分比，其他方面的改进包括：考虑贴体网格、使用更多的流体体积函数模拟多个流体分量等。

4.2.2.3　建模与仿真实施要点

FLOW-3D 软件的建模与 Fluent 类似，相关注意事项可以参考 Fluent 软件的操作情况。

4.2.2.4　算例介绍

下面以水利模型为例介绍 FLOW-3D 在流体流动方面的使用。

在水利建设中经常遇到的问题就有流体经过水坝的流动问题，本书以图 4-75 所示模型为例，展示如何利用 FLOW-3D 软件展开水坝流动分析。其中水坝模型高为80 m，上游水深为 95 m，下游水深为 20 m。

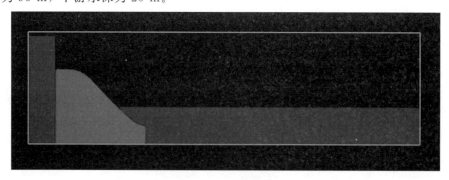

图 4-75　水坝模型

（1）新建 Workspace

打开 FLOW - 3D 软件，单击 File 选择 New Workspace，在弹出对话框中输入 Workspace 名称 dam 并选择工作目录，如图 4 - 76 所示。

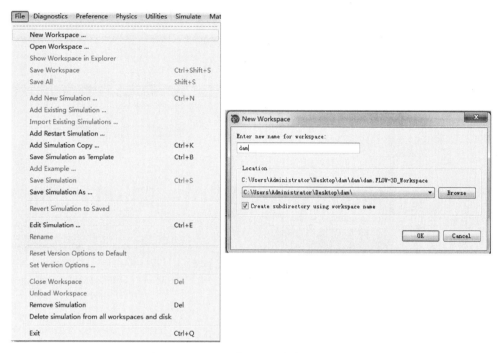

图 4 - 76　设置工作目录和创建 WorkSpace

（2）新建 Simulation

在 Portfolio 窗口下选择所建立的 Workspace dam，并右击选择 Add New Simulation，并将其命名为 ex1，如图 4 - 77 所示。

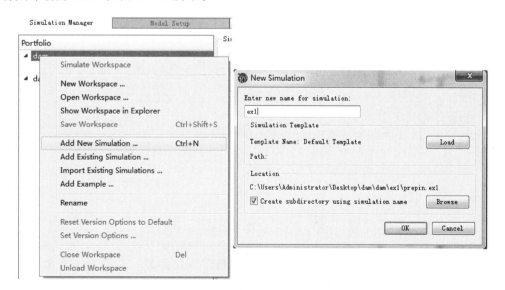

图 4 - 77　建立新 Simulation

（3）导入模型文件

此时 Model Setup 选项卡处于激活状态，单击 Model Setup 选项卡，在 Meshing &
Geometry 菜单下，单击 STL 按钮，弹出对话框；单击 Add，找到路径下面的
damnew. stl；单击 OK，如图 4 - 78 所示。

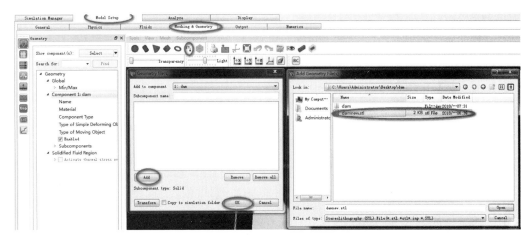

图 4 - 78　导入水坝几何文件

（4）网格划分

单击左侧 Show Mesh Window 图标，弹出 Mesh Operations 窗口，右击 Mesh -
Cartesian 选项卡，单击 Add a mesh block，如图 4 - 79 所示。

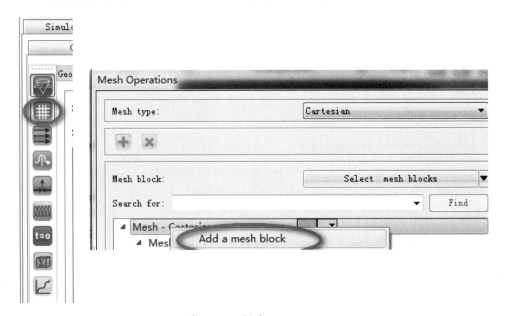

图 4 - 79　创建 Mesh Block

在随后显示的 Mesh Block 1 选项卡中设置网格尺寸以及 X，Y，Z 三个方向上的上下
边界数值，如图 4 - 80 所示。

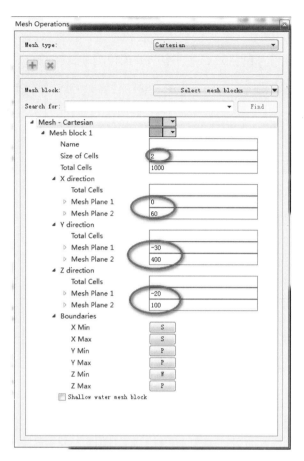

图 4 - 80　网格设置

（5）计算时间和单位系统

在 Model Setup 下 General 子选项卡中设置 Finish time 为 50 s，并选择合适的单位系统，如图 4 - 81 所示。

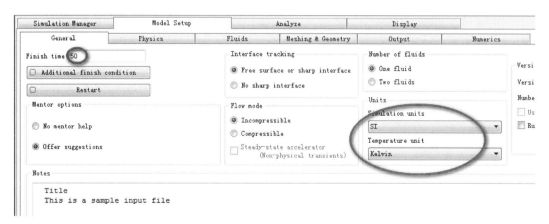

图 4 - 81 计算时间和单位系统设置

（6）物理模型设置

在 Model Setup 下 Physics 子选项卡中添加相应的物理模型并对其进行设置，对于本案例需要添加的模型有大气模型、重力模型和湍流模型，具体数值设置如图 4 - 82 所示。

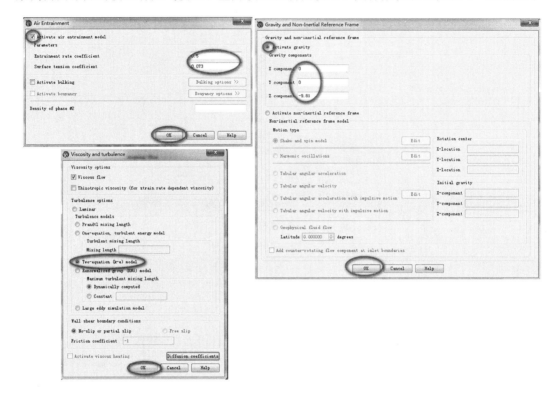

图 4 - 82　各模型具体设置

（7）添加工质属性

本案例中所用工质为 FLOW - 3D 软件自带材料——工质水，在 Meterial 菜单下单击打开 Fluids Database，并在其中选择 Water at 293 K 作为工质，点击 Load Fluid 1 确定导入，如图 4 - 83 所示。

（8）边界条件设置

在 Mesh Operations 窗口下的 Boundaries 选项卡中完成 6 个边界的边界条件设置，如图 4 - 84、图 4 - 85 所示。具体边界条件设置分别为：

• X min：Symmetry。

• X max：Symmetry。

• Y min：Specific Pressure，fluid faraction ：1（表示水），fluid elevation：95（水高），pressure：0。

• Y max：Specific Pressure，fluid faraction ：1（表示水），fluid elevation：20（水高），pressure：0。

• Z min：Wall。

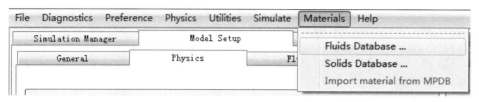

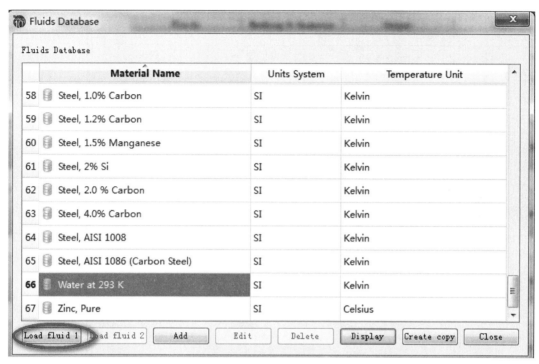

图 4 - 83　添加工质

• Z max：Specific Pressure，fluid faraction ：0（表示空气），pressure：0。

（9）初始条件设置

在 Meshing & Geometry 窗口下，单击左侧 Initial 图标，在弹出的 Initial 窗口中单击 Add 按钮，选择 Add a fluid region，产生 fluid region1，如图 4 - 86 所示，随后完成如下设置：

• 展开 Initial 的 Global，设置 pressure：Hydrostatic pressure；

• fluid Initialization：Use fluid elevation；

• Initial fluid elevation：20（添加初始水位）；

• 设置 limiters，Y High：0，Z High：95，fraction of fluid：1。

（10）输出设置

在 Meshing & Geometry 中选择 Output 子选项卡，在 Fraction interval 选择需要输出的参数，如图 4 - 87 所示。

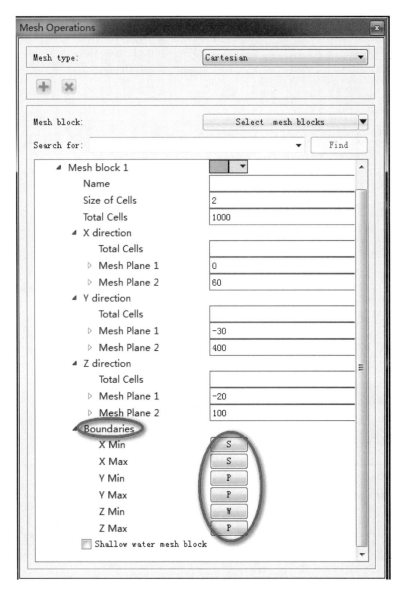

图 4 - 84　边界条件设置

（11）数值选项

在 Meshing & Geometry 中选择 Numerics 子选项卡，完成初始时间步长、最小时间步长等参数的设置，如图 4 - 88 所示。用户可以选择步长的控制方法，对于初学者，本文建议使用 Stability and covergence 和 Stability，步长会自适应。

（12）运行仿真

在 Simulate 菜单下，点击 Run Simulation 即可运行水坝流动过程仿真，如图 4 - 89 所示。

仿真进行过程中，窗口如图 4 - 90 所示。

在仿真运行过程中可以点击左下角图标暂停或终止仿真运行。

图 4 - 85　Y Min 具体边界条件设置

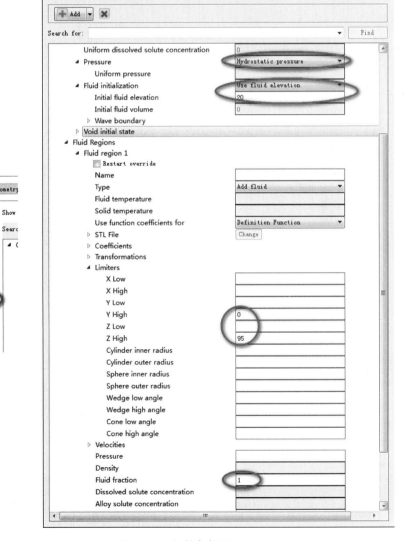

图 4 - 86　初始条件设置

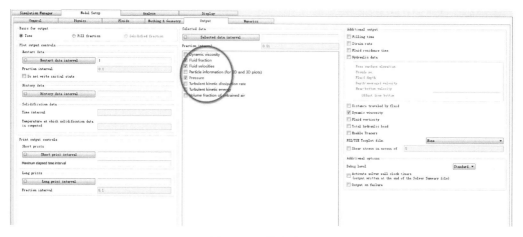

图 4 - 87　输出设置

图 4 - 88　数值选项

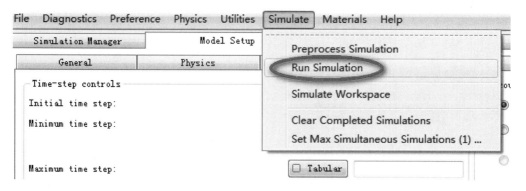

图 4 - 89　运行仿真

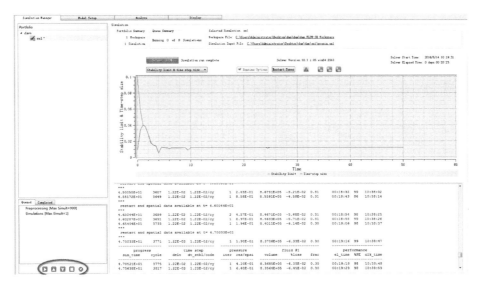

图 4-90　仿真运行界面

（13）查看结果

打开 Analyze 选项卡，在弹出的结果文件中选择 flsgrf.ex1 文件打开。在 Color variable 中选择需要查看的物理量，并在 Component iso-surface overlay 中选中 Solid Volume。在 Time frame 中通过滑动两个滑块可以控制查看结果的起始时间和终止时间。最后点击 Render 就会得到想要看到的结果展示在 Display 窗口下。在此窗口下，可以双击左侧的 Avaliable time frame 任一时刻查看此时刻的结果云图。单击动画制作按钮，会弹出 AVI Caption 窗口，在选择合适的码率后，点击 OK，就可以得到整个仿真时间段内所查看物理量在仿真区域内随时间推移而变化的视频，如图 4-91～图 4-94 所示。

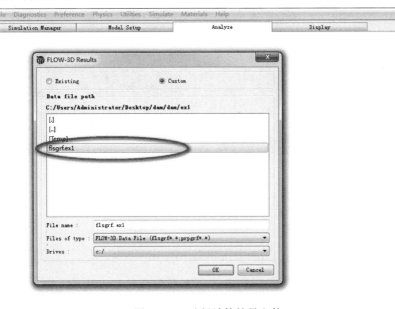

图 4-91　选择计算结果文件

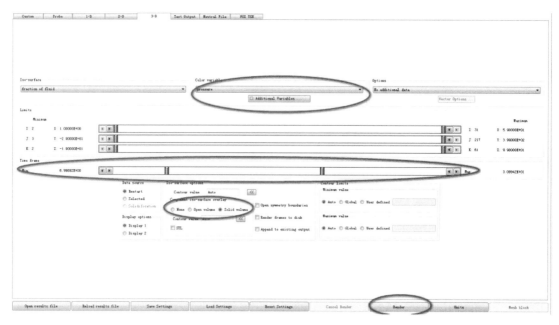

图 4 - 92　结果输出设置

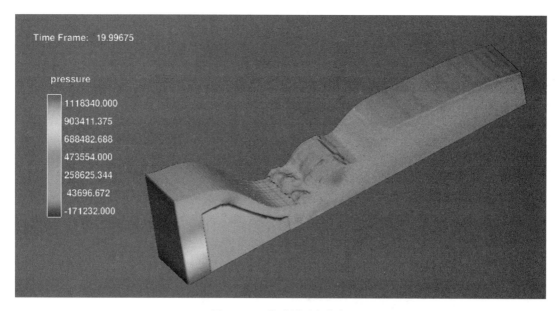

图 4 - 93　某时刻压力分布

4.2.3　CFX

4.2.3.1　功能介绍

　　CFX 是世界上唯一采用全隐式耦合算法的大型商业软件。算法上的先进性、丰富的物理模型和前后处理的完善性，使 ANSYS CFX 在结果精确性、计算稳定性、计算速度和

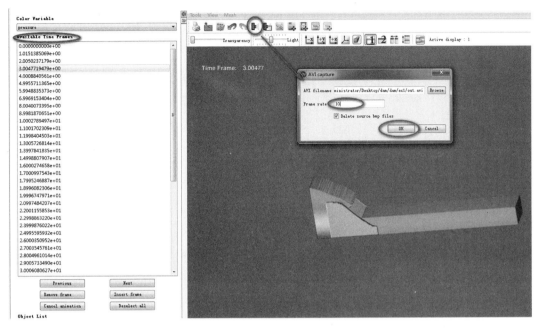

图 4 - 94　仿真结果动画制作

灵活性上都有优异的表现。除了一般工业流动以外，ANSYS CFX 还可以模拟诸如燃烧流动、多相流、化学反应等复杂流场。同时，ANSYS CFX 还可以和 ANSYS Structure 及 ANSYS Emag 等软件配合，实现流体分析和结构分析、电磁分析等的耦合。ANSYS CFX 也被集成在 ANSYS Workbench 环境下，方便用户在单一操作界面上实现对整个工程问题的模拟。

CFX 的特色功能如下：

- 先进的全隐式耦合多网格线性求解器；
- 收敛速度快（同等条件下比其他流体软件快 1～2 个数量级）；
- 可以读入多种形式的网格，并能在计算中自动加密/稀疏网格；
- 优秀的并行计算性能；
- 强大的前后处理功能；
- 丰富的物理模型，可以真实模拟各种工业流动。
- 简单友好的用户界面，方便使用；
- CCL 语言使高级用户能方便加入自己的子模块；
- 支持批处理操作；
- 支持多物理场耦合；
- 支持 Workbench 集成。

CFX 包括如下几个基本仿真模块：

（1）Combustion and Chemical Reaction（燃烧和化学反应模块）

在 ANSYS CFX 的燃烧和化学反应模块中包含了多种工业常用的流体及固体材料，用户可以方便定义。既可以模拟单步和多步反应，也可以用 EDM 或 FRC 模型来模拟燃烧，ANSYS CFX 对部分反应也自带小火焰模型库，可以采用 Mixture Fraction 进行模拟。

（2）Radiation（辐射模块）

此模块用来设定流/固体表面的辐射特性。ANSYS CFX 里包含了多种辐射模型（如 Rosseland、P1、Discrete Transfer Model 和 Monte Carlo 等），可以对各种辐射特性的材料进行模拟。

（3）Multiphase Flow（多相流模块）

该模块可以模拟固液、液液、气液、气固等不同种类的多相流，可以实现对均匀流和非均匀流的模拟，可以采用欧拉法和拉格朗日法进行模拟。

（4）Multi–Frame Reference（多重坐标参考系）

此模块允许在不同运动状态坐标系下的流体，在同一次计算中被模拟计算。例如，在旋转机械计算中，动叶片旋转静叶片静止，采用 MFR 并对两个参考系交接处做适当定义，可得出比较精确的结果。

CFX 的典型应用包括如下几个方面：

- 水泵流场及流固耦合分析；
- 煤粉燃烧炉里流场分析；
- 航空发动机燃烧及流场分析；
- 发电机组运行效率分析；
- 汽车零部件及整车分析；
- 舰船推进器非稳态流动分析；
- 室内空气流速和质量分析；
- 计算机主机电子散热分析；
- 树脂材料浇注相变分析。

4.2.3.2 基本算法

CFX 采用基于有限元的有限体积法。CFX 计算采用的基本方程涉及四个方面。

（1）守恒方程

1）连续性方程

$$\frac{\partial \rho}{\partial t} + \nabla \cdot (\rho U) = 0 \tag{4-25}$$

2）动量方程

$$\frac{\partial (\rho U)}{\partial t} + \nabla \cdot (\rho U \otimes U) = -\nabla p + \nabla \cdot \tau + S_M \tag{4-26}$$

3）能量方程

$$\frac{\partial (\rho h_{tot})}{\partial t} - \frac{\partial p}{\partial t} + \nabla \cdot (\rho U h_{tot}) = \nabla \cdot (\lambda \nabla T) + \nabla \cdot (U \cdot \tau) + U \cdot S_M + S_R \tag{4-27}$$

其中

$$\tau = \mu \left(\nabla U + (\nabla U)^T - \frac{2}{3} \delta \nabla \cdot U \right)$$

$$h_{\mathrm{tot}} = h + \frac{1}{2} U^2$$

（2）物理模型——热传导

在流体域中的热传导是通过能量输运方程来控制的：

$$\frac{\partial \rho h_{\mathrm{tot}}}{\partial t} - \frac{\partial p}{\partial t} + \nabla \cdot (\rho U h_{\mathrm{tot}}) = \nabla \cdot (\lambda \nabla T) + \nabla \cdot \left(\mu \nabla U + \nabla U^T - \frac{2}{3} \nabla \cdot U \delta U \right) + S_E$$

$$(4 - 28)$$

式中，从左到右各项依次是瞬态项、对流项、传导项、黏性项、源项。

软件计算设置时，选择 "NONE" 则能量输运方程不被求解；选择 "等温" 则流体的特性是温度相关的，但是能量输运方程没被求解；选择 "热能" 则能量输运方程被求解，但是其中不包括黏性项做功；选择 "总能" 则这种情况模拟了焓的传输并包含了动能效应，这个模型应用于气体流动（其中流速超过 $0.2Ma$）以及高速流体流动，其中黏性热效果在边界层中提升，动能效应变得重要。

（3）物理模型——共轭传热

在固体域中的热传导是使用对流方程进行模拟的

$$\frac{\partial}{\partial t} (\rho c_p T) = \nabla \cdot (\lambda \nabla T) + S_E \qquad (4 - 29)$$

式中，从左到右各项依次是瞬态项、对流项和源项。

在固体域中的辐射也可以在 CFX 中进行模拟。

（4）物理模型——湍流

湍流流动是指不稳定的、三维的、伴随能量消耗的自然流动现象。

出于工程应用的目的，将非稳态的 Navier‑Stokes 方程组按照时间平均就获得了 RANS 方程——雷诺平均 N‑S 方程（Reynolds Averaged Navier‑Stokes Equations）。这个模型是将每个物理量分解成两部分：平均值和脉动量。作为事件平均的副产品，一些未知项就会在脉动量中产生（雷诺应力、热以及质量流）。湍流模型就是用于在数学上模拟这些额外的应力和标量流量的。

CFX 常用的湍流模型主要包括标准 $k - \varepsilon$ 模型、$k - \omega$ 模型以及基于 $k - \omega$ 的 SST 模型。

①标准 $k - \varepsilon$ 模型

这个模型被称为 "工业用 CFD" 标准，它提供了在数值计算消耗和计算精度之间的一个优异的平衡点。速度和特征长度都在这个模型中使用单独的输运方程进行求解（湍流动能 k 和湍流耗散率 ε）。该模型对于模拟超声速流动分离现象，以及存在漩涡、大曲率流线特点的流场，具有一定的局限性。

②$k - \omega$ 模型

该模型假定湍流黏性是和湍流动能 k 和湍流频率 ω 相关的，通过以下公式表达

$$\mu_f = \rho \frac{k}{\omega} \qquad\qquad (4-30)$$

这个模型没有涉及在 $k-\varepsilon$ 模型中所需要的复杂的非线性衰减函数，因此更准确也更强健。该模型的一个优势是在对低雷诺数计算时，具有灵活的近壁面处理能力。

③SST 模型（剪切应力传输模型）

该模型解决了湍流剪切应力的传输问题，同时又对在湍流开端和在负压梯度下产生的气流分离进行了高度准确的预测。

4.2.3.3　建模与仿真实施要点

根据 CFX 的仿真流程，逐步介绍需要注意的实施要点。

（1）仿真类型

新建仿真时首先需要指定仿真类型：稳态和非稳态。

- Steady State（定常问题），为默认值，如果是定常问题可以跳过这步。
- Transient（非定常问题），有三个选项：1) Time Duration：计算结束的控制参数，当计算到达设定值即停止计算；2) Time Steps：时间步长；3) Initial Time：初始时间。

（2）基本设置

新建计算域，需要进行的基本设置包括：

- Location：选择这个 Domain 所在的位置。
- Domain Type：可以选择 Fluid Domain，Solid Domain，Porous Domain。
- Domain List：选择相应的流体，可以是 CFX 自带的一些常规物质，也可以选择自定义物质。
- Domain Models：该部分可以设定参考压力、浮力以及参考坐标系。
- Fluid Models：一般主要设置热传递和湍流模型。

需要说明的是，Domain 就是域，即计算区域，通常只需要设定一个 Domain。有些搅拌的问题会用到两个域，从而可以设定不同的参考坐标系。

（3）边界条件

一般边界条件的设置包括：

- Basic Setting：分别设置边界条件的类型（Boundary Type）和位置（Location）。
- Boundary Type 有 5 种：Inlet，Outlet，Wall，Opening，Symmetry。

在计算子区域设置中，可以在 Domain 的某一部分或者整个 Domain 设置源项，例如化学反应。而只有在设置了多个 Domain 的时候才会需要用到 Interface（分界面）的设置。

（4）设置初值

设置一个和真实值较为接近的初值会有利于收敛。求解控制 Solver Control 的设置需要注意如下几项：

- Advection Scheme 可以选择 High Resolution（默认值），Upwind，Specified Blend Factor。
- 根据实际情况，选取合适的时间步长 Timescale。

• Residual Target 默认为 1E − 4，如果要求高的话还可以提高精度。

（5）求解设置

CFX 的求解器是比较特别的，它使用耦合求解器，并且使用求解瞬态方程的方法来求解稳态问题。时间步长是影响收敛的最重要的因素。时间步长在耦合求解器里的重要性，相当于松弛因子（under − relaxation factor）在分离求解器（segregated solver）里的重要性。

在用 CFX 求解时，如果时间步长很小，收敛会很稳定，但是需要很多的迭代，速度较慢；如果时间步长很大，需要的迭代次数较少，但也可能引起求解器不稳定，甚至发散。因此合适的时间步长对于收敛是很重要的。通常情况下，时间步长可以根据公式（特征时间＝特征长度/特征速度）算出来。但是对于复杂的流场，直接推算出合适的时间步长还是有一定难度的，需要试出合适的时间步长。在 CFX 里，Aauto Timescale 是让系统自动估算出 Timescale，而 Physical Timescale 是由用户直接输入 Timescale。通常情况下，系统估算出的 auto timescale 过于保守，用户需要使用较大的 Physical Timescale。另外，由于使用耦合求解器的缘故，CFX 一般能在 100～200 个迭代步内收敛。如果在 200 步内还没有收敛的话，需要考虑改大 timescale，而不是让系统跑更多的迭代（例如，把最大迭代数设成 1000），这样会浪费很多宝贵的时间。

假设面对一个室内空调系统的模拟问题，由于浮力（Buoyancy）的存在，动量方程和能量方程的耦合会导致收敛困难。为了摸清时间步长对计算收敛的影响，通过算例测试了时间步长因子为 1、10、100 三种情况，平均残差（RMS Residual）和全局不平衡（Global Imbalance）的曲线图如图 4 − 95 所示。从曲线图可以清楚地看出，使用小的时间步，收敛曲线呈波浪形，或收敛缓慢，全局不平衡较大；使用大的时间步，收敛曲线呈"之"字形上下跳动。可以看出，时间步长为 10 能获得较快的收敛结果。算例中，曾经尝试通过修改能量方程的时间步长，但是效果不太好。

（6）CEL 语言的应用

CFX 有其特有的解释型表达式语言 CEL，主要特点是简单易用，有许多二次开发功能都能通过 CEL 实现，而不需要使用者求助于外部的 FORTRAN 用户子程序。

• CEL 语言采用数学表达式描述物理变量。

• CEL 语言能调用 CFX 内部的变量（包括求解的结果变量）。

• CFX 提供了内部的数学函数可供 CEL 直接调用。

• CEL 语言能够在许多地方使用，且都有表达式按钮。

• 具体使用 CEL 的地方包括：复杂的边界条件设置，变化的物理参数设置，变化的初场设置，控制方程的额外项等。

• 对于 CEL 表达式，各项的量纲必须一致，数值允许采用分数和小数。

系统可调用的系统变量如表 4 − 1 所示。

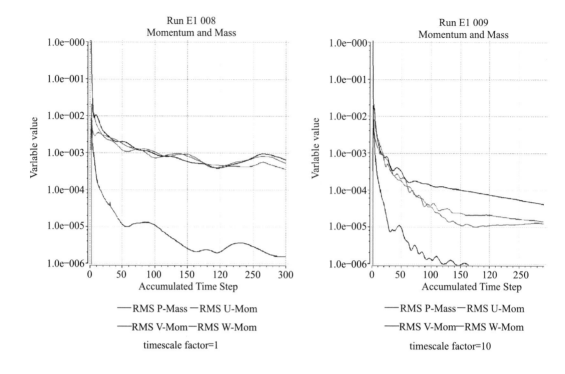

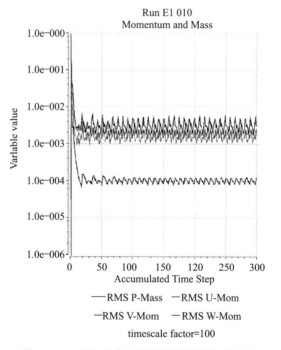

图 4 - 95　CFX 进行空调模拟问题的收敛过程

表 4-1　CFX 系统可调用的系统变量

Name	Meaning
x	Direcion 1 in Reference Coordinate Frame
y	Direcion 2 in Reference Coordinate Frame
z	Direcion 3 in Reference Coordinate Frame
r	Radial spatial location，$r = \sqrt{x^2 - y^2}$
theta	Angle，arctan (y/x)
t	time
u	Velocity in the x coordinate direcion
v	Velocity in the y coordinate direcion
w	Velocity in the z coordinate direcion
P	(absolute)Pressure
vf	Volume Fraction
ke	Turbulent kinetic energy
ed	Turbulent eddy dissipation
eddy viscosity	Eddy Viscosity
T	Temperature
sstrnr	Shear strain rate
density	Density
rNoDim	Non-dimensional radius(rotating frame only)
viscosity	Dynamic Viscosity
Cp	Specific Heat Capacity at Constanf Pressure
cond	Thermal Conductivity
enthalpy	Specific Enthalpy
beta	Thermal Expansivity
speed of sound	Local speed of sound in fluid
subdomain	Sub-domain variable(1. 0 in Sub-domain,0. 0 elsewhere)
mean diameter	Mean Diameter
deneff	Effective Density
AV name	Additional Variable name
mf	Mass Fraction

可用和不可用的系统变量如表 4-2 所示（其中，某一系统变量是否可用只取决于该模型的状态）。

表 4 - 2　CFX 系统变量可用与不可用情况汇总

System Variable	x	y	z	r	theta	t	u	v	w	P	ke	od	T	sstrr	rNoDim	density	viscosity	Cp	cond	enthalpy	beta	speed of sound	subdomain	AVn	mf	vf
Density										●			●				-							●		
Dynamic Viscosity	●	●	●	●	●	●	●	●	●	●	●	●	●	●			-						●	●		
Specific Heat Gap										●			●					-						●		
Thermal Conduct	●	●	●	●	●	●	●	●	●	●	●	●	●						-				●	●		
Thermal Expans																					-		●			
Speed of Sound																						-	●			
Kinematic Diffusivity	●	●	●	●	●	●	●	●	●	●	●	●	●										●	●		
Solid density	●	●	●	●	●	●							●													
Solid heat capacity	●	●	●	●	●	●							●													
Solid thermal conducitivity	●	●	●	●	●	●							●													
Solid thermal conducitivity	●	●	●	●	●	●							●													
Solid Sub-domain Sources	●	●	●	●	●	●	●	●	●	●	●	●	●	●	●				●	●	●	●	●	●		
Solid Sub-domain Sources	●	●	●	●	●	●							●													
Boundary Condtions	●	●	●	●	●	●									●								●			
Initial Guess	●	●	●	●	●	●																				
Mass Fraction	●	●	●	●	●	●	●																			
Voilume Fraction	●	●	●	●	●	●	●	●																		

CEL 常用的运算符、内置函数和常数如表 4 - 3、表 4 - 4 所示。

表 4 - 3　CFX 常用运算符

Operator	Function	Function
−x	sin(x)	loge(x)
x+y	cos(x)	log10(x)
x−y	tan(x)	abs(x)
x*y	asin(x)	sqrt(x)
x/y	acos(x)	stem(x)*
x^y(if y is a simple, constant,integer expression)	atan(x)	min(x,y)***
x^y(if y is any simple,constant, expression)	exp(x)	max(x,y)***
x^y(if y is not simple & constant)		

表 4 - 4　CFX 常用内置函数

Constant	Units	Description
e		Constant 2.7 1828 18
g	ms^2	Acceleration due to gravity 9.806
pi		Constant 3.1415927
R	ms^2 s^-2 K^-1	Universal Gas Donstant 8314.5

后处理中常用的函数如表 4 - 5 所示。

表 4 - 5　CFX 后处理常用函数

- CFX-Post provides additional set of functions:
- [<Fluid>.][<function>][_<Axis>[_<Coord Frame>]]([<Expression>])@<Location>
  - *area*　　　　　　　　　Area (projected to axis optional)
  - *areAve*　　　　　　　　Area-weighted average
  - *areaInt*　　　　　　　　Area-weighted integral
  - *ave*　　　　　　　　　Arithmetic average
  - *count*　　　　　　　　Number of calculation points
  - *force*　　　　　　　　Force on a surface in the specified direction
  - *forceNorm*　　　　　　Magnitude of normalized force on a curve in the specified direction
  - *length*　　　　　　　　Length of a curve
  - *lengthAve*　　　　　　Length-weighted average
  - *lengInt*　　　　　　　Length-weighted integration
  - *massFlow*　　　　　　Total mass flow
  - *massFlowAve*　　　Mass-weighted average
  - *massFlowInt*　　　　Mass-weighted integral
  - *maxVal*　　　　　　　Maximum Value
  - *minVal*　　　　　　　Minimum Value
  - *probe*　　　　　　　　Value at a point
  - *sum*　　　　　　　　Sum over the calculation points
  - *torque*　　　　　　　Torque on a surface about the specified axis
  - *volume*　　　　　　　Volume of a 3-D location
  - *volumeAve*　　　　　Volume-weighted average

4.2.3.4   算例介绍

本节通过常用的混合器算例来介绍 CFX 的主要仿真过程。CFX 的仿真过程主要包括：

- 定义流体域、物理模型、流体属性，如果有的话，定义固体域、子域；
- 在流体域边界上设置边界条件；
- 设置初始场；
- 设置求解参数；
- 写 .def 文件，该文件包括了网格、物理模型、边界条件等信息；
- 求解并监视计算收敛过程；
- 用 CFX - Post 分析计算结果。

（1）启动 CFX - Pre

从 CFX5 主菜单上点击 CFX - Pre，创建一个新的 Case 文件并保存，如图 4 - 96 所示。

图 4 - 96   创建新 Case

（2）读入网格

右击 Mesh，选择 Import Mesh 菜单下的 CGNS；在文件打开窗口选择 mixer. cgns 文件，打开该文件，如图 4 - 97、图 4 - 98 所示。

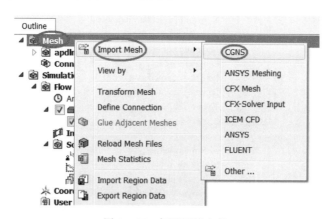

图 4 - 97   打开网格文件

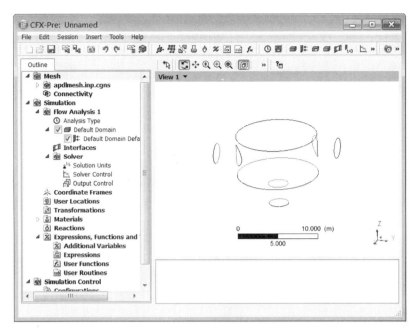

图 4 - 98　CFX 算例界面

（3）创建流体域

点击 Domains 按钮，在 Insert Domain 窗口设置计算域名称，这里设为 mixer，如图 4 - 99所示。

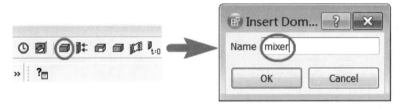

图 4 - 99　创建流体域

在 Domain：mixer 窗口的 General Options 下设置流体介质为 Water at 25 ℃，相对压力设为 1 atm，如图 4 - 100 所示。

在 Edit Domain：mixer 窗口的 Fluid Models 中，将 Heat transfer Model 设置为 Thermal Energy，将 Turbulence Model 设置为 Zero Equation，如图 4 - 101 所示。

（4）创建边界条件

点击 Boundary Conditions 按钮，可以设置边界条件。将 Name 设为 in1，然后在 Edit Boundary 的 Basic Settings 项下设置 Boundary Type 为 inlet，并设置 Location 为 inlet1，如图 4 - 102 所示。

在 Edit Boundary：in1 in Domain：在 mixer 窗口点击 Boundary Details。设置 Normal Speed 为 2.0 m/s；设置 Static Temperature 为 315 K，如图 4 - 103 所示。

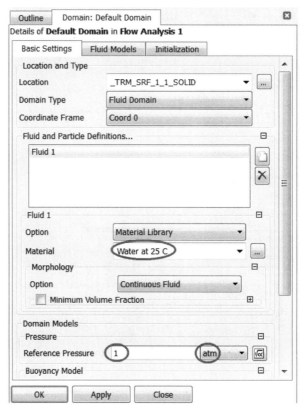

图 4 - 100　设置 General Options

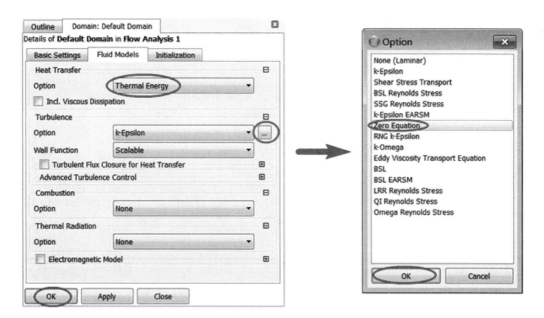

图 4 - 101　设置流体模型

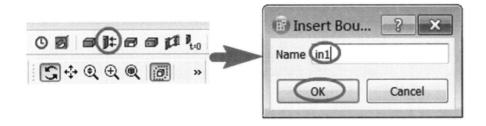

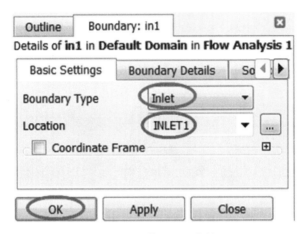

图 4 - 102　设置入口边界

图 4 - 103　设置入口边界条件

　　用类似的方法创建 in2，其位置在 inlet2，速度为 2.0 m/s，温度为 285 K。用类似的方法创建 out，其位置在 outlet，Average Static Pressure 为 0 Pa。

（5）设置初场

点击 Global Initialization 按钮，将所有设置都设为 Automatic，如图 4 - 104 所示。

图 4 - 104　设置计算初场

（6）设置求解参数

点击 Solver Control 进行求解设置，将 Timescale Control 设置为 Auto Timescale。将 Max. Iterations 设为 1 000，残差标准设为 RMS 1e - 5，如图 4 - 105 所示，其他选项采用默认设置。

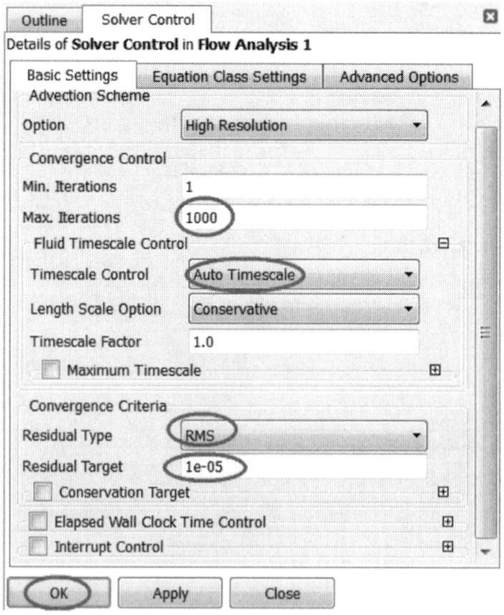

图 4 - 105　设置求解参数

（7）编写 def 文件

点击 Write Definition File 按钮，编写 def 文件。将 File Name 设为 mixer. def，如图
4 - 106所示。

图 4 - 106　设置写入 def 算例文件

（8）运行求解器

点击 Start Run 按钮，启动 CFX solver，如图 4 - 107 所示。

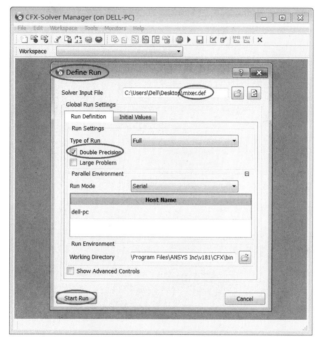

图 4 - 107　启动求解器计算

得到计算结果，如图 4 - 108 所示。

（9）后处理

从 Solver Manager 的顶部图标栏点击 Post，启动 CFX - Post。选择 Run with Results
将结果读入 CFX - Post。修改几何框架图：在 Object Selector Window 窗口选择
Wirefame，弹出 Wireframe 的 Object Editor 窗口。将 Edge Angle 设为 0 degree，点击
Apply，观察表面网格，如图 4 - 109、图 4 - 110 所示。

①检查网格质量

计算最小网格角度 Minimum Face Angle。从主菜单下选择 Tools\Mesh Calculator。
当 Mesh Calculator 打开时，在 Function 后选择 Minimum Face Angle，点击 Calculate，
如图 4 - 111 所示。

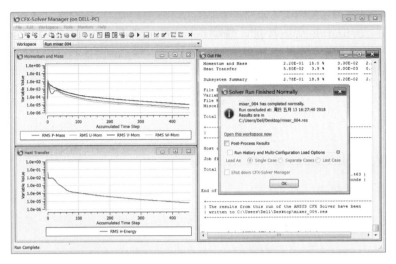

图 4 - 108　计算结果面板

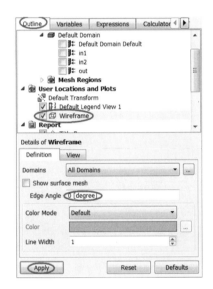

图 4 - 109　后处理设置显示表面网格面板

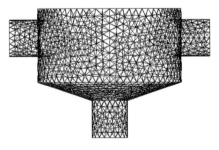

图 4 - 110　表面网格显示图

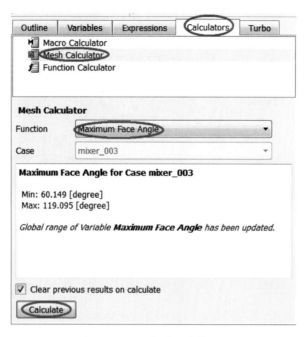

图 4 - 111　网格质量计算面板

②确定最小网格角度的区域

从主菜单下选择 Creat\Point；采用默认的名字，Point 1。在 Point 窗口的 Geometry 下将 Option 项设为 Variable Minimum。从 Variable 下拉菜单下选择 Minimum Face Angle；将 Symbol Size 设为 2。点击 Color 按钮，设置 Color Selector，如图 4 - 112、图 4 - 113所示。

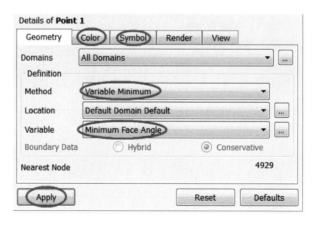

图 4 - 112　显示最小网格角度区域的设置面板

③创建切面

在 Object editor 下点击 Color 按钮，将 Mode 设为 Variable。点击 Variable 下拉菜单，选择 Temperature，如图 4 - 114 所示。

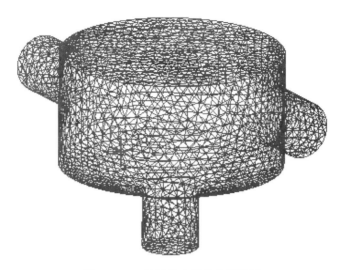

图 4 - 113　显示最小网格角度区域

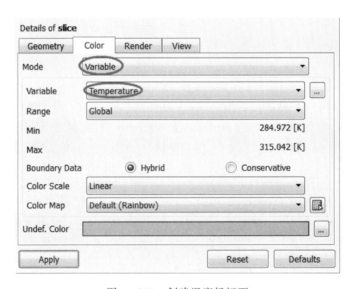

图 4 - 114　创建温度场切面

④创建图标

在主工具栏内点击 Create Legend 按钮。在 New Legend 窗口下输入切面名称，这里键入 slice legend。在 Object editor 的 Definition 栏选择 slice，如图 4 - 115 所示。得到效果如图 4 - 116 所示。

⑤显示等值线

在主工具栏内点击 Contour Plot 按钮，在 New Contour 窗口下输入等值线名称，这里输入 slice contour。将 Object Editor 下的 Location 设为 slice，将 Variable 设为 Temperature，如图 4 - 117 所示。为了更清楚地查看等值线，可以将 slice 前的可视框关掉，如图 4 - 118 所示。

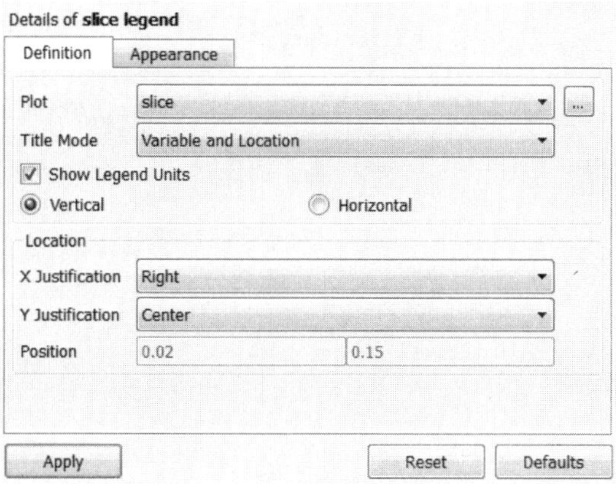
Details of slice legend
Definition
Appearance
Plot
slice
Title Mode
Variable and Location
Show Legend Units
Vertical
Horizontal
Location
X Justification
Right
Y Justification
Center
Position
0.02
0.15
Apply
Reset
Defaults

图 4－115　设置云图显示颜色梯度图标

Temperature
slice
315
308
300
292
285
[K]

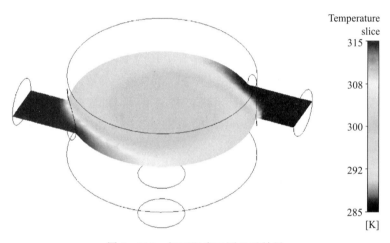

图 4－116　切面温度云图显示效果

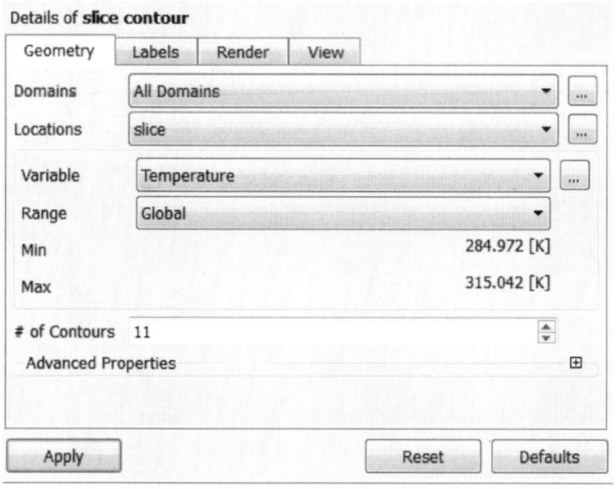
Details of slice contour
Geometry
Labels
Render
View
Domains
All Domains
Locations
slice
Variable
Temperature
Range
Global
Min
284.972 [K]
Max
315.042 [K]
# of Contours
11
Advanced Properties
Apply
Reset
Defaults

图 4－117　温度等值线设置面板

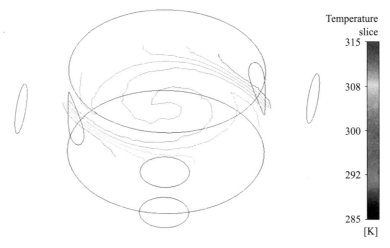

图 4-118　温度等值线显示效果

⑥动画制作

关掉 slice contour 显示框，打开 slice 显示框。在主工具条内点击 Animation icon。在 Animation Editor 内点击 New Key Frame-KeyFrameNo 1 创建完成，当前视图被存为第一关键帧。在 Object Selector 内双击 slice，将点的坐标改为（0，0，-1.99）。在 Animation Editor 内点击 New Key Frame-KeyFrame No 2 创建完成，当前视图被存为第二关键帧，如图 4-119 所示。

图 4-119　动画制作设置面板

在 Animation Editor 内点击 Previous Key Frame 按钮。在 Animation Editor 内点击 Play Forward 按钮，动画会自动从第 1 帧到第 12 帧播放。

⑦创建流线

关闭 Animation Editor，关掉 slice 图的显示框。在主工具栏内点击 Streamline 按钮。在 New Contour 窗口内键入 Streamline - In1。在 Object editor 窗口内，将 Geometry 栏下的 Location 设为 in1，将 Colour 栏下的 Mode 设为 Variable 内的 Temperature，如图 4 - 120 所示。显示效果如图 4 - 121 所示。

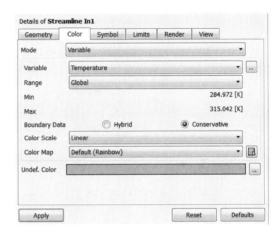

图 4 - 120　流线设置面板

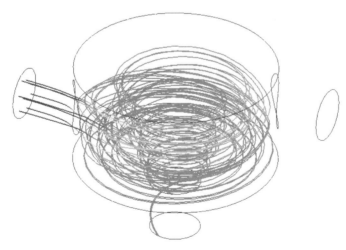

图 4 - 121　流线显示效果图

⑧创建用户变量

从主菜单中选择 Insert\Variables，在 Variable Editor 窗口，点击 New Icon，在 New Variable 窗口，键入 Radius。在 Experssion 窗口，键入自定义公式，这里定义为 $(X^2 + Y^2)^{0.5}$，关闭 Variable Editor，如图 4 - 122 所示。

图 4 - 122　用户变量创建面板

⑨创建等值面

关掉 Wireframe 之外其他对象的显示框。选择 Insert \ Locations \ Isosurface。在 Geometry 栏内,选择 Radius 作为变量,在 Color 栏内,将 Mode 改为 Variable,选择 Temperature 作为变量,用 Local 作为区域范围。

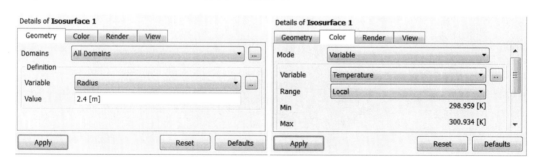

图 4 - 123　等值面创建面板

⑩创建二维速度分布

Create a Plane 创建平面,关掉除了 Wireframe 之外的其他对象的显示框。创建一个平面 Plane 1,用 ZX Plane 方法,设 Y=0,Color 设置采用默认,如图 4 - 125 所示。

⑪创建曲线

将 Plane1 的显示框关掉,选择 Insert\Locations\Polyline。在 Geometry 栏内,选择 Boundary Intersection 作为方法,在 Boundary List 选择 out,在 Location 栏内选择 Plane 1,如图 4 - 126 所示。

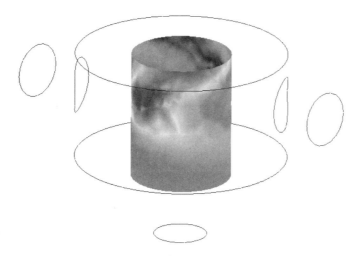

图 4 - 124　等值面显示效果

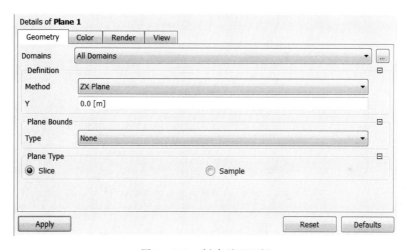

图 4 - 125　创建平面面板

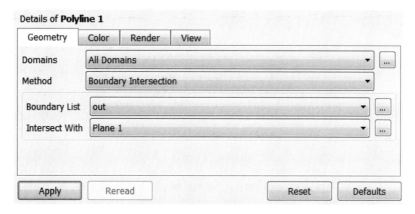

图 4 - 126　创建曲线面板

⑫创建二维图表

选择 Insert\Chart，采用默认的名字。在 General 选项卡的 Title 栏键入 Velocity Profile at Outlet 作为名字。在 Data Series 选项卡下设置数据名称为 New Line，Location 栏选择刚创建的 Polyline。在 X Axis 选项卡下选择变量 X。在 Y Axis 选项卡下选择变量 Velocity w，其他选项采用默认值，如图 4 - 127 所示。点击 Apply，二维速度分布显示效果如图 4 - 128 所示。

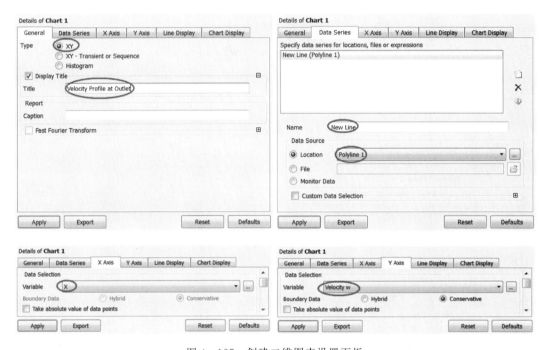

图 4 - 127　创建二维图表设置面板

4.2.3.5　应用领域

上述操作例子是 CFX 的简单实例。CFX 在工业领域有着广泛的计算应用，主要包括航空航天工业、汽车工业、船舶工业、建筑工业、火灾通风、冶金工业、石油化工等。

（1）航空航天工业

CFX 模拟美国 F - 22 战斗机的结果，计算状态为马赫数 $Ma = 0.9$，攻角 $= 5°$。图 4 - 129 显示的是对称面上的马赫数分布。计算共采用了 260 万个网格单元。由于 CFX 具有强大的并行功能，软件自动将网格分为若干部分，分配到网络上的各个处理器进行计算，这使得大规模 CFD 问题的计算能够在短时间内得到结果。CFX 模拟的升力、阻力及力矩系数都与实验值吻合得很好。

（2）汽车工业

图 4 - 130 为 CFX 为日本汽车工业协会 JAA 模拟的某汽车外流场，图中显示了对称面、地面和车身表面的压力分布。1997 年在东京召开的 JAACFD 会议上，CFX 现场演示了此计算结果，在日本汽车界引起了轰动，并引发了汽车工业采用 CFD 技术进行新车研

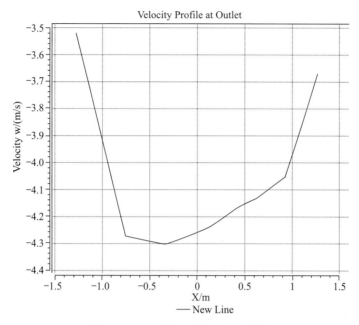

图 4 - 128 二维速度分布显示效果

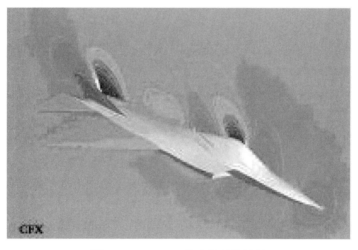

图 4 - 129 F - 22 外流场计算结果

发的高潮。JAA 人员认为，采用 CFD 模拟，可以有效地减少风洞实验次数、节省经费、加快新车的研发过程。

（3）船舶工业

CFX 计算的船舶问题。船行速度为 2.064 m/s 或 4.03 knots，整船的计算阻力为 43.9 N，而实验结果为 44.3 N。误差几乎为 1%，计算采用了 CFX 的自由液面模型，并用自适应网格技术来加密自由液面的网格，从而更精确地捕捉到自由液面，如图 4 - 131 所示。

图 4 - 130　汽车外流场计算结果

图 4 - 131　船舶阻力计算结果

北美的 EMP 公司采用 CFX 模拟的常规涡壳水泵。EMP 的工程师说，CFX 的通用网格界面（GGI）模型使得他们能够用更短的时间，轻松完成涡壳和叶片的网格划分，而所得到的结果包括水泵内每一点的速度和压力，这是实验测量所无法完成的。他们通过 CFX 模拟，分析水泵内的分离区和回流区产生的原因并加以改进，提高了水泵的效率。

（4）建筑工业

英国一家建筑工程服务咨询公司 BDSP 用 CFX 模拟了伦敦街区一角的外部风场，图 4 - 133 显示了建筑物表面的压力分布。BDSP 的人员称，采用 CFX 模拟建筑物的风载，可以为建筑的强度设计提供有效的压力数据，同时针对建筑物的具体特点，设计更灵活的通风系统。BDSP 设计人员还借助 CFX 的模拟图片向客户解释一些复杂的问题。

图 4 - 132　蜗壳水泵流场计算结果

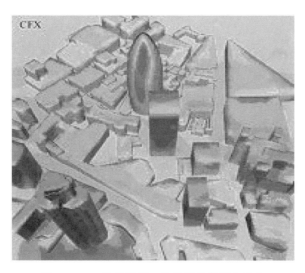

图 4 - 133　伦敦街区一角外部风场压力分布

（5）火灾通风

ICF Kaiser Engineers 公司是一家历史悠久的交通工业企业，被公认为是地铁通风领域的技术创新者，也是首家利用 CFD 技术模拟地铁火灾及通风的企业。在对几个主要 CFD 软件进行试用之后，ICF 最终选择了 CFX 作为其模拟地铁火灾通风的分析工具。ICF 的工程师认为，CFX 的稳健性和灵活性更能满足他们的要求。图 4 - 134 显示为 ICF 模拟的某地铁站着火后的温度和速度分布。

对于管壳换热器的流线及温度分布，CFX 强大的全隐式耦合算法允许其同时考虑管外流体、管内流体，以及管壁部分的耦合传热。通过 CFX 的模拟，能得到换热器内局部过热的具体位置，为进一步改造提供了丰富的信息，如图 4 - 135 所示。

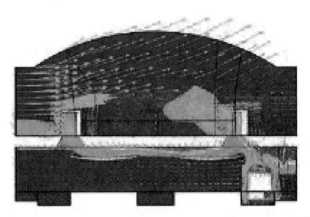

图 4-134　某地铁站着火后的温度和速度分布

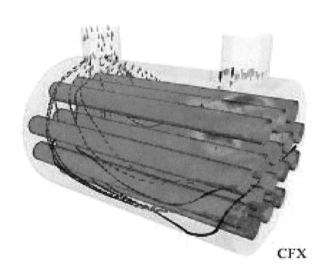

图 4-135　管壳换热器流线及温度分布

（6）冶金工业

CFX 可模拟钢水铸造过程，图 4-136 显示的是铸造模具内的流线及表面温度分布。CFX 丰富的物理模型中包括了凝固模型，该模型考虑了瞬态的潜热变化、凝固过程中熔融区的阻力以及相变过程中的湍流衰减。

（7）石油化工

澳大利亚联邦科学与工业研究组织（CSIRO）利用 CFX 模拟流化床内气泡的形成和发展过程，如图 4-137 所示。由于和许多工业和大型研究项目的广泛合作，CFX 的多相流模型一直处于仿真技术的前列。这些模型可以模拟任何扩散和连续流动的组合，包括液体、固体、气体和化学物质。

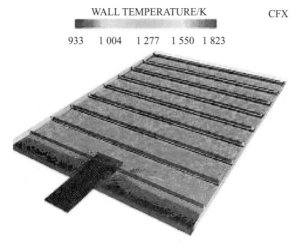

图 4 - 136　钢水铸造模具内流线及表面温度分布

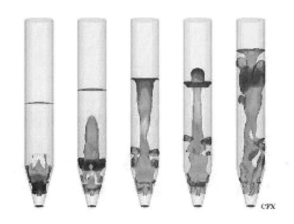

图 4 - 137　流化床内气泡的形成和发展

4.2.4　ANSYS

ANSYS 软件是由美国 ANSYS 公司开发的，集结构、流体、电场、声场分析于一体的大型通用有限元分析软件。ANSYS 广泛应用于机械设计、石油化工、轻工、造船、航空航天、汽车交通、土木工程、水利、铁道、生物和医学等众多工业领域。

4.2.4.1　功能介绍

（1）结构分析

线性静力分析计算是结构在不变的静载荷作用下的受力分析，它不考虑惯性和阻尼影响。静力分析的载荷可以是不变的惯性载荷（如重力和离心力），以及可近似等价为静力作用的随时间变化的载荷（如通常在许多建筑规范中所定义的等价静力风载和地震载荷）的作用。静力分析既可以是线性的也可以是非线性的。非线性静力分析包括所有类型的非线性：大变形、塑件、蠕变、应力刚化、接触单元、超弹性单元等。

　　模态分析用于确定设计结构或机器部件的振动特性，即结构的固有频率和振型，给出模态参与系数。它们是承受动态载荷结构设计中的重要参数，也是其他动力学分析问题的起点，例如瞬态动力学分析、谐响应分析和谱分析，其中模态分析也是进行谱分析、模态叠加法谐响应分析或瞬态动力学分析所必需的前期分析过程。

　　（2）热分析

　　热分析是软件的一个很重要的分析功能，主要用于计算一个系统或部件的温度分布及其他热物理参数。用户关心的参数如温度分布、热梯度、热流密度、换热量等都可以得到。在实际工程中热分析是很重要的，例如对燃气轮机、电子设备、换热器、各种工业炉等。热分析往往不是独立的，热分析完成后可以进行结构应力分析，计算由于热膨胀或收缩引起的热应力等。还可以同工作特性联系起来，进行更为深入的分析和研究。

　　实际生产和生活中对成本和环保的要求，需要用户精确考虑系统中热量的吸收和消耗问题，因此需要准确的热设计工具。ANSYS 的热分析功能为用户提供了一个有效的工具。

　　概括地讲，ANSYS 热分析的功能包括一般的稳态传热和瞬态传热分析，在热分析中可以同时考虑传导、对流和辐射三种换热方式。高级的热分析功能包括：相变问题（考虑材料的潜热）；材料属性随温度的变化；热分析中的子结构方法的使用；热辐射问题的几种不同处理方法；单元死活技术等。

　　（3）计算流体力学分析

　　ANSYS 的流体力学模块 FLOTRAN 提供了流体分析（CFD）功能，能够处理 2D 和 3D 黏性流体的流动与换热的问题。FLOTRAN 流体分析有两种单元，即 FLUID141（2D 及轴对称问题）、FLUID242（3D 问题）。同 ANSYS 其他学科的分析类似，流体单元有流体相应的自由度，流体的自由度包括流体的速度、压力、温度、湍流动能、湍流动能耗散率等，相应流体的边界条件就是与流体的特性相关。

　　（4）电磁分析

　　ANSYS 能进行低频电磁（LF）和高频电磁分析（HF），而且低频和高频所用单元及方法是不同的。必须注意高低频是如何分类的，即何种情况采用低频分析，而何时又需要进行高频分析。根据麦克斯韦方程，低频电磁忽略安培定律的位移电流项，而高频电磁分析需要考虑，因此高频分析可以模拟电磁辐射的传播。典型高频的应用情况是波长比模型区域小或相差不多。从频率的角度来划分，则从几百 MHz 到几百 GHz，应用包括天线、波导、微波、雷达、射频器件等。现在的电磁兼容、电磁辐射等高频分析内容也是研究热点之一。低频的应用是波长比模型区域大很多的情况。典型的应用包括永磁体、电机、螺线管、制动器、变压器、汇流条、感应加热炉、电磁搅拌等。

　　（5）耦合场分析

　　耦合场分析是考虑两个或两个以上工程学科（物理场）间相互作用的分析。例如流体与结构的耦合分析。流体流动的压力作用于结构，结构产生变形，而结构的变形又影响了流体的流道，因此是相互作用的问题，ANSYS 软件的鲜明特色之一即是多物理场耦合分析功能。

ANSYS 包括了结构、流体、热、电磁分析功能，能够进行相互间的耦合分析。典型的耦合场分析类型有：流体-结构耦合，流体-热耦合，流体-电磁耦合，热-结构耦合，静电-结构耦合，电磁-热耦合，热-电耦合，电磁耦合，声学分析（结构-流体耦合）等。

实际工程中有大量的应用多物理场分析的领域，例如：发动机、燃气涡轮、压力容器（热交换器）、电子设备、制冷系统等需要热-结构耦合；电机、变压器等需要热-电及热-结构耦合分析；压电换能器需要压电分析；熔化钢水在感应加热炉中的电磁搅拌问题需要流体-电磁耦合分析；梳状驱动器、扭转谐振器等 MEMS 器件需要静电-结构耦合分析等。

4.2.4.2　基本算法

（1）结构力学基本算法

①平衡方程

对于一般空间问题，在空间直角坐标系下，弹性力学基本方程可以表示为

$$\begin{cases} \dfrac{\partial \sigma_{xx}}{\partial x} + \dfrac{\partial \sigma_{xy}}{\partial y} + \dfrac{\partial \sigma_{xz}}{\partial z} + b_x = 0 \\[2mm] \dfrac{\partial \sigma_{yx}}{\partial x} + \dfrac{\partial \sigma_{yy}}{\partial y} + \dfrac{\partial \sigma_{yz}}{\partial z} + b_y = 0 \\[2mm] \dfrac{\partial \sigma_{zx}}{\partial x} + \dfrac{\partial \sigma_{zy}}{\partial y} + \dfrac{\partial \sigma_{zz}}{\partial z} + b_z = 0 \end{cases} \tag{4-31}$$

②边界条件

S 为所研究物体 V 的全部边界，S 上的边界条件可以分为力边界条件 S_σ 与位移边界条件 S_u。自然有

$$S = S_\sigma + S_u \tag{4-32}$$

在力边界条件 S_σ 上，作用表面力 $\boldsymbol{q} = \{q_x, q_y, q_z\}^\mathrm{T}$，由弹性力学理论，在 S_σ 上下式成立

$$\begin{cases} q_x = \sigma_{xx}l + \sigma_{xy}m + \sigma_{xz}n \\ q_y = \sigma_{yx}l + \sigma_{yy}m + \sigma_{yz}n \\ q_z = \sigma_{zx}l + \sigma_{zy}m + \sigma_{zz}n \end{cases} \tag{4-33}$$

其中 l、m 和 n 为弹性体边界 S_σ 外法线与 3 个坐标轴夹角的方向余弦。

在位移边界条件 S_u 上，位移 $\bar{u}$，$\bar{v}$，$\bar{w}$ 已知，表示为

$$u = \bar{u}, v = \bar{v}, w = \bar{w}$$

（2）热传导基本算法

①平衡方程

$$\rho c_p \frac{\partial T}{\partial t} = \mathrm{div}(\lambda \, \mathrm{grad}\, T) + Q \tag{4-34}$$

②边界条件

第一类边界条件（Dirichlet 边界条件），边界 S_D 处

$$T = T^*$$

第二类边界条件（Newman 边界条件），边界 S_N 处

$$\lambda \frac{\partial T}{\partial n} = q^{*}$$

第三类边界条件（Cauchy 边界条件），边界 S_C 处

$$\lambda \frac{\partial T}{\partial n} = -\beta (T - T_{\infty})$$

（3）电磁场基本算法

电磁场平衡方程

$$\nabla \cdot \boldsymbol{D} = \rho$$

$$\nabla \cdot \boldsymbol{B} = 0$$

$$\nabla \times \boldsymbol{E} = -\frac{\partial \boldsymbol{B}}{\partial t}$$ 　　　　　　（4 - 35）

$$\nabla \times \boldsymbol{H} = \frac{\partial \boldsymbol{D}}{\partial t} + \boldsymbol{J}$$

对于电磁场分析的基本方程，除麦克斯韦方程组外，还包括洛伦兹力公式

$$\boldsymbol{F} = q(\boldsymbol{E} + \boldsymbol{v} \times \boldsymbol{B})$$ 　　　　　　（4 - 36）

4.2.4.3　建模与仿真实施要点

（1）单元选择与使用

①结构分析常用单元

1）三维实体单元。常用的三维实体单元有 SOLID45，SOLID92，SOLID95，SOLID185，SOLID186，SOLID187。对非线性应用主要采用 SOLID185，SOLID186，SOLID187 单元。因为它们有更多的材料模式、采用最新的单元技术。对自由网格的应用最好采用有中间节点的单元，否则单元的退化形式精度将会大受影响。

2）常用二维实体单元。二维实体单元，主要用于将三维问题简化为二维分析的情况。主要分为：平面应力单元；平面应变单元；广义平面应变单元；轴对称单元。

轴对称结构可以用平面（x，y）有限元模型来模拟，轴对称单元可以施加非轴对称载荷，大大减少了三维模拟的时间。主要包括 PLANE25，PLANE61，PLANE75，PLANE 78，PLANE 81，PLANE 83。

广义平面应变选项，假定 Z 方向有限的变形区域长度，与标准平面应变假定的无限大不同。广义平面应变对 Z 方向尺寸不是足够长的情况给出更好的实际变形结果，也给出用户更高效地利用二维单元选项模拟一定的二维变形的方式。主要包括 PLANE182，PLANE183 单元。

3）壳单元。一般弹性薄壳用 SHELL63。对非线性或复合材料壳采用 SHELL 18l 单元。

4）梁单元。推荐采用 BEAM188 和 BEAM 189 单元。因为这些单元允许定义梁截面的主要特性参数，还可以自定义梁截面的几何形状，截面可以有多种材料，允许施加并输出初应力、三维模型及结果显示。支持丰富的材料类型，对非线性有良好的表现。

②热分析常用单元

1）实体。二维常用 PLANE55 单元和 PLANE77 单元。三维常用 SOLID70 单元和 SOLID90 单元。

2）壳单元。常用 SHELL131 单元和 SHELL132 单元，该单元在厚度方向有多个自由度，可以模拟厚度方向上温度的梯度变化。

③流体分析常用单元

二维分析采用 FLUID141 单元，三维分析采用 FLUID142 单元。

④电磁分析常用单元

静标势常用 SOLID96 单元，磁矢势常用 SOLID97 单元和 SOLID117 单元。

（2）模型选择与几何建模

有限元分析的最终目的是要再现实际工程系统的数学行为特征，换句话说，分析必须是物理原形准确的数学模型。广义上讲，有限元模型包括所有的节点、单元、材料属性、实常数、边界条件，以及其他用来表现这个物理系统的特征。

ANSYS 术语中，建模一般狭义地指生成几何模型并得到节点和单元的过程。ANSYS 中有下列生成模型的方法：

• ANSYS 中进行实体建模。利用 ANSYS 的几何建模功能，采用自上而下（直接生成体或面）或自下而上（依次生成点、线、面、体），然后再对该实体模型划分网格，得到有限元模型。

• 利用直接生成方法。在 ANSYS 中直接创建节点单元，构建有限元模型。

• 在专业 CAD 中建立的模型。

在 ANSYS 中，建模过程通常应该遵循以下要点：

• 首先确定分析方案。在开始进入 ANSYS 之前，首先确定分析目标，决定模型采取什么样的基本形式，选择合适的单元类型，并考虑如何能建立适当的网格密度。

• 进入前处理开始建立模型。一般情况下，利用实体建模功能创建模型。

• 建立工作平面。

• 利用几何元素和布尔运算操作生成基本的几何形状。

• 激活适应的坐标系。

• 用自底向上方法生成其他实体，即先定义关键点，然后再生成线、面和体。

• 用布尔运算或编号控制将各个独立的实体模型域适当地连接在一起。

• 生成单元属性表（单元类型、实常数、材料属性和单元坐标系）。

• 设置单元属性指针。

• 设置网格划分控制以建立想要的网格密度，这个步骤并不总是必要的，因为 ANSYS 程序设置有默认的单元尺寸（若需要程序自动细化网格，此时应退出前处理，激活自适应网格划分）。

• 通过对实体模型划分网格来生成节点和单元。

• 在生成节点和单元之后，再定义面对面的接触单元。

·模型数据存储后退出前处理。

（3）基本加载与求解技术

有限元的分析目的就是查看结构在一定载荷作用下的响应情况。因此载荷的定义就是分析中的一个关键步骤。现在有很多实际应用的载荷情况十分复杂，这就要求分析软件有强大灵活的载荷施加方式。

ANSYS 的载荷类型有集中载荷、惯性载荷、体积载荷、自由度载荷、表面载荷等。载荷的定义有表格载荷、函数载荷、常值载荷、外部载荷等。ANSYS 还有一些载荷的高级操作，例如载荷的缩放、梯度载荷、载荷的叠加和替代、载荷的传递等。ANSYS 的求解器有直接求解器（最精确）、迭代求解器（速度快）、并行求解器（速度最快，适于大规模问题）。

（4）后处理与图形处理技术

通过建模、划分网格、施加载荷和边界条件，求解并获得结果，最关心的结果就可以提取出来；一种普遍的看法是后处理比较简单，会看应力和位移就足够了。实际则不然，一个很重要的问题需要搞清楚，就是给出的结果对不对，是不是一个正确的后处理操作，然后才是分析结果的合理与否等更高级的问题。这就首先需要将 ANSYS 的后处理过程及具体的技术细节搞清楚，比如结果的显示问题，结果的坐标系问题等。

ANSYS 的后处理主要由通用后处理器（POST1）和时间历程后处理器（POST26）组成；在通用后处理器中可以查看结果的等值图、结果的列表，以及结果的查询等最基本的操作，还可以进行路径操作、载荷工况组合、提取结果值、进行结果的数学运算等进一步的操作。在时间历程后处理器中可以查看变量随时间的变化情况，还可以进行数学运算，如积分、微分等。ANSYS 中还有两个后处理工具，一个是通用后处理中的 PGR 结果查看器，还有就是时间历程分析中的新时间历程结果查看器。另外 ANSYS 中还有非常方便的计算报告生成器，可以将分析结果整理输出到一个 HTML 格式文件，便于文件归档和结果的发布与共享。

（5）APDL 和命令流使用

ANSYS 命令流的 APDL 语言十分方便，它的语言规则类似于 FORTRAN，但比 FORTRAN 更容易，掌握好命令流可以极大地提高 ANSYS 的使用效率。

利用 ANSYS 命令流可以方便地实现模型的参数化。可以直接点击菜单完成第一个模型，然后将完成该模型的日志文件整理出来，经过人为的改造，即可形成一个参数化的输入命令文件，关键在于如何整理命令流。

APDL 语言具有如下优势：

·可以减少大量的重复工作，特别适用于经少许修改（比如修改网格的密度）后需要多次重复计算的场合，可为设计人员节省大量的时间，以利于设计人员有更多的精力来从事产品的构思。

·不受 ANSYS 软件的系统操作平台的限制，即用户使用 APDL 文件既可以在 Windows 平台进行交流运行，也可以在 UNIX 或其他的操作平台上运行。而 GUI 方式生成的数据文件则不能直接交流。

• 不受 ANSYS 软件的版本限制，一般情况下，ANSYS 软件 GUI 方式生成的数据文件只能向上兼容一个版本，也就是 ANSYS11 版本的软件只能直接调出 ANSYS10 版本的数据文件，而不能直接调用 ANSYS9 及以前的数据文件。而 APDL 文件则不存在这个限制，仅仅只有个别命令会有影响。

• 在进行优化设计和自适应网格分析时，必须要使用 APDL 文件系统。

• 利用 APDL 方式，用户很容易建立参数化的零件库，以利于快速生成有限元分析模型。

• 利用 APDL 可以编写一些常用命令的集合放在工具栏上。

• 可以利用 APDL 从事二次开发。

4.2.4.4 算例介绍

下面以贮箱静力和模态分析为例，介绍 ANSYS 软件的使用过程。

第一步，设定有限元分析中所采用单元类型，并对单元特性进行设置，如图 4 - 138 所示。

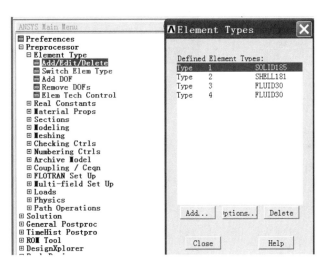

图 4 - 138　单元选择

第二步，针对上图中选用的壳单元进行实常数设置，如图 4 - 139 所示，若采用实体单元此步骤可能没有。

第三步，设定有限元分析中所采用材料的材料常数，如图 4 - 140 所示。针对不同分析类型所需要的材料参数也不同，例如静力分析只需要给出弹性模量和泊松比，但动力分析中还需要增加密度等材料参数。

第四步，建立有限元分析几何模型，如图 4 - 141 所示。该模型应针对分析关注点对真实物理模型进行适当简化。

第五步，网格划分，如图 4 - 142 所示。首先对几何模型进行单元、材料和实常数等制定，然后进行单元形状和单元密度设置，最终是划分单元和检查单元质量。

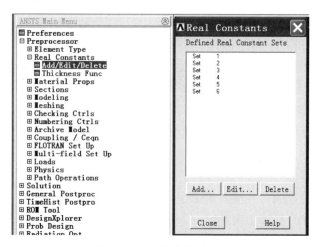

图 4 - 139　实常数设置

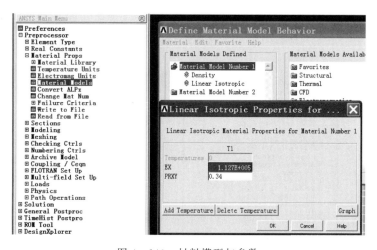

图 4 - 140　材料模型与参数

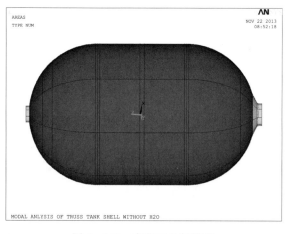

图 4 - 141　有限元几何模型

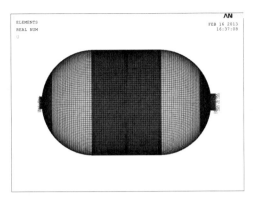

图 4-142　有限元网格

第六步，施加载荷和约束，如图 4-143 所示。

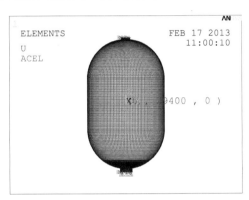

图 4-143　载荷与约束

第七步，设定求解参数并进行求解。

第八步，对结果进行后处理，并提取所需要信息。本算例中给出了贮箱实际设计中比较关心的位移云图和等效应力云图，如图 4-144 所示。同时给出了固定贮箱的螺钉受到的支座反力（见表4-3），并通过力学分析进行螺栓型号的校核。

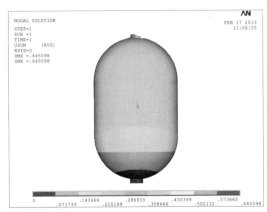

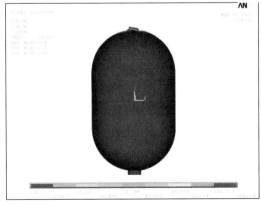

图 4-144　位移云图和 Mises 等效应力云图

表 4 - 3　固定螺栓受力情况

NODE	FX	FY	FZ
22 746	104.05	1 432.6	
22 954	308.03	1 569.1	−86.566
23 614	−104.05	1 432.6	
23 616	−5.15E−04	1 328.5	
24 440	104.05	1 432.6	
24 458	−5.15E−04	1 328.5	
25 305	−104.05	1 432.6	
25 839	308.03	1 569.1	86.566
25 842	−5.42E−05	1 877.2	−3.57E−05
26 156	3.75E−05	1 877.2	−9.66E−05
26 461	−308.03	1 569.1	−86.566
26 765	−308.03	1 569.1	86.566
27 373	5.44E−04	1 536.6	
27 791	5.46E−04	1 536.6	
28 322	−8.50E−06	1 261.1	122.42
28 626	3.06E−05	1 261.1	−122.42

对于所采用 $\Phi 7$ 螺钉，其所受到的拉应力和最大剪切应力为

$$\sigma = 122.42/(3.14 \times 3.5 \times 3.5) = 3.181 \text{ MPa}$$

$$\tau_{\max} = 4/3 \times 1\ 599/(3.14 \times 3.5 \times 3.5) = 55.40 \text{ MPa}$$

在模态分析中，对空壳的自然频率进行分析，同时分别对贮箱内充填 95% 的 MMH 和 MON - 1 进行了流固耦合模态分析。其频率对比如表 4 - 4 所示，可以看出充液后频率降低，且降低数值与所充液体相关。

表 4 - 4　充液与空壳频率对比

	空壳频率/Hz	充液(MMH)频率/Hz	充液(MON - 1)频率/Hz
1	139.62	58.182	45.658
2	141.34	59.137	45.658
3	160.35	61.786	46.545
4	160.35	61.887	49.304
5	168.93	64.257	49.388
6	168.93	64.294	51.462
7	169.24	65.756	51.494
8	169.24	65.791	52.281
9	191.38	73.972	52.310
10	191.38	74.046	58.743

空壳和带液的第四阶振型也是有所不同，如图 4 - 145、图 4 - 146 所示。

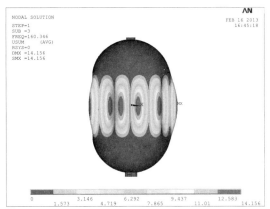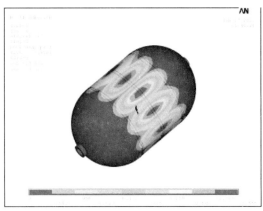

图 4 - 145   空壳和充液（MMH）的第四阶模态

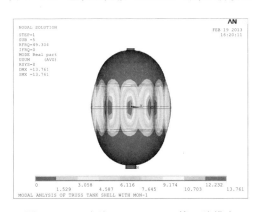

图 4 - 146   充液（MON - 1）第四阶模态

4.2.5   FPM

FPM（Finite Pointset Method）是指有限点集法，它是一类无网格粒子法 CFD 数值方法，代表了流体数值仿真的最新发展方向。FPM（有限点集法）与传统的数值方法（如有限元法、有限体积法、有限差分法等）最大的区别是无需进行微分方程离散所必需的网格划分。FPM 的点集（也叫点云）依据指定条件自动产生、移动、重新填充或是销毁，点集的分布可以是任意的，如在整个求解域上均布，或是随时间/几何位置等而变化。FPM 软件由核心解算器、图形用户界面、CAD 接口以及第三方软件接口等模块组成，如图 4 - 147 所示。

FPM 除了可以直接建立流体计算域的集合模型外，还包含了与主流 CAD 软件的直接接口。由于内嵌了最新的 CAD 内核，CAD 模型引入后无需再进行任何的修补。

FPM 软件不仅提供优秀的图形用户界面，用户还可以基于 ASCII 文本方式编辑计算模型，所有的操作均提供了对应的关键字，用户可以通过自定义程序完全控制软件的运行，并易于实现与其他软件之间的集成。

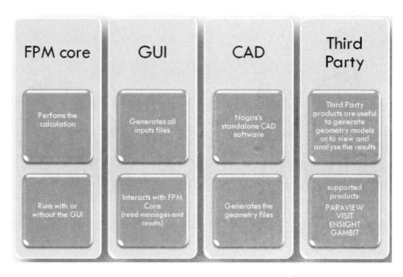

图 4 - 147　FPM 软件的组成及接口

　　FPM 软件提供了强大易用的 GUI，从边界条件的设置、解算器的设定到点云的设置，都可以在图形用户界面下完成。对应所有的图形操作方式，软件还提供了 ACSII 的"流文本"方式供编辑。软件自带后处理器，也可支持其他的后处理软件，如 Paraview、Ensight 等。

4.2.5.1　功能介绍

　　由于省去了划分网格的过程，FPM 软件可以解决很多传统 CFD 软件无法准确解决的问题。

　　（1）自由液面的流动

　　传统 CFD 软件在模拟自由液面时通常采用 VOF 法或 Level Set 法捕捉界面位置，但其辅助方程的精确求解非常困难，且需要额外的处理和反复的初始化；N - S 方程中出现强非线性的对流项和作为拉格朗日乘子引入的压力项，导致求解异常困难。FPM 软件独特的粒子法不需要额外的辅助方程，且解算精度不依赖于网格的质量，具有非常大的优势。

　　（2）液滴的碰撞融合

　　液滴的碰撞与融合过程在自然界的流体流动过程中十分常见。例如，通常发生在大气中的雨滴的形成过程，工业上许多利用雾化的燃烧系统，如汽车发动机、涡轮喷射引擎、液体推进剂火箭及工业锅炉等。微液滴的表面张力相对于其他作用力如惯性力不可忽略，由于表面张力的界面没有厚度，造成了计算的困难。FPM 软件可以有效地模拟液滴的碰撞、传热、融合及飞溅过程，如图 4 - 148 所示。

　　（3）流变材料成型

　　玻璃、钢铁、树脂、聚合物等是一类特殊的流变材料，在成型过程中伴随着温度变化材料由液态向半固态转变，这类流变材料的工艺过程仿真对于产品质量具有非常重要的意

图 4 - 148　液滴碰撞过程仿真

义。FPM 提供了多种热黏弹性模型，其典型应用有：浮法玻璃工艺、热轧、热挤压、液晶面板压制、吹制、拉伸、铸造及热成型、树脂传递模塑 RTM 等。

（4）工业过程

工业过程中的搅拌器、挤压输送及螺旋泵等涉及非常复杂的流固耦合运动。如图 4 - 149 所示，搅拌叶片可能部分露于液体表面，这给计算带来一定困难。对于两个叶片的搅拌器，基于网格的 CFD 软件很难处理叶片的重合转动区，而对 FPM 来说，单叶片与两个叶片在建模与计算上没有任何区别，且其计算效率相对于传统方法来说高得多。

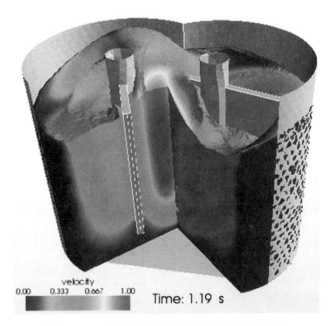

图 4 - 149　搅拌器内部流动仿真（速度分布图）

（5）燃料加注

燃料加注过程非常复杂，仿真的挑战之一是容器的复杂形状，其二是燃料本身物理的或是动态的特性，如图 4 - 150 所示。燃料加注包含了燃料、泡沫和空气等多相流。泡沫由气泡、膜、网以及节点组成，是一个非常复杂的结构。模型必须将泡沫作为一个特殊的相加以考虑：泡沫的应力状态（材料属性，依赖于气泡的大小和流体）；湍流界面的泡沫生成；泡沫消亡等。

图 4-150　燃料加注过程模拟

4.2.5.2　基本算法

FPM 基本算法可以参考相关文献，在此不做阐述。

4.2.5.3　建模与仿真实施要点

（1）动量

· 广义牛顿流，包括屈服应力流体。

· 黏弹性流体（2D 和 3D、稳态/瞬态、等温/非等温，其他模型还包括：VFT 模型、幂指式流变模型、Carreau 模型、Bird - Carreau 模型、WLF 模型、WLF - Carreau - Yasuda 模型、Johnson - Cook 模型、Bingham 模型、Herschell - Bulkley 模型以及其他用户自定义的流变模型。

· 热黏弹性模型（玻璃的冷却），含残余应力。

（2）能量

· 等温、非等温过程。

· 传热，包括自然传导、强迫或混合对流、共轭传热（固液）、辐射。

· 流体和固体中的热传导，包括运动物体。

· 流体和固体中的热辐射（Rosseland 近似）。

· 电加热。

· 体积热。

· 黏性加热。

（3）点云

· 从各种 CAD 软件中导入几何，或是从 GAMBIT 中导入。

· 自动点云生成。

· 用户可控的局部点云优化。

· 自适应的点云优化。

· 根据几何。

- 根据流动计算结果进行点云优化（OCTREE 算法）。
- 用户自定义控制方式。
- 根据时间。

（4）化学反应及燃烧模型

有限速率化学反应模型（含逆向反应）可采用：

- Arrhenius 方程（阿伦尼乌斯方程，基元反应速率受温度影响）。
- 用户自定义。
- 用户自定义的曲线或微分方程。
- 用户自定义的反应源条件。
- 物理发泡模型 PE。

（5）自定义曲线/方程

- 用户自定义物理属性。
- 任意的边界条件及初始条件。
- 用户自定义的变量后处理。

（6）平台支持

- 32 位及 64 位 Linux 系统。
- 32 位及 64 位 Windows 系统。
- 支持共享内存并行计算。

（7）材料特性与流变模型

- 常值/可变的流体属性，包括温度与组分依赖关系（导热系数、比热和密度等）。
- 常值/可变的固体属性，包括温度与组分依赖关系（导热系数、比热和密度等）。
- 固体中依赖温度的热容和热导率。
- 由曲线和方程描述的用户自定义材料属性。
- 重力（时间相关）。
- 与时间相关的离心体积力。
- 惯性项。
- 黏性加热。
- 热源。
- 密度的温度变化（Boussinesq 近似）。
- 表面张力。
- 剪切模量。
- 黏弹性材料的 Johnson‑Cook 模型。
- 各种流变材料。

（8）边界条件

- 各种边界条件：滑动/无滑动、自由表面、对称、外部应力、热传递。
- 用户自定义入流的笛卡儿分量速度。

- 剪切应力。
- 热边界条件，热流、温度、外部对流、辐射、混合模式或用户自定义温度条件。
- 法向速度。
- 两种流体的交界面。
- 表面张力。
- 对称与周期边界条件。
- 指定法向或切向力（与法向或切向速度一起）。
- 指定法向或切向力（与法向或切向位移一起，用于流固耦合 FSI）。
- 流体与固体接触面的传热。
- 2D 或 3D 接触检测。
- 接触壁面滑移（Navier 定律）。
- FSI：流体域中移动/旋转体的应力计算。
- 周期边界条件。
- 瞬态条件。
- 由 CSV 格式用户定义的边界条件。
- 前次计算结果作为本次的边界条件。

4.2.5.4　算例介绍

下面以"球形贮箱内液体晃动数值仿真"为例详细介绍 FPM 的使用。

（1）前处理建模

1）打开 Compass。双击 Compass 桌面图标，或在 C：\Program Files \Nogrid64\bin 中找到 Compass. exe 打开图形用户界面，如图 4 - 151 所示。

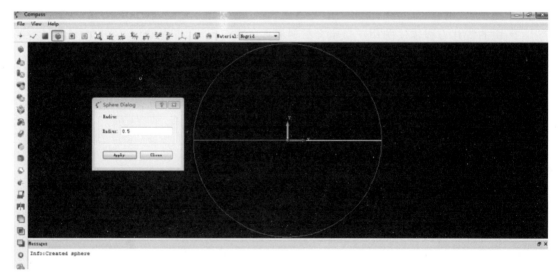

图 4 - 151　Compass 界面

2）建球体。在用户界面上单击建体图标 ●，然后在左侧体工具条上单击球体

(Sphere) 工具, 从弹出的【Sphere Dialog】对话框中, 输入球的半径尺寸 0.5 m, 单击【Apply】, 然后单击【Close】关闭对话框。

　　3) 建立自由液面位置。

　　•在用户界面上单击建面图标▦, 然后在左侧面工具条上单击◎圆 (Circle) 工具, 从弹出的【Circle】对话框中, 约束类型选半径, Plane 选择 XY Centered, 输入圆的半径尺寸 0.5 m, 单击【Apply】, 然后单击【Close】关闭对话框, 如图 4 - 152 所示。

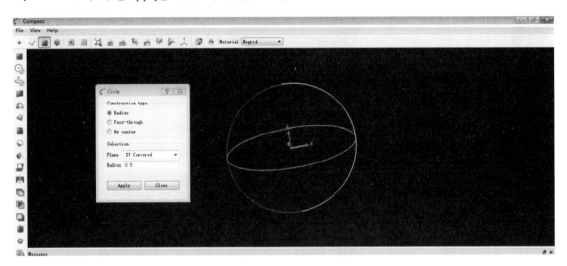

图 4 - 152　建立球形贮箱模型

　　•在左侧单击【Translate】◎, 从弹出的【Translate Face】中, 单击【Face】右边的▢, 弹出【Pick Face】对话框, 选择【fa:0:1:1:6】单击 → , 之后单击【OK】, 返回【Translate Face】对话框, 在 Vector 中输入 $z = -0.2$, 其他尺寸为 0。然后, 单击【Apply】、【Close】关闭, 如图 4 - 153 所示。

　　•在左侧单击【Split Face】▦, 从弹出的【Split Face】中, 选择以【Split by Face】的方式分割; 单击【Face to Split】右边的▢, 弹出【Pick Face】对话框, 选择【fa:0:1:1:3】单击 → , 之后单击【OK】, 返回【Split Face】对话框; 单击【Splitting Split】右边的▢, 弹出【Pick Face】对话框, 选择【fa:0:1:1:6】单击 → , 之后单击【OK】, 返回【Split Face】对话框; 然后选择【Split both face】, 单击【Apply】, 【Close】关闭, 如图 4 - 154 所示。

　　•在左侧单击【Delete】◎, 从弹出的【Delete Face】中, 单击【Face】右边的▢, 弹出【Pick Face】对话框, 选择【fa:0:1:1:17】单击 → , 之后单击【OK】, 返回【Delete Face】对话框; 单击【Apply】, 【Close】关闭, 如图 4 - 155 所示。

　　4) 边界命名。在左侧单击面组【Group Face】▦, 从弹出的【Group Face】中, 单击【Add】, 从弹出的对话框中输入 free, 弹出【Pick Face】对话框, 选择【fa:0:1:1:16】单击 → , 之后单击【OK】, 返回【Group Face】对话框; 单击【Add】, 从弹出的对话框中输入 wall, 弹出【Pick Face】对话框, 选择【fa:0:1:1:11】单击 → , 之后单击

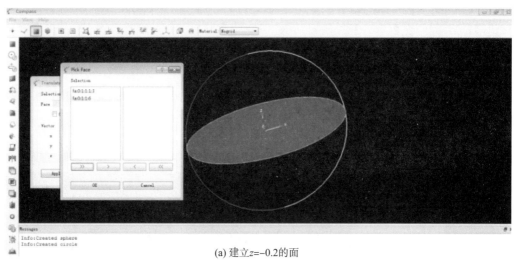

(a) 建立 $z=-0.2$ 的面

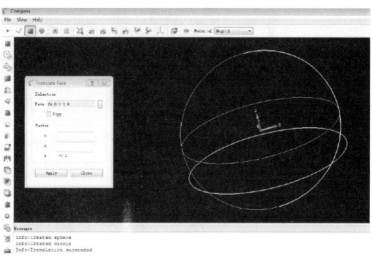

(b) 对建立的面进行定义

图 4-153 建立球形贮箱的气液分界面

【OK】，返回【Group Face】对话框；单击【Add】，从弹出的对话框中输入 free，弹出【Pick Face】对话框，选择【fa:0:1:1:12】单击，之后单击【OK】，返回【Group Face】对话框；单击【Apply】，【Close】关闭，如图 4-156 所示。

5）保存文件与退出 Compass。

• 写 3dFPM 几何文件。单击 compass 图形用户界面主菜单【File】→【Write 3dFPM geometry file】，保存文件名为 Sphere. FDNEUT。

• 保存几何文件。单击【File】→【Save】，保存文件名为 Sphere. Xml，如图 4-157 所示。

• 单击【File】→【Exit】，退出 Compass。

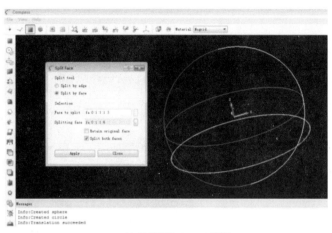

(a) 采用面fa:0:1:1:3切割

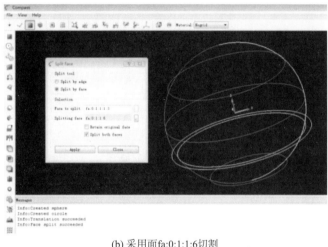

(b) 采用面fa:0:1:1:6切割

图 4 - 154　将球体分为两部分

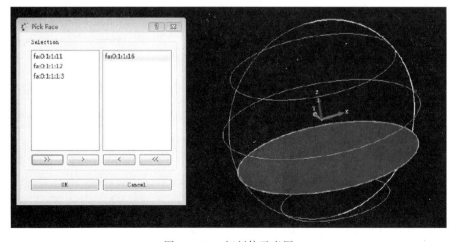

图 4 - 155　切割体示意图

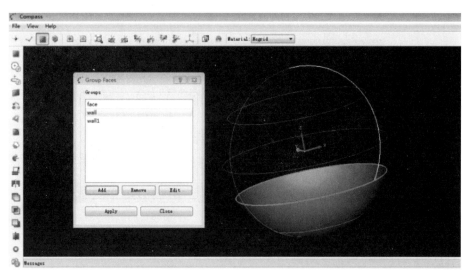

图 4 - 156　对边界进行命名

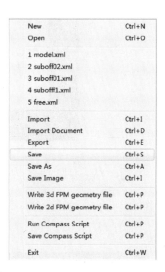

图 4 - 157　导出文件示意图

（2）FPM 仿真计算

1）启动 Nogrid。执行开始→所有程序→【Nogrid】→【Nogrid64】，打开 Nogrid64 主窗口，如图 4 - 158 所示。（注意：Nogrid License 需激活，License 激活要在 C：\ Program Files\Nogrid64\bin 中找到 NG _ LM _ start. exe）

2）导入几何模型。执行主菜单【Project】→【New Project】，打开模型文件 Sphere. FDNEUT。

3）FPM 工况参数设置。

• Read/Save。Savings 选择【Velocity Vector】，Save Intervall 设为 1，其他保持默认 即可，如图 4 - 159 所示。

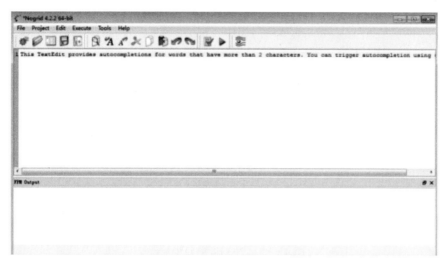

图 4 - 158　启动 Nogrid 软件

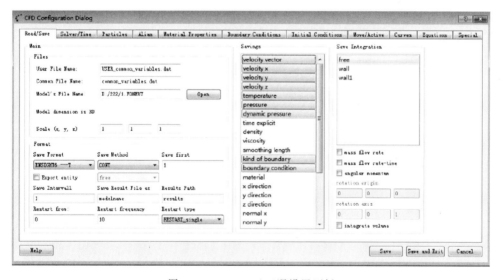

图 4 - 159　Nogrid 工况设置面板

• Solver/Time。设置 Initial Time Step Size：0.001，End time：10，其他保持默认设置，如图 4 - 160 所示。

• 定义曲线 Curves。单击【Curve Name】→【Add Curve】，在弹出的对话框中，Name 为 Curve0，单击【OK】；单击【Curve Points】→【Add】，在弹出的对话框中输入如下曲线点：Valve - X：0, Independent Varibles：0，单击【OK】确定。同理输入如下参数：(5 2)，(10 0)，如图 4 - 161 所示。

• 定义运动 Move/Active。单击【Move Definition】→【Add Move】，在弹出的对话框中，Name 为 Move1，在其右边的下拉框中选择 Velocity，接着 Velocity vx 为 C. Curve0；单击【OK】，如图 4 - 162 所示。

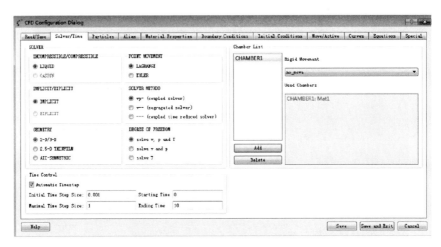

图 4 - 160　Nogrid 时间步长设置

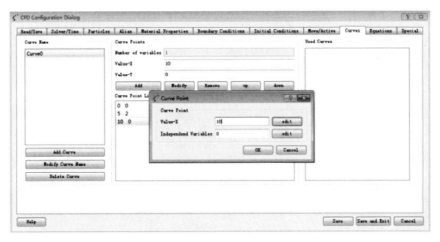

图 4 - 161　定义曲线

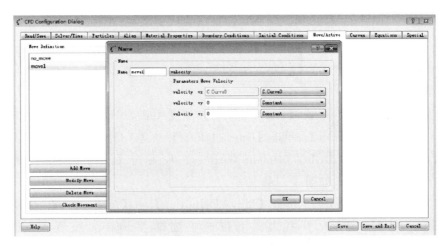

图 4 - 162　定义运动参数

4）边界条件设置。

• Alias。可以对相同边界条件的 Entity 进行归类命名，该实例中的 BC Name 保持不变。其中，free 在 Active 处选择 free_surface，且在 Orientation 处打钩，其他保持默认；Wall 在 Move 处选择 Move1，Touch 为 liquid，其他保持默认；wall1 在 Active 处选择 noinit_always，Move 为 Move1，Touch 为 liquid，其他保持默认，如图 4-163 所示。

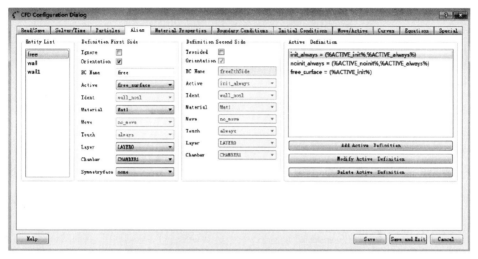

(a) 定义自由液面参数

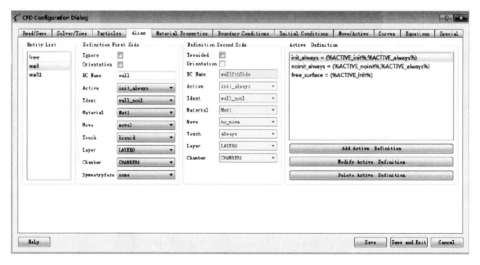

(b) 定义壁面参数

图 4-163 定义边界条件

• Boundary Conditions。free 边界条件设定：Temperature 采用 Cauchy 类型，其值默认；Pressure 采用 Free 类型，Momentum 采用 Free 类型，如图 4-164 所示。

wall 边界条件参数设定：Temperature 采用 Cauchy，其值默认；Momentum 和 Pressure 均采用 Wall 边界类型；Wetting Angle 的类型为 Used，其值默认为 0。wall1 边

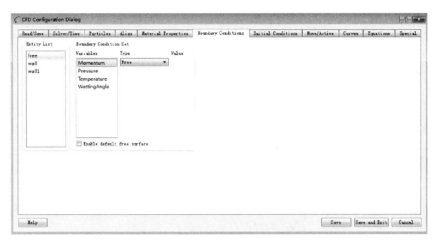

图 4 - 164　定义自由液面的运动类型

界条件参数设定：Temperature 采用 Cauchy，其值默认；Momentum 和 Pressure 均采用 Wall 边界类型；Wetting Angle 的类型为 Used，其值默认为 0，如图 4 - 165 所示。

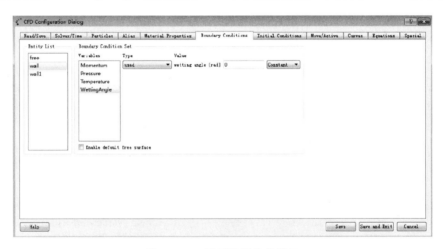

图 4 - 165　壁面边界条件设置

5）材料属性设置 Material Properties。材料名称默认为 Mat1，修改如下参数，Density：998，Viscosity：0.001，Surface Tension：0.07，Gravity z - Direction：−1.62，其他保持默认设置，如图 4 - 166 所示。

6）Particles。本例采用 DSCR 颗粒密度设置方法，线性分层加密。单击【Modify】，弹出【DSCR definition Dialog】对话框，其中在坐标系 Z＝−0.2；单击【Distribution】选择【Linear】，其中参数修改为：Hmin＝0.025，Lo＝0，Hx＝0，Hy＝0，Hz＝−0.3，Hmax＝0.06，单击【OK】，如图 4 - 167 所示。

7）保存与退出 CFD 配置对话框。其他保持默认设置，然后单击【Save and Exit】。

8）运行 FPM 求解程序。

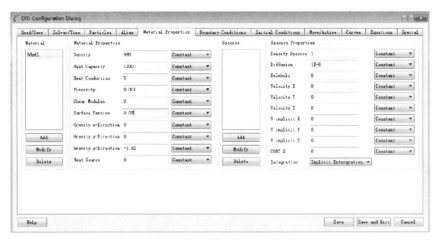

图 4 - 166　材料属性设置

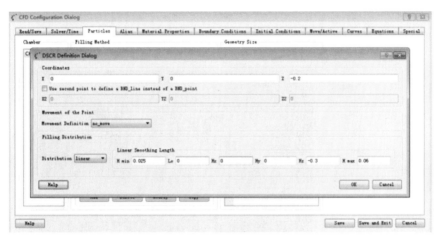

图 4 - 167　DSCR 颗粒密度设置方法

主菜单单击运行图标▷，在求解问题之前，会弹出一个保存文件的对话框，直接单击【OK】即可。如图 4 - 168 所示计算在 0.864 3 s 的情况，此时只是图形显示，不是真正的结果，水没有外流，计算完后可在后处理观看，水是没有流出的。

（3）后处理

1）启动后处理工具 ParaView。

2）ParaView 主菜单【File】→【Open】，找到结果文件夹 Results，打开其中的两个结果文件 modelname _ 0000. case 及 BE _ modelname _ 0000. case 两文件打开，然后在左下角 Properties 单击 Apply，如图 4 - 169 所示。

3）单击 modelname _ 0000. case，在工具栏选择 Velocity；单击 BE _ modelname _ 0000. case，在工具栏选择 Solid Color，在 Properties 下面【Styling】→【Opacity】可以选定其壁面的透明度，此处的值为 0.23，根据情况也可修改为其他，如图 4 - 170 所示。

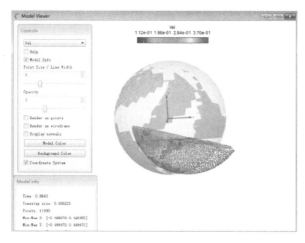

图 4 - 168　设置参数验证

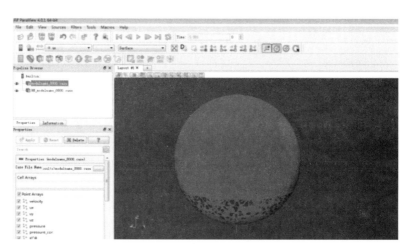

图 4 - 169　后处理中查看结果文件

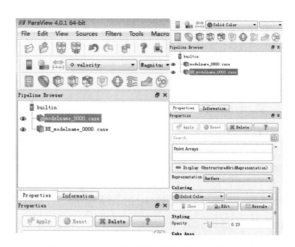

图 4 - 170　后处理中设置壁面的透明度

4）单击工具栏上的播放按钮 ▷，可观看仿真效果，如图 4 - 171 所示。

图 4 - 171　后处理中查看仿真效果

4.3　前后处理工具简介

4.3.1　Tecplot

　　Tecplot 软件是 Amtec 公司推出的一个功能强大的科学绘图软件，也是 CFD 工作人员最常用的后处理软件之一。它提供了丰富的绘图格式，包括 $x-y$ 曲线图、多种格式的 2D 面绘图和 3D 体绘图。

4.3.1.1　功能介绍

　　Tecplot 软件可以读取常见的网格、CAD 和 CFD 软件的文件，例如 CGNS、Fluent、START - CD、Gridgen 和 Plot3D 文件，输出的文件格式包括 AVI、BMP、EPS、HP - GL/2、PNG、PostScript、PS、TIFF 等，因此具有非常广泛的输入输出接口。Tecplot 可以输入、输出的 ASCII 码文件具有清晰的结构，非常方便用户修改，所以在处理数据方面也具有相当大的灵活性。在数据的可视化处理方面，Tecplot 可以将其他软件导出的数据文件进行可视化处理，并且能够进行进一步的数据处理。Tecplot 还提供了可以灵活编程的宏语句，采用宏，可以修改、优化流场数据，从而方便用户将计算结果和实验结果进行比较。

　　Tecplot 中的数据分为两个层次，其中最高等级的数据被称为是一个数据阵列。它包括一个或多个数据区域、数据块等。区域为数据结构中的第二等级，可以从数据文件中读入或者利用 Tecplot 进行创建。在运行 Tecplot 软件时，每当读入数据文件或者创建区域时，系统便会把数据加入到活动帧的数据结构中去。同一个数据系列可以和多个帧连接。如果读入的数据文件超过一个，Tecplot 软件会自动将数据分组为一个数据系列，而且对每个数据点都包含有相同的变量参数，但是并不要求所有的数据文件的参数顺序都相同。Tecplot 中应用相同数据系列帧的标题颜色相同。

（1）多数据区域

多数据区域可以用来方便测绘复杂结构或者细分结构图标，也可以用来表示不同时间步的数据或者不同测量方法的数据。

（2）数据区域的数据结构

Tecplot 可以使用两种数据类型：有序数据和有限元数据。

有序数据是一列按照逻辑保存于一维、二维或三维数据组中的数据。在 Tecplot 中用 I、J、K 来表示数组维数下标。最常见的数据形式为：

• I 序列：一维数据组点数大于 1 并且 J、K 维数据点数为 1。I 维数据点数为整个数据组数据点数。

• IJ 序列：二维数据组 I、J 的数据点数大于 1 并且 K 维数据点数为 1，数据点数为 I、J 维数据点的乘积。

• IJK 序列：三维数据组中 I、J、K 维数据点个数大于 1，数据点个数为 I、J、K 数据点个数的乘积。其他系列的数据格式可能也有效，但不能用 Tecplot 进行创建，可以由其他的程序进行创建。

4.3.1.2　使用要点

（1）有结构数据

有结构数据可以是一维、二维、三维的，下面以三维的数据格式为例，其他情况类似。

```
Title = "sample"

Variables = "x", "y", "z"

Zone I = 2, J = 2, K = 2, f = point

2.000000  5.000000  − 19.178485

4.000000  7.000000  26.279464

6.000000  9.000000  24.727109

8.000000  11.000000  − 79.999217

10.000000  13.000000  42.016704

2.000000  8.000000  19.787165

4.000000  10.0000000  − 21.760844

6.000000  12.000000  − 32.194375

8.000000  14.000000  79.248588
```

文件头中 Variables，可以根据实际情况增加变量，但前三个必须是 x，y，z。Zone 是用来对应多文件时候用的，可以添加时间也可以添加其他作为标记，"I=2，J=2，K=2，f=point" 表示在这个网格图中共有 8 个点（2×2×2）。每一行表示了一个点对应的 x，y，z 的值，以及该点对应的参数值。如果把 "f=point" 改成 "f=block"，那么 Tecplot 会先记录所有关于 x 的值，接着是 y，z，由于该用法不直观并且使用的时候参数值混乱，一般很少用，这里不再叙述。

（2）无结构数据

Tecplot 可以读入无结构 ASCII 码数据。此数据可以是二维的或三维的。以下是一个简单的数据文件：

```
Title = "sample data"
Variables = "x","y","a","b"
Zone n = 5，e = 4，f = fepoint，et = triangle
0.0 0.0 1.0 2.0
−1.0 −1.0 0.0 2.2
−1.0 1.0 0.0 3.0
1.0 1.0 0.0 3.4
1.0 −1.0 0.0 1.1
1 2 3
1 3 4
1 4 5
1 5 2
```

在这个例子中，有限元是三角形，也可以设置成其他的形状。"n＝5，e＝4"表示有 5 个点和 4 个三角形。对每个点都有与之相关的 4 个数字。"f＝fepoint"意味着数据文件中的点是如下排列的：

```
x y a b
x y a b
x y a b
```

那就表示用一行来描述一个点，且每行包含 4 个数值；如果用"f＝feblock"来代之，那么 Tecplot 会先期望关于 x 的值，然后是 y 和 z 的，如下所示：

```
x x x x…x
y y y y…y
a a a a…a
b b b b…b
```

4.3.1.3　案例介绍

下面以圆柱扰流为例介绍如何在 Tecplot 中绘制矢量图。

（1）从 Fluent 中导出 Tecplot 格式的数据

在 File Type 选项区域中选择 Tecplot，然后在 Function to write 列表框中选中 Velocity Magnitude、X Velocity、Y Velocity（即整个计算区域的速度场）和 Stream Function，输出即可，如图 4 - 172 所示。

（2）将数据导入到 Tecplot 中并操作

将 Fluent 导出的文件导入到 Tecplot 中，然后绘制迹线图和等值线图，如图 4 - 173、图 4 - 174 所示。将流线设置为箭头形式，显示流线效果会更好。

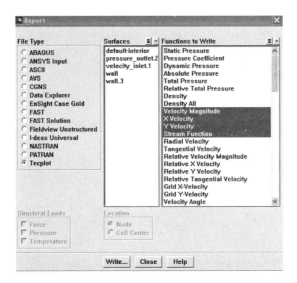

图 4 - 172　Tecplot 格式数据导出对话框

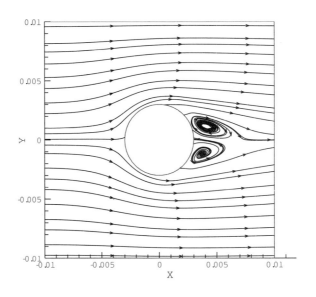

图 4 - 173　迹线图

根据输出效果的需要，还可以在迹线图和等值线图上进行相应的操作。

4.3.2　Origin

Origin 软件主要具有两大类功能：绘图和数据分析。Origin 的绘图基于绘图模板，软件本身提供了 60 余种二维和三维绘图模板，并允许用户自己定制模板。绘图时，只要选择所需要的模板就能绘出精美的图形。Origin 数据分析包括数据的排序、调整、计算、统计、傅里叶变换、各种自带函数的曲线拟合，以及用户自己定义函数拟合等各种数学分析

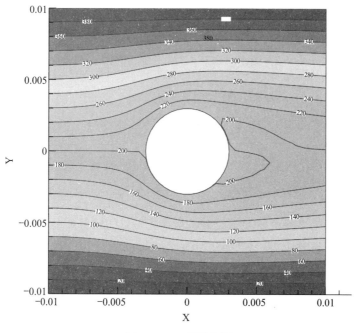

图 4 – 174　等值线图

功能。此外，Origin 可以方便地和各种数据库软件、办公软件、图像处理软件等进行链接，实现数据共享；可以用标准 ANSI C 等高级语言编写数据分析程序，以及用内置的 Origin C 语言或 Lab Talk 语言编程进行数据分析和绘图等。

4.3.2.1　功能介绍

（1）二维图形

在科技文章和论文中，数据曲线图绝大部分采用的是二维坐标绘制，占总的数据图的 90％以上。Origin 的绘图功能非常灵活，功能十分强大，能给出数十种精美的、满足绝大部分科技文章和论文绘图要求的三维数据曲线图。这是 Origin 的精华和特点之一。

（2）三维图形

Origin 存放数据的工作表主要有工作簿中的工作表和矩阵工作簿中的矩阵工作表。工作表数据结构主要支持二维绘图和某些简单三维绘图，但如要进行三维表面图和三维等高图绘制，则必须采用矩阵表存放数据。为了能进行三维表面图等复杂图形的绘制，Origin 提供了将工作表转换成矩阵表的方法。

（3）函数拟合

Origin 提供了强大的线性回归和函数拟合功能，其中最有代表性的是线性回归和非线性最小平方拟合。Origin 提供约 200 多个内置数学函数用于曲线拟合，这些函数表达式能满足绝大多数科技工程中的曲线拟合要求。它还改进了在拟合过程中根据需要定制的输出拟合参数，提供了具有与 SSPS 或 SAS 等软件相媲美的、具有专业水准的拟合分析报告，它提供的拟合函数管理器改进了用户自定义拟合函数设置，可以方便用户实现自定义拟合函数的编辑、管理与设置。与 Origin 内置函数一样，自定义拟合函数定义后存放在 Origin 中，供拟合时调用。此外，Origin 还新增加了 3D 曲面函数的拟合工具，用于对曲面函数的拟合。

（4）数据操作和分析

Origin 提供了强大易用的数据分析功能，例如，数据选取工具、简单数学运算、微分积分计算、插值与外推和归一化处理等。

（5）数字信号处理

Origin 提供了大量的数字信号处理工具用于数据信号处理。例如，各种数据平滑工具、FFT 滤波、傅里叶变换和小波变换。

（6）峰拟合和谱线分析

Origin 具有很强的多峰分析和谱线分析功能，不仅能对单峰、多个不重叠的岭进行分析，而当谱线峰具有重叠、"噪声"时，也可以对其进行分析；在对隐峰进行分峰及图谱解析时也能应用自如，达到良好效果。

（7）统计分析

Origin 提供了许多统计方法以满足通常的统计分折，其中包括描述统计、单样本假设检验和双样本假设检验、单因素方差分析和双因素方差分析、直方图和方框统计图等多种统计图表。此外，Origin 除上述功能外，还提供了高级统计分析工具，包括重测方差分析和接受者操作特征曲线预估等。

4.3.2.2　使用要点

（1）多图层图形绘制

Origin 支持多图层图形的绘制。图层是 Origin 的一个重要概念和绘图的基本要素，一个绘图窗口中可以有多个图层，每个图层中的图轴确定了该图层中数据的表示。多图层可以实现在一个图形窗口中用不同的坐标轴刻度进行绘图。根据绘图需要，Origin 图层之间既可相互独立，也可相互连接，从而使 Origin 绘图功能更为强大，可以在一个绘图窗口中高效地创建和管理多个曲线或图形对象，做出满足各种需要的复杂科技图形。

（2）图形版面设计及图形输出

Origin 图形版面设计（Layout）窗口将项目中工作表窗口数据、绘图窗口图形以及其他窗口或文本等构成"一幅油画"，进行设计图形排列和展示，以加强图形的表现效果。同时，图形版面设计窗口也是唯一的能将 Origin 图形与工作表数据一起展示的工具。在图形版面设计窗口中的工作表和图形都被当作图形对象。排列这些图形对象可创建定制的图形展示，供在 Origin 中打印或向剪切板输出。此外，Origin 图形版面设计图形还可以多种图形文件格式保存。

Origin 可与其他应用程序共享定制的图形版面设计图形，此时 Origin 的对象链接和嵌入（OLE）在其他应用程序中。

4.3.2.3　案例介绍

1）创建一个新的工作表，点击导入单个 ASCII 按钮，接着导入在 ＜Origin EXE

Folder>\Samples\Graphing 路径下的 Vertical _ 2 _ Panel _ Line. txt 文件，如图 4 - 175 所示。

A-Z	A(X)	B(Y)	C(Y)	D(Y)	E(Y)	F(Y)	G(Y)	H(Y)
Long Name	Year	All Persons	All Males	All Females	Black Males	White Males	Black Females	White Females
Units								
Comments								
F(x)=								
1	1965	42.3	51.6	34	59.2	50.8	32.1	34.3
2	1974	37.2	42.9	32.5	54	41.7	35.9	32.3
3	1979	33.5	37.2	30.3	44.1	36.5	30.8	30.6
4	1983	32.2	34.7	29.9	41.3	34.1	31.8	30.1
5	1985	30	32.1	28.2	39.9	31.3	30.7	28.3
6	1987	28.7	31	26.7	39	30.4	27.2	27.2
7	1990	25.4	28	23.1	32.2	27.6	20.4	23.9
8	1991	25.4	27.5	23.6	34.7	27	23.1	24.2
9	1992	26.4	28.2	24.8	32	28	23.9	25.7
10	1993	25	27.5	22.7	32.2	27	19.8	23.7
11	1994	25.5	27.8	23.3	33.5	27.5	21.1	24.3

图 4 - 175　读取数据

2）选择第 2 列到第 4 列，然后单击 2D Graphs 工具栏上的 Line ＋ Symbol 按钮，如图 4 - 176 所示。

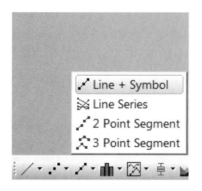

图 4 - 176　Line ＋ Symbol 按钮

如图 4 - 177 所示的图将被创建：

回到工作表。选择第 5 列到第 8 列，然后单击 2D Graphs 工具栏上的 Line ＋ Symbol 按钮创建一个新图形，如图 4 - 178 所示。

3）要合并这两个图，从菜单中选择 Graph：Merge Graph Windows。接受默认设置并单击 OK。这两个图将合并在一个窗口中，如图 4 - 179 所示

4）确保在图形的左上角选择图层 1，然后双击图层 1 的 Y 轴以打开 "axis" 对话框。在 Scale 选项卡中，如图 4 - 180 所示设置对话框选项。

5）单击左侧面板上的 "Horizontal" 图标，然后转至 "Tick Labels" 选项卡，取消选中 "Show" 框以隐藏第 1 层中的刻度标签，然后单击 "OK" 以应用设置，如图 4 - 181 所示。

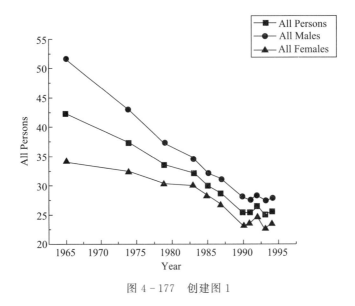

图 4 - 177　创建图 1

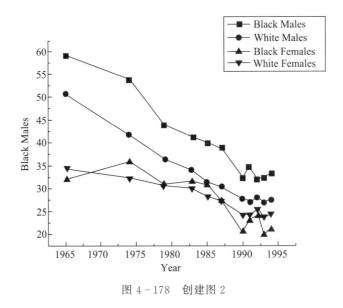

图 4 - 178　创建图 2

6）删除第 1 层中的 X 轴标题。为第 2 层的 Y 轴设置相同的比例，图形现在应如图 4 -
182 所示。

7）应用主题以添加顶部 X 轴和右侧 Y 轴。从主菜单中选择工具：Theme Organizer
以打开 Theme Organizer 对话框。激活"Graph"选项卡并从表格中选择"Opposite
Lines"，然后单击"Apply Now"按钮，如图 4 - 183 所示。使用 Close 按钮关闭对话框。

8）选择图层 1 的 Legend 并右击它从快捷菜单中选择 Properties。设置对话框选项如
图 4 - 184 所示。

设置完成后，将图例移动到所需的位置。

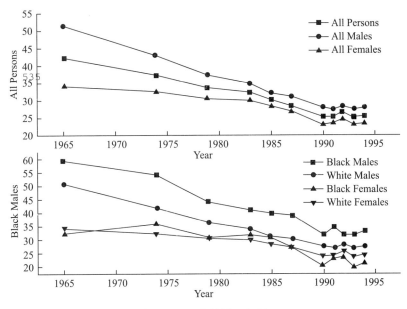

图 4 - 179 合并图 1 与图 2

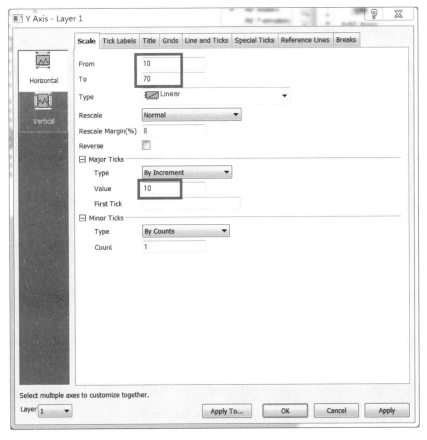

图 4 - 180 设置图层 1 的 Y 轴格式

图 4 - 181　隐藏图层 1 的 X 轴数值

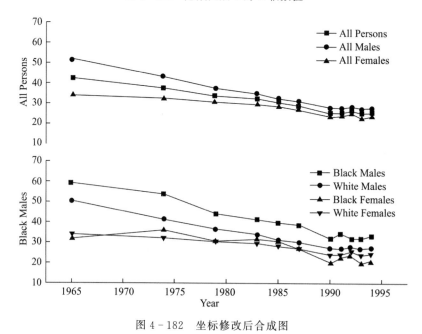

图 4 - 182　坐标修改后合成图

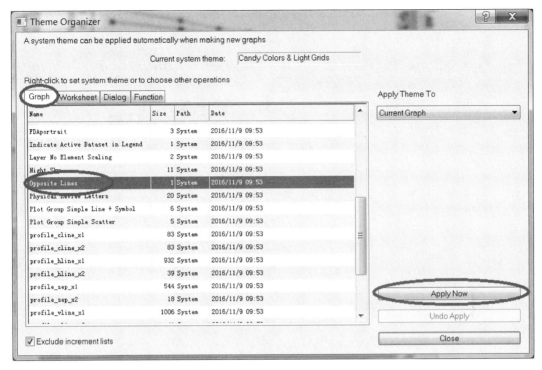

图 4 - 183　选择主题

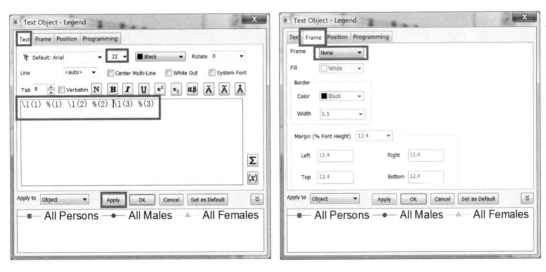

图 4 - 184　设置 Lengend 属性

9）选择 Tools 栏中的 Text Tool 按钮。要为曲线图添加标题，请在图表中间点击，然后输入 "Cigarette Smoking by Persons 18 Years and Over in the United States"。双击第 1 层和第 2 层的 Y 轴标题并输入 "Percent Who Smoke"。

最后生成的图形如图 4 - 185 所示。

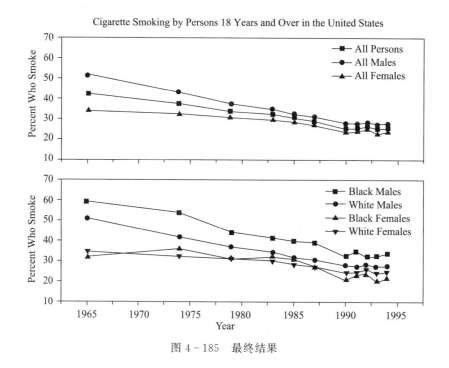

图 4 - 185　最终结果

4.3.3　HyperMesh

HyperMesh 作为一款专业有限元分析前后处理平台，拥有全面的 CAD 和 CAE 求解器接口、强大的几何清理和网格划分功能，能够高效地建立各种复杂模型的有限元和有限差分模型，适用于卫星推进系统部件级仿真的建模工作。

4.3.3.1　功能介绍

在 CAE 工程技术领域，HyperMesh 最著名的特点是它所具有的、强大的有限元网格划分前处理功能。一般来说，CAE 分析工程师 80% 的时间都花费在了有限元模型的建立、修改和网格划分上，而真正的分析求解时间是消耗在计算机工作站上，所以采用一个功能强大，使用方便灵活，并能够与众多 CAD 系统和有限元求解器进行方便的数据交换的有限元前后处理工具，对于提高有限元分析工作的质量和效率具有十分重要的意义。

HyperMesh 是一个高性能的有限元前后处理器，它能让 CAE 分析工程师在高度交互及可视化的环境下进行仿真分析工作。与其他的有限元前后处理器比较，HyperMesh 的图形用户界面易于学习，特别是它支持直接输入已有的三维 CAD 软件（UG、Pro/E、CATIA 等）已有的有限元模型，并且导入的效率和模型质量都很高，可以大大减少很多重复性的工作，使得 CAE 分析工程师能够投入更多的时间和精力到分析计算工作上去。同样，HyperMesh 也具有先进的后处理功能，可以保证形象地表现各种各样的复杂的仿真结果，如云图、曲线和动画等。

在处理几何模型和有限元网格的效率和质量方面，HyperMesh 具有很好的速度、适应性和可定制性，并且模型规模没有软件限制。其他很多有限元前处理软件对于一些复杂的、大规模的模型在读取数据时需要很长时间，而且很多情况下并不能够成功导入模型，这样后续的 CAE 分析工作就无法进行；而如果采用 HyperMesh，其强大的几何处理能力使得 HyperMesh 可以很快地读取那些结构非常复杂、规模非常大的模型数据，从而大大提高了 CAE 分析工程师的工作效率，也使得很多应用其他前后处理软件很难或者不能解决的问题变得迎刃而解。

4.3.3.2 使用要点

（1）软件环境

①Geom 和 Elems

HyperMesh 中的第一概念是 Geom 和 Elems。Geom 为几何体，是分析对象的真实模型，实际物体的三维表现形式；Elems 即为网格单元，是分析对象的力学模型，是对实际物体的一种近似模拟，把实际物体转换成可计算的力学和数学模型，它不是简单的线和面，是带有数据的线和面。

②Comps

在 HyperMesh 中，Geom 和 Elems 统称为 Comps，Comps 可以理解为图层，这里的图层和 CAD 的图层的概念不同。这里的 Comps 是以后赋予模型材料和几何性质的一个最小单元，或者说对于不同材料性质和不同几何性质的 Elems 要处于不同的 Comps 中。每个 Comps 都会有个名字，所以同一个名字的 Comps 包含两个部分，即 XXX（名字）Geom 和 XXX（名字）Elems。当然几何体和力学模型是两个完全独立的部分，所以两者完全可以放在不同的 Comps 中。

对于一个金属壳体，由于金属板是具有均匀厚度的，即在三维上它总是在某个方向上是保持不变的，因此可以用比较简单的二维单元来描述金属壳体，这个二维单元我们称壳体单元。把这个壳体单元赋予它真实模型的厚度（几何性质）和材料性质，并且把这层壳体单元放到金属壳体的中面上去，即完成了我们建模的任务。这就是对金属壳体的力学模型的建立过程，简单地说，就是对于金属壳体的中面用一层带有厚度和材料性质的网格单元来描述。把单元放到中面在 HyperMesh 中是一个非常简单的命令。对于金属壳体来说，中面和上下表面是类似的，或者说基本一致。对于金属壳体来说，首先要做的是对于上表面或下表面进行网格划分。

③窗口与菜单

窗口下方是主菜单，共分 7 类，分别是 Geom、1D、2D、3D、Analysis、Tool、Post，每一类中有一些重复的、经常使用的命令，如图 4 - 186 所示。

其中 Geom 主要是对模型的修改和操作。1D 主要是对线单元的修改和操作；2D 是对平面单元的修改和操作；3D 是对固体单元的修改和操作；Analysis 是设置边界条件并利用 HyperMesh 中集成的各种求解器进行求解的相关内容；Tool 是对几何、网格、Comps 等对象进行编辑的工具；Post 为后处理的相关命令。窗口右下方是对视图进行操作的一些命令，这些命令有快捷键。窗口右上方是灯光效果，对于 Mesh 本身不很重要。窗口右侧是视图种类的选择。

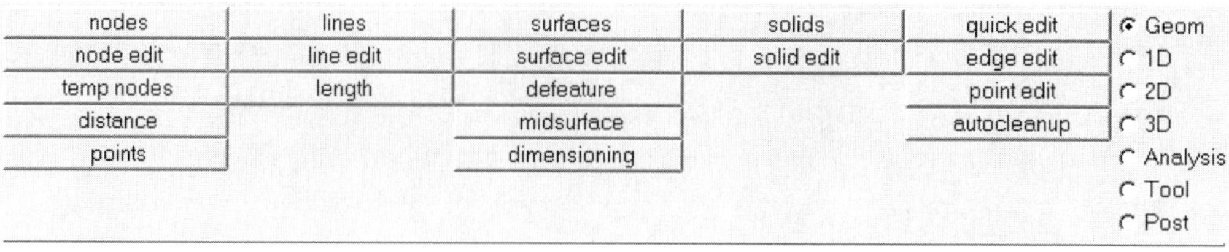

图 4-186　HyperMesh 主菜单

④软件的基本操作

在 HyperMesh 中所有操作和命令都可以通过点击命令面板中的按钮实现，而通过键盘与鼠标的组合可以方便快捷地实现一些基本操作。熟练掌握以下介绍的这些操作可以在工作中节省很多时间。

1）模型的旋转与移动。

模型的旋转：Ctrl＋鼠标左键；

模型的平移：Ctrl＋鼠标右键；

放大模型：敲击键盘 Z 键后用鼠标划出所需的放大位置；

模型复位：键盘 F 键；

模型的缩放：Ctrl＋鼠标中键。

2）命令快捷键。几何清理及网格划分常用的快捷键如表 4-5 所示。

表 4-8　常用快捷键

位置	F1	F2	F3	F4	F5	F6
作用	选择颜色	删除	替代	测量	隐藏	编辑单元
加 Shift		删点	找边界	移动	查找	切割
位置	F7	F8	F9	F10	F11	F12
作用	靠齐	编辑点	线的编辑	检查质量	几何清理	自动 mesh
加 Shift	投影		编辑面	调法线	移动	平滑单元

需要说明的是，用快捷键打开的命令在转变模型视图的时候会自动退出，有些情况下我们需要在一个命令完成前变换视图方式，在这种情况下就需要在命令面板中通过点击命令按钮来打开命令，而不能用快捷键打开。如在用 Automesh 命令时，有时需要通过 0-D 与 3-D 转换来方便对 mesh 面的选取。这时如果我们用快捷键 F12 打开 Automesh 命令，在 3-D 选取面后转换 0-D 时命令就会自动退出，这样我们刚才选取面的工作就浪费了。而通过点击命令按钮来打开的命令就不存在此问题，并且我们可以在这个命令上面叠加一个快捷键打开的命令，而从面板打开的命令仍然可以保持原来的设置。也就是说，通过点击命令按钮来打开的命令只要不点 Return 退出，我们对这个命令所做的设置（如方向点、选取的单元）都会保持不变。

（2）命令面板的主要命令

①Geom 的主要命令

Geom 的主要命令如图 4 - 187 所示。

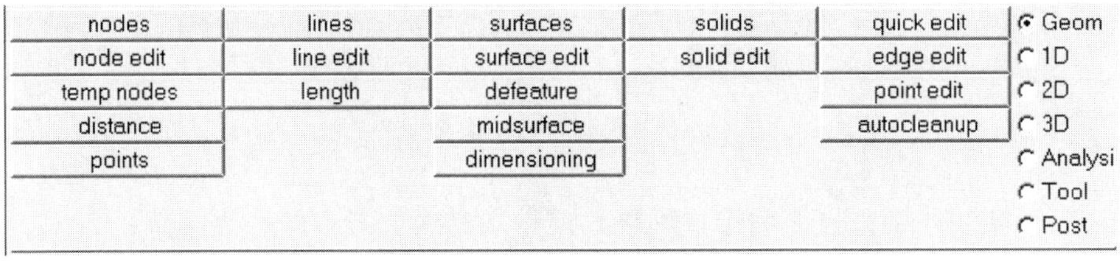

nodes	lines	surfaces	solids	quick edit	⊙ Geom
node edit	line edit	surface edit	solid edit	edge edit	○ 1D
temp nodes	length	defeature		point edit	○ 2D
distance		midsurface		autocleanup	○ 3D
points		dimensioning			○ Analysi
					○ Tool
					○ Post

图 4 - 187 Geom 的主要命令

nodes：是创建点所需的相关操作；

node edit：是对点进行移动、复制、重新排列所需的相关操作；

temp nodes：可对点进行添加和删除；

distance：可以测量点和点距离，同时还可以改变距离，还可以测量角度，建立两点间的中点；

lines：建立直线和曲线，以及建立中线；

line edit：对线的编辑，包括分割、合并、延长；

length：用来测量线的长度；

surfaces：创建各种平面及曲面的命令集合；

surface edit：对面的操作；

defeature：对几何特征如孔和倒角进行删除；

midsurface：建立中面；

solids：包含各种建立实体的命令；

solid edit：对实体进行操作，包括剖分、合并、布尔操作等；

quick edit：对线、面、几何点进行快速修剪；

edge edit：对边进行快速修剪和几何清理；

point edit：对几何点进行操作，包括新增、删除、替代、释放、映射等；

autocleanup：是对模型的外表面的线进行操作。可以忽略一些影响网格质量的线。

②2D 单元的主要命令

2D 单元的主要命令如图 4 - 188 所示。

左边第一列是创建基本几何形状的壳单元网格模型，其中：

planes：创建基本平面的 2D 网格模型；

cones：创建圆锥或圆柱的 2D 网格模型；

spheres：创建球体表面的 2D 网格模型；

torus：创建圆环表面的 2D 网格模型。

左边第二列是根据几何约束生成 2D 网格的操作，包括：

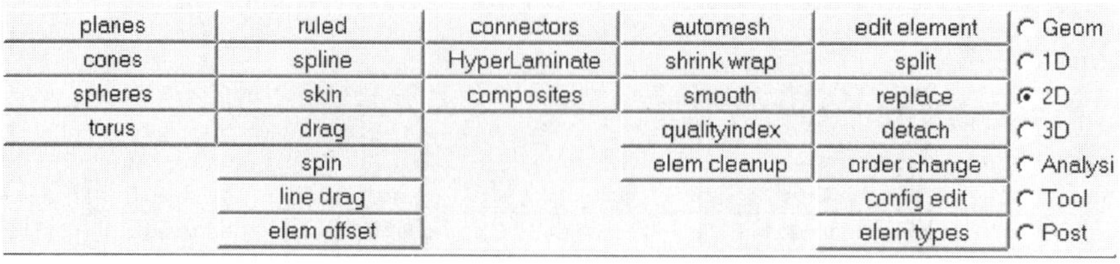

图 4 - 188　2D 的主要命令

ruled：两条线或两组点之间形成网格，严格满足线或者点的边界关系；

spline：闭合的线进行 mesh；

skin：根据一组线形成网格组成的蒙皮；

drag：沿着某方向拉伸单元；

spin：对 2D 网格进行旋转复制；

line drag：沿着线生成网格；

elem offset：把单元放到中面。

中间一列是建立 2D 复合材料模型的相关操作：

conenctors：包括焊点、bolt、seam 等 2D 单元间的连接单元；

HyperLaminate：HyperWorks 中的专用层合板分析工具；

Composites：2D 复合材料铺层设置的工具。

左边第四列是对网格进行操作的相关命令：

automesh：针对 2D 几何平面或曲面的网格划分；

qualityindex：针对 2D 网格的质量检测和网格优化；

elem cleanup：对 2D 单元进行清理。

最后一列命令是对单元的操作，包括：

edit element：编辑单元；

split：切割单元，主要用于切割固体单元，将四边形单元切割为三角形；

replace：两点合并为一点；

detach：分开合并在一起的单元；

order change：将一阶单元转换成二阶单元；

config edit：更改单元类型。

③3D 单元的主要命令

3D 单元的主要命令如图 4 - 189 所示。

solid map：基于几何的 3D 实体网格划分命令；

linear solid：在两个相互匹配的平面网格区域间以一定方法拉伸，形成 3D 实体网格；

drag：将 2D 基于一定规则进行拉伸，形成 3D 网格；

spin：将 2D 平面网格以一根中心轴进行旋转，形成 3D 网格；

line drag：将 2D 网格拉伸一定高度，形成 3D 网格；

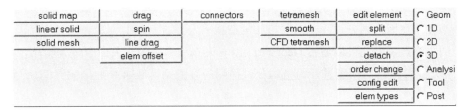

图 4 - 189　3D 的主要命令

elem offset：对已形成的 3D 网格进行修改；

tetramesh：四面体网格划分的相关命令；

CFD tetramesh：流体四面体网格的划分，能够自动形成边界附面层网格；

edit element：3D 网格的修改；

split：将 3D 实体网格以一定规则进行剖分；

order change：改变网格的阶数，例如从一阶变为二阶；

config edit：改变单元类型。

（3）网格模型的建立过程

无论是进行结构有限元计算还是进行流体动力学计算，对分析目标的三维实体模型进行前处理都是必不可少的步骤。对实体模型进行几何清理并且获得适合的网格模型的过程，称之为前处理。通常情况下，前处理过程将占据整个数值仿真工作中 60% 以上的时间。如何快速有效地建立分析对象的网格模型是仿真分析过程的关键步骤。

①几何清理

建立网格模型第一个步骤是对分析对象进行几何清理，清理主要针对以下问题：

1）分析对象的实体模型存在问题。现阶段主流的前处理软件通常都能够读入 CATIA、UG、ProE、Solidworks 等三维建模软件生成的典型模型格式以及 STP、IGES 等通用格式。通常情况下，推荐使用 STP 格式，HyperMesh 能够很好地读入 STP 格式的模型，并生成实体模型。若模型是 IGES 或几何模型本身存在问题，则导入 HyperMesh 后无法生成实体模型，模型由一组面（Surface）构成。可以通过快捷方式栏中（Visualization Options）显示 Free edge 的同时关闭正常边的方式，找到存在问题的边，并根据情况通过 edge edit 或 auto cleanup 等选项中的相关命令处理问题边，直至将模型中 Free edge 完全清除。

2）实体模型中几何特征处理。分析对象的实体模型中通常存在倒角或通孔的情况，有些时候这些倒角或通孔是分析对象中较为关键的特征因素，边界条件不同时结果的变化主要发生在倒角或通孔处，则需要对倒角或通孔附近进行特殊的网格布置，从而获得较好的计算结果。有些时候这些倒角或通孔对结果的影响不大，而保留这些倒角或通孔将会严重影响模型的网格质量，则需要在实体模型中将这些倒角或通孔删除。

对第一种情况，需要对关注的关键特征区域进行网格加密，并且通过多次试算进行计算收敛性分析，调整网格密度，找到计算精度和计算效率之间的平衡点。

对于第二种情况，则需要删除次要几何特征。如图 4-190（a）所示，几何模型左上角存在四个小孔，在网格划分过程中对网格质量造成一定影响，与此同时，这四个小孔并非是仿真分析的关注点，因此可以通过 Geom→Defeature 选项卡中的相关命令将其删除，如图 4-190（c）所示。修改后对模型进行网格划分，得到的有限元模型如图 4-190（d）所示。

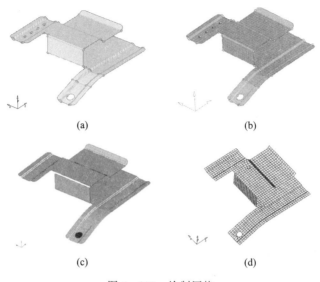

图 4-190　绘制网格

②四面体网格画法

对于复杂结构，使用六面体网格进行网格划分是一件费时费力的事情。与此同时，很多时候由于几何结构的限制，无法建立分析对象的六面体网格模型。四面体网格能够很好地适应各种复杂形状分析对象的网格划分，在工程应用中具有很高的实用价值。四面体网格的划分总体上是按以下两个思路进行的：

1）直接对实体模型进行网格划分（3D\tetramesh\volume tetra），设计合适的网格密度，进行网格划分，并检查网格质量，使之满足求解器要求。

2）若无法在实体模型上直接生成四面体网格模型，则可采取先生成面网格，根据面网格再生成实体网格的方法。生成面网格的过程中，通常需要伴随着几何清理的工作。生成封闭的面网格模型后，在 3D\tetramesh 中利用相关命令，生成实体模型。

③六面体网格画法

六面体网格划分最重要的就是结构剖分。剖分的核心思想就是将分析对象剖分为若干能够用六面体填满的实体块。这些块可以是六面体、圆柱体、三棱柱等，但是不能是四面体，当遇到四面体时，必须将其剖分成六面体。图 4-191 所示为螺钉的剖分及最终的网格模型。

在剖分过程中，应该尽量利用面进行实体的网格剖分，尤其是较为不规则的剖分面，应利用边线形成曲面，利用曲面对结构进行剖分。这样能够有效避免在剖分过程中形成实体碎片。

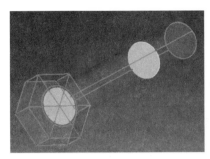

图 4 - 191　螺钉模型及网格图

如图 4 - 192 所示为一个复杂结构的实体剖分。由于实体为对称结构，因此只需对一半结构进行较为细致的网格剖分即可，利用复制、对称、节点合并等命令实现网格模型的镜像。

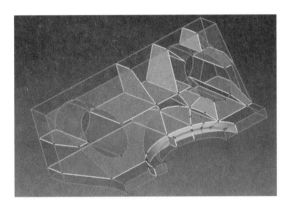

图 4 - 192　复杂结构模型剖分

在网格剖分过程中，需要协调不同块体边界之间网格数目的一致性，且在各个方向上的网格数目应该为偶数。图 4 - 193 为最终完成的网格模型，由于接触底面及中间圆孔底面为仿真分析的关注区域，因此在上述区域内进行了网格细化。

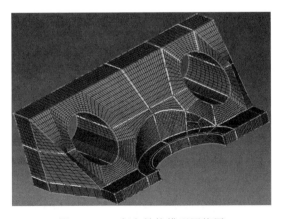

图 4 - 193　复杂结构模型网格图

4.3.3.3　案例介绍

本实例描述使用 HyperMesh 分割实体，并利用 Solid Map 功能创建六面体网格的过程。模型如图 4-194 所示。

图 4-194　模型结构

本实例的主要操作步骤如下：

（1）打开模型文件

· 启动 HyperMesh。

· 在 User Profiles 对话框中选择 Default（HyperMesh）并单击 OK 按钮。

· 单击工具栏上的 Open 图标，在弹出的 Open file… 对话框中选择 solid_geom.hm 文件。

· 单击 Open 按钮，solid_geom.hm 文件将被载入到当前 HyperMesh 进程中，取代进程中已有数据。

（2）使用闭合曲面（bounding surfaces）功能创建实体

· 在主面板中选择 Geom 页，进入 solids 面板。

· 单击曲面边界按钮，进入 bounding surfs 子面板。

· 勾选 auto select solid surfaces 复选框。

· 选择图形区任意一个曲面。此时模型所有面均被选中。

· 单击 Create 按钮创建实体。状态栏提示已经创建一个实体。注意：实体与闭合曲面的区别是实体边线线型比曲面边线粗。

· 单击 return 按钮返回主面板。

（3）使用边界线（bounding lines）分割实体

· 进入 solid edit 面板。

· 选择 trim with lines 子面板。

· 在 with bounding lines 栏下激活 solids 选择器。单击模型任意位置，此时整个模型被选中。

· 激活 lines 选择器，在图形区选择。

· 单击 trim 按钮产生一个分割面，模型被分割成两个部分，如图 4-195 所示。

（4）使用切割线（cut line）分割实体

· 在 with cut line 栏下激活 solids 选择器，选择（3）创建的较小的四面体。

· 单击 drag a cut line 按钮。

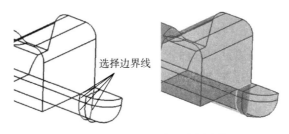

图 4 - 195　选择边线和分割实体

• 在图形区选择两点，将四面体分为大致相等的两部分，如图 4 - 196 所示。

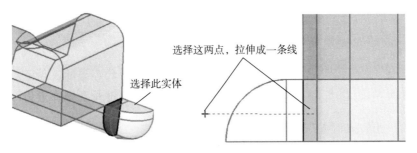

图 4 - 196　选实体和定义切割线

• 单击鼠标中键，分割实体。
• 选择分割后实体的下半部分，如图 4 - 197 所示。

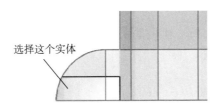

图 4 - 197　选择实体 1

• 使用 with cut line 工具分割实体，如图 4 - 198 所示。

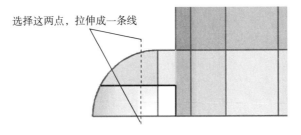

图 4 - 198　分割实体 1

• 选择实体。
• 使用 with cut line 工具分割实体，如图 4 - 199 所示。

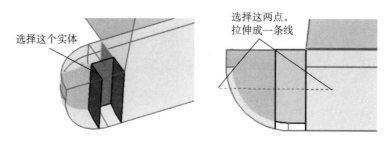

图 4 - 199　选择实体 2 和分割实体 2

（5）合并实体

· 进入 merge 面板。

· 在 to be merged 下的 solids 选择器激活的状态下选择 3 个实体。

· 单击 merge 按钮合并这 3 个实体。合并后的结果如图 4 - 200 所示。

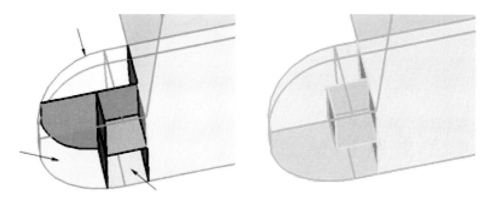

图 4 - 200　选择 3 个实体和合并实体结果

（6）使用自定义的平面（user - defined plane）分割实体

· 进入 trim with plane\surf 子面板。

· 在 with plane 下 solids 选择器激活的状态下选择如图 4 - 201 所示的较大的实体。

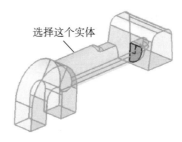

图 4 - 201　选择实体 3

· 将平面选择器设置为 N1、N2、N3。

· 激活 N1 选择器，按住鼠标左键不放，移动鼠标到图 4 - 202 中两边线中靠上的一条，此时边线高亮显示。

• 释放鼠标左键，在此边中点处再单击左键，一个绿色的临时节点将出现在边的中点处，同时平面选择器节点 N2 被激活。

• 以同样的方法激活靠下的边线，然后在边线上选择两个节点。

• 单击 trim 按钮分割所选实体，模型分割后如图 4 - 202 所示。

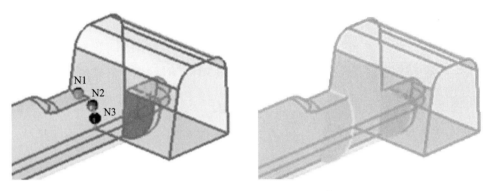

图 4 - 202　选择节点和分割实体

（7）使用扫略线（sweep line）分割实体

• 进入 trim with lines 子面板。

• 激活 with sweep lines 栏下的 solids 选择器，选择如图 4 - 203 所示实体。

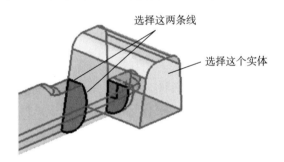

图 4 - 203　选择边线和实体位置

• 激活 line list 选择器，选择（6）中定义 N1、N2 和 N3 点所用到的边线。

• 在 sweep to 下将平面选择器设置为 x - axis。

• 将 plane 选择器设置为 sweep all。

• 单击 trim 按钮分割实体。

（8）使用主平面分割实体

• 进入 trim with plane\surf 子面板。

• 在 with plane 下激活 solids 选择器，选择如图 4 - 204 所示实体。

• 将平面选择器从 N1、N2 和 N3 转为 z - axis。

• 按住鼠标左键不放，移动鼠标至图示边线，此时被选中边线将高亮显示。

• 释放鼠标左键并在边上任意位置单击。

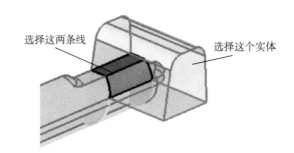

图 4 - 204　选择边线和实体位置

- 一个紫色临时节点出现在边上，它表示基点。
- 单击 trim 按钮分割实体。
- 单击 return 按钮返回主面板。

（9）在实体内部创建面并使用此面分割实体

- 进入 surfaces 面板。
- 单击创建曲面按钮进入 spline\filler 子面板。
- 取消选择 auto create（free edge only）复选框，激活 keep tangency 复选框。
- 选择如图 4 - 205 所示 5 条线。
- 单击 create 按钮创建曲面。
- 单击 ruturn 按钮返回主面板（main menu）。
- 在 Geom 页面中，进入 solid edit 面板。
- 进入 trim with plane\surf 子面板。
- 在 with surfs 下 solid 选择器激活状态下，在图形区选择要分割的实体。
- 在 with surfs 下 surfs 选择器激活状态下，在图形区选择第（5）步创建曲面。
- 取消选择 extend trimmer。
- 单击 trim 按钮分割实体。
- 单击 return 按钮。
- 在 Geom 页面选择 surfaces 面板。
- 进入 spline\filler 子面板。
- 选择 4 条线。
- 单击 create 按钮。
- 单击 return 按钮。
- 从主菜单选择 Geometry\Edit\Solids\Trim with Plane/Surfaces 命令，进入 trim with plane\surf 子面板。
- 在 with surfs 栏下激活 solids，单击图形区中包含此面的实体。
- 在 with surfs 栏下 surfs 选择器激活的状态下，选择刚创建的面。
- 取消选择 extend trimmer 复选框。
- 单击 trim 按钮。

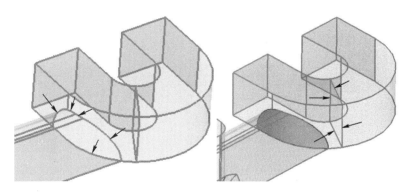

图 4 - 205　选择 5 条边线和选择 4 条边线

• 单击 return 按钮返回主面板。

（10）压缩模型上部分边线，以便进行网格划分

• 进入 edge edit 面板。

• 选择（un）suppress 子面板。

• 选择 lines\by geoms。

• 激活 solids 选择器，选择如图 4 - 206 所示 4 个实体。

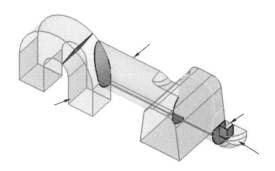

图 4 - 206　选择 4 个实体

• 单击 add to selection。

• 在 breakangle＝栏中输入 45。

• 单击 suppress 按钮压缩这些边。

• 单击 return 按钮返回主面板（main menu）。

（11）对 1/8 半球区进行网格划分

• 在工具栏单击 Shaded Geometry and Surface Edges 按钮。

• 进入 solid map 面板。

• 选择 one volume 子面板。

• 在 along parameters 栏下的 elem size＝栏中输入 1。

• 在 volume to mesh 栏下激活 solid 选择器，选择如图 4 - 207 所示小立方体。

• 单击 mesh 按钮。

• 在工具栏中单击 Shaded Elements and Meshlines 按钮。

• 选择如图 4 - 204 所示实体。

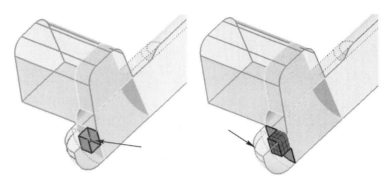

图 4 - 207　选择小立方体和实体

• 单击 mesh 按钮。

• 单击 return 按钮返回主面板（main menu）。

（12）利用 automesh 面板创建壳单元网格，控制网格模式

• 进入 solid map 面板。

• 选择如图 4 - 208 所示的面。

• 确认选择 size and bias 和 Interactive。

• 在 element size＝栏中输入 1.0。

• 确认 mesh type 设置为 mixed。

• 单击 mesh 按钮。

• 在 elem density 栏中输入 4。

• 单击 set all to，此时所有密度都设置为 4。

• 单击 mesh 按钮。

• 单击 return 按钮返回主面板。

（13）对已创建面网格的实体划分体网格

• 进入 solid map 面板。

• 选择 one volume 子面板。

• 选择实体。

• 在 along parameters 栏下将 elem size 转换为 density 并输入 10。

• 单击 mesh 按钮。

• 旋转模型，注意观察使用 automesh 创建的网格模式如何控制生成实体单元，如图 4 - 208 所示。

（14）对剩余的实体划分网格

• 在 solid map 面板选择 one volume 子面板。

• 选择一个未划分网格的实体。所选实体要求与已划分网格的实体相连，以保证网格连续性。

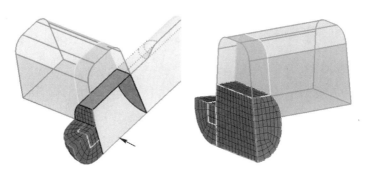

图 4 - 208　选择实体和生成三维网格

- 切换 source shells 到 mixed。
- 在 along parameters 栏下将 density 切换成 elem size，输入 1.5。
- 单击 mesh 按钮。
- 重复划分其余实体。
- 单击 return 按钮返回主面板。

使用 solid map 功能可实现多个实体一次划分网格。

通过映射视图模式（mappable visualization mode）检查模型是否可以进行映射划分，如果模型可以进行映射划分，则可通过 multi - solids 工具对模型的多个实体一次划分。下面将介绍删除模型上已划分的网格，使用 solid map 功能一次划分多个实体。

（15）删除模型内所有单元

- 按 F2 键进入 delete 面板。
- 激活 elems 选择器，选择 all。
- 单击 delete entity 按钮。
- 单击 return 按钮返回主面板。

（16）使用映射视图模式

- 在工具栏单击 Shaded Geometry and Surface Edges 按钮。
- 在 geometry visualization 下拉菜单中选择 Mappable 选项。
- 此时，模型中每个实体都将被渲染，实体上渲染的颜色代表其映射状态，本步骤的目的是检验每个实体是否具有一个或多个方向的映射性。
- 在工具栏单击 visualization options 按钮，在图形区左侧可以看到映射状态图例。
- 如图 4 - 209 所示，将模型切换到映射视图模式，可以看到有一个实体具有三个方向的映射性，其余实体均具有一个方向映射性。

（17）使用 multi - solid 功能划分实体

- 进入 solid map 面板。
- 选择所有实体。
- 将 source shells 设置为 mixed，在 "elem size=" 栏中输入 1。
- 单击 mesh 按钮，此时模型将被顺序划分网格。分网后的模型如图 4 - 210 所示。

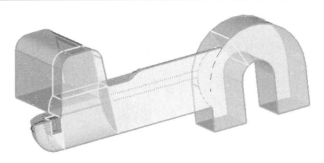

图 4 - 209　模型映射状态图

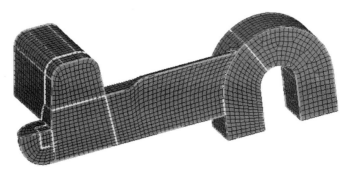

图 4 - 210　分网后的模型

4.3.4　HyperView

4.3.4.1　功能介绍

　　HyperView 是一个针对有限元分析、多体系统仿真、数字化视频和工程数据的完整的后处理和可视化环境。它组合了先进的动画处理和数据绘图功能，同时支持窗口播放的同步处理，以增强结果的可视化效果。HyperView 还可以采用 Altair 特有的 H3D 压缩格式保存三维动画结果，从而使用户能够使用 Altair HyperView Player 在三维的网络环境中共享和浏览 CAE 结果。HyperView 以其极为快速的三维图像处理和无与伦比的功能，带来了令人震惊的速度和集成性体验，为 CAE 结果的后处理树立了新的标准。附加 HyperView 先进的流程自动化工具，更是将结果的可视化和报告生成推向了更高的层次。

　　目前，许多比较流行的有限元分析软件在使用过程中往往不能满足用户的特定需要。为了规范分析师的操作，方便用户的使用，同时继承前辈丰富的分析经验和友好的人机交互界面，仿真分析环境应采用专用定制化分析模板。在实际工程仿真过程中，基于 HyperView 的仿真分析报告模板定义工具的开发，对专业化、系列化产品的设计开发有着非常重要的现实意义。

　　综合以上实际问题，采用 Tcl/Tk 和 VBS 作为开发工具，对仿真分析后处理模块 HyperView 进行仿真分析报告模板的开发，可以将工程师的 CAE 知识和丰富的分析经验进行固化，制定出规范化的报告模板。可以建立流程树来规范分析师的操作，分析师只需要按照流程规范，手动调整显示云图、标记需要提取的信息、调整好模型摆放位置等，点选流程树对应界面上的按钮即可自动截屏、插图，快速地生成规范化的报告。

4.3.4.2　使用要点

仿真分析报告模板定义工具的开发基于多种开发工具和开发语言。开发工具主要包括 Process Manager 和 Process Studio；开发语言主要包括 Tcl/Tk 语言、VBS 语言以及 HyperView 所自带的功能函数等。

（1）Process Studio 概述

Process Studio 是一个流程编辑工具。在此工具中，利用控件（Controls）可以编写流程模板文件（流程模板文件的扩展名是 .pmt）。流程模板文件其实是由不同的页（HWPM Page）构成，页的构建在 Process Studio 里很快捷，通过拖放不同的控件（HWPM Controls）并把它们组织在一起就可以完成页的构建。这些页加之其上布置的各种控件，便构成了流程与用户交互的界面。

（2）HyperView 内置命令

HyperView 是面向对象的开发风格。其基本格式为：Obj Command Args 其中 Obj 代表要获得的对象，Command 代表执行命令，Args 代表对获取对象命名。

HyperView 的开发过程是严格按照树形结构图来开发的，该树形结构的任何一个分支都对应于一个对象类型。要修改特定的对象首先就要获得该对象的 Obj，然后通过 Command 命令对该对象进行相应的操作，实现想要的功能效果。例如，为当前页面添加四个窗口可以通过下面的命令来实现。

- hwi OpenStack；
- hwi GetSessionHandle s1；
- s1 GetProjectHandle p1；
- p1 GetPageHandle page1 [p1GetActivePage]；
- page1 SetLayout 4；
- hwi ReleaseAllHandles。

（3）Tcl/Tk 程序设计技术

Tcl（Tool Command Language）是一种脚本语言，和人们常用的 Java 和 C++语言相似，其不同之处在于它可以很容易把它的解释器加入到应用程序里。Tcl 主要由脚本语言和解释器两大部分组成，其解释器能够方便地嵌入到程序里。Tk 为 Tcl 的图形用户界面提供有效的工具包，其主要的作用是用于定义 Tcl 命令，用户通过工具包创建用户的界面。对于软件开发人员来说 Tcl 和 Tk 具有很大的优点，开发人员用 Tcl 脚本编写的应用程序比在 C/C++或 Java 上开发具有更高的层次，隐藏了许多程序员必须关注的细节。通过用 Tcl/Tk 编写应用程序减少了大量的代码数量和开发时间。同时 Tcl 和 Tk 具有跨平台的语言，例如一个在 Linux 平台上开发出的应用程序，它可以不用修改在 Windows 上运行。它的另一个优点是具有开源的代码，方便开发人员编写应用程序。Tk 是 Tcl 最有用的扩展，其所有的功能都可以通过 Tcl 获得，这给了 Tk 很大的弹性、动态可控性，并使得它比其他工具包功能更强大。利用 Tk 可以创建 CAE 流程自动化系统与用户交互的 GUI 界面。

（4）VBS 语言

VBScript 是 Microsoft Visual Basic Script Edition 的简写，而 VBS 是 VBScript 的进一步简写，它是程序开发语言 Visual Basic 家族的最新成员，是由微软公司出品、语法基于 Basic 的脚本语言的一套可视化编程工具，用户可直接发送 .vbs 的源程序来编译执行。

4.3.4.3　案例介绍

（1）流程的设定

为了与系统开发环境一致，采用 Tcl/Tk 语言和 VBS 语言开发出分析报告自动生成程序，利用 Process Studio 建立流程树来规范操作，用 Tcl/Tk 语言来创建 GUI 界面和控制 HyperView 里内部操作，利用 VBS 技术将分析数据、图片等信息插入到事先定制好的报告模板中去。具体实现步骤如下：

1）自动添加相应的页面来摆放每个工况 .rst 格式的结果文件；

2）选择需要的模型计算结果文件自动导入到每个页面的窗口上；

3）分析师手动获取相应的云图等信息，标记好极值点、点选按钮自动批量截屏。

4）自动生成报告。

至此，整个报告生成过程已经完成，其流程如图 4-211 所示：

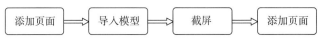

图 4-211　流程树和节点对应的交互界面

（2）创建流程树及相应 GUI 界面

利用 Process Studio 创建静强度分析后处理自动生成报告流程树，Tree 的每个节点都有相应页面与之对应，如增加页面节点 addpage，与之相对应的用户交互界面如图 4-212 所示。

图 4-212　流程树和节点对应的交互界面

（3）系统运行

该系统主要分 4 个功能节点，分别为添加页面、导入模型、截屏和生成报告。在添加页面（addpage）节点，输入对应的界面添加工况的个数，点选 Apply 按钮生成页面和窗口来摆放每个工况的模型，如图 4-213 所示。

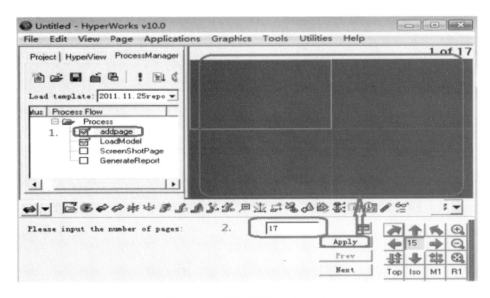

图 4 - 213　添加页面（addpage）

在导入模型（LoadModel）节点，用户在对应的界面添加需要导入的 .rst 结果文件，点选 Apply 按钮生成页面和窗口来摆放每个工况的模型，操作如图 4 - 214 所示。

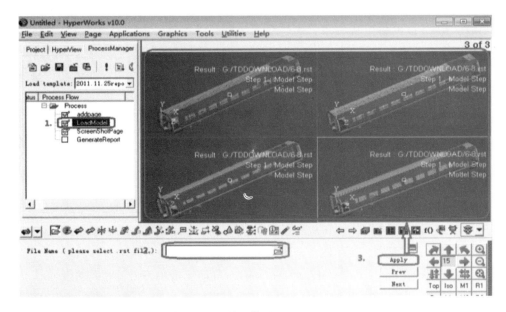

图 4 - 214　导入模型（LoadModel）

在截屏（ScreenShotPage）节点，在模型显示窗口上分析师手动获取相应云图、标记相关信息、调整摆放位置；点选 Apply 按钮截屏。操作如图 4 - 215 所示。

在生成报告（GenerateReport）节点，在对应的界面输入添加工况的个数，后台程序会自动选择需要调用的模板；最后点选 Apply 按钮生成分析报告。

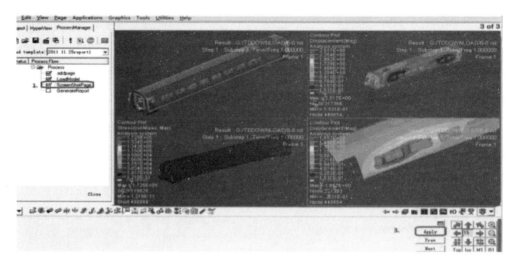

图 4 - 215　截屏（ScreenShotPage）

4.3.5　ICEM

4.3.5.1　功能介绍

ICEM 是一款计算前后处理软件，包括几何创建、网格划分、前处理条件设置、后处理等功能。在 CFD 网格生成领域，优势更为突出，它提供了高级几何获取、网格生成、网格优化以及后处理工具，以满足当今复杂分析对集成网格生成与后处理工具的需求。

为了在网格生成及后处理中与几何保持紧密的联系，ICEM 被用于在诸如计算流体动力学与结构分析中。ICEM 的网格生成工具提供了参数化创建网格的能力，包括许多不同格式：

- Multiblock structured（多块结构网格）；
- Unstructured hexahedral（非结构六面体网格）；
- Unstructured tetrahedral（非结构四面体网格）；
- Cartesian with H - grid refinement（带 H 型细化的笛卡儿网格）；
- Hybird meshed comprising hexahedral，tetrahedral，pyramidal and/or prismatic elements（集合了六面体、四面体、金字塔或棱柱形网格的混合网格）；
- Quadrilateral and triangular surface meshes（四边形和三角形表面网格）。

ICEM 提供了几何与分析间的直接联系。在 ICEM 中，集合可以将商用 CAD 设计软件包、第三方公共格式、扫描的数据或点数据的任何格式导入。ICEM 的一般工作流程包括以下几个步骤：

- 打开/创建一个工程；
- 创建/处理几何；
- 创建网格；
- 检查/编辑网格；

- 生成求解器的导入文件；
- 结果后处理。

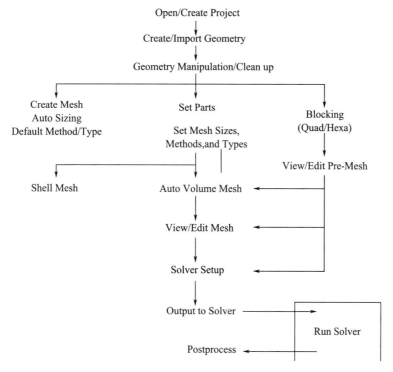

图 4 - 216　ICEM CFD 工作流程

ICEM 的文件类型如表 4 - 6 所示。

表 4 - 6　ICEM 的文件类型

文件类型	扩展名	说明
Tetin	*.tin	包括几何实体、材料点、块关联以及网格尺寸等信息
Project	*.prj	工程文件,包含有项目信息
Blocking	*.blk	包含块的拓扑信息
Boundary conditions	*.fbc	包含边界条件
Attributes	*.atr	包含属性、局部参数以及单元信息
Parameters	*.par	包含模型参数及单元类型信息
Journal	*.jrf	包含所有操作的记录
Replay	*.rpl	包含重播脚本

4.3.5.2　使用要点

（1）创建或操作几何

ICEM 包含创建一个新的或操作一个已有几何的广泛的工具。用户不需要返回到原始的 CAD 中即可改变复杂集合或创建一个简单的几何，这些都能够使用 CAD（NURBS 表面）和三角化表面数据来实现。ICEM 的直接 CAD 接口，提供了位于 CAD 系统中的参数化集合创建工具，以及 ICEM 中所具有的计算网格工具、后处理及网格优化工具间的桥梁。允许用户在当地 CAD 系统中操作几何。ICEM 目前支持的直接 CAD 接口包括 CATIA，I-deas，PRO-E 以及 Unigraphics。

ICEM 环境能够在一个单一的几何中联合使用 CAD 面几何及三角化表面数据。所有的几何实体，包括表面、曲线以及点都被标记或组合到一个称为 part 的群组中。通过使用 part 对几何进行组织，用户可以激活或禁止 part 中的对象，以不同的颜色显示或者在同一 part 的不同实体上赋予网格尺寸，以及利用 part 设置不同的边界条件。尽管 ICEM 中的大部分网格划分模块允许几何中存在小的间隙或孔洞，但在一些情况下必须将大的孔洞及间隙找出来。ICEM 提供了一些在 CAD 或三角化表面中诸如此类的操作。最终，曲线以及点能够被自动创建，以捕捉几何中的一些关键特征。这些曲线或点在网格划分中扮演着约束的作用，强制单元的节点或边在它们之上，以捕捉这些特征。

（2）网格创建

网格划分模块能划分以下一些网格类型。

①四面体（Tetra）

ICEM 四面体网格划分工具具有面向对象非结构网格划分技术的所有优势。去掉了 up-front 三角形表面网格划分以提供良好的初始网格步骤，ICEM 四面体网格划分直接从 CAD 表面开始，利用八叉树算法（Octree）将四面体网格单元填充体积，利用功能强大的网格光顺算法保证网格质量，具有可选的自动细化或粗化网格功能。它依然包含 Delaunay 算法，可以从已存在的表面网格生成四面体。

②六面体（Hooks）

ICEM 六面体网格划分工具是一个半自动划分模块，允许快速创建多块结构或非结构六面体网格。ICEM 六面体划分展示了一种网格生成的新方法——大多数的操作能够自动完成或通过点击按钮完成。Block 能够基于 CAD 几何创建或互动地调整，而且这些块能够作为模板用于相似的几何，且具有完全参数化能力。复杂的拓扑结构，如内部或外部 O 型网格能够自动地生成。

③棱柱网格（Prism）

ICEM CFD 棱柱网格生成器能在边界表面产生与棱柱单元层一致的混合四面体网格，并且在流场的近壁面构建四面体单元。与纯粹的四面体网格相比，在更小的分析模型中，采用棱柱网格有更好的收敛性以及求解分析结果。

④杂交网格（Hybrid Meshes）

1）四面体与六面体网格在一个公用面上被联合，在该面上会自动生成金字塔网格。这一网格类型适用于一些部件适合结构网格而一些部件适合非结构网格的模型。

2）能生成六面体核心的网格。在这类网格中，主要的体积为六面体笛卡儿网格所填充。这一类型是通过自动创建金字塔网格来实现连接棱柱网格或四面体杂交网格的。六面体核心网格允许减小单元数量，以减少计算时间及获得更好的收敛性。

⑤壳网格划分（Shell Meshing）

ICEM 提供了快速的表面（3D 或 2S）网格生成方法。网格类型可以是 All Tri，Quad w/one Tri，Quad Dominant 或者 All Quad，提供了以下一些划分方法：

1）Mapped based shell meshing（Autoblock）：在内部使用一系列的 2D 块。

2）Patch based shell meshing（Patch Dependent）：使用一系列的表面边界或者一系列的曲线自动定义的封闭区域。该方法能够划分质量较高的四边形网格，并且可以捕捉网格的表面细节。

3）Patch independent shell meshing（Patch Independent）：使用八叉树算法。这一算法对于未清理的集合来说是最好的、也是最健壮的方法。

4）Shrinkwrap：用于快速生成网格。通常是用于预览网格，不会捕捉硬的特征。

⑥检查及编辑网格

ICEM 中的网格编辑工具允许用户检测及修复网格中的问题。用户同时可以提高网格质量。大量的人工或自动的工具如转换单元类型、细化或粗化网格、光顺网格等可以用于网格的修复。一般步骤包括：

1）利用网格检测工具检查网格的问题，例如孔、间隙、重叠单元，使用合适的自动或人工修复方法修复这些问题。

2）检查坏质量的网格，使用光顺工具提高网格质量。

3）如果网格质量很差，一些合适的方法包括修复几何、使用合适的尺寸参数重新创建网格或者利用不同的划分方法创建网格。ICEM CFD 提供了快速的表面（3D 或 2S）网格生成方法。网格类型可以是 All Tri，Quad w/one Tri，Quad Dominant 或者 All Quad，提供了一些划分方法：Mapped based shell meshing，Patch based shell meshing，Patch independent shell meshing（Patch Independent）以及 Shrinkwrap 等。

4.3.5.3   案例介绍

某二维几何模型如图 4 - 217 所示。该模型为一混合管模型，两个温度不同的入水管，一个出水管。

图 4 - 217   几何模型

从上面的几何很容易看出，自顶向下的方式可以采用"T"型块进行网格划分，自底向上可以从小管开始块的生成。

（1）边界命名

命名边界的目的主要是为了在求解器设置中可以看到此边界。在 ICEM CFD 中，边界是以 Part 的形式进行组织的。在模型树形菜单的 Part 上点击右键，选取 Create Part 创建各边界 Part，如图 4-218 所示。

图 4-218　创建边界 part

（2）自顶向下划分方式

这种方式的划分思路为：先创建一个整体块，然后对块进行切割、合并等操作完成最终块。这种分块方式的主要优势在于可以从整体上把握拓扑结构，然而在几何比较复杂时或切割次数过多时，由于块的数量多，而导致 edge 及 face 的数量过多，在进行关联选取的时候会不方便。

①创建 2D 块

创建 2D 块的方式有两种，一种是 2D Planar 块，另一种为 2D Surface Blocking。其中，前者主要创建平面 2D 块，且该块位于 XY 平面。后者可创建曲面的块，能自动进行块切割。本例选取前者进行块的创建。

在工具 Blocking 标签页中选择 Create Block 图标，如图 4-219 所示。

图 4-219　创建 Block

在左下角的块创建对话框中设置块类型为 2D Planar，如图 4-220 所示。

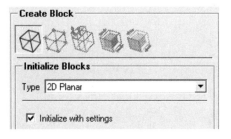

图 4-220　设置 2D Planar

点击 Apply，完成平面 2D 块的创建。

②块的切割

仔细分析几何，可以发现，整个几何呈 T 型分布，如图 4 - 221（a）所示。将平面块切割成 T 形，如图 4 - 221（b）所示，以更好地贴近几何。然后利用<img_1>进行切割。

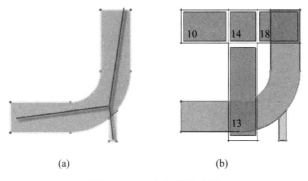

(a)　　　　　　　　(b)

图 4 - 221　分割块示意图

③块与几何的关联

目前还未发现有什么资料讲述 ICEM 中关联的目的。不过我们可以这样去理解它：关联是将块与几何联系起来的一种手段。块是一种虚拟的结构，就像我们小学的时候做几何题目时画的辅助线一样。如果我们不进行关联，在生成网格的时候，软件是没办法知道块上的某一条边对应着几何的哪个部分，也没办法将块上的节点映射到几何上。

有四种关联：Vertex 关联、Face 到 Curve 的关联、Edge 到 Surface 的关联以及 Face 到 Surface 的关联。

为便于叙述，将块上的 Vertex 及几何上的点以名称显示，如图 4 - 222 所示。

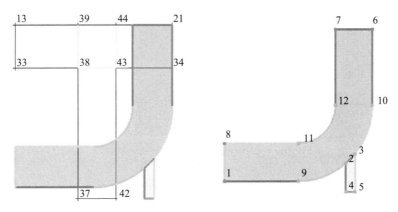

图 4 - 222　块上的点名称显示图

1）顶点关联。

将块上的顶点与几何上的点进行关联。要关联的顶点与点（前方为顶点号，后方为点编号）：33 - 1，13 - 8，37 - 4，42 - 5，34 - 6，21 - 7，43 - 3，38 - 2。顶点关联后的几何如图 4 - 223 所示。

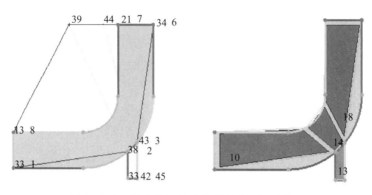

图 4 - 223　顶点关联后的几何和最终形成的块

2）进行 Edge 关联。

将 vertex 13 - 39 - 44 - 21 所构成的 edge 与点 8 - 11 - 12 - 7 构成的曲线相关联；

将 vertex 33 - 38 所构成的 edge 与点 1 - 9 - 2 构成的曲线关联；

将 vertex 43 - 34 所构成的 edge 与点 3 - 10 - 6 构成的曲线关联；

将 vertex 13 - 33 所构成的 edge 与点 1 - 8 构成的曲线关联；

将 vertex 21 - 34 所构成的 edge 与点 6 - 7 构成的曲线关联；

将 vertex 37 - 38 所构成的 edge 与点 2 - 4 构成的曲线关联；

将 vertex 42 - 43 所构成的 edge 与点 3 - 5 构成的曲线关联；

将 vertex 37 - 42 所构成的 edge 与点 4 - 5 构成的曲线关联；

关联后选择 或移动顶点 标签中的 ，最终的块如图 4 - 223 所示。

④设定网格尺寸

完成块的生成后，需要设定网格尺寸。通常我们可以设定一个总体尺寸。在 Mesh 标签页下选择 ，在左下角的全局网格尺寸中，设定全局最大网格尺寸为 2.0，如图 4 - 224 所示。

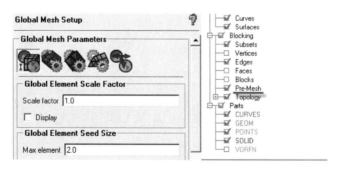

图 4 - 224　设定网格尺寸和预览网格

⑤预览网格

在预览网格之前，要对块进行更新，尤其是修改了单元尺寸之后。在 Blocking 标签页下，点击 ，在左下角弹出的对话框中选取 ，点选 Update All 后，点击 Apply 按钮。

在模型树菜单中，选中 Pre - Mesh，则可以在图形窗口中预览生成的网格，如图 4 - 225 所示。

图 4 - 225　预览网格图

（3）自底向上划分方式

这种方式与自顶向下方式的主要不同在于块的生成方式不同。其他诸如关联、网格尺寸设定等均采用相同的操作方式。

①生成原始块

先生成最基础的块。在 ICEM 中最基础的块为 2D 平面块。将生成的 2D 块与小水管进行线关联与点关联。关联对齐后的图形如图 4 - 226 所示。

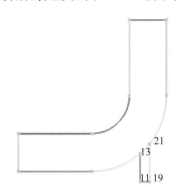

图 4 - 226　关联设置对齐完成后的图形

②生成其他块

利用 Blocking 标签页中的⊠，在右下角弹出的对话框中选择⊠，在 Dimension 中选择 2D，块类型选项中选择 Mapped，如图 4 - 227 所示。

选取顶点 13 与 21，点击鼠标中键，然后在弯管内圆弧上选取两个点，注意点选的顺序，点击鼠标中键，生成一个块，如图 4 - 228（a）所示。依照同样的方法，选取 21 - 33 点选鼠标中键，选取上方两个点，形成第二个块；选取 13 - 32 点选鼠标中键，选取左边两点，形成第三个块。最终形成的块如图 4 - 228（b）所示。

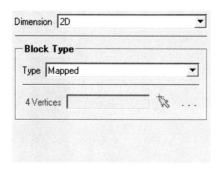

图 4 - 227　选择 Mapped 示意图

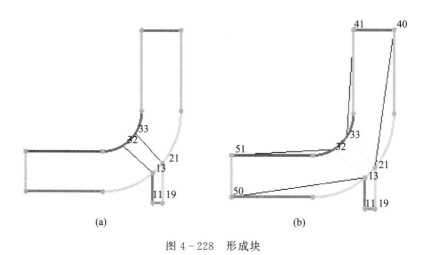

图 4 - 228　形成块

③关联及网格尺寸设定

与前面叙述的方法相同，进行关联及网格尺寸设定。最终形成的网格如图 4 - 229
所示。

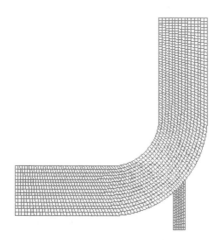

图 4 - 229　最终形成的网格

（4）网格质量检查

对于利用块进行结构网格划分的方式来说，常用 Blocking 中工具 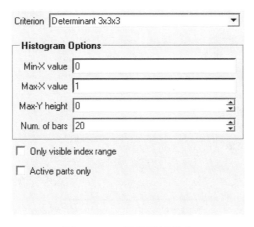，这是一个预览网格的质量检测工具，可以以直方图的形式对网格质量给出一个直观的显示。点击此按钮后，在左下角弹出对话框，用户可以对其进行设置，如图 4 - 230 所示。在该对话框中，可以设定要检查的质量标准。对于块结构网格，我们通常使用 Determinant 以及 Angle，它们均是越靠近右端，质量越好。

图 4 - 230　网格质量检查

图 4 - 231 即为本例中网格质量检查结果。

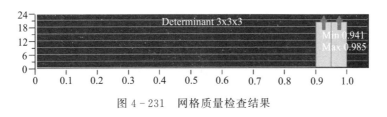

图 4 - 231　网格质量检查结果

（5）网格的生成

上面看到的网格只是预览的网格，其实并没有真正生成网格，要将预览的网格变为实际存在的网格有两种方式。方式一：在树形菜单项 Pre - Mesh 上点击右键，选择 Convert to Unstruct Mesh，如图 4 - 232（a）所示。方法二：在 File 菜单中，选择 Mesh 子菜单，选择 Load from Blocking，如图 4 - 232（b）所示。

两种方式所生成的网格有所不同，第一种方式生成的为非结构网格，第二种方式则生成结构网格。可以根据实际求解器的需要进行选取。

（6）网格输出

网格生成完毕后，需要将网格输出至求解器。ICEM 支持 200 多种求解器，每一种求解器对网格的要求均不相同，在此以输出至 Fluent 求解器为例，其他求解器输出方式，见相关的帮助文档。选择 Output 标签页中的 ▣，在左下角弹出的对话框的 Output Solver 中选择求解器，然后点选 Apply。然后点击 Output 标签页中的 ▣，将网格输出为所选择求解器支持的类型。图 4 - 233 为输出至 Fluent V6 求解器的界面，设定需要的网格维数、网格缩放大小以及网格文件名等参数信息，点击 Done 按钮后将会输出网格文件。

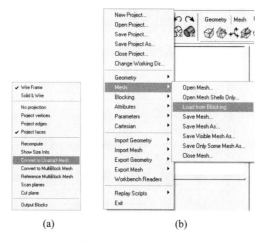

(a)　　　　　　　　　(b)

图 4 - 232　网格生成

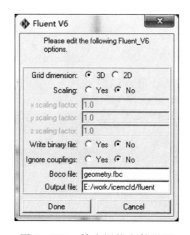

图 4 - 233　输出网格文件界面

第 5 章 推进系统仿真分析工作项目

目前卫星采用的推进系统主要包括冷气推进系统、单组元推进系统、双组元推进系统、电推进系统四种。卫星在发射前，需要对推进系统在入轨阶段的工作过程进行仿真分析，以验证卫星总体及推进分系统的设计状态。下面详细介绍这四种推进系统的仿真工作过程。

5.1 冷气推进系统仿真分析

冷气推进系统设计简单可靠，在早期的卫星中广泛应用。从连续性上进行分类，冷气推进系统发展到今天，可以分为连续介质冷气推进系统和不连续介质冷气推进系统。所谓不连续介质推进系统，是指微推力器小到一定量级，一般采用 MEMS 工艺，气体在喷管内克努森数已经很大，不能按照连续介质进行计算，非连续状态的推进系统现今研究较少。由于受到比冲较低的限制，冷气微推进系统主要应用于微小卫星、皮星和纳星。对于常见的冷气推进系统，一般都是指连续介质状态的推进系统。冷气推进系统主要分为气体贮存、液化气贮存以及固态贮存三种推进系统。本节以氮气冷气推进系统为例进行系统仿真。

5.1.1 仿真分析目标

系统仿真是着眼于整套系统的性能，从推进各部件构造的物理建模开始，集成整套系统。仿真主要是针对系统工作的工况，包括初始压力、初始温度、工作时序、工作类型、工作时间。仿真的结果主要是预期系统是否可以达到指标要求，包括系统的推力、比冲、压力波动、温度波动、开启关闭瞬间压力振荡情况以及总冲指标。

5.1.2 仿真输入条件

需要提供的仿真输入条件包括：
- 系统结构；
- 各单机部件结构；
- 初始系统各部分压力、温度；
- 任务工作时序。

5.1.3 仿真算法或工具选择

仿真计算采用准一维气体动力学计算方法，并结合经验数据进行系数修正。仿真工具采用 AMESim 软件。需要涉及的计算包括：
- 气体性质；
- 管路计算方程；
- 推力器计算方程。

5.1.4　仿真建模、初始及边界条件

氮气冷气推进系统的典型结构原理图如图 5-1 所示。

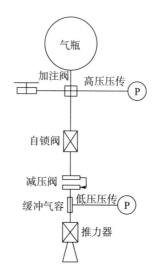

图 5-1　氮气冷气推进系统结构原理图

采用 AMESim 进行建模，建模如图 5-2 所示。

需要设置的初始及边界条件如下：
- 初始条件：贮箱温度、压力、气体类型；
- 自锁阀：工作时序；
- 减压器：密封件位移；
- 推力器：工作时序、密封件位移；
- 喷管：环境压力。

5.1.5　仿真结果处理及输出

需要输出的物理量有以下几种：
- 仿真时序：以便验证其工作时间符合指标要求；
- 自锁阀开启瞬间的压力振荡：对于冷气推进系统，压力较高，压力的波动振荡会影响各部件的性能，甚至产生破坏，因此，需要对压力振荡（水击效应）进行关注；
- 贮箱压力温度；
- 压力传感器的压力和温度；
- 减压器上下游的压力和温度；

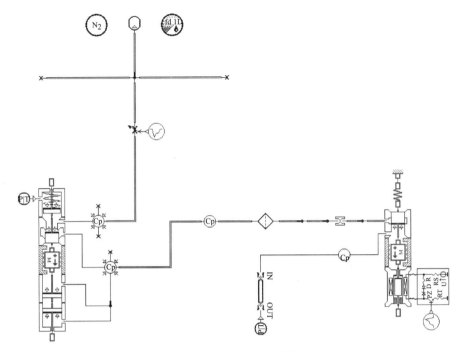

图 5-2　AMESim 系统建模图

- 推力器的入口压力；
- 推力器的推力；
- 推力器的比冲；
- 推力器的秒流量。

5.1.6　冷气推进系统仿真分析案例

以超高压氮气冷气推进系统为例进行系统仿真。超高压氮气冷气推进系统由气瓶、加注阀、自锁阀、高低压压力传感器、减压器、推力器、管路和连接件构成，其系统如图 5-1 所示。

初始条件：自锁阀上游 60 MPa，自锁阀与减压器之间 30 MPa，减压器下游压力 0.1 MPa，推力器 10 mN 模型。模拟工况为稳态运行。

系统开关时序：系统在 0~1 s 内无任何动作，主要是为了使得设定的状态在这个时间内达到平衡，以便于更好地模拟真实情况。在 1~11 s 内，自锁阀处于开状态。在 2~7 s 内，推力器电磁阀打开。其时序图如图 5-3 所示。

从后续的仿真结果可以看出，设定的各部分时间，各个单机的工作都可以达到稳定状态，因此可以证明，其开关时序是合理的。

系统压力温度波动和范围：由于自锁阀上下游有压力差，因此在自锁阀开启的瞬间，相当于是一个间断的产生。气体的可压缩效应使得瞬间产生压缩波自高压向低压方向传播，在压缩波经过的地方，气流产生与压缩波传播方向相同的速度，由于管路的封闭性，

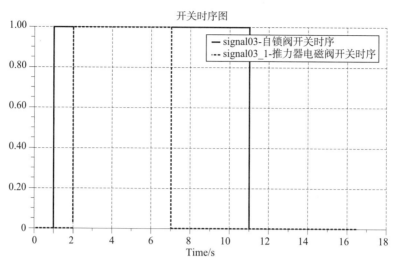

图 5 - 3　系统开关时序图

压缩波传播到管路尽头，为了制止气流速度，会形成一个反方向的压缩波，也就是压缩波传播到尽头会反射一道压缩波，继续压缩气体。同时在高压一段，会有一膨胀波自低压向高压方向传播，同理也会反射回一道膨胀波。因此，压缩波和膨胀波的来回反射，会在管路内形成压力振荡。振荡的压力峰值一般都是高于气瓶的总压，而特别是对有封闭端的部分，压力的来回振荡，会造成温度的攀升。由于模拟的工况只有短短几秒钟，因此壁面按照绝热来处理。压力的振荡是系统集成中需要重点考虑的因素，以保证压力波动在各部件安全工作压力范围之内。

　　压力传感器部分是检测高压区域的压力。在自锁阀开启的瞬间，压力振荡造成的压力峰值达到 65 MPa，但是仍然在各部件的安全使用范围之内。温度方面，由于压传处于一个封闭的端口，压力的振荡造成了温度的攀升，并且气流处于基本不流动状态，因此温度会略有升高，但是升幅较小，只有 4 ℃，不会影响产品的性能，如图 5 - 4～图 5 - 7 所示。

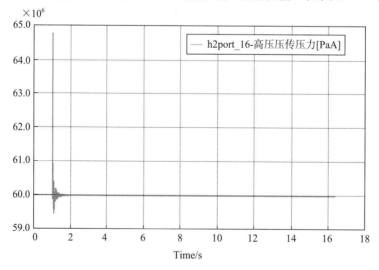

图 5 - 4　高压压传压力

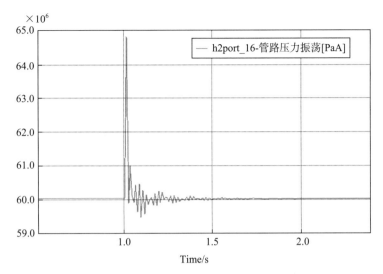

图 5-5　自锁阀开启时压力振荡

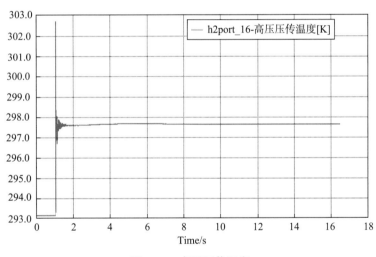

图 5-6　高压压传温度

在自锁阀开启的瞬间，其贮箱因为要为下游 30 MPa 压力的气体补充至 60 MPa，因此会有压力的下降，同时伴随着压力的振荡。与各部件不同的是，贮箱属于容积较大的封闭端，因此压力振荡传递到贮箱，其流量非常小，所以引起的贮箱压力振荡要比各部件小得多，没有类似于各部件的压力峰值现象。温度方面，由于是膨胀效应，在开启的瞬间其温度会有所下降，由于气体容量较多，仿真表明，温度下降极小，可以忽略不计。

自锁阀在开启的时候，会瞬间通过较大的流量，正是这个较大的流量，引起的压力的振荡，但是随着摩擦和气体黏性造成的损失，压力振荡越来越小，其流量也趋于稳定。在推力器工作的时候，由于流量极小（约 0.16 g/s），因此对上游各参数影响较小。贮箱压力略有降低，温度略有降低，如图 5-8～图 5-10 所示。

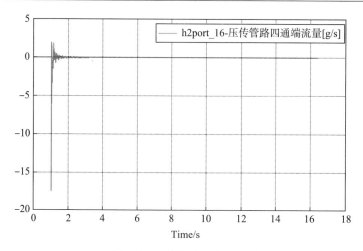

图 5 - 7　压传管路四通端流量

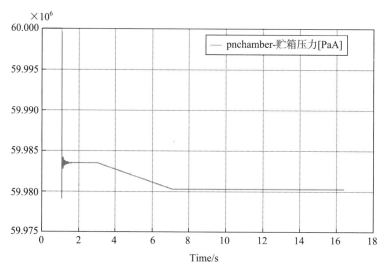

图 5 - 8　贮箱压力

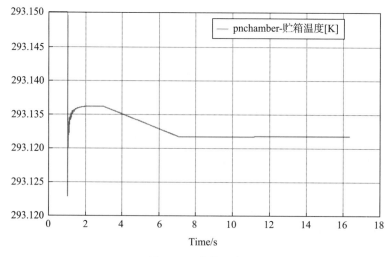

图 5 - 9　贮箱温度

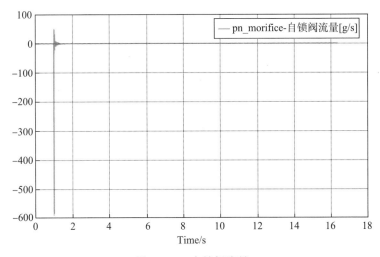

图 5 - 10　自锁阀流量

　　减压阀压降：在冷气推进系统中，由于稳态工作流量很小，因此其管路压降可以不纳入考虑范围。系统中最重要的部分就是减压器的压降，减压器的压降影响着整个系统的性能，包括推力的稳定和大小。

　　通过图 5 - 11、图 5 - 12 可以看出，减压器工作较为稳定，在下游推力器工作期间（2～7 s），可以为下游提供稳定的压力。在初始状态，压力设置为 127 kPa，高于下游状态，在工作期间，可以看出，下游压力降到设计工况时，推力器开始稳定工作，证明了推力器性能正常。

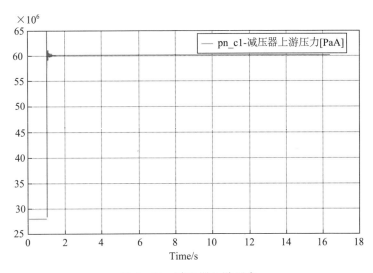

图 5 - 11　减压器上游压力

　　从宏观上看，减压器下游压力是稳定状态。但是仔细分析，可以看出其下游压力处于周期性的波动，这个主要是小流量工作模式造成的。由于减压器本身属于弹簧调节，当流

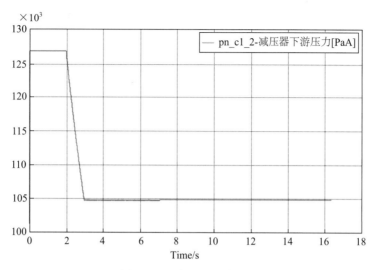

图 5 - 12　减压器下游压力

量极小的时候，其系统开阀补充的流量大于系统所需正常的流量，因此下游压力升高，又抑制开阀过程，进行闭阀过程。所以下游的压力是一个周期性的波动，其阀门的位移也是处于相应的周期性波动，如图 5 - 13、图 5 - 14 所示。仿真结果表明，其频率可以高达几十赫兹。

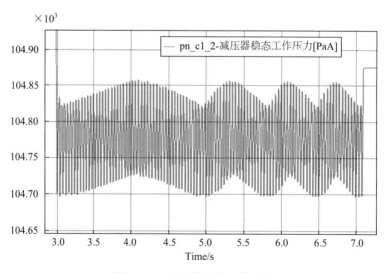

图 5 - 13　减压器稳态工作压力

各关键点流量：整套系统是满足流量守恒的。但是因为气体具有可压缩效应，压力的传播受到流阻作用，会在不同的地方产生不同的流量情况。同时，推力器也可以利用这个现象，对其进行合理的设计，可以较好地控制压力波动，提高工作精度，如图 5 - 15、图 5 - 16 所示。

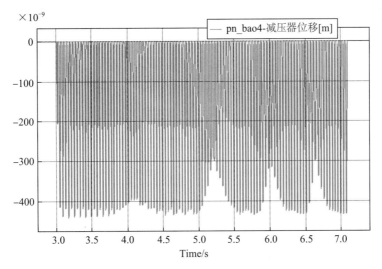

图 5 - 14　减压器位移

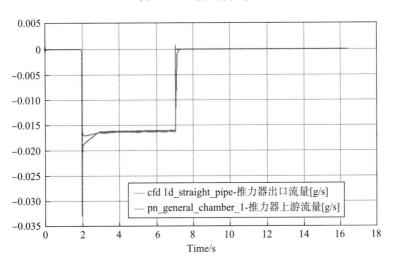

图 5 - 15　推力器上游和出口流量

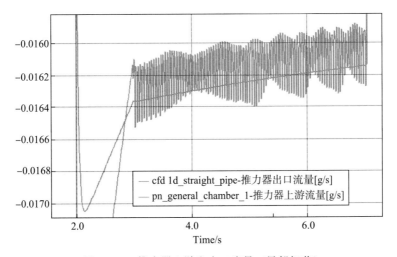

图 5 - 16　推力器上游和出口流量（局部细节）

可以看出，在整体上，推力器上游（减压器下游）和推力器出口流量保持一致。然而从细节上可以看出，在推力器上游，受到减压器周期性工作的影响，其流量也是周期性的波动，但是在推力器出口，可以看出，其流量较为稳定，基本没有波动情况，这个是单机利用流阻对气流的效应，进行了合理的设计，避免了压力波动的影响，提高了推力器工作的稳定度。

系统性能：超高压冷气推进系统是按照总体设计性能指标，对各个部件进行指标分解，然后进行单机设计而得到的。因此，在各个单机满足分解指标要求的同时，需要对集成系统后的性能进行分析，以达到整套系统满足总体指标要求。其最重要的指标就是推力和比冲。这里对这两个指标进行了仿真分析，图 5 - 17 是推力和比冲随时间的变化曲线图。

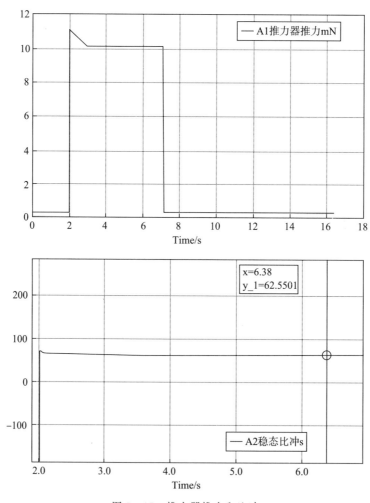

图 5 - 17　推力器推力和比冲

从仿真结果可以看出，推力稳定在 10.1 mN，比冲稳定在 62.5 s，其性能满足设计指标。同时，也验证了各部件之间的匹配性良好，各单机性能满足设计要求，并且系统集成方案可行。从上面的仿真结果还得到以下结论：

1）自锁阀开启引起压力振荡（只存在于有压力差的情况），各部件封闭端会有一个压力峰值，达到 65 MPa，而贮箱由于气容体积较大，压力是下降过程并伴随着波动。

2）自锁阀开启引起的压力振荡造成封闭端不动气流的温度上升，压力传感器端温度上升 4 ℃左右。但是贮箱由于是流量主要出口，因此温度为下降趋势，由于气容体积较大，温度下降较小，可以忽略不计。

3）减压阀处于周期性工作状态，其下游压力处于周期性的波动状态。频率可达几十赫兹。

4）流量宏观上保持守恒。但是，从微观上看，其推力器上游流量处于较高的波动状态（受压力波动影响），而由于产品本身流阻对气流的效应，下游流量较为稳定，几乎没有波动。

5.2　单组元推进系统仿真分析

5.2.1　仿真分析目标

单组元推进系统在目前的卫星推进系统中被广泛使用。系统仿真着眼于整套系统的性能，从推进系统各部件构造的物理建模开始，集成整套系统。仿真主要是针对系统工作的工况，包括初始压力、初始温度、工作时序、工作类型以及工作时间。仿真的结果主要是验证系统设计指标是否能够满足要求，如系统的推力、比冲、压力波动、温度波动、开启关闭瞬间压力振荡情况以及总冲等指标。

5.2.2　仿真输入条件

系统仿真需要的输入条件包括：
- 系统原理图或系统设计报告；
- 各单机部件结构；
- 初始状态下系统各部分的压力和温度；
- 任务的工作时序。

5.2.3　仿真算法或工具选择

仿真计算采用准一维流体力学计算方法，并结合经验数据进行系数修正。仿真工具采用 AMESim 软件。

5.2.4　仿真建模及边界条件

单组元系统模型图如图 5 - 18 所示。
系统仿真时，需要提供仿真所需的初始条件及边界条件。

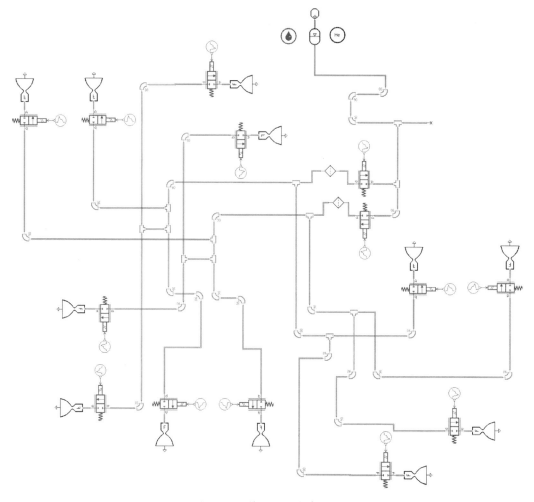

图 5 - 18　单组元系统建模图

5.2.5　仿真结果处理及输出

系统仿真需要输出的参数包括：

• 仿真时序：以便验证其工作时间是否符合指标要求；

• 自锁阀开启瞬间的压力振荡：对于单组元推进系统，压力较高，压力的波动振荡会影响各部件的性能，甚至产生破坏，因此，需要对压力振荡（水击效应）进行关注；

• 贮箱的压力和温度；

• 压力传感器的压力；

• 减压器上下游压力和温度；

• 推力器的入口压力；

• 推力器的推力；

• 推力器的比冲；

• 推力器的秒流量。

5.2.6　单组元推进系统仿真分析案例

以某卫星推进系统为例进行了仿真，重点分析了下列参数的变化情况。

（1）寿命期间剩余推进剂量

推进分系统推进剂的剩余量，直接关系到寿命末期工作的稳定以及任务策略。因此，需要对其进行推进剂剩余量预估。推进分系统的推进剂剩余量估算主要涉及到温度以及压力。

表 5-1 给出了卫星推进剂加注过程中，填充增压气体氦气的质量预估。

表 5-1　氦气充填量

贮箱压力(绝压)/MPa	氦气充填量/kg		
	5 ℃	20 ℃	60 ℃
1.70	0.777	0.711	0.561

表 5-2 给出了在整个寿命期间，贮箱内部的推进剂压力、温度与推进剂剩余量的关系，其曲线图如图 5-19 所示。

表 5-2　推进分系统在整个落压过程中的相关参数

贮箱压力/MPa	推进剂剩余量/kg		
	5 ℃	20 ℃	60 ℃
1.70	75.0	75.0	75.0
1.60	73.33	73.52	73.63
1.50	71.42	71.59	72.10
1.40	69.23	69.54	70.27
1.30	66.77	67.17	68.17
1.20	63.67	64.31	65.74
1.10	60.27	61.00	62.94
1.00	56.13	57.07	59.46
0.90	51.04	52.21	55.26
0.80	44.68	46.13	50.01
0.70	36.47	38.37	43.27
0.60	25.51	27.95	34.22
0.50	10.28	13.31	21.71

（2）寿命期间推力器的推力及比冲

在整个寿命期间，卫星推进系统是以落压式工作，因此推力会呈现一个逐渐减小的趋势。为了更好地配合控制分系统工作，需要准确计算推力器的推力和比冲值，以便于卫星更加稳定可靠地在轨工作。表 5-3 给出了推进分系统在整个落压过程中的相关参数，图 5-20、图 5-21 分别显示推力、比冲与压力之间的关系。

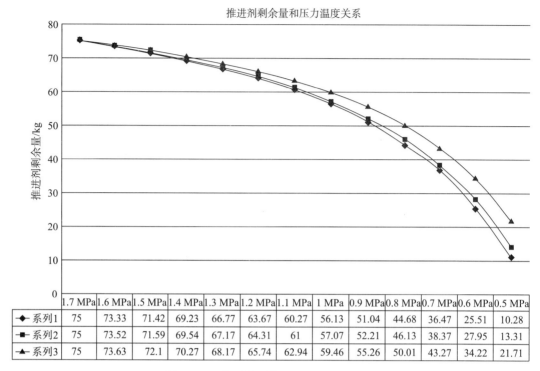

	1.7 MPa	1.6 MPa	1.5 MPa	1.4 MPa	1.3 MPa	1.2 MPa	1.1 MPa	1 MPa	0.9 MPa	0.8 MPa	0.7 MPa	0.6 MPa	0.5 MPa
◆系列1	75	73.33	71.42	69.23	66.77	63.67	60.27	56.13	51.04	44.68	36.47	25.51	10.28
■系列2	75	73.52	71.59	69.54	67.17	64.31	61	57.07	52.21	46.13	38.37	27.95	13.31
▲系列3	75	73.63	72.1	70.27	68.17	65.74	62.94	59.46	55.26	50.01	43.27	34.22	21.71

图 5 - 19　推进剂剩余量和压力温度关系

表 5 - 3　推进分系统在整个落压过程中的相关参数

贮箱压力/MPa	推力 F/N	比冲 $I/(\text{N}\cdot\text{s/kg})$
1.70	6.28	2 078.1
1.60	5.95	2 072.2
1.50	5.61	2 066.9
1.40	5.26	2 061.4
1.30	4.91	2 054.4
1.20	4.55	2 045.0
1.10	4.19	2 032.1
1.00	3.82	2 014.7
0.90	3.45	1 991.6
0.80	3.08	1 961.9
0.70	2.71	1 924.4
0.60	2.33	1 878.2
0.50	1.96	1 822.2

（3）推进系统总冲

推进系统为落压式工作，推力和比冲都随着压力而变化。因此，需要对其进行计算。通过计算，采用落压工作模式、可变比冲计算，系统可以提供 1.2×10^5 N · s 的总冲，能够满足任务要求。

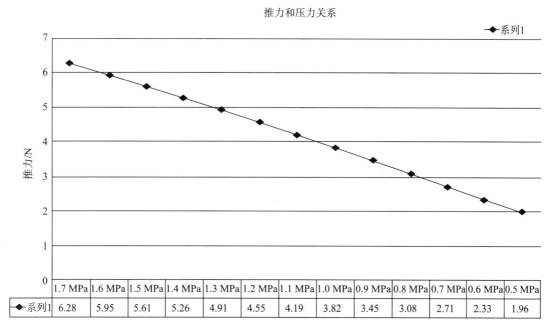

图 5-20　推力和压力关系

	1.7 MPa	1.6 MPa	1.5 MPa	1.4 MPa	1.3 MPa	1.2 MPa	1.1 MPa	1.0 MPa	0.9 MPa	0.8 MPa	0.7 MPa	0.6 MPa	0.5 MPa
系列1	6.28	5.95	5.61	5.26	4.91	4.55	4.19	3.82	3.45	3.08	2.71	2.33	1.96

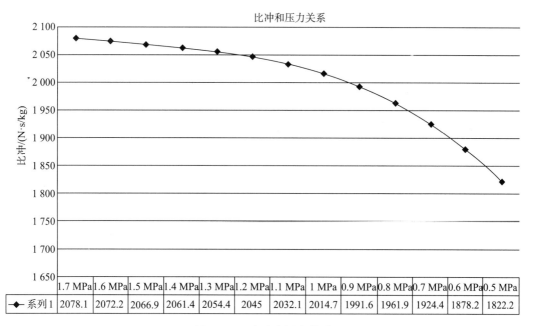

图 5-21　比冲和压力关系

	1.7 MPa	1.6 MPa	1.5 MPa	1.4 MPa	1.3 MPa	1.2 MPa	1.1 MPa	1 MPa	0.9 MPa	0.8 MPa	0.7 MPa	0.6 MPa	0.5 MPa
系列1	2078.1	2072.2	2066.9	2061.4	2054.4	2045	2032.1	2014.7	1991.6	1961.9	1924.4	1878.2	1822.2

　　推进分系统布局如图 5-22 所示。贮箱安装在中板上，气口朝卫星的 $+Z$ 向，液口朝卫星的 $-Z$ 向。推力器 1A1B~4A4B 垂直安装于试验卫星底板，分别处于底板四个侧边的中间部位，推力方向朝向卫星的 $-Z$ 向；推力器 5A5B、6A6B 安装于试验卫星中板卫星的 $+X$ 侧，推力方向朝向卫星的 $+X$ 向，具体推力器安装位置如图 5-23、表 5-4 所示。

　　气加排阀安装在平台中板上表面的＋X方向，并在气加排阀和贮箱气口间形成气路。压力传感器、自锁阀和过滤器通过支架安装在平台隔板。肼加排阀安装在平台底板，并在肼加排阀、贮箱、阀件和推力器之间形成液路。根据管路最短原则和焊接工艺性要求，底板上的1A1B、2A2B、3A3B、4A4B推力器之间形成十字交叉型管路。

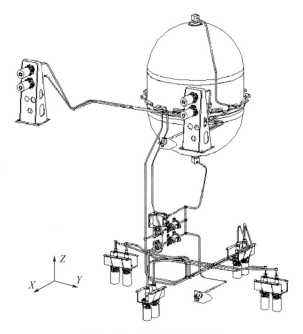

图 5 - 22　推进分系统布局

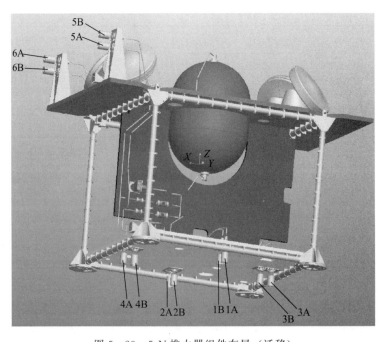

图 5 - 23　5 N 推力器组件布局（迁移）

表 5-4　某卫星 5 N 推力器组件安装位置与方向

推力器	X /mm	Y /mm	Z /mm			
1A	0	492.6	−91.6	90	88.5	178.5
1B	0	417.4	−91.6	90	91.5	178.5
2A	0	−492.6	−91.6	90	91.5	178.5
2B	0	−417.4	−91.6	90	88.5	178.5
3A	−492.6	0	−91.6	91.5	90	178.5
3B	−417.4	0	−91.6	88.5	90	178.5
4A	492.6	0	−91.6	88.5	90	178.5
4B	417.4	0	−91.6	91.5	90	178.5
5A	949.5	498	1174	0	90	90
5B	949.5	498	1244	0	90	90
6A	949.5	−498	1244	0	90	90
6B	949.5	−498	1174	0	90	90

按照目前的推进系统管路布局，从贮箱的液口到 5 N 推力器组件的管路长度如表 5-5 所示。可以看出，5 N 推力器组件 6A 的管路最长，为 4 253 mm；5 N 推力器组件 4A 的管路最短，为 1 244 mm。

表 5-5　管路长度

序号	推力器名称	管路长度/mm
1	5 N 推力器组件 1A	1 601.5
2	5 N 推力器组件 2A	3 317
3	5 N 推力器组件 3A	2 567.5
4	5 N 推力器组件 4A	1 244
5	5 N 推力器组件 5A	3 146
6	5 N 推力器组件 6A	4 253

对 1A～4A 四台推力器组件同时工作时的压降进行了仿真分析，分析结果如图 5-24 所示，当四台推力器同时工作时，最大压降为 0.043 MPa。

（4）动态仿真参数

在系统初始状态，由于压力较高，推力器阀门的开关容易造成系统压力的波动。因此，需要对其进行仿真，确保其各部件在正常工作范围之内。初始状态，贮箱压力 1.7 MPa，自锁阀下游压力 0.3 MPa。设定工况为每个推力器工作 50 ms，依次开启关闭。动态仿真参数如图 5-25～图 5-28 所示。

通过对初始状态的动态仿真，可以看出，虽然初始状态压力值较高，并且在自锁阀的上下游压差较大，但是，在系统工作过程中，仍然可以保持压力较为稳定，都在各个部件的正常工作压力范围之内，其设计合理可靠。

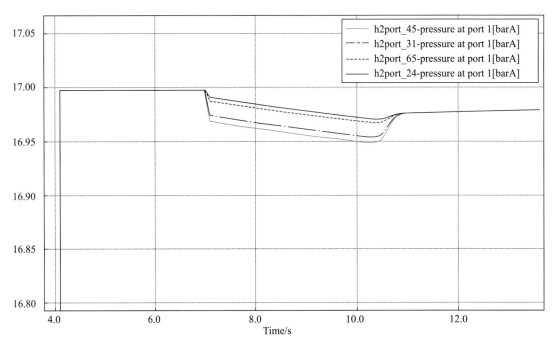

图 5 - 24　5 N 推力器组件工作时的压降

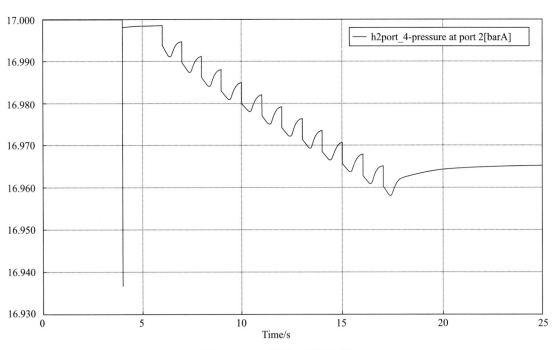

图 5 - 25　上游传感器压力图

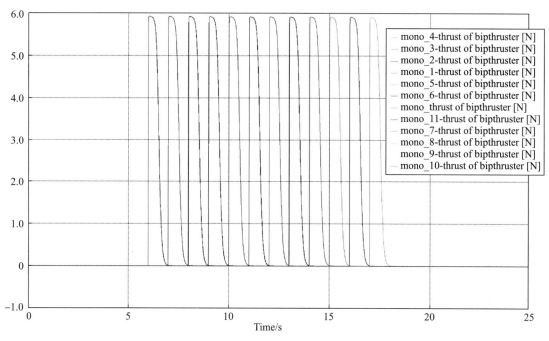

图 5-26　推力器推力图

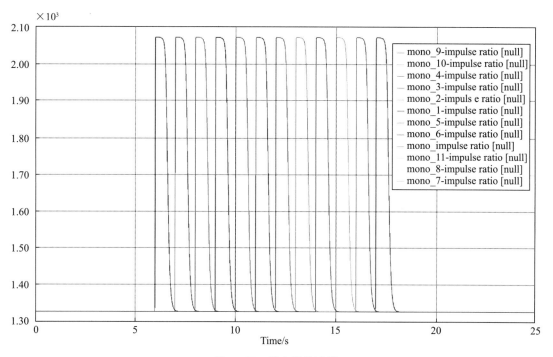

图 5-27　推力器比冲图

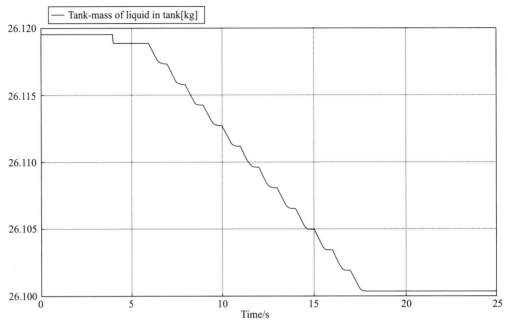

图 5 - 28　贮箱剩余推进剂曲线图

（5）特殊情况仿真

某卫星推进系统需要为卫星入轨偏差提供轨道机动，而轨道机动由 $-Z$ 板上的四台主份推力器进行工作。此处，设置系统工作时间为 15 s，以验证其轨道机动过程的可操作性。仿真计算结果如图 5 - 29～图 5 - 32 所示。

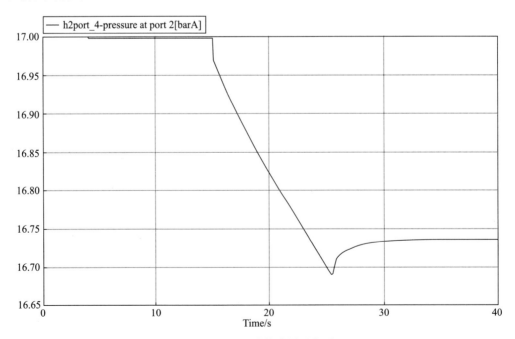

图 5 - 29　上游传感器压力图

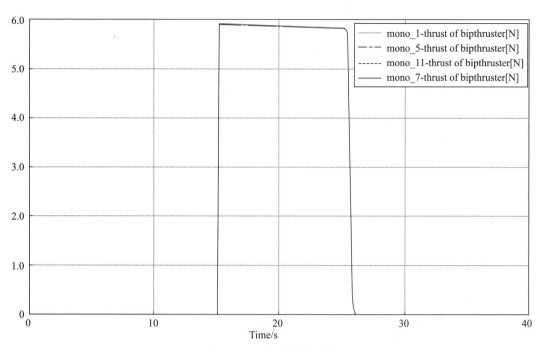

图 5 - 30　推力器推力图

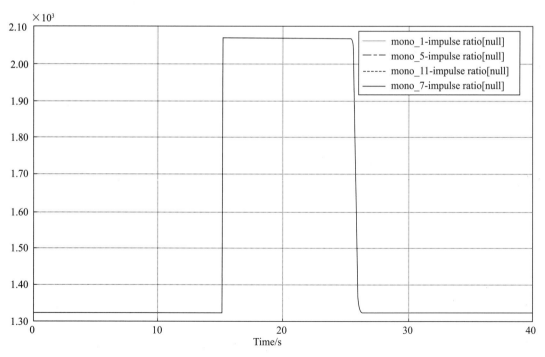

图 5 - 31　推力器比冲图

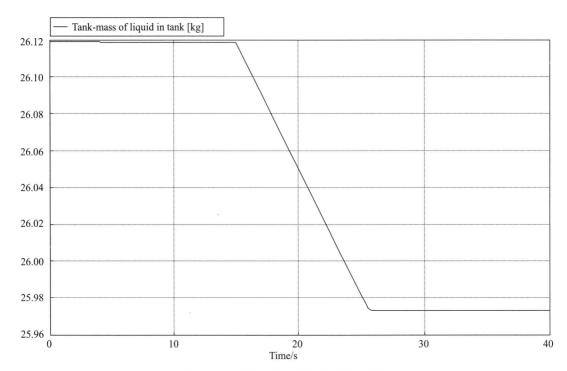

图 5-32　贮箱内剩余推进剂变化曲线图

仿真结果表明，在 15 s 的工作时间内，卫星推进系统可为整星提供满足任务需求的总冲，系统设计能够满足在特殊情况下的轨道机动需求。

（6）总结

从以上数学仿真分析工作的结果可以看出，某卫星推进系统的方案设计能够满足卫星在轨任务需求。

5.3　双组元推进系统仿真分析

5.3.1　仿真分析目标

双组元推进系统仿真分析目标主要包括以下几个方面：

1）通过推进系统的数值仿真，确定推进系统的工作点，给出系统流阻情况和系统参数在整个工作寿命期间的变化情况；

2）通过推进系统仿真，确定推进系统指标是否合理，能否满足任务需求；

3）通过推进系统仿真，确定卫星轨道转移推进系统恒压工作期间，发动机性能及系统混合比是否能够满足任务需求；

4）通过推进系统仿真，确定卫星轨道转移推进系统落压工作期间，发动机性能及系统混合比是否能够满足任务需求；

5）分析卫星推进系统在轨飞行过程中启动及关闭过程对关键单机影响。

5.3.2　仿真输入条件

推进分系统各单机基本结构、推进分系统管路布局、发射前推进系统状态以及在轨运行工况。

5.3.3　仿真算法或工具选择

双组元推进系统仿真工具：AMESim、Flowmaster。

5.3.4　仿真建模及边界条件

根据不同卫星双组元推进系统进行相应的数学模型选择，把整星的推进剂加注状态作为仿真的初始条件。

5.3.5　仿真结果处理及输出

仿真结果主要包括以下内容：
- 系统管路压降；
- 各关键单机压力及温度变化；
- 发动机推力变化；
- 系统混合比仿真结果；
- 关键技术验证结果，如并联平衡排放；
- 水击仿真结果。

5.3.6　双组元推进系统仿真分析案例

根据推进分系统实际布局，利用 AMESim 搭建了卫星推进系统的全系统仿真平台，基于此平台对推进分系统在轨工作性能进行了仿真，仿真结果以在轨事件中分系统关键部件压力等参数以及下游管道段压降的形式表示，通过关键部件压力和下游管路压降，可以推算出整个推进分系统的压力分布情况。

（1）变轨过程推进分系统管路压降分析

基于卫星推进系统的全系统仿真平台对推进分系统在 490 N 发动机工作时的系统流阻（压降）情况进行了分析。模拟了一台 490 N 发动机和两台 10 N 推力器进行变轨时长期点火的恒压工作情况，并在不同的贮箱压力下，分段给出了系统管路的压降数值。推进分系统的特征点设置情况如图 5 - 33 所示，图中带圈数字表示了特征点的编号，各特征点意义见表 5 - 6。

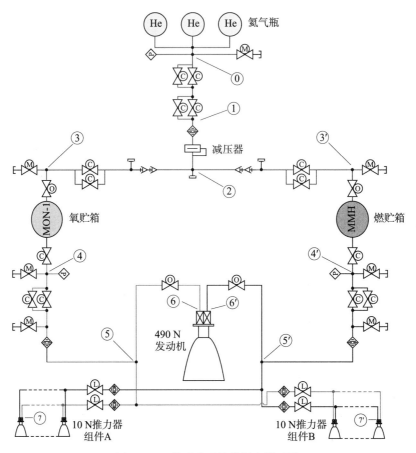

图 5 - 33　推进分系统特征点设置图

表 5 - 6　推进分系统各特征点意义

特征点	0	1	2	3	4	5	6	7
特征点意义	气瓶出口压力	减压器入口压力	减压器出口压力	氧箱入口压力	氧箱出口压力	氧路大液滤下游压力	490 N 发动机氧路入口压力	10 N 推力器氧路入口压力
特征点				3′	4′	5′	6′	7′
特征点意义				燃箱入口压力	燃箱出口压力	燃路大液滤下游压力	490 N 发动机燃路入口压力	10 N 推力器燃路入口压力

　　通过对卫星推进系统稳态仿真，得出推进系统压力分布（各特征点压力）及系统流阻（压降），结果如表 5 - 7、表 5 - 8 所示。

表 5 - 7　推进系统压力分布（各特征点压力）

推进管路系统\贮箱压力/MPa	1.4	1.5	1.6
气瓶出口压力（0）	28	20	12
减压器入口压力（1）	27.987 4	19.984 1	11.980 2
减压器出口压力（2）	1.459 7	1.564	1.668 7

续表

			1.404 7	1.505 5	1.606 5
氧路		氧箱入口压力（3）	1.404 7	1.505 5	1.606 5
		氧箱出口压力（4）	1.400 0	1.500 0	1.600 0
		氧路大液虑下游压力（5）	1.372 5	1.470 1	1.567 6
		490 N 发动机氧路入口压力（6）	1.359 2	1.455 6	1.551 8
		10 N 推力器氧路入口压力（7）	1.364 2	1.460 4	1.556 7
燃路		燃箱入口压力（3′）	1.404 5	1.505 3	1.606 2
		燃箱出口压力（4′）	1.400 0	1.500 0	1.600 0
		燃路大液虑下游压力（5′）	1.365 6	1.462 5	1.559 4
		490 N 发动机燃路入口压力（6′）	1.357 5	1.453 7	1.549 8
		10 N 推力器燃路入口压力（7′）	1.356 4	1.452 6	1.548 8

表 5 - 8　变轨期间推进分系统流阻（压降，MPa）分布情况表

推进管路系统\贮箱压力/MPa		1.4	1.5	1.6
气瓶到减压器入口（0 - 1）		0.012 6	0.015 9	0.019 8
氧路	减压器出口到贮箱入口（2 - 3）	0.055 0	0.058 5	0.062 2
	贮箱入口到贮箱出口（3 - 4）	0.004 7	0.005 5	0.006 5
	贮箱出口到大液虑 F2 下游（4 - 5）	0.027 5	0.029 9	0.032 4
	氧路大液虑 F2 下游到 490 N 发动机入口（5 - 6）	0.013 3	0.014 5	0.015 8
	氧路大液虑 F2 下游到 10 N 推力器入口（5 - 7）	0.008 3	0.009 7	0.010 9
燃路	减压器到贮箱入口（2′ - 3′）	0.055 2	0.058 7	0.062 5
	贮箱入口到贮箱出口（3′ - 4′）	0.004 5	0.005 3	0.006 2
	贮箱出口到大液虑 F3 下游（4′ - 5′）	0.034 4	0.037 5	0.040 6
	燃路大液虑 F3 下游到 490 N 发动机入口（5′ - 6′）	0.008 1	0.008 8	0.009 6
	燃路大液虑 F3 下游到 10 N 推力器入口（5′ - 7′）	0.009 2	0.009 9	0.010 6

根据总体的推进剂预算情况，设置了变轨的点火时间，见表 5 - 9。

表 5 - 9　变轨时间设置情况

变轨次序	490 N 发动机点火时间/s	推进剂沉底时间/s
第一次变轨	4 000	240
第二次变轨	3 700	240
第三次变轨	2 500	240
第四次变轨	560	240

①第一次变轨

第一次变轨前，气瓶压力为 28 MPa，贮箱压力均为 1.6 MPa，温度均为 20 ℃；两只贮箱装填的氧化剂为 1 504.2 kg、燃烧剂为 909.8 kg，总推进剂装填量 2 414 kg。第一次变轨过程中推进分系统关键部件工作情况如图 5 - 34~如图 5 - 41 所示。

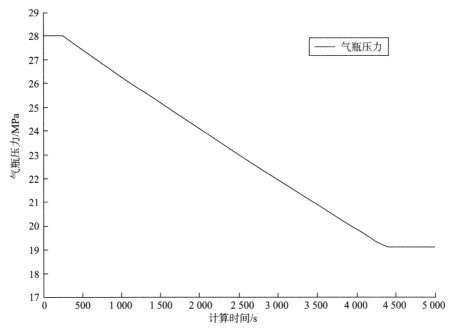

图 5 - 34　气瓶压力变化曲线

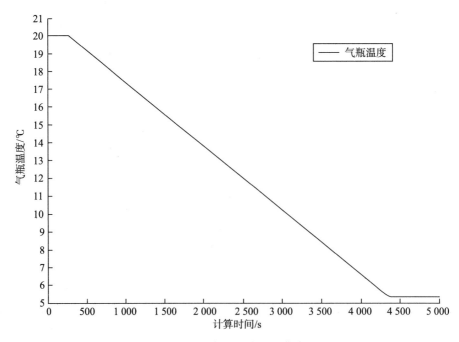

图 5 - 35　气瓶温度变化曲线

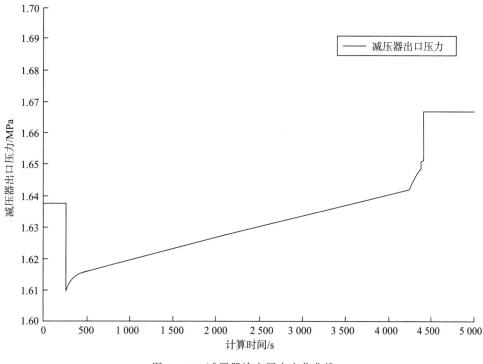

图 5 - 36　减压器输出压力变化曲线

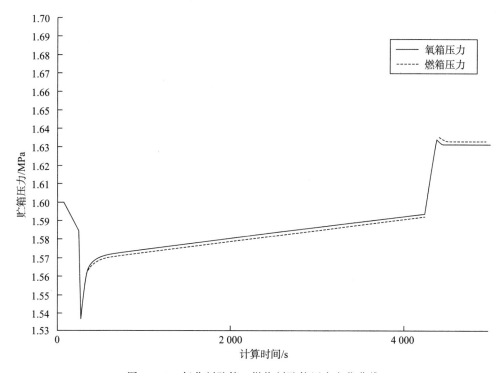

图 5 - 37　氧化剂贮箱、燃烧剂贮箱压力变化曲线

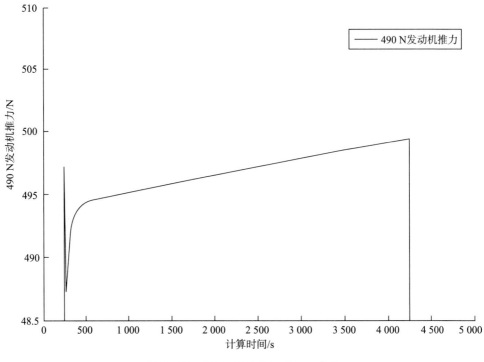

图 5 - 38　490 N 发动机推力变化曲线

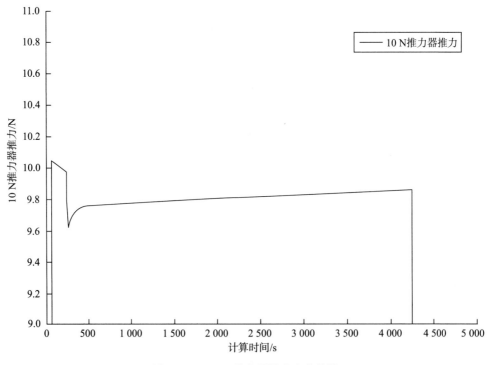

图 5 - 39　10 N 推力器推力变化曲线

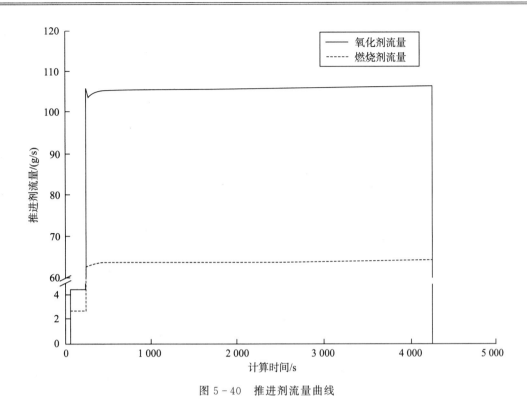

图 5 - 40　推进剂流量曲线

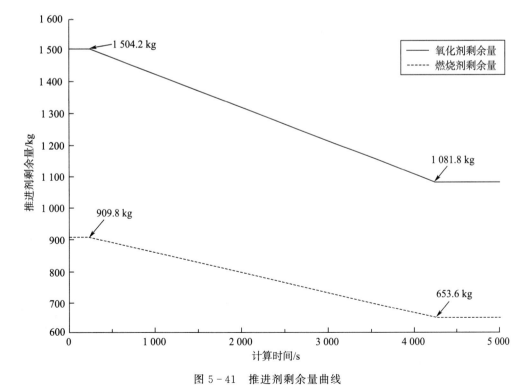

图 5 - 41　推进剂剩余量曲线

可以看出，第一次变轨前，卫星首先进行 240 s 沉底，此期间，主气路未接通，气瓶内压力、温度、减压器出口压力没有变化，氧化剂贮箱和燃烧剂贮箱内的压力、10 N 推力器的推力、推进剂流量以及推进剂剩余量近似线性下降，但变化很小。

沉底结束后，490 N 发动机马上开机。在主气路接通前，氧化剂贮箱和燃烧剂贮箱内的压力、490 N 发动机的推力、10 N 推力器的推力、推进剂流量、推进剂剩余量近似线性地快速下降；当主气路接通后，气瓶开始向贮箱内进行快速补气，减压器的出口压力、氧化剂贮箱和燃烧剂贮箱内的压力、490 N 发动机的推力、10 N 推力器的推力、推进剂流量非线性快速升高，推进剂剩余量快速减少；当气瓶补气速度与推进剂排出速度平衡后，减压器的出口压力、氧化剂贮箱和燃烧剂贮箱内的压力、490 N 发动机的推力、10 N 推力器的推力、推进剂流量近似线性升高，而推进剂剩余量近似线性减少。

490 N 发动机关机后，气瓶继续向两个贮箱内进行补气，减压器出口压力、氧化剂和燃烧剂贮箱内的压力非线性上升，直到达到关闭压差后气瓶不再向贮箱内补气。在此期间，490 N 发动机的推力、10 N 推力器的推力、推进剂流量、推进剂剩余量无变化。

②第二次变轨

第二次变轨前，除了气瓶温度调整到 25℃，气瓶压力相应增加之外，系统状态保持与第一次变轨后一致。第二次变轨过程中推进分系统关键部件工作情况如图 5-42～图 5-49 所示。

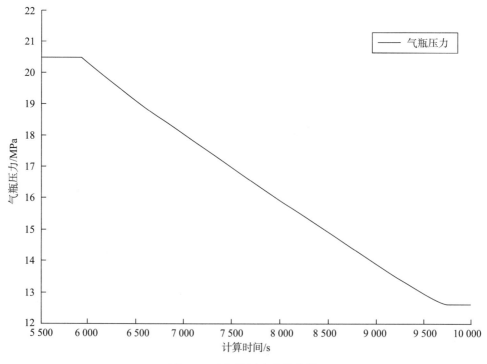

图 5-42　气瓶压力变化曲线

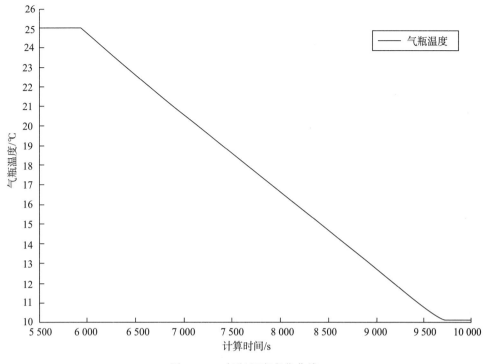

图 5 - 43　气瓶温度变化曲线

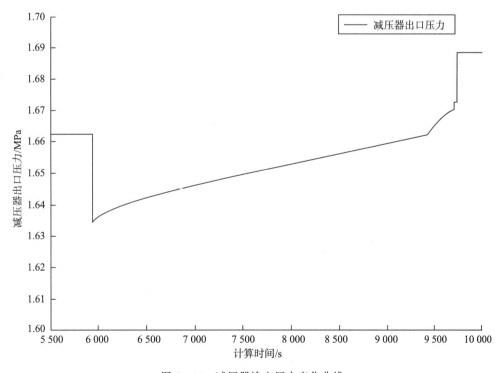

图 5 - 44　减压器输出压力变化曲线

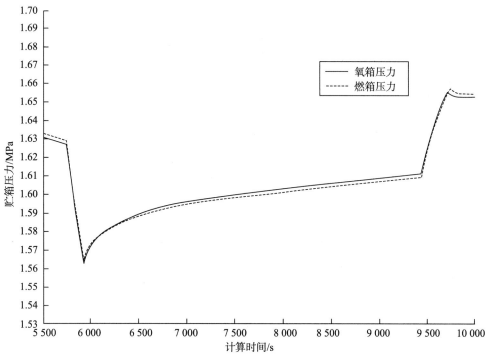

图 5 - 45 氧化剂贮箱、燃烧剂贮箱压力变化曲线

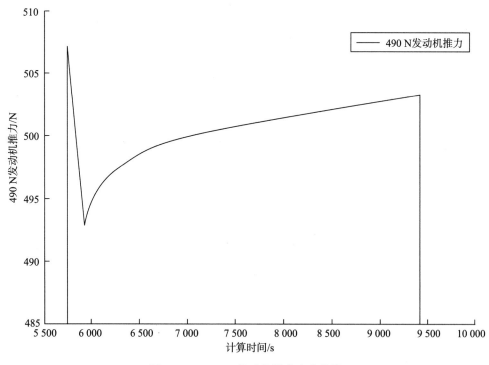

图 5 - 46 490 N 发动机推力变化曲线

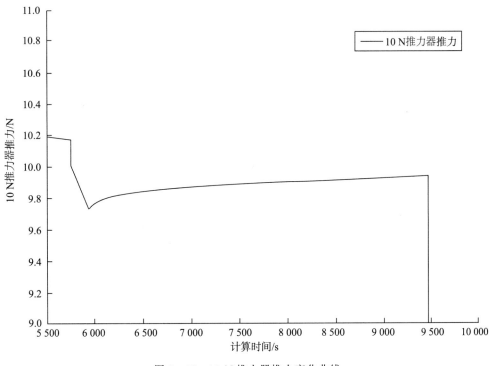

图 5 - 47　10 N 推力器推力变化曲线

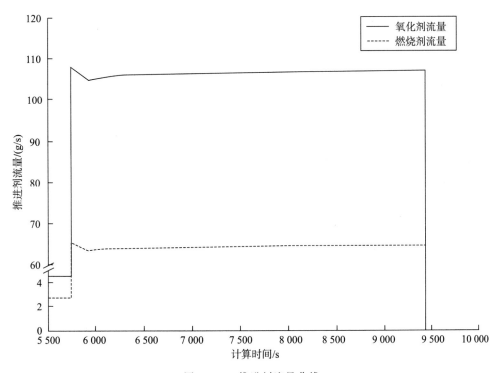

图 5 - 48　推进剂流量曲线

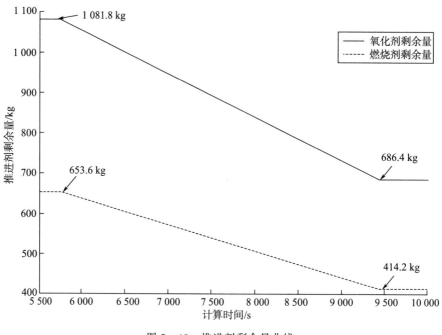

图 5 - 49　推进剂剩余量曲线

由上面的结果可以看出，第二次变轨过程中的现象与第一次变轨相同。

③第三次变轨

第三次变轨前，除了气瓶温度调整到 25℃，气瓶压力相应增加之外，系统状态保持与第二次变轨后一致。第三次变轨过程中推进分系统关键部件工作情况如图 5 - 50～图 5 - 57 所示。

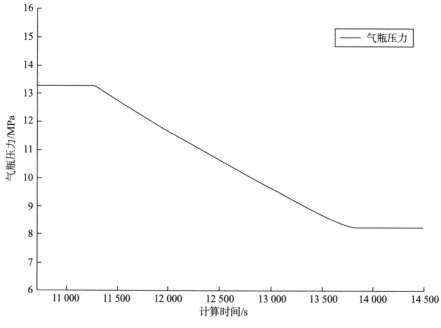

图 5 - 50　气瓶压力变化曲线

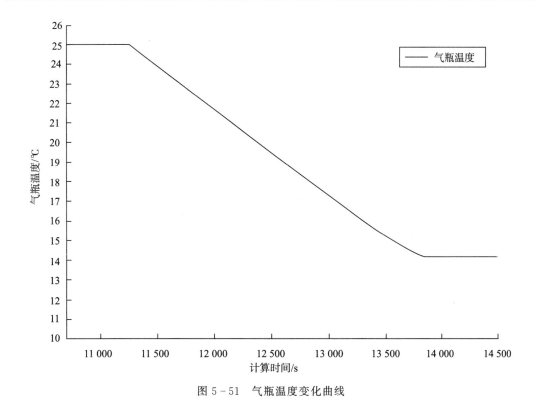

图 5-51　气瓶温度变化曲线

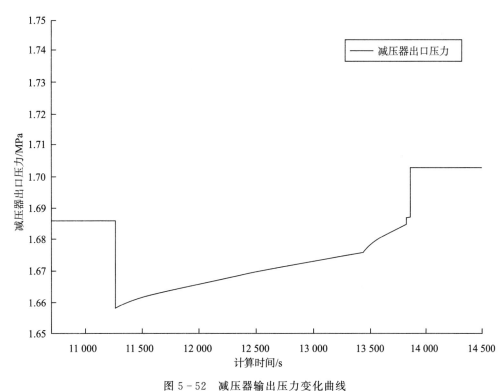

图 5-52　减压器输出压力变化曲线

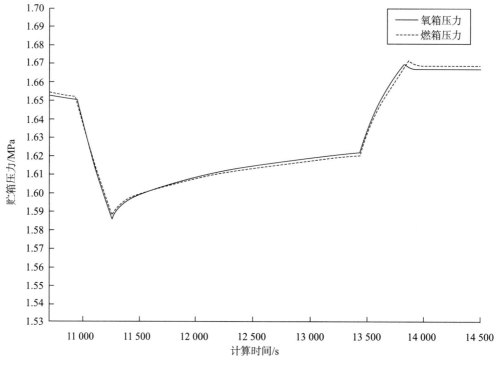

图 5 - 53　氧化剂贮箱、燃烧剂贮箱压力变化曲线

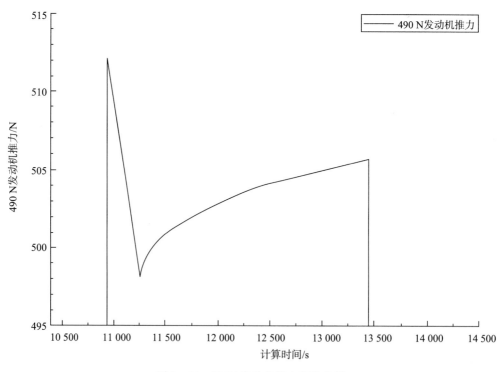

图 5 - 54　490N 发动机推力变化曲线

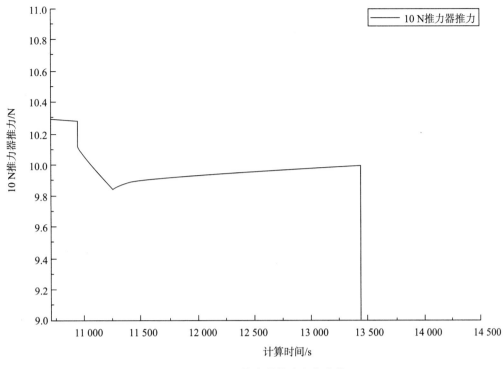

图 5 - 55　10N 推力器推力变化曲线

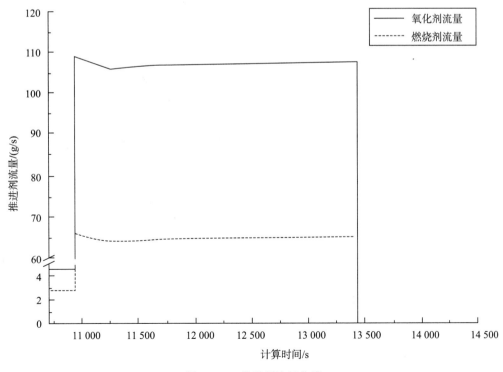

图 5 - 56　推进剂流量曲线

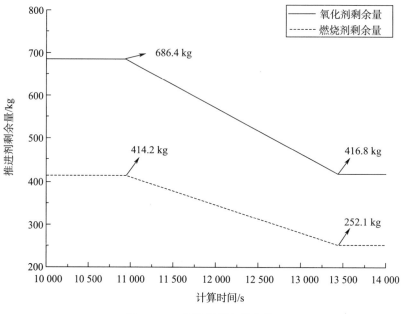

图 5 - 57　推进剂剩余量曲线

由上面的图可以看出，第三次变轨过程的现象与第一、二次变轨基本一致。

④第四次变轨

第四次变轨前，除了气瓶温度调整到 25℃，气瓶压力相应增加之外，系统状态保持与第三次变轨后一致。第四次变轨过程中推进分系统关键部件工作情况如图 5 - 58～图 5 - 65 所示。

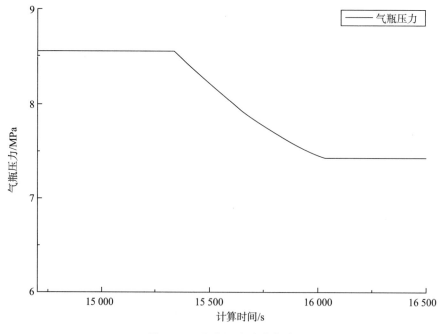

图 5 - 58　气瓶压力变化曲线

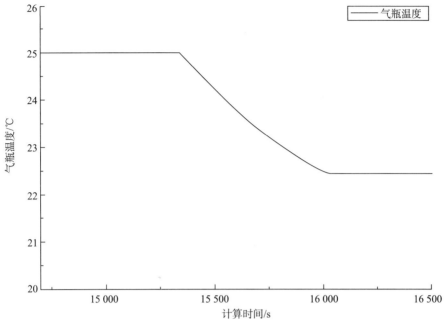

图 5-59　气瓶温度变化曲线

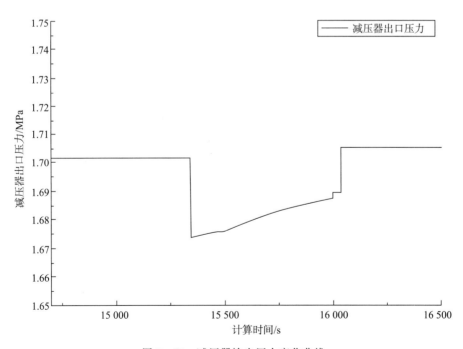

图 5-60　减压器输出压力变化曲线

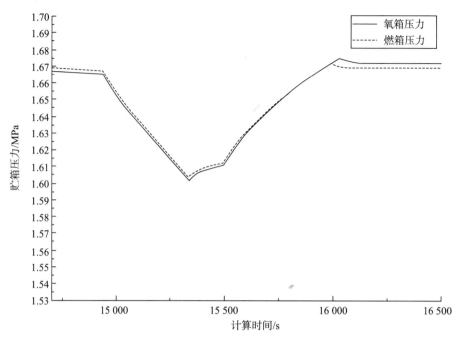

图 5-61　氧化剂贮箱、燃烧剂贮箱压力变化曲线

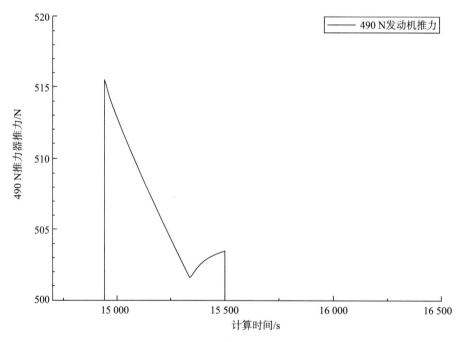

图 5-62　490 N 发动机推力变化曲线

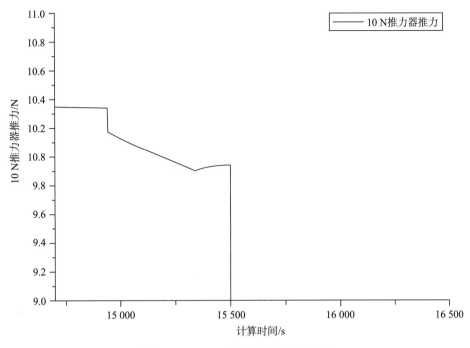

图 5 - 63　10 N 推力器推力变化曲线

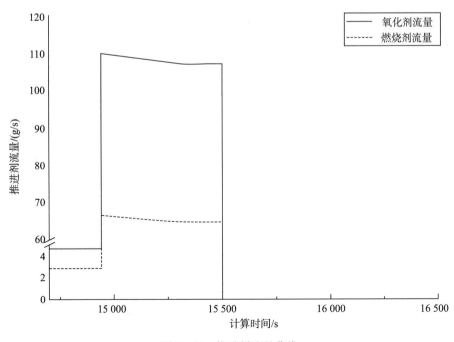

图 5 - 64　推进剂流量曲线

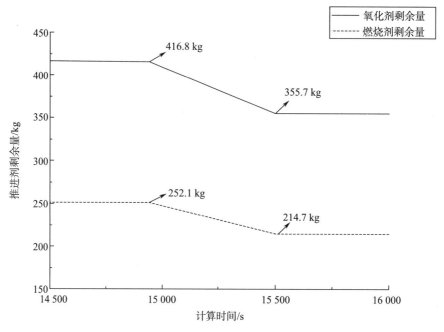

图 5-65   推进剂剩余量曲线

由上面的图可以看出，第四次变轨过程中的现象与前三次变轨基本一致。

通过仿真可以得出，调定的减压器输出范围为 1.615～1.689 MPa，可以满足任务要求。四次变轨过程中氧化剂贮箱和燃烧剂贮箱内的平均压力、490 N 发动机的平均推力、变轨后气瓶的压力温度及贮箱内的压力如表 5-10 所示。

表 5-10   系统各点在变轨过程中的压力情况

		第一次变轨	第二次变轨	第三次变轨	第四次变轨
变轨过程中	氧化剂贮箱内的平均压力/MPa	1.575	1.594	1.605	1.619
	燃烧剂贮箱内的平均压力/MPa	1.573	1.592	1.603	1.621
	490 N 发动机的平均推力/N	495.2	499.3	502.5	505.2
变轨结束后	气瓶内的压力/MPa	19.235	12.531	8.482	7.402
	气瓶内的温度/℃	5.52	10.2	13.92	22.43
	氧化剂贮箱内的压力/MPa	1.633	1.651	1.665	1.668
	燃烧剂贮箱内的压力/MPa	1.635	1.653	1.667	1.666

（2）位保过程中推进系统管路压降情况

一般卫星在位保过程中，通常是使用两台 10 N 推力器进行。基于卫星推进系统的全系统仿真平台对位保过程进行了分析，分为寿命初期、寿命中期和寿命末期三个工况，对应贮箱的压力分别为 1.6 MPa、1.5 MPa 和 1.4 MPa，每个工况的仿真时间为 600 s，工作过程中并联贮箱中只有一只处于工作状态。推进分系统的特征点设置情况如图 5-33 所示，图中带圈数字表示了特征点的编号，特征点之间的压降见表 5-11。

表 5-11　位保过程推进分系统流阻（压降，MPa）分布情况表

	推进管路系统\贮箱压力/MPa	1.4	1.5	1.6
氧路	贮箱出口到 F2 下游（5-7）	0.000 48	0.000 52	0.000 56
	F2 下游到 10N 推力器入口（7-11）	0.008 34	0.009 67	0.010 89
燃路	贮箱出口到 F3 下游（6-8）	0.000 79	0.000 85	0.009 1
	F3 下游到 10N 推力器入口（8-12）	0.009 23	0.009 87	0.010 55

①寿命初期

寿命初期工况设置为：贮箱压力均为 1.6 MPa，温度均为 20 ℃；贮箱剩余氧化剂 340 kg，燃烧剂 205 kg，总推进剂剩余量 545 kg。南北位保 600 s 过程中推进分系统关键部件工作情况如图 5-66～图 5-69 所示。

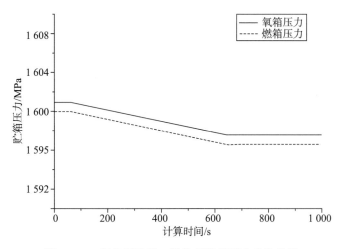

图 5-66　氧化剂贮箱、燃烧剂贮箱压力变化曲线

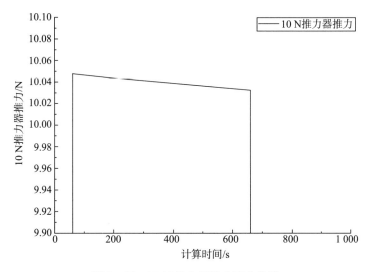

图 5-67　10 N 推力器推力变化曲线

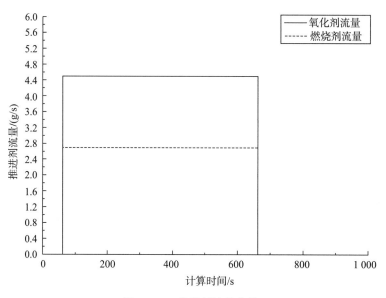

图 5 - 68　推进剂流量曲线

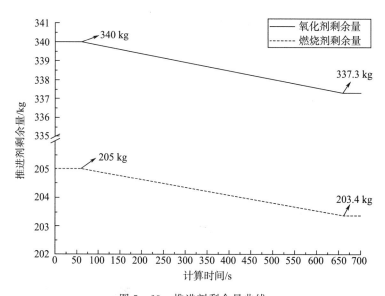

图 5 - 69　推进剂剩余量曲线

可以看出，在卫星寿命初期，推进系统处于落压工作状态下，氧化剂和燃烧剂的贮箱压力、10 N 推力器的推力、推进剂流量、推进剂剩余量呈近似线性变化，但变化范围都很小。

②寿命中期

寿命中期工况设置为：贮箱内的压力均为 1.5 MPa，温度均为 20 ℃；贮箱内剩余氧化剂为 180 kg，燃烧剂为 109 kg，总推进剂剩余量 289 kg。南北位保 600 s 过程中，推进分系统关键部件工作情况如图 5 - 70～图 5 - 73 所示。

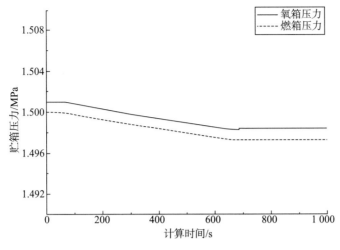

图 5 - 70　氧化剂贮箱、燃烧剂贮箱压力变化曲线

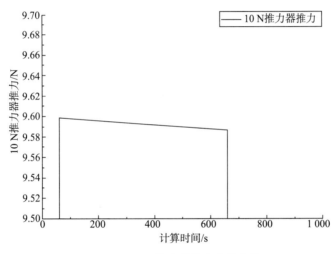

图 5 - 71　10N 推力器推力变化曲线

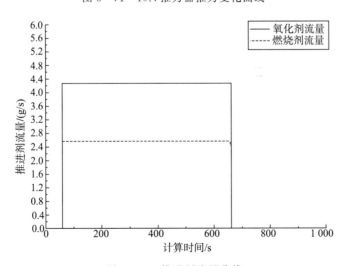

图 5 - 72　推进剂流量曲线

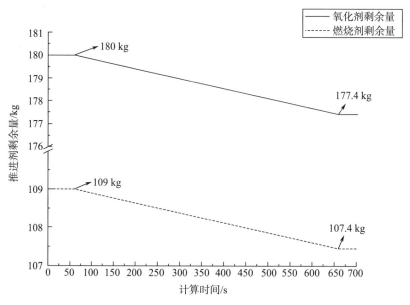

图 5-73　推进剂剩余量曲线

由图 5-70～图 5-73 可以看出，在卫星寿命中期，推进系统处于落压工作状态下，氧化剂和燃烧剂的贮箱压力、10 N 推力器的推力、推进剂流量、推进剂剩余量呈近似线性变化，但变化范围都很小。

③寿命末期

寿命末期工况设置为：贮箱内的压力均为 1.4 MPa，温度均为 20 ℃；贮箱剩余氧化剂为 33 kg，燃烧剂为 20 kg，总推进剂剩余量 53 kg。南北位保 600 s 过程中推进分系统关键部件工作情况如图 5-74～图 5-77 所示。

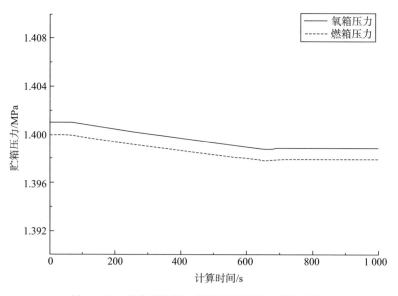

图 5-74　氧化剂贮箱、燃烧剂贮箱压力变化曲线

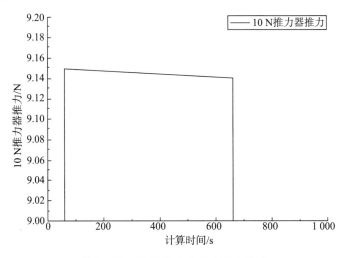

图 5 - 75　10 N 推力器推力变化曲线

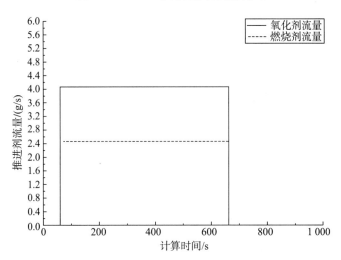

图 5 - 76　推进剂流量曲线

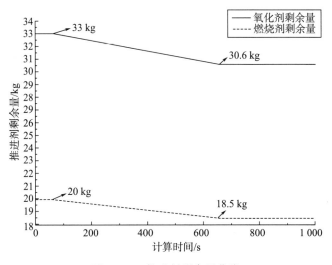

图 5 - 77　推进剂剩余量曲线

可以看出，在卫星寿命末期，推进系统处于落压工作状态下，氧化剂和燃烧剂的贮箱压力、10 N 推力器的推力、推进剂流量、推进剂剩余量呈近似线性变化，但变化范围都很小。

（3）混合比分析

影响推进分系统混合比的因素主要有：发动机和推力器的混合比、贮箱压差、推进剂管路压降差和推进剂温度差。其中，发动机和推力器的混合比在产品交付前就能够通过液流试验调整到额定值；推进剂管路压降在整星完成推进系统管路布局后已经确定，可确保管路压降差小于设计值；影响推进剂贮箱压力的因素主要是单向阀的配对压差，在产品交付中通过气路测试，可确保单向阀的配对压差不大于 0.01 MPa；对于推进剂温度差，在变轨阶段由于推进剂热容非常大，根据在轨卫星的飞行经验，推进剂温差在 2 ℃ 以内，对于长期在轨工作阶段，给热控分系统提出的指标要求是不同推进剂温差控制在 5 ℃ 以内。

根据以上条件，对推进系统混合比的分析工作分为变轨阶段和长期在轨工作阶段，其中变轨阶段主要工况是 490 N 发动机点火，长期在轨工作阶段的主要工况是两台 10 N 推力器位保，具体分析结果如表 5 - 12 所示。

表 5 - 12　推进系统混合比分析结果

		变轨阶段		长期在轨工作阶段	
系统极端参数设置	氧、燃单向阀压降差 * /MPa	0.01	−0.01	0.01	−0.01
	氧、燃温度差 /℃	2	−2	5	−5
	氧、燃管路压降差 /MPa	0.002	−0.002	0.002	−0.002
仿真结果	氧化剂消耗量	1 144.35	1 151.31	336.97	339.57
	燃烧剂消耗量	699.05	691.89	206.23	203.33
	本阶段系统混合比	1.637	1.664	1.634	1.670
卫星寿命期间推进分系统混合比		1.636～1.665，−0.848%～0.909%			

* 注：对于长期在轨工作阶段，单向阀压降差直接影响初始状态下的贮箱压力差，从而影响 10 N 推力器的混合比。

通过对推进系统混合比进行仿真分析得出，卫星寿命期间推进系统混合比范围为 1.636～1.665，减压器输出范围为 1.615～1.689 MPa，可以满足任务要求。通过对推进系统在轨工作情况的数值仿真，确定了推进分系统的工作点，给出了系统流阻情况和系统参数在整个工作寿命期间的变化情况，结果表明推进系统设计方案可以满足卫星的在轨任务需求。

（4）490 N 发动机、10 N 推力器水击仿真

推进系统的阀门开启和关闭、发动机开关机都会造成很强的水击效应，水击造成压力瞬间升高，对单机造成重要影响，直接影响飞行任务的成败。推进系统液路受到水击效应影响最大的单机为 490 N 轨控发动机和 10 N 姿控推力器。490 N 轨控发动机和 10 N 姿控推力器已经过在轨飞行的长期考验，性能稳定，但采用 490 N 轨控发动机和 10 N 姿控推力器，额定入口压力 1.5 MPa，比以往平台采用的 490 N 轨控发动机和 10 N 姿控推力器额定入口压力 1.4 MPa 高 0.1 MPa，因此须对这两种重要单机填充、开关机进行水击仿真分析，确定是否满足任务要求。

①10 N 推力器水击仿真

1）10 N 推力器填充水击仿真。管路排气后，需对管路进行推进剂充填，计算条件如下：氧化剂贮箱压力 1.57 MPa，燃烧剂贮箱压力 1.57 MPa，管路中压力 0 MPa。10 N 推力器管路充填过程水击仿真如图 5-78、图 5-79 所示。

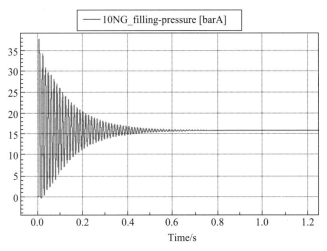

图 5-78　10 N 推力器氧路管路充填过程水击仿真

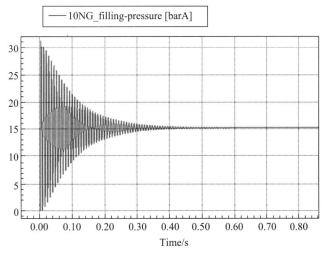

图 5-79　10 N 推力器燃路管路充填过程水击仿真

2）10 N 推力器开机水击仿真。变轨结束后，主气路断开，贮箱此时压力最高，对 10 N 推力器开机进行水击仿真。计算条件如下：氧化剂贮箱压力 1.7 MPa，燃烧剂贮箱压力 1.7 MPa。10 N 推力器开机水击仿真如图 5-80、图 5-81 所示。

3）10 N 关机水击仿真。变轨结束后，主气路断开，贮箱此时压力最高，对 10 N 关机进行水击仿真，计算条件如下：氧化剂贮箱压力 1.7 MPa，燃烧剂贮箱压力 1.7 MPa。10 N 推力器关机水击仿真如图 5-82、图 5-83 所示。

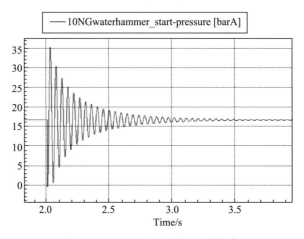

图 5 - 80　10 N 氧路开机水击仿真

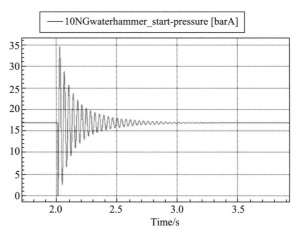

图 5 - 81　10 N 燃路开机水击仿真

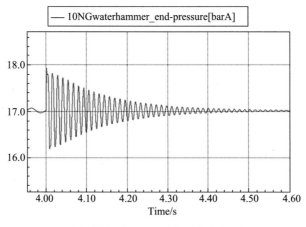

图 5 - 82　10 N 氧路关机水击仿真

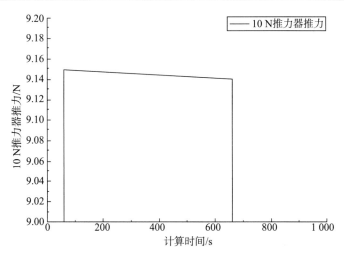

图 5-75　10 N 推力器推力变化曲线

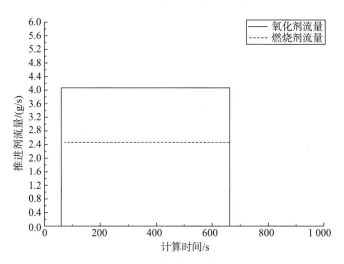

图 5-76　推进剂流量曲线

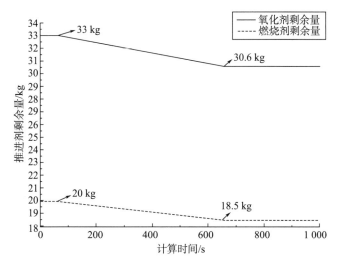

图 5-77　推进剂剩余量曲线

可以看出,在卫星寿命末期,推进系统处于落压工作状态下,氧化剂和燃烧剂的贮箱压力、10 N 推力器的推力、推进剂流量、推进剂剩余量呈近似线性变化,但变化范围都很小。

(3) 混合比分析

影响推进分系统混合比的因素主要有:发动机和推力器的混合比、贮箱压差、推进剂管路压降差和推进剂温度差。其中,发动机和推力器的混合比在产品交付前就能够通过液流试验调整到额定值;推进剂管路压降在整星完成推进系统管路布局后已经确定,可确保管路压降差小于设计值;影响推进剂贮箱压力的因素主要是单向阀的配对压差,在产品交付中通过气路测试,可确保单向阀的配对压差不大于 0.01 MPa;对于推进剂温度差,在变轨阶段由于推进剂热容非常大,根据在轨卫星的飞行经验,推进剂温差在 2 ℃ 以内,对于长期在轨工作阶段,给热控分系统提出的指标要求是不同推进剂温差控制在 5 ℃ 以内。

根据以上条件,对推进系统混合比的分析工作分为变轨阶段和长期在轨工作阶段,其中变轨阶段主要工况是 490 N 发动机点火,长期在轨工作阶段的主要工况是两台 10 N 推力器位保,具体分析结果如表 5 - 12 所示。

表 5 - 12 推进系统混合比分析结果

		变轨阶段		长期在轨工作阶段	
系统极端参数设置	氧、燃单向阀压降差 * /MPa	0.01	−0.01	0.01	−0.01
	氧、燃温度差/℃	2	−2	5	−5
	氧、燃管路压降差/MPa	0.002	−0.002	0.002	−0.002
仿真结果	氧化剂消耗量	1 144.35	1 151.31	336.97	339.57
	燃烧剂消耗量	699.05	691.89	206.23	203.33
	本阶段系统混合比	1.637	1.664	1.634	1.670
卫星寿命期间推进分系统混合比		1.636～1.665,−0.848%～0.909%			

* 注:对于长期在轨工作阶段,单向阀压降差直接影响初始状态下的贮箱压力差,从而影响 10 N 推力器的混合比。

通过对推进系统混合比进行仿真分析得出,卫星寿命期间推进系统混合比范围为 1.636～1.665,减压器输出范围为 1.615～1.689 MPa,可以满足任务要求。通过对推进系统在轨工作情况的数值仿真,确定了推进分系统的工作点,给出了系统流阻情况和系统参数在整个工作寿命期间的变化情况,结果表明推进系统设计方案可以满足卫星的在轨任务需求。

(4) 490 N 发动机、10 N 推力器水击仿真

推进系统的阀门开启和关闭、发动机开关机都会造成很强的水击效应,水击造成压力瞬间升高,对单机造成重要影响,直接影响飞行任务的成败。推进系统液路受到水击效应影响最大的单机为 490 N 轨控发动机和 10 N 姿控推力器。490 N 轨控发动机和 10 N 姿控推力器已经过在轨飞行的长期考验,性能稳定,但采用 490 N 轨控发动机和 10 N 姿控推力器,额定入口压力 1.5 MPa,比以往平台采用的 490 N 轨控发动机和 10 N 姿控推力器额定入口压力 1.4 MPa 高 0.1 MPa,因此须对这两种重要单机填充、开关机进行水击仿真分析,确定是否满足任务要求。

①10 N 推力器水击仿真

1）10 N 推力器填充水击仿真。管路排气后，需对管路进行推进剂充填，计算条件如下：氧化剂贮箱压力 1.57 MPa，燃烧剂贮箱压力 1.57 MPa，管路中压力 0 MPa。10 N 推力器管路充填过程水击仿真如图 5 - 78、图 5 - 79 所示。

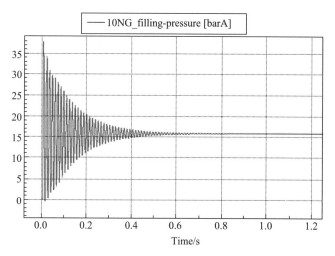

图 5 - 78 10 N 推力器氧路管路充填过程水击仿真

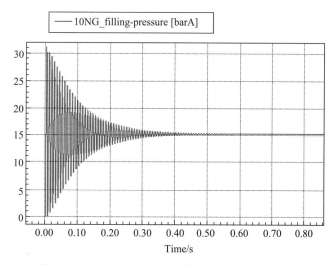

图 5 - 79 10 N 推力器燃路管路充填过程水击仿真

2）10 N 推力器开机水击仿真。变轨结束后，主气路断开，贮箱此时压力最高，对 10 N 推力器开机进行水击仿真。计算条件如下：氧化剂贮箱压力 1.7 MPa，燃烧剂贮箱压力 1.7 MPa。10 N 推力器开机水击仿真如图 5 - 80、图 5 - 81 所示。

3）10 N 关机水击仿真。变轨结束后，主气路断开，贮箱此时压力最高，对 10 N 关机进行水击仿真，计算条件如下：氧化剂贮箱压力 1.7 MPa，燃烧剂贮箱压力 1.7 MPa。10 N 推力器关机水击仿真如图 5 - 82、图 5 - 83 所示。

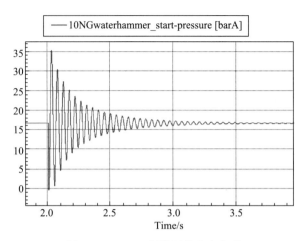

图 5 - 80　10 N 氧路开机水击仿真

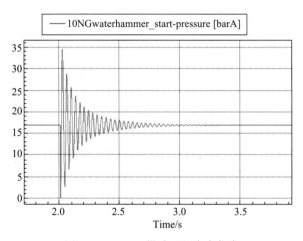

图 5 - 81　10 N 燃路开机水击仿真

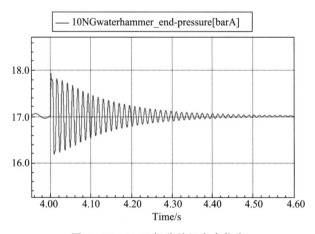

图 5 - 82　10 N 氧路关机水击仿真

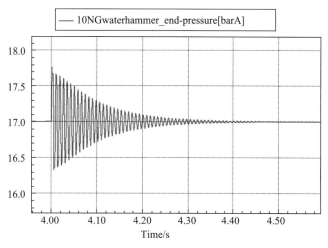

图 5 - 83　10 N 燃路关机水击仿真

通过对 10 N 姿控推力器填充、开关机的水击仿真可以看出，10 N 推力器电磁阀受到水击冲击影响最大的时刻在于填充，氧路电磁阀受到冲击明显大于燃路电磁阀，受到冲击压力最大值为 3.9 MPa，低于 10 N 姿控推力器验证压力值，能够满足任务要求。

②490 N 发动机填充、开关机水击仿真

1）490 N 发动机填充水击仿真。490 N 发动机充填的计算条件如下：氧化剂贮箱压力 1.57 MPa，燃烧剂贮箱压力 1.57 MPa，管路中压力 0 MPa。490 N 发动机管路充填过程水击仿真如图 5 - 84、图 5 - 85 所示。

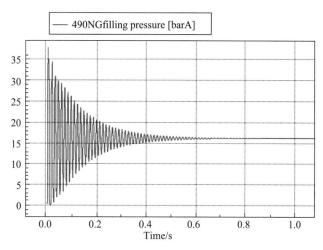

图 5 - 84　490 N 发动机氧路管路充填过程水击仿真

2）490 N 发动机开机水击仿真。卫星在最后一次变轨中，推进系统工况相对最为恶劣。对 490 N 发动机开机进行水击仿真，计算条件如下：氧化剂贮箱压力 1.7 MPa，燃烧剂贮箱压力 1.7 MPa。490N 发动机开机水击仿真如图 5 - 86、图 5 - 87 所示。

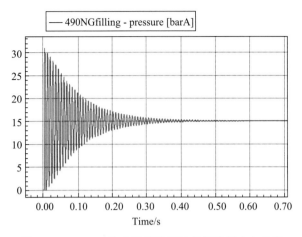

图 5 - 85　490 N 发动机燃路管路充填过程水击仿真

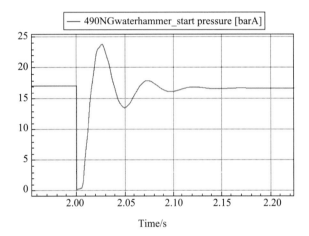

图 5 - 86　490 N 发动机氧路开机水击仿真

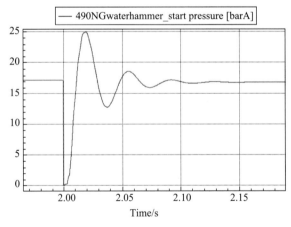

图 5 - 87　490 N 发动机燃路开机水击仿真

3) 490 N 发动机关机水击仿真。对 490 N 发动机关机进行水击仿真。计算条件如下：氧化剂贮箱压力 1.7 MPa，燃烧剂贮箱压力 1.7 MPa。490 N 发动机关机水击仿真如图 5-88、图 5-89 所示。

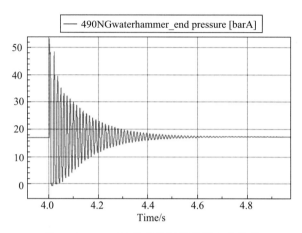

图 5-88　490 N 发动机氧路关机水击仿真

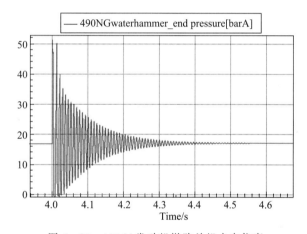

图 5-89　490 N 发动机燃路关机水击仿真

通过对 490 N 轨控发动机填充、开关机的水击仿真可以看出：490 N 发动机电磁阀受到水击影响最大的时刻在于关机，氧路电磁阀受到的冲击明显大于燃路电磁阀，受到冲击压力最大值为 5.2 MPa，低于 490 N 轨控发动机的设计爆破压力值，能够满足任务要求。

③结论

通过对 10 N 姿控推力器和 490 N 轨控发动机填充、开关机的水击仿真可以看出，10 N 姿控推力器受到最大压力冲击为 3.9 MPa，低于 10 N 姿控推力器设计的验证压力值；490 N 轨控发动机受到最大压力冲击为 5.2 MPa，低于 490 N 轨控发动机设计的爆破压力值。因此，10 N 姿控推力器和 490 N 轨控发动机在受到水击效应的影响下可以满足任务需要。

5.4　电推进系统仿真分析

5.4.1　仿真分析目标

本文的电推进系统仿真，主要是针对电推进的贮供气路系统开展的，分析目标主要包括以下几个方面：

1) 通过电推进气路系统的仿真分析，确定气路系统中单机产品的设计工作寿命是否能够满足要求；

2) 通过推进系统仿真，确定系统的压力调节精度是否能够满足要求；

3) 通过推进系统仿真，确定系统的流量控制精度是否能够满足要求；

4) 分析设计中的关键参数对系统性能的影响。

5.4.2　仿真输入条件

电推进系统仿真需要的输入条件包括：

- 系统原理图；
- 各单机部件结构；
- 初始系统各部分压力、温度；
- 控制时序。

5.4.3　仿真算法或工具选择

电推进气路系统采用 AMESim 进行仿真，并在此基础上，通过试验数据对仿真模型进行修正，使系统的最终仿真结果与试验数据相吻合。

5.4.4　仿真建模及边界条件

典型电推进气路系统的系统结构图如图 5 - 90 所示：根据不同类型的电推进系统，如离子电推进系统、霍尔电推进系统、电弧电推进系统等，建立相应的数学仿真模型。由于典型的电推进系统的工作寿命都在几万小时以上，若开展电推进系统的全寿命仿真，则会耗费大量的时间。因此，在能够反映系统工作性能的基础上，选取氙气瓶中有限的压力点及额定的流量输出作为仿真的初始边界条件。

5.4.5　仿真结果处理及输出

电推进气路系统的仿真输出主要包括以下几方面的内容：

- 单周期压力控制电磁阀工作次数与气源压力的关系；
- 系统输出流量与上游压力的关系；
- 系统关键参数对系统性能的影响；
- 不同放气路数接通情况下，系统放气时间分析。

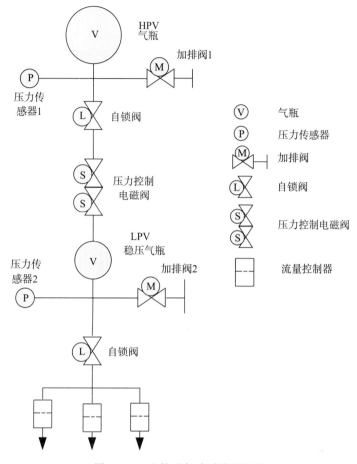

图 5-90　电推进气路系统原理图

5.4.6　电推进系统仿真分析案例

根据离子电推进的典型配置，即图 5-90 所示的原理结构图，应用系统数值仿真软件 AMESim，建立了如图 5-91 所示的电推进气路系统的仿真模型，应用该模型，对电推进系统的气路进行了仿真分析，并与部分试验结果进行了对比，验证了仿真模型的正确性。

电推进气路系统设计参数：

• 气源种类及压力：11.0 MPa，7.5 MPa（氦气）；15 MPa、7.5 MPa、2 MPa 和 0.5 MPa（氙气）；

• 阀门的控制周期：$t_1=0.5$ s、$t_2=0.2$ s、$t_3=0.5$s；

• 小气容的体积：1 mL；

• 稳压气瓶容积：3.7 L；

• 压力控制点：上限为 0.193 MPa，下限为 0.186 MPa；

• 采样周期：0.2 s。

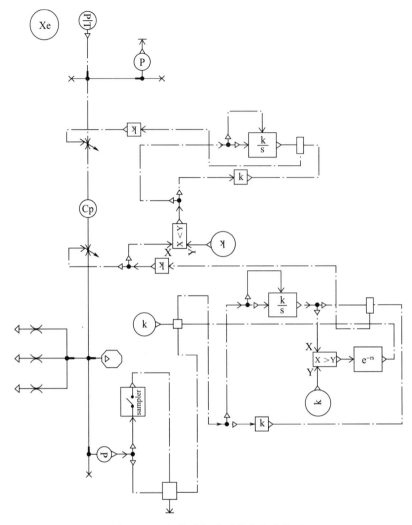

图 5 - 91　电推进气路系统的仿真模型

（1）压力控制电磁阀工作次数仿真分析

压力控制电磁阀是电推进气路系统中的核心部件，其与稳压气瓶和下游的压力传感器在控制程序的作用下构成 bang - bang 电子减压器，对上游高压气体进行减压并控制在要求范围内。其工作原理如图 5 - 92 所示。控制单元通过缓冲气瓶下游压力传感器采集稳压气瓶中的压力信号，当稳压气瓶中的压力低于设定下限值时，控制单元发出阀门驱动信号，控制电磁阀开启，使得小气容中的气体充入稳压气瓶；当稳压气瓶中的压力高于设定上限值时，则关闭压力控制电磁阀，保证了系统下游压力的稳定。

通过上述的压力控制电磁阀的工作原理可知，在长期的工作期间，压力控制电磁阀的开关寿命将受到严重的考验。因此，需要通过仿真手段计算出压力控制电磁阀的工作次数，为单机产品的设计提供充足的设计依据，防止单机产品的寿命设计不足。

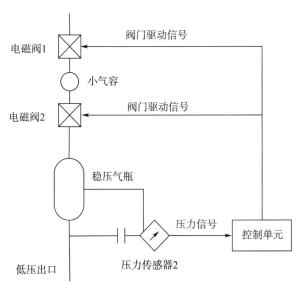

图 5-92　压力闭环控制系统图

（2）仿真结果及分析

在对电推进气路系统仿真之前，首先进行了气源种类为氦气，气源压力分别为 11 MPa、7.5 MPa 的系统性能试验，系统的测试曲线如图 5-93、图 5-94 所示。

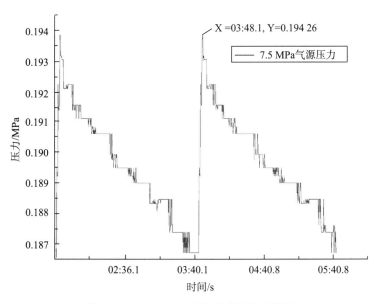

图 5-93　7.5 MPa 氦气下系统试验结果

在获得了系统的实际性能曲线后，根据原理图建立的电推进气路系统的数学仿真模型，对压力闭环控制性能按照试验条件进行了数值仿真，具体的仿真结果如图 5-95、图 5-96 所示。

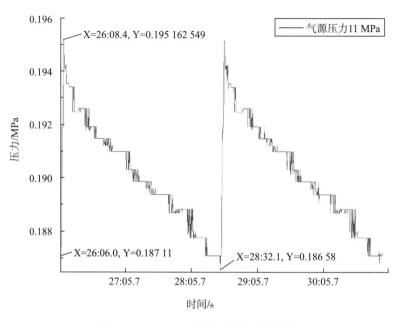

图 5-94　11 MPa 氦气下系统试验结果

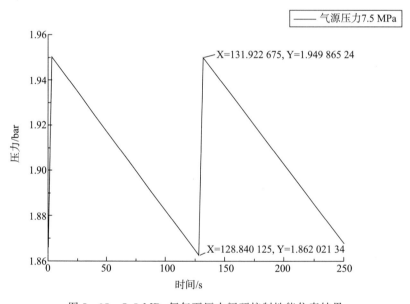

图 5-95　7.5 MPa 氦气下压力闭环控制性能仿真结果

通过比较可知，系统从压力上限到压力下限的放气时间都在 120 s 至 130 s 之间。在 7.5 MPa 气源压力下，压力从最低点到最高点的过程中，压力控制电磁阀都经过了三个周期的循环；在 11.0 MPa 气源压力下，压力控制电磁阀都经过了两个周期的循环，压力最高点都控制在 0.184 MPa 左右，最低点控制在 0.186 MPa 左右，仿真结果和试验结果是一致的。由此可知，在以氦气作为气源气体时，压力调节单元的仿真结果和系统的试验结果是吻合的，从而证明了模型仿真分析的正确性。

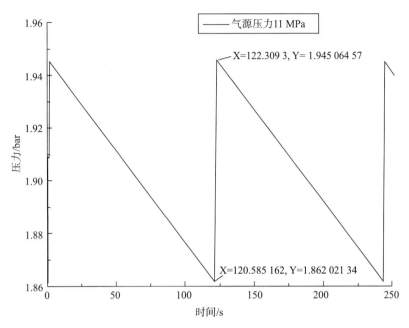

图 5 - 96 11 MPa 下压力控制性能仿真结果

在验证了模型正确性的基础上，用氙气作为介质，对压力闭环控制在不同气源压力下的性能进行了仿真，仿真结果如图 5 - 97～图 5 - 102 所示。

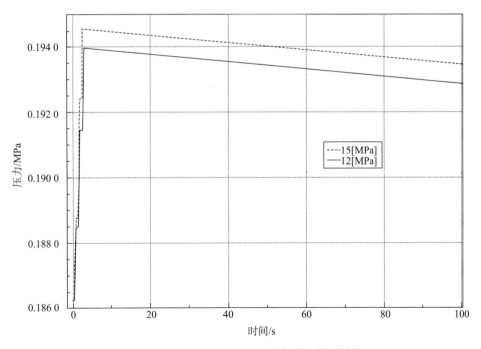

图 5 - 97 15 MPa 至 12 MPa 阀门压力闭环性能

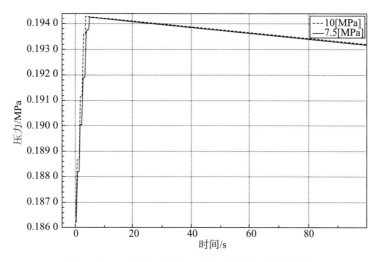

图 5 - 98　10 MPa 至 7.5 MPa 阀门压力闭环性能

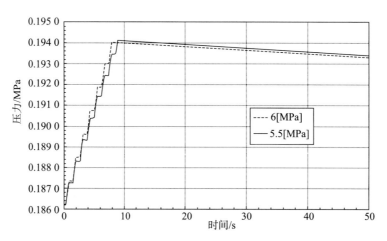

图 5 - 99　6 MPa 至 5.5 MPa 阀门压力闭环性能

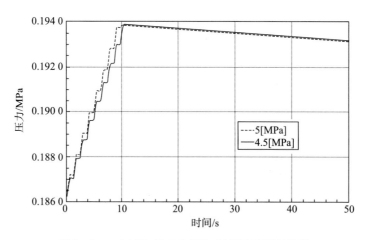

图 5 - 100　5 MPa 至 4.5 MPa 阀门压力闭环性能

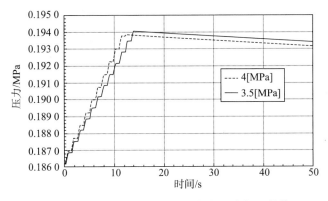

图 5 - 101　4 MPa 至 3.5 MPa 阀门压力闭环性能

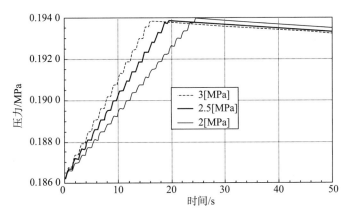

图 5 - 102　3 MPa 至 2 MPa 阀门压力闭环性能

由上面的图可知，气源压力的压力变化对压力控制电磁阀每个控制周期内的动作次数影响很大。不同气源压力下，压力控制电磁阀在每个周期内的动作次数如表 5 - 13 所示。

表 5 - 13　不同气源压力阀门动作次数

气源种类	气源压力	动作次数
氙气	15 MPa	3 次
	12 MPa	3 次
	10 MPa	4 次
	7.5 MPa	5 次
	6.0 MPa	7 次
	5.5 MPa	8 次
	5.0 MPa	9 次
	4.5 MPa	9 次
	4.0 MPa	11 次
	3.5 MPa	12 次
	3.0 MPa	14 次
	2.5 MPa	17 次
	2.0 MPa	21 次

①系统参数对压力控制精度的影响

从电推进气路系统原理图以及下游迷宫型流量控制器的工作原理可知，稳压气瓶中的压力直接决定着系统的流量输出，压力控制越精确，流量输出越准确。因此，为了获得系统气源压力对稳压气瓶中的压力控制精度的影响，在系统设计参数不变的情况下，对影响稳压气瓶中压力控制精度的部分参数进行了仿真分析，图5-103为不同气源压力对稳压气瓶输出压力的影响，表5-14为不同气源压力下的系统性能比较。

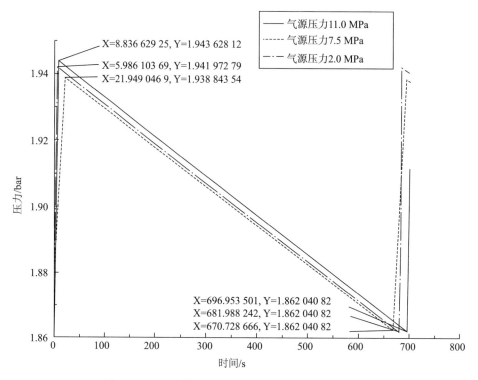

图5-103　不同气源压力对稳压气瓶输出压力的影响

表5-14　不同气源压力下的系统性能比较

压力 性能	11 MPa	7.5 MPa	2.0 MPa
最高压力	1.9 436	1.942	1.939
最低压力	1.862	1.862	1.862
放气时间	697 s	681 s	670 s
控制误差	0.29%	0.2%	0.05%

通过对比可以发现：系统的气源压力越高，压力控制电磁阀的开关次数越少，稳压气瓶的放气时间越长，但是系统的控制误差也随之变大。

图5-104为11 MPa气源压力条件下，稳压气瓶的不同容积大小对输出压力精度的影响，表5-15为不同稳压气瓶容积下的系统性能比较。

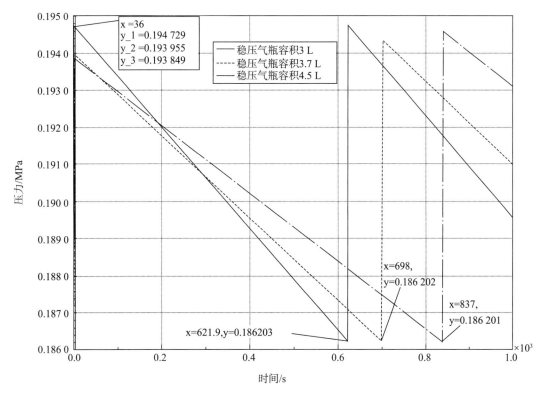

图 5 - 104　稳压气瓶不同容积对输出压力的影响

表 5 - 15　不同稳压气瓶容积下的系统性能比较

性能　　　　容积	3 L	3.7 L	4.5 L
最高压力	1.947	1.9395	1.9385
最低压力	1.862	1.862	1.862
放气时间	618s	694s	833s
控制误差	0.46%	0.077%	0%

　　通过上面的结果可知：缓冲气瓶的容积越大，压力控制电磁阀的开关次数越多，系统的放气时间越长，稳压气瓶中的压力控制精度越高。

　　②系统流量输出分析仿真

　　在假设流量控制元件只有节流作用的情况下，对稳压气瓶中压力波动对流量输出的影响进行了分析仿真。首先分析了在三路同时有流量输出的情况下的仿真情况，结果如图 5 - 105、图 5 - 106、表 5 - 16 所示。

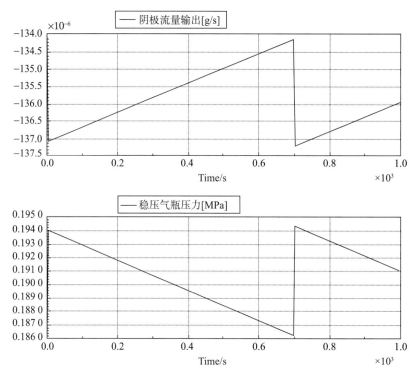

图 5 - 105 稳压气瓶压力波动对阴极流量输出的影响

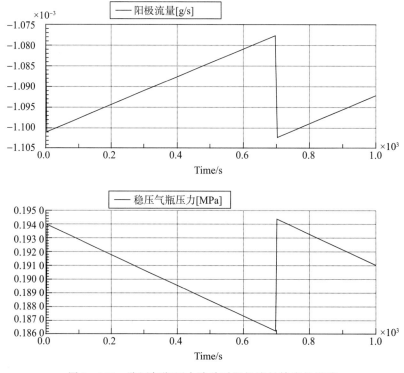

图 5 - 106 稳压气瓶压力波动对阳极流量输出的影响

表 5 - 16　三路流量输出流量比较

气源压力	参数	阴极	阳极
11.0 MPa	最大流量/(mg/s)	0.134 15	1.077 6
	最小流量/(mg/s)	0.137 23	1.102 4
	流量精度/%	1.36%	1.14%
	放气时间/s	695	695

　　然后分析了只有一路有流量输出条件下的情况，结果如图 5 - 107、图 5 - 108、表 5 - 17 所示。

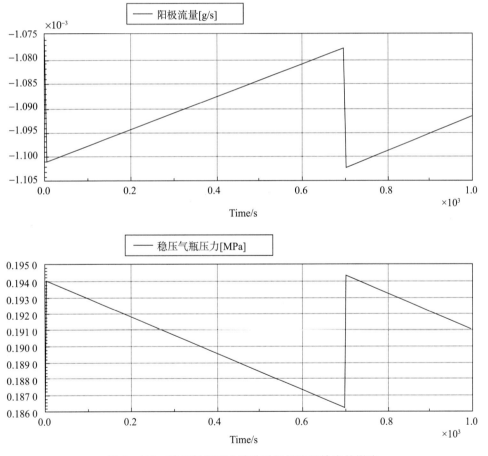

图 5 - 107　稳压气瓶压力波动对阳极流量输出的影响

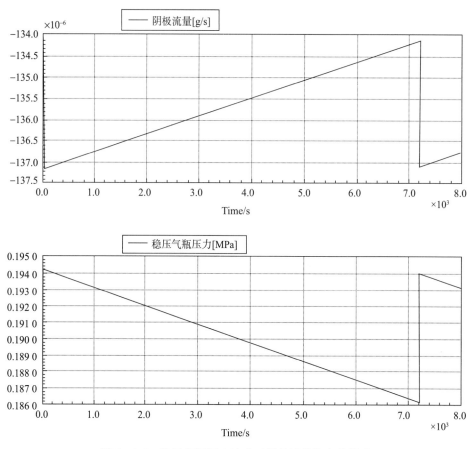

图 5-108　稳压气瓶压力波动对阴极流量输出的影响

表 5-17　单路流量输出流量比较

气源压力	参数	阴极	阳极
11.0 MPa	最大流量/(mg/s)	0.13415	1.0776
	最小流量/(mg/s)	0.1371	1.1024
	流量精度/%	1.36%	1.14%
	放气时间/s	7209	701.7

　　由表 5-17 可知，稳压气瓶中的压力波动对下游流量的输出有一定的影响。在 11 MPa 氙气气源下，阳极的流量波动范围为±1.14%，阴极的流量波动范围在±1.36% 左右。而对于三路同时具有流量输出和每路单独进行流量输出的工况，稳压气瓶的压力波动对系统的流量输出基本没有影响，对气体的放气时间却影响很大，阴极的放气时间由 695 s 上升到 7 209 s，阳极由 695 s 上升到 701.7 s。

　　③结论

　　通过上述的电推进气路系统的仿真分析，可以得到以下结论：

1）通过试验数据与仿真数据比较，可以验证仿真模型的正确性；

2）系统的气源压力、稳压气瓶的容积等参数对压力控制电磁阀的工作次数的影响很大；

3）稳压气瓶中压力的控制精度对系统的流量输出有很大的影响；不同路数的流量输出对系统的流量控制精度无影响，但是对气体放气时间的影响较大。

第6章 专项仿真分析工作项目

在卫星的推进系统研制过程中，除了系统级仿真工作外，常常还会遇到各种部件级流体流动问题，如水击、羽流、燃烧等。为了揭示部件内部流动现象的本质，需要进行专项仿真分析。

6.1 流动水击

在有压管路流动中，由于某些外界原因（如阀门突然关闭、水泵机组突然停车等），使得水的流速发生突然变化，从而引起压强急剧升高和降低的交替变化，这种水力现象称为水击或水锤。水击引起的压强升高，可达到管道正常工作压强的几十倍。这种大幅度的压强波动，往往引起管道强烈振动、阀门破坏、管道接头断开，甚至管道爆裂等重大事故。

6.1.1 仿真分析目标

在有压的水力系统中，必须进行仿真计算或理论分析，确定阀门开启或关闭过程中水击产生的峰值压力，判断是否会对阀门造成冲击破坏。

6.1.2 仿真输入条件

水击仿真中，需要确定管路的材料属性、管路的结构尺寸、上游压力、流体的物理参数，以及阀门开启的过程的数学模型。

6.1.3 仿真算法或工具选择

水击仿真理论模型相对比较简单，主要是对一维拟线性微分方程进行求解。因此可以采用自编程序进行计算，也可以采用准一维（如 AMESim 或 Flowmaster）、三维（Fluent、Start-CD 等）仿真软件进行仿真分析。

6.1.4 仿真建模及边界条件

比较经典的水击系统通常由贮箱、管路以及相应的阀门组成，建立的仿真模型如图 6-1 所示。

图 6-1 中，圆柱形贮箱高度为 H，管路长度为 L，半径为 R，$x=L$ 处有一阀门。当阀门开启时，从贮箱内流出的液体会瞬间对阀门造成冲击。

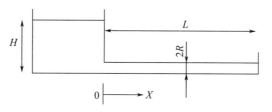

图 6-1 水击仿真模型图

6.1.5 仿真结果处理及输出

采用 AMESim 建立经典的水击仿真模型，如图 6-2 所示。

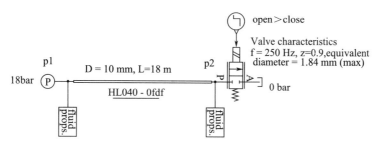

图 6-2 水击仿真模型图

管路上游的入口压力为 1.8 MPa；采用 HL040 管路模型，其直径为 10 mm，长度为 18 m；电磁阀的频率为 250 Hz，最大等效直径为 1.84 mm。求解策略如图 6-3 所示：

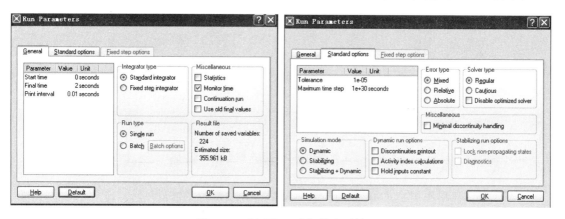

图 6-3 AMESim 求解策略面板

AMESim 求解中，求解模型选用"Dynamic"，误差类型选择"Mixed"，求解类型选择"Regular"，其他均按默认值进行设置。

通过计算得到阀门处和管路中间处的水击压力变化，如图 6-4、图 6-5 所示。

从图 6-4 可以看出，水击压力在 $t=0.1$ s 处达到峰值，峰值压力 $p_{max}=3.4$ MPa，随后压力开始阻尼振荡，逐渐恢复在 $p=1.8$ MPa 左右。对比可以发现，越接近阀门，产生的水击峰值压力越大。

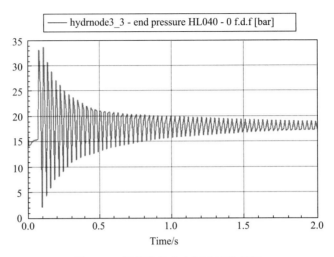

图 6-4　阀门处的水击压力变化情况

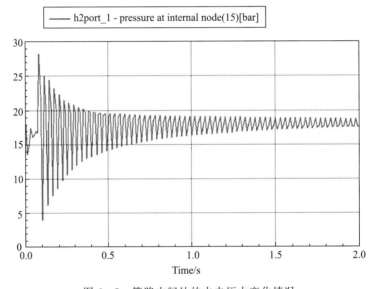

图 6-5　管路中间处的水击压力变化情况

从图 6-5 可以看出，水击压力在 $t=0.1$ s 处达到峰值，峰值压力 $p_{max}=2.8$ MPa，随后压力开始阻尼振荡，逐渐恢复在 $p=1.8$ MPa 左右。

6.2　节流小孔

6.2.1　仿真分析目标

开展节流小孔仿真分析的主要目的就是获得管路中节流小孔的流量压降变化关系。

1）通过试验数据与仿真数据比较，可以验证仿真模型的正确性；

2）系统的气源压力、稳压气瓶的容积等参数对压力控制电磁阀的工作次数的影响很大；

3）稳压气瓶中压力的控制精度对系统的流量输出有很大的影响；不同路数的流量输出对系统的流量控制精度无影响，但是对气体放气时间的影响较大。

第6章 专项仿真分析工作项目

在卫星的推进系统研制过程中，除了系统级仿真工作外，常常还会遇到各种部件级流体流动问题，如水击、羽流、燃烧等。为了揭示部件内部流动现象的本质，需要进行专项仿真分析。

6.1 流动水击

在有压管路流动中，由于某些外界原因（如阀门突然关闭、水泵机组突然停车等），使得水的流速发生突然变化，从而引起压强急剧升高和降低的交替变化，这种水力现象称为水击或水锤。水击引起的压强升高，可达到管道正常工作压强的几十倍。这种大幅度的压强波动，往往引起管道强烈振动、阀门破坏、管道接头断开，甚至管道爆裂等重大事故。

6.1.1 仿真分析目标

在有压的水力系统中，必须进行仿真计算或理论分析，确定阀门开启或关闭过程中水击产生的峰值压力，判断是否会对阀门造成冲击破坏。

6.1.2 仿真输入条件

水击仿真中，需要确定管路的材料属性、管路的结构尺寸、上游压力、流体的物理参数，以及阀门开启的过程的数学模型。

6.1.3 仿真算法或工具选择

水击仿真理论模型相对比较简单，主要是对一维拟线性微分方程进行求解。因此可以采用自编程序进行计算，也可以采用准一维（如 AMESim 或 Flowmaster）、三维（Fluent、Start-CD 等）仿真软件进行仿真分析。

6.1.4 仿真建模及边界条件

比较经典的水击系统通常由贮箱、管路以及相应的阀门组成，建立的仿真模型如图 6-1 所示。

图 6-1 中，圆柱形贮箱高度为 H，管路长度为 L，半径为 R，$x = L$ 处有一阀门。当阀门开启时，从贮箱内流出的液体会瞬间对阀门造成冲击。

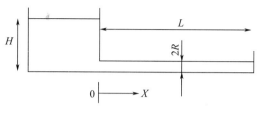

图 6 - 1　水击仿真模型图

6.1.5　仿真结果处理及输出

采用 AMESim 建立经典的水击仿真模型，如图 6 - 2 所示。

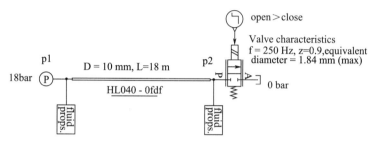

图 6 - 2　水击仿真模型图

管路上游的入口压力为 1.8 MPa；采用 HL040 管路模型，其直径为 10 mm，长度为 18 m；电磁阀的频率为 250 Hz，最大等效直径为 1.84 mm。求解策略如图 6 - 3 所示：

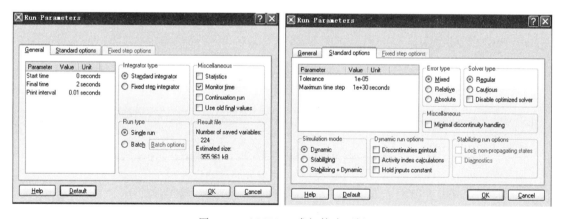

图 6 - 3　AMESim 求解策略面板

AMESim 求解中，求解模型选用 "Dynamic"，误差类型选择 "Mixed"，求解类型选择 "Regular"，其他均按默认值进行设置。

通过计算得到阀门处和管路中间处的水击压力变化，如图 6 - 4、图 6 - 5 所示。

从图 6 - 4 可以看出，水击压力在 $t = 0.1$ s 处达到峰值，峰值压力 $p_{max} = 3.4$ MPa，随后压力开始阻尼振荡，逐渐恢复在 $p = 1.8$ MPa 左右。对比可以发现，越接近阀门，产生的水击峰值压力越大。

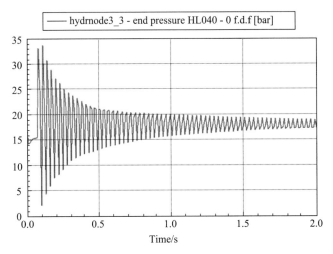

图 6 - 4　阀门处的水击压力变化情况

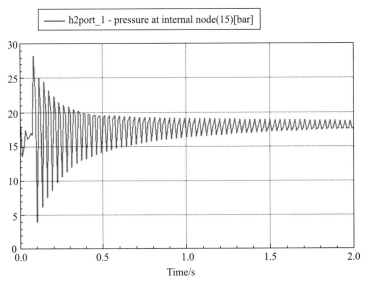

图 6 - 5　管路中间处的水击压力变化情况

　　从图 6 - 5 可以看出，水击压力在 $t=0.1\,\mathrm{s}$ 处达到峰值，峰值压力 $p_{\max}=2.8\,\mathrm{MPa}$，随后压力开始阻尼振荡，逐渐恢复在 $p=1.8\,\mathrm{MPa}$ 左右。

6.2　节流小孔

6.2.1　仿真分析目标

　　开展节流小孔仿真分析的主要目的就是获得管路中节流小孔的流量压降变化关系。

6.2.2　仿真输入条件

节流小孔仿真中，需要输入的条件包括：

- 小孔上游压力；
- 小孔的孔径；
- 小孔下游的压力；
- 小孔的其他结构属性；
- 流体介质的属性。

6.2.3　仿真算法或工具选择

小孔节流是属于固定节流形式的，即节流器的液阻不随外载荷的变化而变化。液体在管道中流过小孔，小孔直径小，相对长度短，流过小孔截面各点的流速相等，则黏性流体流过小孔的流量为

$$Q_0 = \frac{\pi d_0^2}{4} \sqrt{\frac{2\Delta p}{\rho}}$$

式中，Δp 是出入口的压力差。

实际上液体流过小孔时大多为紊流状态，当液体从小孔口流出时，由于惯性作用，在孔附近有收缩，此时，实际流量比理想流量小；加上黏性对薄壁小孔总会有些影响，实际流量又进一步减小。把实际流量与不考虑黏性和收缩现象的理想流量的比值称为流量系数，其值随孔口形状而不同。流过锐边薄壁小孔的实际流量为

$$Q_0 = \alpha \frac{\pi d_0^2}{4} \sqrt{\frac{2\Delta p}{\rho}}$$

对于常见的锐边小孔，α 取值 $0.6 \sim 0.7$。上式为理想的薄壁小孔流量计算，即小孔的长度近似考虑为零，但是在实际加工的过程中很难将小孔加工成理想状态，小孔都存在一定的长度，此时，小孔的长度对流经小孔流量有一定的影响。

数值仿真中，可以采用 AMESim 进行一维计算，也可以采用 CFD 软件（如 Fluent、CFX）进行三维流动计算。

6.2.4　仿真建模及边界条件

首先采用 Pro/E 软件建立单向阀节流小孔的三维流动模型，然后采用 Fluent 软件，对单向阀节流小孔的流动进行分析，单向阀阀芯节流小孔周围的计算网格如图 6-6 所示。

在小孔周围，网格需要进行局部加密处理。边界条件设置中，需要给出单向阀上游和下游压力；流体模型中需要将氢气设置为可压缩流体；湍流模型可以选择标准 $k-\varepsilon$ 模型，也可以选择 $k-\omega$ 模型。

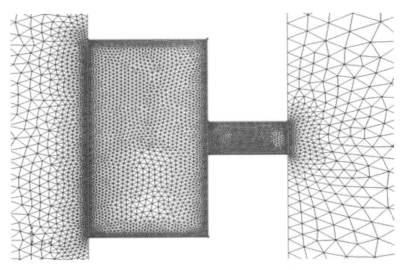

图 6-6　单向阀阀芯节流小孔周围的计算网格

6.2.5　仿真结果处理及输出

通过数值仿真分析，单向阀节流小孔仿真结果如图 6-7、图 6-8 所示。

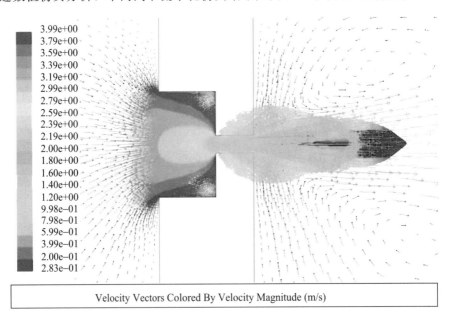

Velocity Vectors Colored By Velocity Magnitude (m/s)

图 6-7　单向阀阀芯节流小孔周围的速度矢量分布

通过仿真分析可知，气体经单向阀上节流小孔的节流作用，小孔处的气流速度最快，在大腔内气流速度迅速降低，小孔起阻尼作用，小孔面积越小气体阻尼越大。大阀芯动态运动到最大行程时流量压降为 0.08 MPa。单向阀稳态后流量压降约为 0.07 MPa，流量约为 0.22 g/s（氮气）。

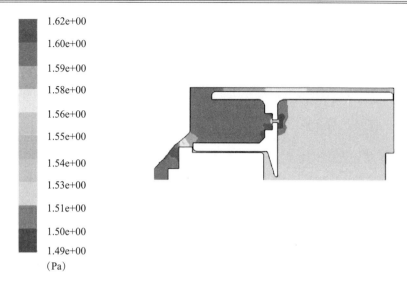

图 6 - 8　稳态时压力分布

6.3　液体晃动

6.3.1　仿真分析目标

液体晃动问题是指带有自由液面的液体在有限的空间内发生的运动，是一种复杂的流体现象。在微重力环境下，充液航天器内液体晃动及其对控制系统的影响，是当前国内外航天技术研究的重要课题。开展液态晃动数值仿真工作的主要目的是获得不同充液比、重力环境、液体质量流量以及接触角情况下贮箱中液体晃动特性、液体分布形式、力学特性。

6.3.2　仿真输入条件

开展液态晃动仿真的输入条件包括：
- 贮箱的外界环境参数，如温度、重力加速度；
- 外界加载的载荷，如力、力矩；
- 贮箱网格模型；
- 贮箱内流体介质属性；
- 其他条件，如源项。

6.3.3　仿真算法或工具选择

充液航天器的液体晃动，即液体自由表面的波动，是航天领域一个公认的问题。在零重力或者微重力条件下，航天器在飞行过程中的气-液两相流行为难以控制，由于液体推进剂占整个航天器比重很大，因此对航天器的姿态控制系统与轨道控制系统的影响非常大。受到试验条件的约束，数值仿真方法仍然是研究液体晃动特性的重要手段。目前通常采用数值仿真的方法有：

- 采用 CFD 软件的 VOF 方法模拟贮箱内气液两相流动；
- 采用有限元方法模拟液态晃动的阻尼比和频率；
- 采用流固耦合的方法模拟贮箱柔性系统与刚性容器的动力学耦合特性。

6.3.4　仿真建模及边界条件

采用 Pro/E 建立贮箱模型，并在此基础上绘制贮箱模型的网格。贮箱壁面处黏性阻尼是影响液体晃动主要因素之一，并且数值计算中采用了壁面函数。因此，在贮箱壁面附近加密了网格，保证在壁面边界层里有 10 层以上的网格，如图 6-9 所示。

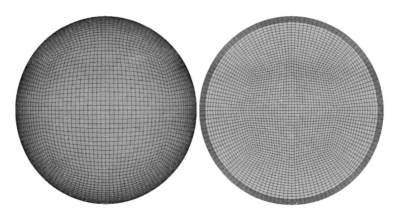

图 6-9　球形贮箱模型网格图

边界条件的设置如下：在球形贮箱中给定一定的气垫压力，液体和气体各占一定的体积分数，贮箱壁面边界条件采用无滑移边界条件。

计算中，贮箱内的两相分别为液态水（20 ℃）和空气，气垫压力为一个大气压（0.1 MPa），并考虑了表面张力对液体晃动的影响。表 6-1 给出了计算中所需的水和空气的物性参数。

表 6-1　流体的物性参数

物性参数	单位	水	空气
密度	kg/m³	1000	1.225
动力黏度	Pa·s	1.0×10^{-3}	1.79×10^{-5}
气液表面张力系数	N/m	7.29×10^{-2}	

6.3.5　仿真结果处理及输出

（1）自由液面的波高变化情况

贮箱内液面某点波高的时间历程曲线如图 6-10 所示（取最左侧壁面的气液交界作为统计对象）。

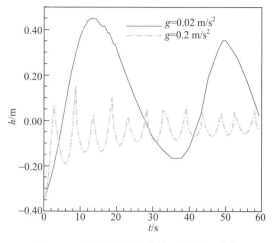

图 6-10　液面某点波高的时间历程曲线

图 6-10 中纵坐标 h 表示波高。从图中可以看出，开始时自由液面位置有较大的振荡，随后就趋于稳定位置。从液面恢复稳定需要的时间来看，$g=0.2$ m/s^2 工况所需要的时间比 $g=0.02$ m/s^2 工况所需要的时间短。

（2）速度矢量变化情况

贮箱内速度矢量变化情况如图 6-11 所示。

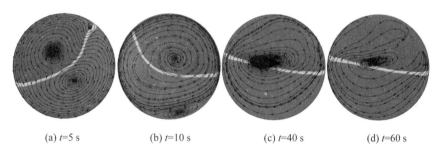

(a) $t=5$ s　　　　(b) $t=10$ s　　　　(c) $t=40$ s　　　　(d) $t=60$ s

图 6-11　贮箱内速度矢量变化情况

从图 6-11 中可以看出，当 $t=5$ s 和 $t=10$ s 时，贮箱内存在两个漩涡，一个在液体内部，一个则在气体内部；当 $t=40$ s 和 $t=60$ s 时，贮箱只存在一个漩涡，位于气液两相交界处。

（3）晃动频率及晃动阻尼

通过统计计算，得到了贮箱晃动特性参数，如表 6-2 所示。

表 6-2　贮箱晃动的频率和阻尼值

重力加速度/(m/s^2)	晃动频率/Hz	晃动阻尼比/%
0.2	0.629	3.7
0.02	0.185	5.5

从表 6-2 可以看出，在重力加速度小的情况下，贮箱内液体晃动的频率越低，液体晃动的阻尼比越大。

6.4　多孔介质

6.4.1　仿真分析目标

多孔介质模型可以应用于很多问题,如通过充满介质的流动、通过过滤纸、穿孔圆盘、流量分配器以及管道堆的流动。当使用这一模型时,就定义了一个具有多孔介质的单元区域,而且流动的压力损失由多孔介质的动量方程中所输入的数值来决定。通过介质的热传导问题也可以得到描述,它服从介质和流体流动之间的热平衡假设,详细内容可以参考相关的帮助文档。

多孔介质的一维化简模型,可用于模拟具有已知速度/压降特征的薄膜。多孔跳跃模型应用于表面区域而不是单元区域,并且在尽可能的情况下被使用(而不是完全的多孔介质模型),这是因为它具有更好的鲁棒性,并具有更好的收敛性。

6.4.2　仿真输入条件

模拟多孔介质流动时,对于问题设定需要的附加输入如下:

• 定义多孔区域;

• 确定流过多孔区域的流体材料;

• 设定黏性系数以及内部阻力系数,并定义应用它们的方向矢量,幂率模型的系数也可以选择指定;

• 定义多孔介质包含的材料属性和多孔性;

• 设定多孔区域的固体部分的体积热生成速度(或任何其他源项,如质量、动量)。

6.4.3　仿真算法或工具选择

多孔介质的相关算法可以参考 3.5 节。采用 CFD 软件计算多孔介质问题,一般选用 Fluent 或 CFX。

6.4.4　仿真建模及边界条件

图 6-12 为氮气催化转化器。氮气以 22.6 m/s 的速度匀速从入口流入,流经具有方形通道的多孔介质材料,最后通过催化转化器出口排出。由于网格读入及网格质量检查和网格尺寸检查等在前面的 Fluent 软件操作中已经介绍过,在此不再赘述。

在网格划分软件 ICEM 中完成计算区域的网格绘制,得到结构化计算区域网格,如图 6-13 所示。

接下来将网格导入 Fluent 软件,主要计算设置如下:

• 定义多孔区域;

• 定义穿越多孔介质的流体属性;

• 设置多孔介质的有效传导率;

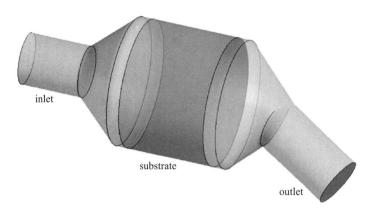

图 6-12 氮气催化转换器

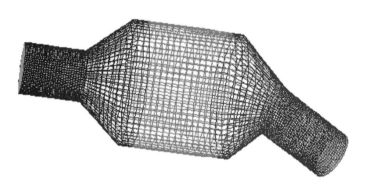

图 6-13 计算区域网格

- 定义黏性和内部阻力系数；
- 定义热传导；
- 定义相关源项；
- 在多孔区域内压制湍流源项。

6.4.5 仿真结果处理及输出

在得到计算结果后，利用后处理软件 Tecplot 完成计算结果的进一步处理分析。对于本案例而言，可以通过检查速度分量和压力值来确定多孔区域对于流场的影响。

（1）X、Y、Z 速度（在速度类别中）

X 速度云图如图 6-14 所示。

从 X 速度云图可以看出在经过多孔介质的过程中，随着流体通过多孔介质，X 方向的流速变得更均匀。在氮气进入多孔介质之前，位于中心处的速度非常高（$X=95$ mm 处的红色区域），然后随着氮气通过并离开基板而降低。绿色区域对应的中等速度区间的范围扩大。

Y 速度云图如图 6-15 所示，Z 速度云图如图 6-16 所示。

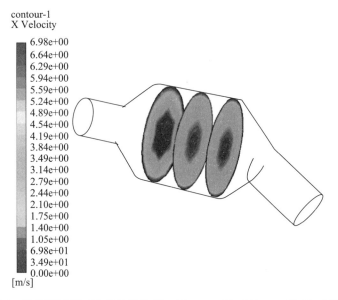

图 6-14　X 速度云图（三个截面为 $X=95$ mm，$X=130$ mm 和 $X=165$ mm）

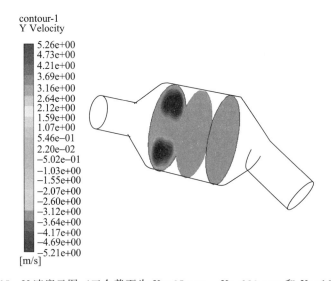

图 6-15　Y 速度云图（三个截面为 $X=95$ mm，$X=130$ mm 和 $X=165$ mm）

从 Y、Z 速度云图可以看出在经过多孔介质的过程中，Y、Z 方向速度分量逐渐变小直至为 0，最后仅有 X 方向速度分量存在。

（2）静压（在压力类别中）

多孔介质静压分布云图如图 6-17 所示。

从 $Y=0$ 平面静压分布云图上看，在氮气经过多孔介质流动的过程中，压力迅速变化。这是由于在流体通过多孔介质时，流体的速度发生变化，而由于多孔介质的惯性和黏性阻力，会产生很高的压降。图 6-18 显示了沿多孔介质轴线方向上，YZ 面平均压力的变化趋势。从图中可以看出，氮气流经多孔介质后的压力损失约为 300 Pa。

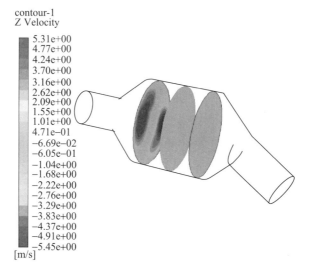

图 6 - 16　Z 速度云图（三个截面为 $X = 95$ mm，$X = 130$ mm 和 $X = 165$ mm）

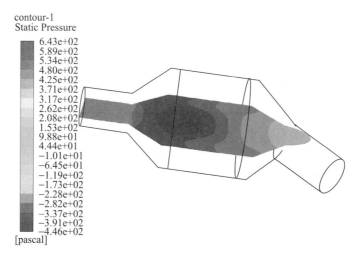

图 6 - 17　多孔介质静压分布云图（$Y = 0$ 平面）

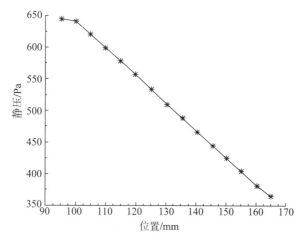

图 6 - 18　沿多孔介质轴线方向上 YZ 面平均压力的变化趋势

6.5 微重力流动

6.5.1 仿真分析目标

通过模拟表面张力贮箱内推进剂流动过程,分析推进剂的质量特性变化、热力学特性效应以及排气速率对推进剂加注过程的影响。

6.5.2 仿真输入条件

微重力流动分析的输入条件一般包括介质密度、黏度、接触角、流量、压力和填充率等。

6.5.3 仿真算法或工具选择

基于流体仿真的 Fluent 软件的 VOF 方法对微重力的物理过程进行了仿真,详细算法见 3.6 节。

6.5.4 仿真建模及边界条件

利用 Fluent 软件进行数值模拟。在每一个新的时间步,首先求解体积分数输运方程,然后利用得到的体积分数求解主场的密度和黏度,再进行主场的控制方程的求解。压力项的离散采用 Body Force Weighted 方法离散,动量项采用 Quick 方法离散,体积分数项离散采用 Geo - Construct 方法离散。压力速度的耦合采用 PISO 方法。

定解条件包括边界条件和初始条件。壁面采用无滑移边界条件,根据计算需要给定不同入口条件,壁面接触角 $\theta = 30°$。气液两相分别为空气和推进剂,其中推进剂的密度为 878.8 kg/m^3,表面张力 $\gamma = 33.95$ dyn/cm。重力加速度为 9.8×10^{-4} m/s^2。计算中,采用 VOF 多相模型,基本相为空气,第二相为推进剂。

在计算中,需要设置的边界条件和计算条件包括:

- 固壁边界条件;
- 体积组分的初始条件;
- 重力加速度。

通过数值模拟可以得到整个加注过程中推进剂的分布情况,以及加注的各个阶段流体的传输特性。加注过程中的数值模拟需要解决复杂的流体力学问题,涉及到微重力流体力学、自由表面流动、两相流、表面张力驱动等现代流体力学的相关内容。目前常用的方法是采用 VOF 两相流动模型来解决该类问题。

6.5.5 仿真结果处理及输出

举例计算了重力加速度为 9.8×10^{-4} m/s^2,初始的推进剂容量占整个体积的 10% 的情况。通过数值仿真,得到的重定位过程如图 6 - 19、图 6 - 20 所示。从图中可以看出,板式表面张力贮箱内装有 10% 的推进剂时，导流板部分淹没；在微重力环境下，液体受到表面张力作用的驱动，沿导流板壁面爬升，最终可到达支撑管顶端；气液界面稳定后，在导流板之间形成了凹形液面；导流板上的气液界面比导流板之间的气液界面要高；在导流板与球形壁面结合处的气液界面比导流片之间的气液界面要高。

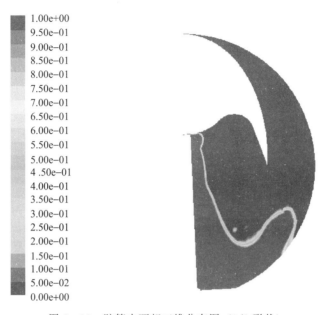

图 6-19 贮箱内两相三维分布图（1/8 形状）

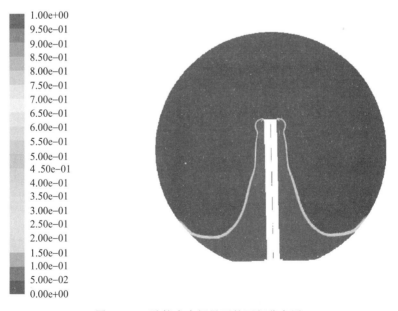

图 6-20 贮箱内中间界面的两相分布图

计算输出不同时刻沿导流板表面 NTO 的体积组分分布如图 6-21 所示。

检测微重力下液体的质心分布，如图 6-22 所示。

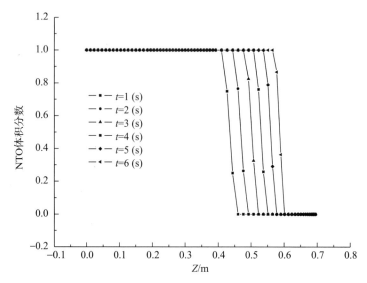

图 6-21　不同时刻沿导流板表面 NTO 体积组分分布

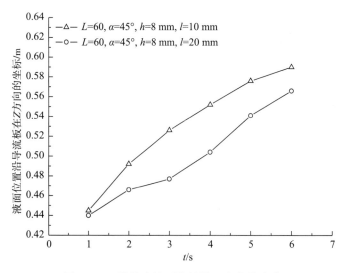

图 6-22　贮箱内液面位置沿 Z 方向的变化

6.6　羽流效应

6.6.1　仿真分析目标

　　卫星配置的推力器在高空稀薄环境下工作时，会产生向外部环境自由膨胀的羽流，如图 6-23 所示。羽流会对卫星星体带来包括气动力、对流换热热效应以及污染等羽流效应影响。羽流效应的仿真分析目标是确定推力器羽流的有效膨胀范围，以及在该范围内羽流对卫星本体可能造成的影响。推力器的真空羽流流动问题是一个跨流域流动问题，机理非常复杂。

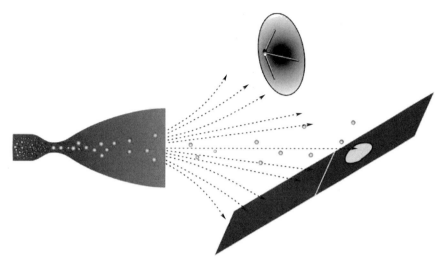

图 6 - 23　羽流效应示意图

6.6.2　仿真输入条件

羽流效应仿真输入条件，一般包括推力器喷管出口燃气参数（扩张角、速度、组分、温度、压力等）、空间环境参数（大气背压、温度）、推力器与卫星本体需要关注的部件之间的结构关系和位置参数。

6.6.3　仿真算法或工具选择

羽流仿真计算一般采用直接模拟 Monte Carlo（direct simulation Monte Carlo，DSMC）算法，它是求解稀薄气体动力学常用的一种方法，但是受计算速度和存储空间的限制较大，不能用于计算高密度区域。航天器发动机羽流流场包括了连续介质流、过渡领域流和自由分子流三个流态，求解是非常困难的，需使用差分求解 N - S 方程和 DSMC 方法相耦合的方法，来数值模拟发动机真空羽流及其气动效应。首先，使用求解 N - S 方程的方法计算发动机内流场及部分外部羽流流场；然后，在 N - S 方程解的基础上使用 DSMC 方法计算羽流的回流对敏感元件的羽流效应。

基于该算法，国外可供选择的几款典型的通用计算软件包括：美国约翰逊航天中心开发的 DAC（DSMC Analysis Code）软件，俄罗斯理论与应用机械研究所 ITAM（the Institute of Theoretical and Applied Mechanics）开发的 SMILE（Statistical Modeling In Low - density Environment）软件，Cornell 大学开发的 MONACO 软件等。国内在羽流仿真计算领域比较知名的软件主要是由北京航空航天大学宇航学院研制的通用羽流计算软件——PWS（Plume Work Station）。PWS 软件是一个基于直接模拟蒙特卡洛方法的羽流计算通用软件，其松散的软件架构保证了各个计算模块的相对独立性，使用"与"、"或"逻辑法则的二级构造法来实现边界条件的通用性。

基于 DSMC 算法的 PWS 计算通用软件的主程序包括网格模块、粒子参数模块、粒子进入模块、粒子运动及边界模块、粒子碰撞模块、并行模块、统计输出模块 7 大模块。在这 7 大基本模块的基础上，针对各种实际问题（单组分、多组分、多种碰撞模型、多种边界条件），PWS 羽流计算软件都可以方便地搭建数值模拟应用平台。PWS 软件工作流程与架构如图 6-24 所示。

PWS 软件是根据模块化和面向对象的原则对 DSMC 计算程序进行改进，具体如下：

1）使用松散的软件架构保证各个计算模块的相对独立性，即改进其中一个模块时，基本上不需要改动其他模块；

2）对各个模块的功能实现采用通用性设计，即在使用单/多组分分子、不同分子模型（碰撞模型和内能模型）、不同固体边界条件时不需要改动源代码。

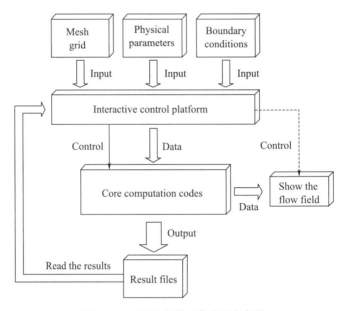

图 6-24　PWS 软件工作流程与架构

6.6.4　仿真建模及边界条件

羽流仿真建模包括：计算域确定、DSMC 粒子入口条件确定（入口速度分布、温度分布、密度分布等）。其中 DSMC 粒子入口条件为主要的边界条件，其他边界条件包括对称边界、环境边界、固体边界的选择与处理。

以高轨卫星通常采用的 10 N 姿控推力器为例，进行羽流效应的数值模拟，如图 6-25 所示。

根据 10 N 推力器的实际工作情况，建立的计算域如图 6-26 所示。

计算时设置的初始及边界条件如下：

（1）粒子入口条件

羽流计算假定为变推力发动机的喷射流流场，以发动机出口壁面处为起点，作一条与发动机轴线呈 30°夹角的射线段并使其从起点沿发动机轴线延伸至 5 m 处，该射线段绕轴线旋转形成的圆锥台侧面作为 PWS 计算外喷流和后流区的粒子入口截面条件；模拟粒子选取 N_2、H_2O、CO、CO_2 和 H_2 等五种分子。

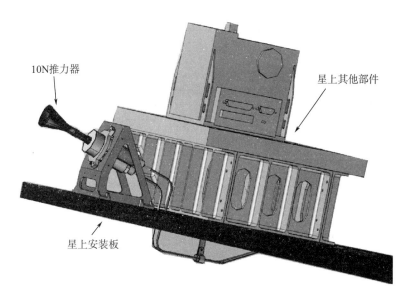

图 6-25　高轨卫星 10 N 推力器安装示意图

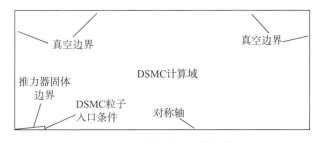

图 6-26　10 N 推力器羽流计算域示意图

（2）边界条件

轴对称条件：设定 X 轴为对称轴。

真空边界：认为粒子逃逸，即粒子经过边界后注销。

固体边界：推力器固体边界，壁面温度取 800 K，热适应系数取 0.75。

6.6.5　仿真结果处理及输出

使用轴对称 DSMC 方法计算得到 10 N 推力器羽流流场的计算结果如图 6-27～图 6-30 所示。其中，图 6-27 为流场的密度分布，图 6-28 为流场的压强分布，图 6-29 为流场的温度分布，图 6-30 为流场总压沿轴向的分布曲线图。

从上面的图可以看出，10 N 推力器附面层形成了内压缩波，羽流流场密度、压强在推力器出口截面（DSMC 粒子入口截面）都比较高，然后随着气流向真空中扩散而降低；温度以推力器壁面出口附近最高，向后流区扩散和沿喷流方向膨胀都导致温度降低。后流区密度大都在 1×10^{-6} kg/m^3 以下，压强一般情况下都低于 0.01 Pa，波后总压一般情况下都低于 10 Pa，属于稀薄气体的范围。

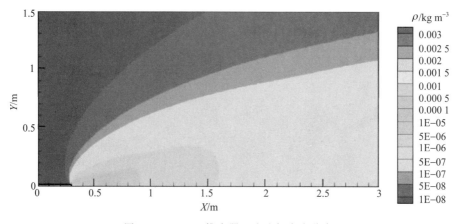

图 6 - 27　10 N 推力器羽流流场密度分布

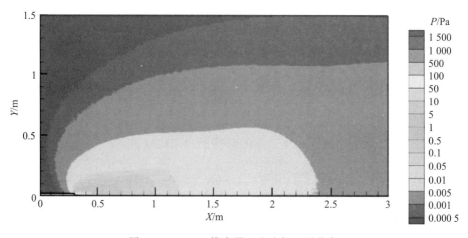

图 6 - 28　10 N 推力器羽流流场压强分布

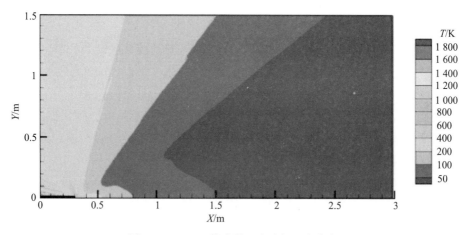

图 6 - 29　10 N 推力器羽流流场温度分布

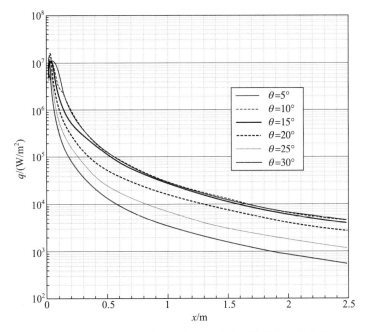

图 6 - 30 10 N 推力器羽流流场波后总压沿锥角变化曲线

6.7 发动机燃烧

目前，卫星推进系统中涉及到的发动机燃烧问题主要针对液体火箭发动机，很少用到固体火箭发动机，本书的发动机燃烧问题仅针对液体火箭发动机。

6.7.1 仿真分析目标

一般来说，发动机燃烧问题的仿真目标分为两类：

第一类仿真是针对设计好的发动机，进行推力室燃烧的仿真计算，目标是准确分析燃烧室内组织燃烧的过程和流场分布，评估发动机的性能和设计合理性。

第二类仿真是根据发动机的推力、比冲等主要设计指标要求，结合热力计算程序进行初步计算，获得发动机推力室的集总参数，为发动机推力室总体参数的设计提供依据。

6.7.2 仿真输入条件

精细的发动机燃烧的仿真输入包括发动机推力室结构及尺寸、推进剂种类、各组分喷注流量、喷注压力等。

基于集总参数方法的发动机燃烧计算主要输入条件包括燃烧室设计压强、推进剂种类及混合比。

6.7.3 仿真算法或工具选择

本书涉及的常规火箭发动机燃烧仿真一般选用 Fluent 作为仿真工具，CFX 也能够适用于该类仿真工作，但考虑到 CFX 适用于相对较低马赫数的流场计算（$Ma < 4$），而火箭发动机喷管内流场的 $Ma > 4$，这里不推荐使用 CFX。对于特种火箭发动机如超燃冲压发动机，则需要采用专用的仿真工具，Fluent 软件不再适用，在本书中不做讨论。

另外，对于推进系统的工程设计人员来讲，在火箭发动机设计初期，可以选择 NASA 热力计算程序 MFOR500 对发动机的燃烧进行热力计算。该程序基于集总参数的布莱克林算法。

6.7.4　仿真建模及边界条件

利用 Fluent 进行火箭发动机燃烧问题的仿真，建模内容包括计算域选择、网格划分、控制方程及算法选择、雾化模型选择、燃烧模型选择、湍流模型选择等。更精细的考虑还要设置近壁面函数。一般情况下，计算域为发动机燃烧室区域，考虑非平衡流的情况下可以再包括喷管区域；网格划分尽量采用结构网格，尽量保证壁面网格的密度，并需要进行网格无关化检查。

本书选择在液体火箭发动机中常见的气氢气氧同轴喷注器作为仿真对象，研究气氢和气氧工质在正方形同轴喷注器中的混合、流动与燃烧过程。所研究的气氢气氧同轴喷注器（根据对称性，选择喷注器的 1/8 作为研究对象）几何造型如图 6-31 所示。从图中可以看出，气氢喷嘴位于外环，气氧喷嘴位于内环。整个喷注器设计气氢流量为 0.4 g/s，设计气氧流量为 2.4 g/s。

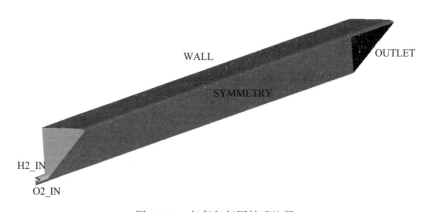

图 6-31　气氢气氧同轴喷注器

在 ICEM 软件中完成了计算区域的结构化网格绘制，如图 6-32 所示。

进行相应的边界条件设置。基于密度求解器对此问题进行求解，采用 Implicit Roe-FDS 算法。燃烧模型一般采用有限速率的 Arrhenius 燃烧模型，详细的化学反应与推进剂种类和计算精度要求有关，通过 Chemkin 导入。在本书所采用的化学反应机理中，气氢气氧在燃烧过程中产物种类有 H_2，O_2，OH，O，H，H_2O 这 6 种，本书采用 6 组分 9 步反应模型来模拟气氢气氧喷注器中的燃烧过程。具体组分和反应如表 6-3 所示，表中 M 为第三体，不参与化学反应。

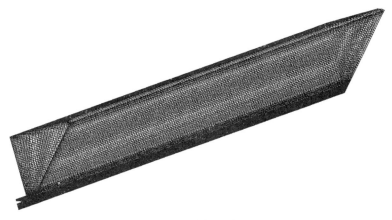

图 6-32　计算区域网格

表 6-3　气氢气氧化学反应模型

No.	化学反应	A_r	β_r	E_r
1	$H+O_2=OH+O$	2.0E+14	0.00	70.30
2	$H_2+O=OH+H$	1.8E+10	1.00	36.93
3	$H_2O+O=OH+OH$	5.9E+09	1.30	71.25
4	$H_2+OH=H_2O+H$	1.17E+09	1.30	15.17
5	$H+H+M=H_2+M$	1.8E+18	-1.00	0.00
6	$H+OH+M=H_2O+M$	2.2E+22	-2.00	0.00
7	$H+O+M=OH+M$	6.2E+16	-0.60	0.00
8	$O+O+M=O_2+M$	6.17E+15	-0.50	0.00
9	$H_2+O_2=OH+OH$	1.7E+13	0.00	200.0

6.7.5　仿真结果处理及输出

　　Fluent 仿真结果可以输出计算域内的各燃烧产物组分分布和温度场云图等，如图 6-33～图 6-39 所示。

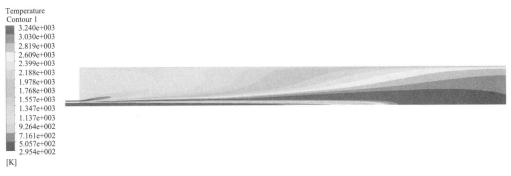

图 6-33　对称面（SYMMETRY）温度云图

图 6 - 34　对称面（SYMMETRY）H_2 摩尔分数分布

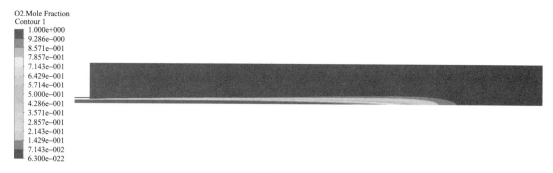

图 6 - 35　对称面（SYMMETRY）O_2 摩尔分数分布

图 6 - 36　对称面（SYMMETRY）H_2O 摩尔分数分布

图 6 - 37　对称面（SYMMETRY）H 摩尔分数分布

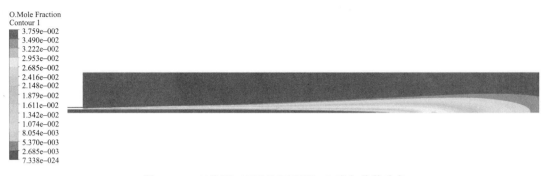

图 6-38　对称面（SYMMETRY）O 摩尔分数分布

图 6-39　对称面（SYMMETRY）OH 摩尔分数分布

从图中可以看出，随着气氢气氧在喷注器中混合、燃烧与放热过程的进行，从入口至出口混合燃气温度逐渐升高，从径向上来看，由于气氢气氧喷嘴靠近轴心位置，因此在喷注器中心处燃气的温度要高于其他位置。H_2 和 O_2 作为反应物，从喷嘴处的摩尔分数为 1 开始沿喷注器轴线方向呈现下降趋势。由于是富燃燃烧，因此 O_2 在到达喷注器出口之前已经反应完毕，而剩余的 H_2 则继续流向喷注器出口。在 4 种产物中，最终产物 H_2O 所占比例最大，其余的 O、H 和 OH 三种自由基由于是氢氧燃烧反应的中间产物，在反应产物中占比较小。

结束语

推进系统研制是一个非常复杂的过程，涉及推进系统与部件的设计、详细设计、生产制造、装配检测、测试试验、在轨运行以及工程管理等各个环节。在每个环节中，都有对产品设计与研制进行评估的需求，相应地，配置一些仿真评估手段，如仿真计算、数据分析等措施，可为推进系统的研制提供理论指导，解决研制过程中遇到的各种技术问题，更为重要的是可有效降低研制成本，节约大量的试验经费。

推进系统仿真分析是个多学科应用的工程技术，涉及流体力学、热力学、结构力学、电磁学等学科，知识覆盖面广泛。但全部从理论角度介绍推进系统仿真分析不是本书的初衷，本书在内容上着力于实用，目的在于服务工程实践，如推进系统相关仿真技术进展情况、涉及的各种基本理论和概念、常见的推进系统系统级和单机级流动仿真工具软件，结合算例给出仿真分析实施要点、推进系统典型问题仿真分析等内容，都是从工程应用角度出发，发挥抛砖引玉的功效，有具体实施步骤，有常见工具，可为工程技术人员进行推进系统仿真分析工作提供参考。

从推进系统仿真的进展和现实意义来看，推进系统仿真分析是一个大有可为的领域，推进系统仿真分析的技术发展具备以下特点：

1) 推进系统仿真分析常态化。随着计算技术的发展，推进系统仿真分析的工作日渐常态化，在推进系统研制的各个环节，没有不能用仿真分析手段的。在推进系统设计之初，形成完整的推进系统数字化设计与仿真分析平台，覆盖推进系统任务设计、方案比较、研制与应用的全周期。从设计、工程化、分析和集成，到真实热点火试验、测试支持、测试后分析和评估，深度参与卫星推进系统研制的全过程，理论支持推进系统研制的进程，如确定设计可行性、比较与确定设计、精确确定优化设计点、自动进行设计评估、高效的部件与系统设计等。

2) 推进系统仿真分析多样化。常见的推进系统需要解决力、热、结构、电磁等多种问题，这些问题在没有耦合的情况下可单独进行模拟，各自有多样化的问题解决办法。当前推进系统仿真分析不再单单针对某个流体域或者一个流体系统，而是向多学科融合发展，进行联合仿真是推进系统仿真的趋势，用以解决系统或单机的复杂技术问题。如微重力流体力学与结构力学的联合仿真，可解决推进剂晃动产生的晃动频率和干扰力问题；流体动力学与燃烧学的联合仿真，可解决推力器或发动机的点火燃烧问题；流体动力学与电磁学的联合仿真，可模拟电磁阀门的开关特性及控制特性。

3) 推进系统仿真分析快速化。这是推进系统研制与应用的要求。在保证系统较高的仿真精度前提下，可快速进行系统级仿真分析，使得仿真分析速度远远超过实际推进系统运行的速度，这样，及时为推进系统在轨工作提供强有力的预示。同时，可快速对推进系统故障模式下的性能进行仿真分析，为应急情况处理提供方案，以便在情况恶化前就能及时采取应对措施。如何提高仿真效率是推进系统仿真分析的重要课题。

4）推进系统仿真分析软件化。现有的仿真分析已经从完全自编程序计算，发展到利用商业软件二次开发，或者将自编程序完全软件化，配以直观的操作界面，配置齐全的推进系统部件库，在加上解算器，利用软件界面输入仿真初始参数，利用软件界面实现计算结果图形化，完全利用可视化的操作界面实现轻松的仿真分析。强调分析方法、数据显示以及软件代码的通用性，甚至形成针对性的推进系统仿真分析软件产品，配套实际推进系统工作时当做评估工具使用。

我们相信，随着卫星推进技术的进步，卫星推进系统仿真分析技术还会进一步发展，先进空间推进技术的发展使得推进系统仿真技术具有很大的进步空间。本书为从事推进系统仿真的学者和工程技术人员提供参考，希望通过本书扩大推进系统仿真分析工作的影响，为推进系统的研究与发展做出贡献。

参 考 文 献

［1］ Kawase Y，Ohdachi Y. Dynamic analysis of automotive solenoid valve using finite element method. IEEE Transactions on Magnetics . Vol. 27 No. 5. 1991.

［2］ Ohdachi Y，Kawase Y，Murakami Y，Inaguma Y. Optimum design of dynamic response in automotive solenoid valve. IEEE Transactions on Magnetics，Vol. 27 No. 6. 1991.

［3］ Song Min Wang，Miyano T，Hubbard M. Personal Computer Design Software for Magnetic Analysis and Dynamic Simulation of a Two－Valve Solenoid Actuator. Digest of the Fifth Biennial IEEE Conference on Electromagnetic Field Computation，1992.

［4］ Wang S－M，Miyanao T，Hubbard M. Electromagnetic field analysis and dynamic simulation of a two－valve solenoid actuator. IEEE Transactions on Magnetics，Vol. 29 No. 2. 1993.

［5］ C J G Dixon，J B Marshall. Mathematical Modelling of Bipropellant Combined Propulsion Subsystems，AIAA90－2303.

［6］ A P Kondryn，M Ford. Performance Assessment Activities for the ATV propulsion and Reboost Subsystem，AIAA2000－3547.

［7］ M Peukert，R Simon. ATVSim the ATV propulsion System Simulation Software，AIAA2001－3828.

［8］ Jason M Molinsky. Flow Modeling of the Galaxy XII Dual Mode Bipropellant Propulsion Subsystem，AIAA 2004－3665.

［9］ Rattenni L. Design and Performance of the Orbital Star－2 Propulsion Subsystem，AIAA－2001－3394.

［10］ Bryan T Campbell，Roger L Davis. Quasi－2D Unsteady Flow Solver Module for Rocket Engine and Propulsion System Simulations，AFRL－PR－ED－TP－2006－189，2006.

［11］ Machmoum A，Seaïd M. A Highly Accurate Modified Method of Characteristics for Convection－Dominated Flow Problems. Computational Methods in Applied Mathematics，Vol. 3，No. 4，2003，pp. 623－646.

［12］ Mäkinen J，Piché R，Ellman A. Fluid Transmission Line Modeling Using a Variational Method. ASME Journal of Dynamic Systems，Measurement，and Control，Vol. 122，March 2000，pp. 153－162.

［13］ Christophe R Koppel，Denis Estublier. The Smart－1 Electric Propulsion Subsystem，AIAA 2003－4545.

［14］ Christophe R Koppel，Frederic Marchandise ，Mathieu Prioul. The SMART－1 Electric Propulsion Subsystem around the Moon：In Flight Experience ，AIAA 2005－3671.

［15］ Milligan D，Gestal D，Estublier D，Koppel C R. SMART1 Electric Propulsion Operations，AIAA－2004－3436.

［16］ Tarafder A，Sarongs S. CRESP－LP：A dynamic simulation for liquid－propellant rocket engines. AIAA2000－3768.

［17］ I Gibek，Y Maisonneuve. Waterhammer Tests with Real Propellants，AIAA2005－4081.

［18］ Ryoji Imai，Takeomi Ideta，Katsuro Arima. Study on Fluid Behavior in Vane Type Surface Tension

Tank，AIAA - 2001 - 3716.

[19] T - P Yeh. Analytical Prediction Capability for a Spacecraft Bipropellant Propulsion System，AIAA 83 - 1222.

[20] G P Purohit，R P Prickett. Modeling of the Intelsat Ⅵ Bipropellant Propulsion Subsystem，AIAA 93 - 2518.

[21] J Molinsky. Water Hammer Test of the SeaStar Hydrazine Propulsion System，AIAA97 - 3226.

[22] Robert Erickson，Michael Moore，Nicholas Cohen，etc. National Institute of Rocket Propulsion Systems Tool Development for Domestic Propulsion System Industrial Base Modeling and Analysis，AIAA 2015 - 4638.

[23] Bryan T Campbell，Roger L Davis. Quasi - 2D Unsteady Flow Solver Module for Rocket Engine and Propulsion System Simulations，AFRL - PR - ED - TP - 2006 - 189.

[24] Davis R L，Campbell B T. Quasi - 2D Unsteady Flow Procedure for Real Fluids，AIAA 2006 - 3911，2006.

[25] Jedediah M Storey，Daniel Kirk，Hector Gutierrez. Experimental，Numerical and Analytical Characterization of Slosh Dynamics Applied to In - Space Propellant Storage，Management and Transfer，AIAA 2015 - 4077.

[26] Daniel M Hauser ，Frank D Quinn. Simulation of a Cold Gas Thruster System and Test Data Correlation，AIAA 2011 - 5769.

[27] 娄路亮，王海洲. 电磁阀设计中电磁力的工程计算方法 [J]. 导弹与航天运载技术，2007.

[28] 张清. SR 电磁阀磁场的有限元分析 [D]. 山东大学硕士学位论文，2004.

[29] G Tao，H Y Chen，Y Y J，Z B He. Optimal design of the magnetic field of a high - speed response solenoid valve. Journal of Materials Processing Technology，2002，129：555 - 558.

[30] 张榛. 电磁阀动态响应特性的有限元仿真与优化设计 [J]. 空间控制技术与应用，2008.

[31] 张功晖，黎志航，周志鸿. 基于 Maxwell 方程的电磁阀开启过程动态特性仿真研究 [J]. 液压气动与密封，2010.

[32] 周静，申卫兵. 基于 ANSYS 软件的电磁阀关键参数的仿真与分析 [J]. 电工电气，2010.

[33] 袁军涛，卫瑞元，于海增，王晖. 基于 ANSYS 的微型隔离膜片电磁阀仿真分析 [J]. 苏州大学学报，2010，30（6）.

[34] Szente V，Vad J. Computational and experimental investigation on solenoid valve dynamics. Advanced Intelligent Mechatronics，2001.

[35] 白志红，周玉虎. 电磁铁的动态特性的仿真与分析 [J]. 电力学报，2004.

[36] Guillermo Palau Salvador ，Jaime Arviza Valverde . Three - Dimensional Control Valve With Complex Geometry：CFD Modeling And Experimental Validation. AIAA 2004 - 2422.

[37] Vineet Ahuja ，Ashvin Hosangadi ，Jeremy Shipman ，Peter A Cavallo . Simulations of Instabilities in Complex Valve and FeedSystems. AIAA 2006 - 4758.

[38] 马莹雪，孙得川. 电磁阀内部流场数值模拟 [J]. 机床与液压，2008.

[39] 马莹雪. 小型挤压式液体火箭发动机系统仿真 [D]. 西北工业大学硕士学位论文，2007.

[40] 龙日升. PSW 高喷远射雾化系统出口流场与电磁阀有限元研究 [D]. 东北大学硕士学位论文，2005.

[41]　陶润，张红，付德春，夏群生．ABS 液压系统仿真与电磁阀优化［J］．农业工程学报，2010．

[42]　王扬彬，徐兵，刘英杰．基于 Ansoft 及 AMESim 的电磁铁动态特性仿真分析［J］．机床与液压，2008．

[43]　白晓瑞，刘昆．空间推进系统动力学特性仿真研究［C］．第八届全国动力学与控制学术会议，2008．

[44]　白晓瑞．液体火箭推进系统动态特性仿真研究［D］．国防科技大学工学硕士学位论文，2008．

[45]　邹开凤，李育学，欧阳光耀，李希．共轨喷油器高速电磁阀驱动电路设计与仿真研究［J］．武汉理工大学学报，2004，28（3）．

[46]　周玉成，平涛，方祖华，金江善．高压共轨喷油系统开发过程中电磁阀控制参数的仿真研究［J］．铁道机车车辆，2003．

[47]　Ill – Yeong Lee. Switching Response Improvement of a High Speed On/Off Solenoid Valve by Using a 3Power Source Type Valve Driving Circuit. IEEE International Conference on Industrial Technology，2006．

[48]　林宏，彭慧莲，董锴．推进剂贮箱液体晃动的仿真研究与验证［J］．强度与环境，2011，38（5），25 – 30．

[49]　王为，李俊峰，王天舒．充液航天器液体晃动阻尼研究（一）：理论分析［J］．宇航学报，2005，26（6）：687 – 693．

[50]　王为，李俊峰，王天舒．充液航天器液体晃动阻尼研究（二）：数值计算［J］．宇航学报，2006，27（2）：177 – 180．

[51]　Ibrahim R A，Pilipchuk V N，Ikeda T. Recent advances in liquid sloshing dynamics［J］．Applied Mechanics Reviews，2001，54（2）：133 – 199．

[52]　岳宝增．液体大幅晃动动力学［M］．北京：科学出版社，2011．

[53]　杨旦旦．微重力液体晃动及充液柔性航天器姿态动力学与控制研究［D］．北京：北京理工大学，2012．

[54]　师好智，万曼影，刘学军．单向活门充气振动的建模与仿真［J］．计算机仿真，2006（06）：289 – 231．

[55]　师好智，万曼影，徐洁晶．某特殊结构单向阀的充气振动研究［J］．机床与液压，2006（7）：150 – 153．

[56]　李阳．单向阀内部振动的分析［J］．空间控制技术与应用，2011（2）：60 – 62．

[57]　刘华坪，陈浮，马波．基于动网格与 UDF 技术的阀门流场数值模拟［J］．汽轮机技术，2008（4）：106 – 108．

[58]　常玉连，李振海．弹簧劲度系数对单向阀开启过程的影响仿真研究［J］．科学技术与工程，2010（14）：3479 – 3481．

[59]　尤裕荣，杜大华，袁洪滨．电爆阀启动过程的响应特性与活塞撞击变形分析［J］．火箭推进，2012，38（3）：49 – 53．

[60]　Shmuel Ben – Shmuel，Goidstein Selma. Pyrovalve simulation and evaluation，AIAA97 – 3103［R］．USA：AIAA，1997．

[61]　Shmuel Ben – Shmuel. Performance Analysis of a Normally Closed Pyrovalve［C］．AIAA2002 – 3552．

[62]　Ben – Shmuel. Sizing Bolt Cutter Assemblies for Specific Applications by Hydrocode Analysis，36th

AIAA/ASME/SAE/ASEE Joint Propulsion Conference, Huntsville, AL, July 2000.

[63] Ben - Shmuel S, Goldstein Selma. Numerical Simulation of a Bolt Cutter, 34th AIAA/ASME/SAE/ ASEE Joint Propulsion Conference, Cleveland, OH, July 1998.

[64] W Tam, G Kawahara, D Jaekle Jr. , L Larsson. Design and Manufacture of a Propellant Tank Assembly. 36th AIAA/ASME/SAE/ASEE Joint Propulsion Conference and Exhibit.

[65] W Tam, A Jackson, E Nishida, Y Kasai, A Tsujihata, K Kajiwara. Design and manufacture of the ETS Ⅷ xenon tank. 36th AIAA/ASME/SAE/ASEE Joint Propulsion Conference and Exhibit.

[66] David L Gray, Daniel J Moser. Finite Element Analysis of a Composite Overwrapped Pressure Vessel. 40th AIAA/ASME/SAE/ASEE Joint Propulsion Conference and Exhibit , 11 - 14 July 2004, Fort Lauderdale, Florida.

[67] Joe Benton, Ian Ballinger, Alberto Ferretti, Nicola Ierardo. Design and Manufacture of a High Performance, High Mass Efficient Gas Tank for the Vega Avum. 43rd AIAA/ASME/SAE/ASEE Joint Propulsion Conference & Exhibit, 8 - 11 July 2007, Cincinnati, OH.

[68] Walter H Tam, Paul S Griffin, Arthur C Jackson. Design and Manufacture of a Composite Overwrapped Pressurant Tank Assembly. 38th AIAA/ASME/SAE/ASEE Joint Propulsion Conference & Exhibit7 - 10 July 2002, Indianapolis, Indiana.

[69] Walter H. Tam, Ian A. Ballinger, and Paul Kohorst. Design and Manufacture of a Composite Overwrapped Elastomeric Diaphragm Tank. 40th AIAA/ASME/SAE/ASEE Joint Propulsion Conference and Exhibit, 11 - 14 July 2004, Fort Lauderdale, Florida.

[70] Santosh K Mukka , Muhammad M Rahman. Computation of Fluid Circulation in a Cryogenic Storage Vessel. 2nd International Energy Conversion Engineering Conference16 - 19 August 2004, Providence, Rhode Island.

[71] Galib H Abumeri1, Daniel N Kosareo, Joseph M Roche. Cryogenic Composite Tank Design for Next Generation Launch Technology. 40th AIAA/ASME/SAE/ASEE Joint Propulsion Conference and Exhibit, 11 - 14 July 2004, Fort Lauderdale, Florida.

[72] Son H Ho , Muhammad M Rahman. Three - Dimensional Analysis of Liquid Hydrogen Cryogenic Storage Tank. 3rd International Energy Conversion Engineering Conference, 15 - 18 August 2005, San Francisco, California.

[73] A Ricciardi, E Pieragostini. Prediction of the performance and the thermodynamic conditions of a bipropellant propulsion system during its life time, AIAA87 - 1771.

[74] 张晓东, 李路路, 柳珊. 闸板式常开电爆阀密封结构的设计与仿真研究 [J]. 火箭推进, 2011, 37 (2): 51 - 56.

[75] 李家文, 张黎辉, 张振鹏. 一种液体火箭发动机数值模拟的计算模型建立方法 [J]. 推进技术, 2002, 23 (5).

[76] 刘昆, 张育林. 分布参数液体管道的分段近似状态空间模型 [J]. 推进技术, 1998, 19 (5).

[77] 程谋森, 张育林. 推进剂供应管路充填过程研究 [J]. 推进技术, 1998, 19 (5).

[78] 黎勤武, 张为华, 王振国, 李军辉. 空间姿控、末修级发动机系统动态特性分析 [J]. 推进技术, 1997, 18 (3).

[79] 陈启智. 液体火箭发动机控制与动态特性理论 [M]. 长沙: 国防科技大学出版社, 1993.

[80] 沈赤兵，陈启智．小推力推进系统起动过程的分析 [J]．宇航学报，1997 (3)．

[81] 林西强，程谋森，刘昆，等．液路耦联发动机系统开关机动态特性研究 [J]．推进技术，1999 (8)．

[82] 张国舟．微推进系统的轨控发动机动态分析 [J]．北京航空航天大学学报，1999 (12)．

[83] 程谋森，张育林．推进剂供应管路充填过程研究 [J]．推进技术，1997 (4)．

[84] 黎勤武，张为华，王振国，李军辉．空间发动机系统关机过程水击现象理论分析 [J]．推进技术，1998 (6)．

[85] 程谋森，张育林．航天器推进系统管路充填过程动态特性——理论模型与仿真结果 [J]．推进技术，2000 (4)．

[86] 程谋森，张育林．航天器推进系统管路充填过程动态特性——实验模拟与结果评估 [J]．推进技术，2000，21 (3)．

[87] 刘昆，张育林．液体推进系统充填过程的有限元状态变量模型 [J]．推进技术，2001，22 (1)．

[88] 李庆扬，莫孜中，祁力群．非线性方程组的数值解法 [M]．北京：科学出版社，1987．

[89] 张熇，蔡国飙，许映乔，等．嫦娥三号着陆器软着陆过程中羽流仿真分析及试验研究 [J]．中国科学：技术科学，2014 (4)：344 - 352．

[90] 蔡国飙，贺碧蛟．PWS 软件应用于探月着陆器羽流效应数值模拟研究 [J]．航天器环境工程，2010，27 (1)：18 - 23．

[91] Vazsonyi A. Pressure Loss in Elbows and Duct Branches [J]．Transactions of the American Society of Mechanical Engineers. Vol. 66，April 1944，pp. 177 - 183．

[92] Yaggy K L. Analysis of propellant flow into evacuated and pressurized lines. AIAA - 84 - 1346. AIAA/SAE/ASME 20th Joint Propulsion Conference. 1984，6．

[93] Prickett R P，Mayer E，Hermel J. Water hammer in a spacecraft propellant feed system [J]．Journal of Propulsion and Power，1992，8 (3)．

[94] Lin T Y，Baker D. Analysis and testing of propellant feed system priming process [J]．Journal of Propulsion and Power，1995，11 (3)．

[95] A Tarafder，Sunil Sarangi. CRESP — LP：A Dynamic Simulation For Liquid - Propellant Rocket Engines. AIAA - 2000 - 3768．

[96] Yaggy K L. Analysis of Propellant Flow into Evacuated and Pressure Lines [R]．AIAA - 84 - 1346．

[97] Pricatt R P，Mayer E，Hermel J. Water Hammer in a Spacecraft Propellant Feed System [J]．Propulsion and Power，1992，8 (3)：592 - 597．

[98] 张家荣，赵廷元．工程常用物质的热物理性质手册 [M]．北京：新时代出版社，1987．

[99] 徐济鋆．沸腾传热和气液两相流 [M]．北京：原子能出版社，1993．

[100] 杨世铭，陶文铨．传热学 [M]．第三版．北京：高等教育出版社，1998．

[101] D Joe Benton，Ian Ballinger，Alberto Ferretti and Nicola Ierardo. ESIGN AND MANUFACTURE OF A HIGH PERFORMANCE，HIGH MASS EFFICIENT GAS TANK FOR THE VEGA AVUM [C]．43rd AIAA/ASME/SAE/ASEE Joint Propulsion Conference & Exhibit 8 - 11 July 2007，Cincinnati，OH．

[102] David L Gray，Daniel J Moser. Finite Element Analysis of a Composite Overwrapped Pressure Vessel [C]．40th AIAA/ASME/SAE/ASEE Joint Propulsion Conference and Exhibit，11 - 14 July 2004，

Fort Lauderdale，Florida.

[103] Khawand George，Loibl Bob，Nissen Dan，Witt Michael J. Design and qualification of a single tank for dual applications – Helium pressurant or xenon propellant ［C］. AIAA/ASME/SAE/ASEE Joint Propulsion Conference and Exhibit，36th，Huntsville，AL.

[104] W H Tam，I A Ballinger ，P Kohorst. Design and Manufacture of a Composite Overwrapped Elastomeric Diaphragm Tank ［C］. 40th AIAA/ASME/SAE/ASEE Joint Propulsion Conference & Exhibit Broward County Convention Center Fort Lauderdale，Florida 11 – 14 July 2004.

[105] Santosh K Mukka，Muhammad M Rahman. Computation of Fluid Circulation in a Cryogenic Storage Vessel ［C］. 2nd International Energy Conversion Engineering Conference，Providence，RI.

[106] Abumen Galib H，Kosareo Daniel N，Roche Joseph M. Cryogenic Composite Tank Design for Next Generation Launch Technology.

[107] M Rahman ，S Ho. Numerical Simulation Model for Thermo – Fluid Analysis of Cryogenic Storage Systems With Zero Boiloff ［R］. NASA/CR—2009 – 215441.

[108] A S Yang，T C Kuo. Numerical Simulation for the Satellite Hydrazine Propulsion System ［R］. AIAA 2001 – 3829.

[109] R A Ibrahim. Liquid Sloshing Dynamics Theory and Applications ［M］. Cambridge University Press，2005.

[110] 王照林. 充液系统动力学 ［M］. 北京：科学出版社，2002.

[111] 岳宝增. 液体大幅晃动力学 ［M］. 北京：科学出版社，2011.

[112] Utsumi M. Viscous Damping Ratio of Low – Gravity Sloshing in Arbitrary Axisymmetric Tanks ［J］. Journal of Spacecraft and Rockets，Vol. 50，No. 4，July – August 2013.

[113] 贺元军，马兴瑞，王本利. 低重环境下液体非线性晃动的稳态响应 ［J］. 应用数学和力学，2007，28（10）：1135 – 1145.

[114] 包光伟，王政伟. 液体三维晃动特征问题的有限元数值计算方法 ［J］. 力学季刊，2003，24（2）：185 – 190.

[115] 李青. 充液挠性系统动力学分析及在航天工程中的应用研究 ［D］. 清华大学，2010.

[116] 程绪铎，王照林. 微重环境下选择对称贮箱内静液面方程 Runge – Kutta 数值解 ［J］. 计算物理，2000，17（3）：273 – 279.

[117] 岳宝增，刘延柱，王照林. 圆筒形贮腔中微重力液体非线性晃动的数值模拟 ［J］. 计算力学学报，2001，18（4）：449 – 452.

[118] 岳宝增，李俊峰. 三维液体非线性晃动及其复杂现象 ［J］. 力学学报，2002，34（6）：949 – 955.

[119] 周宏，李俊峰，王天舒. 低重环境航天器贮箱内三维液体晃动数值模拟 ［J］. 清华大学学报（自然科学版），2005，45（5）：658 – 661.

[120] 李英波. 挠性充液卫星动力学分析与姿态控制研究 ［D］. 上海交通大学，2001.

[121] T HiMENO，T WATANABE. Sloshing prediction in the propellant tanks of VTVL rocket vehicle ［R］. 41th AIAA/ASME/SAE/ASEE Joint Propulsion Conference & Exhibit，10 – 13 July 2005.

[122] H Q Yang. Propellant Sloshing Parameter Extraction from CFD Analysis ［C］. An Extended Abstracted to AIAA Joint Propulsion Conference，July 25 – 28，2010.

[123] A Clark，M Walker ，K Wetzlar. Rotating Fuel Tank Design to Attenuate Fluid Sloshing in

Microgravity [R] . AIAA SPACE 2010 Conference & Exposition，AIAA 2010 - 8769.

[124] D J Benson，P A Mason. Method for CFD Simulation of Propellant Slosh in a Spherical Tank [C].
47th AIAA/ASME/SAE/ASEE Joint Propulsion Conference & Exhibit，AIAA 2011 - 5681.

[125] Chen S，Phan - Thien N，Fan X J，Khoo B C. Dissipative particle dynamics simulation of polymer
drops in a periodic shear flow [J] . Journal of Non - Newtonian Fluid Mechanics，2012，118 (1)：
65 - 81.

[126] 陈硕，金亚斌，张明焜，尚智. 耗散粒子动力学中 Lees - Edwards 边界条件的实施 [J] . 同济大
学学报（自然科学版），2012，40 (1)：1 - 6.

[127] 姚祎，周哲玮，胡国辉. 有结构壁面上液滴运动特征的耗散粒子动力学模拟 [J] . 物理学报，
2013，13 (1)：25 - 30.

[128] 姚仲鹏，王瑞君. 传热学 [M] . 北京：北京理工大学出版社，2003.

[129] 王保国，等. 传热学 [M] . 北京：机械工业出版社，2009.

[130] 张兆顺，崔桂香，许春晓. 湍流理论与模拟 [M] . 北京：清华大学出版社，2005.

[131] 范宝春，董刚，张辉. 湍流控制原理 [M] . 北京：国防工业出版社，2011.

[132] E 约翰芬纳莫尔，约瑟夫 B 弗朗兹尼. 流体力学及其工程应用 [M] . 北京：机械工业出版
社，2009.

[133] 章本照，印建安，张宏基. 流体力学数值方法 [M] . 北京：机械工业出版社，2003.

[134] 孟凡英. 流体力学与流体机械 [M] . 北京：煤炭工业出版社，2011.

[135] 庄礼贤，尹协远，马晖扬. 流体力学 [M] . 合肥：中国科学技术大学出版社，2009.

[136] 王保国，刘淑艳. 稀薄气体动力学计算 [M] . 北京：北京航空航天大学出版社，2013.

[137] 沈青. 稀薄气体动力学 [M] . 北京：国防工业出版社，2003.

[138] 胡文瑞. 微重力流体力学 [M] . 北京：科学出版社，1999.

[139] 胡文瑞，等. 微重力科学概论 [M] . 北京：科学出版社，2010.

[140] H 田内科斯，J L 兰姆利. 湍流初级教程 [M] . 北京：科学出版社，2015.

[141] 张利平. 液压气动系统设计手册 [M] . 北京：机械工业出版社，1997.

[142] 陆敏恂，李万莉. 流体力学与液压传动 [M] . 上海：同济大学出版社，2006.

[143] 李异河，丁问司，孙海平. 液压与气动技术 [M] . 北京：国防工业出版社，2006.

[144] 李成功，和彦淼. 液压系统建模与仿真分析 [M] . 北京：航空工业出版社，2008.

[145] 田树军，胡全义，张宏. 液压系统动态特性数字仿真 [M] . 大连：大连理工大学出版社，2012.

[146] 秦大同，谢里阳. 液压传动与控制设计 [M] . 北京：化学工业出版社，2013.

[147] 张建文，杨振亚，张政. 流体流动与传热过程的数值模拟基础与应用 [M] . 北京：化学工业出版
社，2009.

[148] 徐游. 电磁学 [M] . 北京：科学出版社，2004.

[149] 沈熙宁. 电磁场与电磁波 [M] . 北京：科学出版社，2006.

[150] 周佩白. 电磁兼容问题的计算机模拟与仿真技术 [M] . 北京：中国电力出版社，2006.

[151] 方宙奇，孟敏. 电磁场数值方法 [M] . 成都：电子科技大学出版社，2012.

[152] 童创明. 电磁散射与辐射问题仿真理论与方法 [M] . 西安：西北工业大学出版社，2010.

[153] 黄勇. 燃烧与燃烧室 [M] . 北京：北京航空航天大学，2009.

[154] 阎昌琪. 气液两相流 [M] . 哈尔滨：哈尔滨工程大学，2010.

[155] 刘培生. 多孔材料引论 [M]. 北京：清华大学出版，2012.

[156] 刘培生，陈国锋. 多孔固体材料 [M]. 北京：化学工业出版社，2014.

[157] 张凯，王瑞金，王刚. Fluent 技术基础与应用实例 [M]. 北京：清华大学出版社，2010.

[158] 韩占忠，王敬，兰小平. FLUENT：流体工程仿真计算实例与应用 [M]. 北京：北京理工大学出版社，2010.

[159] 朱红钧，林元华，谢龙汉. Fluent 12 流体分析及工程 [M]. 北京：清华大学出版社，2011.

[160] 温正. FLUENT 流体计算应用教程 [M]. 北京：清华大学出版社，2013.

[161] 唐家鹏. FLUENT 14.0 超级学习手册 [M]. 北京：人民邮电出版社，2013.

[162] 丁欣硕，焦楠. FLUENT 14.5 流体仿真计算从入门到精通 [M]. 北京：清华大学出版社，2014.

[163] 余华兵，康士廷，胡仁喜. FLUENT 14.5 流场分析从入门到精通 [M]. 北京：机械工业出版社，2014.

[164] 朱红钧. FLUENT CFD 工程仿真实战指南 [M]. 北京：人民邮电出版社，2014.

[165] 胡仁喜，康士廷. FLUENT 16.0 流场分析从入门到精通 [M]. 北京：机械工业出版社，2016.

[166] 江帆，徐勇程，黄鹏. Fluent 高级应用与实例分析 [M]. 北京：清华大学出版社，2018.

[167] 付永领，祁晓野. LMS Imagine. Lab AMESim 系统建模和仿真参考手册 [M]. 北京：北京航空航天大学出版社，2011.

[168] 梁全，苏齐莹. 液压系统 AMESim 计算机仿真指南 [M]. 北京：机械工业出版社，2014.

[169] 梁全，谢基晨，聂利卫. 液压系统 AMESim 计算机进阶教程 [M]. 北京：机械工业出版社，2016.

[170] 李松晶，王清岩，等. 液压系统经典设计实现 [M]. 北京：化学工业出版社，2012.

[171] 杨星新. 基于 FLOWMASTER 的空调冷水管网系统仿真 [D]. 江苏大学，2014.

[172] 周文璋，张鑫彬，鲜亚平. 基于 AMESim 主平台的 Simulink/Flowmaster 联合仿真技术研究 [J]. 上海航天，2017，34（1）：121 - 126.

[173] 刘洁. 基于 Flow - 3D 的有压管道水锤数值模拟研究 [D]. 哈尔滨工业大学，2017.

[174] 尚晓江，邱峰，赵海峰. ANSYS 结构有限元高级分析方法与范例应用 [M]. 北京：中国水利水电出版，2008.

[175] 宋志安，等. 机械结构有限元分析：ANSYS 与 ANSYS Workbench 工程应用 [M]. 北京：国防工业出版社，2010.

[176] 李范春. ANSYS Workbench 设计建模与虚拟仿真 [M]. 北京：电子工业出版社，2011.

[177] 陈艳霞，陈磊. ANSYS Workbench 工程应用案例精通 [M]. 北京：电子工业出版社，2012.

[178] 蒋春松，孙洁，朱一林. ANSYS 有限元分析与工程应用 [M]. 北京：电子工业出版社，2012.

[179] 丁源，吴继华. ANSYS CFX 14.0 从入门到精通 [M]. 北京：清华大学出版社，2013.

[180] 胡红军，黄伟九，杨明波. ANSYS 在材料工程中的应用 [M]. 北京：机械工业出版社，2013.

[181] 张洪伟，高相胜，张庆余. ANSYS 非线性有限元分析方法及范例应用 [M]. 北京：中国水利水电出版社，2013.

[182] 李兵，何正嘉，陈雪峰. ANSYS Workbench 设计、仿真与优化 [M]. 北京：清华大学出版社，2013.

[183] 凌桂龙. ANSYS 14.0 热力学分析从入门到精通 [M]. 北京：清华大学出版社，2013.

[184] 孙帮成，李明高. ANSYS FLUENT 14.0 仿真分析与优化设计 [M]. 北京：机械工业出版